提高动物福利
——有效的实践方法
（第二版）

［美］坦普尔·格朗丹（Temple Grandin）主编

顾宪红　孙忠超　主译

U0239321

中国农业出版社

北　京

第二版翻译人员

主 译　顾宪红　孙忠超

译 校　顾宪红　赵卿尧　孙登生　王轶群　辛海瑞

　　　　李聪聪　张　闯　靳　爽　王　建　舒　航

　　　　郭　龙　孙忠超　刘　芳　李　靖　鲁苏娜

　　　　侯瑞娟　郝　月　高　杰　孙福昱　陈晓阳

审 校　李　博（Paul Littlefair）邬小红

第一版翻译人员

主　译　顾宪红
译校者　顾宪红　郝　月　王九峰　耿爱莲　赵兴波
　　　　张树敏　夏　东　张凡建　张增玉　向　海
　　　　范启鹏　于永生　闫晓钢　冯跃进　陆　扬
　　　　李荣杰　魏星灿　尹德华　张俊玲　刘吉茹

第二版合作者

Anne Marie de Passillé, University of British Columbia, British Columbia, Canada. E-mail：passille@ mail. ubc. ca

Lily N. Edwards-Callaway, Animal Welfare Specialist, JBS, Greeley, Colorado, USA. E-mail： Lily. Edwards-Callaway@jbssa. com

Wendy Fulwider, Global Animal Partnership, 107 S West Street, PMB ♯ 771, Alexandria, Virginia 22314, USA. E-mail：wfulwider@globalanimalpartnership. org

Temple Grandin, Department of Animal Science, Colorado State University, Fort Collins, Colorado, USA. E-mail：cheryl. miller@colostate. edu

Camie R. Heleski, Michigan State University, East Lansing, Michigan, USA. E-mail：heleski@msu. edu

Hubert J. Karreman, VMD, Rodale Institute, 611 Siegfriedale Road, Kutztown, Pennsylvania 19530, USA. E-mail：penndutch@earthlink. com

David C. J. Main, University of Bristol, Langford, Bristol, UK. E-mail：main@bristol. ac. uk

Amy K. McLean, American Quarter Horse Association, Amarillo, Texas, USA. E-mail：amclean @ aqha. org

David J. Mellor, Massey University, Palmerston North, New Zealand. E-mail：D. J. Mellor @ Massey. ac. nz

Bernard Rollin, Colorado State University, Fort Collins, Colorado, USA. E-mail：bernard. rollin @ colostate. edu

Jeffrey Rushen, University of British Columbia, British Columbia, Canada. E-mail：rushenj@mail. ubc. ca

Jan K. Shearer, Iowa State University, Ames, Iowa, USA. E-mail：jks@iastate. edu

Kevin J. Stafford, Massey University, Palmerston North, New Zealand. E-mail：K. J. Stafford@massey. ac. nz

Janice C. Swanson, Michigan State University, East Lansing, Michigan, USA. E-mail： swansoj @msu. edu

Helen R. Whay, University of Bristol, Langford, Bristol, UK. E-mail：Bec. Whay@bristol. ac. uk

Tina Widowski, University of Guelph, Guelph, Ontario, Canada. E-mail：twidowsk@uoguelph. ca

Jennifer Woods, J. Woods Livestock Services, Blackie, Alberta, Canada. E-mail：livestockhandling @mac. com

第一版合作者

Anne Marie de Passillé, Research Scientist, Pacific Agri-Food Research Centre, Agri-Food Canada, 6947 ♯7Highway, PO Box 1000, Agassiz, British Columbia V0M 1A0, Canada; annemarie, depassille @agr. gc. ca

Lily N. Edwards, Assistant Professor in Animal Behavior, Department of Animal Science and Indusry, Kansas State University, 248 Weber Hall, Manhattan, KS 66506-0201, USA; lilynedwards@gmail. com and, lne@k-state. edu

Temple Grandin, Professor, Department of Animal Sciences, Colorado State University, Fort ollins, CO 80523-1171, USA; Cheryl. miller@colostate. edu

Camie R. Heleski, Instructor/Coordinator, Department of Animal Science, Michigan State Universiy, East Lansing, MI 48824, USA; heleski@msu. edu

Jeff Hill, Provincial Livestock Welfare Specialist, Innovative Livestock Solutions, Blackie, Alberta T0L 0J0, Canada; Jeffery. Hill@gov. ab. ca

David C. J. Main, Senior Lecturer in Animal Welfare, Department of Clinical Veterinary Science, University of Bristol, Langford, Bristol BS40 5DU, UK; D. C. J. main@bristol. ac. uk

Amy K. McLean, Graduate Student, Department of Animal Science, Michigan State University, East Lansing MI 48824, USA; mcleana5@msu. edu

David J. Mellor, Professor, Animal Welfare Science and Bioethics Centre, Institute of Food, Nutrition and Human Health, College of Sciences, Massey University, Palmerston North 4442, New Zealand; D. J. Mellor@massey. ac. nz

Bernard Rollin, Professor, Department of Philosophy, Colorado State University, Fort Collins, CO 80523-1171, USA; Bernard. rollin@colostate. edu

Jeffrey Rushen, Research Scientist, Pacific Agri-Food Research Centre, Agri-Food Canada, 6947 ♯7 Highway, PO Box 1000, Agassiz, British Columbia V0M 1A0, Canada; jeff. rushen@agr. gc. ca

Jan K. Shearer, Professor of Veterinary Diagnostic and Production Animal Medicine, College of Veterinary Medicine, Iowa State University, Ames, IA 50011, USA; jshearer@iastate. edu

Kevin J. Stafford, Professor Animal Welfare Science and Bioethics Centre, Institute of Veterinary, Animal and Biomedical Sciences, College of Sciences, Massey University, Palmerston North 4442, New Zealand; K. J. Stafford@massey. ac. nz

Janice C. Swanson, Professor, Department of Animal Science, Michigan State University, East Lansing, MI 48824, USA; swansoj@anr. msu. edu

Helen R. Whay, Senior Research Fellow, Department of Clinical Veterinary Science, University of Bristol, Langford, Bristol BS40 5DU, UK; bec. Whay@Bristol. ac. uk

Tina Widowski, Director, The Campbell Centre for the Study of Animal Welfare, Department of Animal and Poultry Science, University of Guelph, Guelph, Ontario, Canada; twidowsk@uoguelph. ca

Jennifer Woods, J. Woods Livestock Services, RR♯1, Blackie, Alberta T0L 0J0, Canada; livestockhandling@mac. com

第二版翻译者的话

《提高动物福利——有效的实践方法》（第二版）（*Improving Animal Welfare*，*2nd Edition*：*A Practical Approach*）由美国科罗拉多州立大学动物科学系 T. Grandin 教授在第一版的基础上组织多名作者编写而成。这些作者来自美国、加拿大、英国和新西兰，具有在发达或发展中地区改善动物福利的丰富经验。在总结、更新大量文献的基础上，本书还特别强调在生产实践中实施切实可行的改善动物福利的有效方案，除了农场动物福利评估及其相关测量指标，还涉及动物操作处理、安乐死、外科手术程序、运输、屠宰及役畜处置、员工良好素质、经济因素等领域，并新增了实施有效的动物福利计划简介、有机农场的动物福利两章内容。

消费者对健康养殖、动物源食品安全以及动物福利立法的关注促使人们在饲养、运输和屠宰农场动物全过程中实施更多的福利化管理项目。尽管关于动物行为、伦理以及影响动物福利的因素方面的材料较多，但指导兽医、农场管理者如何评估动物福利并提高他们在这一方面的技能的信息却很少。编写本书的目的在于帮助动物生产一线从业者采用改善动物福利的实用方法，并在科学研究与生产应用之间架起联系的桥梁。

本书适用于将动物福利项目付诸实践的人们，以期改善全世界范围内动物的生存条件；同时适用于动物福利审核相关人员培训以及畜牧和兽医科学等方面的研究人员、教师和高年级学生。对于从事动物饲养管理和照料的一线人员，本书可对如何改善饲养条件、处置动物提供指导和帮助。

本书的翻译、校对和出版得到国家重点研发计划课题（2017YFD0502003、2016YFD0500507）、奶牛产业技术体系北京市创新团队项目（BAIC06）以及英国皇家防止虐待动物协会的大力资助，在此一并表示感谢。

由于译校者水平有限，本书中翻译不当之处在所难免，欢迎广大读者批评指正。

译　者

2019 年 12 月

第一版翻译者的话

《提高动物福利——有效的实践方法》（*Improving Animal Welfare：A Practical Approach*）由美国科罗拉多州立大学动物科学系 T. Grandin 教授组织多名作者编写而成。这些作者来自美国、加拿大、英国和新西兰，具有在发达或发展中地区改善动物福利的丰富经验。在总结大量文献的基础上，本书特别强调在生产实践中实施切实可行的改善动物福利的有效方案，除了农场动物福利评估及其相关测量指标，还涉及动物操作处理、安乐死、痛苦的外科手术程序、运输、屠宰及役畜处置、员工良好素质、经济因素等领域。

消费者对健康养殖、动物源食品安全以及动物福利立法的关注促使在饲养、运输和屠宰农场动物全过程中实施更多的福利化管理项目。尽管关于动物行为、伦理以及影响动物福利的因素方面的材料较多，但指导兽医、农场管理者如何评估动物福利并提高他们在这一方面技能的信息却很少。本书作为一本教材，目的在于帮助动物生产一线从业者采用改善动物福利的实用方法，并在科学研究与生产应用之间架起联系的桥梁。

本书适用于将动物福利项目付诸实践，以期提高全世界范围内动物生存条件的人们。同时适用于动物福利审核或官员培训以及畜牧和兽医科学等方面的研究人员、教师和高年级学生。对于从事动物饲养管理和照料的一线人员，本书可以对如何改善饲养条件、处置动物提供指导和帮助。

在此，还要特别感谢"奶牛产业技术体系北京市创新团队"项目对本书简体中文版的顺利出版提供的资助。

顾宪红

2013 年 6 月

第二版前言

动物福利引起世界各地越来越多的关注。本书更新了最近的研究进展，并仍然强调实践性。现在，世界动物卫生组织（OIE）陆生动物卫生法典中纳入了动物运输、屠宰和疾病控制中扑杀肉鸡、肉牛和鱼类的建议标准。新加的介绍性章节涵盖了新的 OIE 动物福利指导原则。在一些国家，动物福利是一个新的概念。本书提供的实践信息，能够使兽医、管理者和动物科学家实施有效的实践方案，以提高动物福利，对学生和动物福利专家的培训尤其有用。新加的有机农业一章解释了欧洲系统和北美洲系统之间的差异。书中强调的是一种国际的做法。本书中的两位作者在世界动物卫生组织动物福利委员会工作过，书中内容综述了该组织指导方针的最重要部分。作者们来自美国、加拿大、英国和新西兰，他们具有在发达或发展中地区改善动物福利的丰富经验。除了在北美洲和欧洲，他们也先后在巴西、马里、非洲西部、乌拉圭、智利、澳大利亚、菲律宾、墨西哥、中国、泰国、阿根廷和新西兰工作过。《提高动物福利：有效的实践方法》第二版介绍了如何测量和评估福利，以及在动物的操作处理、安乐死、痛苦的外科手术程序、运输、屠宰及役畜治疗等动物福利关注的主要领域，如何提供改善实践的指导方法。另一个重点领域是，如何使用以动物为基础的结果作为评价指标，如体况、跛行、病变、行为和皮毛状况评分。本书也包括使用数值评分来衡量操作处理和致晕实践的内容。测量是至关重要的，因为人们总是根据他们的测量进行管理。本书引用重要的科研论文作为主要参考文献，但并不是完全的文献综述。有一些章节涉及良好饲养管理的益处、经济因素、伦理和激励生产者行之有效的方法，这些也将有助于起到改善动物福利的作用。这本书的目标读者是将动物福利项目落实到实践中，为世界各地的动物改善条件的人们。

第一版前言

动物福利引起世界各地越来越多的关注。现在世界动物卫生组织（OIE）陆生动物卫生法典中纳入了动物运输、屠宰和疾病控制中动物扑杀的建议标准。在一些国家，动物福利是一个新的概念。本书提供的实用信息，能够使兽医、管理者和动物科学家实施有效的切实可行的方案，以提高动物福利，对学生和动物福利专家的培训尤其有用。书中强调的是一种国际的做法。其中两位作者在世界动物卫生组织动物福利委员会工作过，本书综述了该组织指导方针中最重要的部分。作者们来自美国、加拿大、英国和新西兰，他们具有在发达或发展中地区改善动物福利的丰富经验。除了在北美洲和欧洲，他们也在巴西、马里、非洲西部、乌拉圭、智利、澳大利亚、菲律宾、墨西哥、中国、泰国、阿根廷和新西兰工作过。《提高动物福利——有效的实践方法》介绍了如何测量和评估福利，并针对动物的操作处理、安乐死、痛苦的外科手术程序、运输、屠宰及役畜处置等动物福利关注的主要领域，提供改善实践水平的指导方法。另一个主要的侧重点是，如何使用以动物为基础的结果作为评价指标，如体况、跛腿、病变、行为和皮毛状况评分。本书也包括了使用数值评分来衡量操作处理和致晕实践的内容。测量是至关重要的，因为人们总是根据他们的测量进行管理。本书引用重要的科研论文作为主要参考文献，但并不是完全的文献综述。还有一些章节涉及良好饲养管理质量的益处、经济因素、伦理和激励生产者行之有效的方法，也有助于动物福利的改善。这本书的目标读者是将动物福利项目落实到实践中，为世界各地的动物改善条件的人们。

目　录

第 1 章　实施有效的动物福利计划简介

Temple Grandin
Colorado State University，Fort Collins，Colorado，USA

有关动物福利指南和科学论文的出版数量呈现指数型增长。学生、农场经理、兽医和其他在该领域工作的人也许会被问到："动物福利那么复杂，该从何开始？"第一步是改善管理、饲养、圈舍和捕捉，减少引起动物福利低下的情况。一些例子包括跛行（走路困难），粗鲁捕捉造成的瘀伤、腿伤，体况差，环境中氨含量高，动物肮脏，咬尾或家禽胸囊肿。有效的福利计划包括三个部分——指导性文件、评估工具和标准操作程序。国际公认的评估福利的概念性框架有 4 个，即理解动物福利——文化背景下的科学（Fraser，2008）、五项基本原则（FAWC，1992）、福利质量网络（2009）和世界动物卫生组织（OIE）动物福利指导原则。本章包含有关如何解释 OIE 原则的建议。研究表明，除了防止痛苦外，如果能够提供使动物体验积极情绪的环境，则可以获得更高水平的动物福利。将多种福利指标转换成单一的分数是有风险的，因为它可能会掩盖严重的福利问题，如跛行。

【学习目标】

- 如何实施动物福利评估计划。
- 鉴定必须立即纠正的最严重的动物福利问题。
- 如何在屠宰场测量瘀伤、损伤和其他动物福利问题。
- 理解形成动物福利指导文件的概念框架。
- 如何应用世界动物卫生组织（OIE）动物福利的一般原则。

1.1　引言

自 2010 年本书第一版出版以来，有关动物福利的研究报告、图书、新的动物福利指南、立法以及网站的数量呈现全球性指数型增长（Walker 等，2014）。从无到十分严格，不同国家的政府条例（regulations）差异很大。一个对动物福利领域不熟悉的人很可能会在大量的新信息面前变得不知所措。学生、农场经理、兽医和其他在该领域的人也许会被问道："动物福利这么复杂，该从何开始？"本书不会试图回顾所有的条例和新的文献，相反，它将包括最实用的科学信息，并将其与用于商业运营的建议结合起来。动物福利是一个全球性问题（Fraser 等，2013），本书包含发达和发展中地区日常使用的信息，有一些基本信息可用于改善世界各地的动物福利。本书还设计了"快速访问信息框"，以便读者轻松查询经过总结的基本信息。

人们还需要一些有关如何实施评估计划、标准操作程序（SOPs）以及其他可改善动物福利和防止虐待动物策略的信息。本书是一本操作指南，为兽医、动物科学家、生产者、运输者、审核员、政府机构人员、质量保证经理以及在动物领域工作的其他人员提供实用信息。通常人们会通过立法来禁止令人"讨厌"的实践，但结果是它仍在继续，因为该领域实施计划的改变实在太少了。另一个问题是，起草立法的人可能对该领域的情况知之甚少。

实施动物福利计划的建议，是基于作者 15 年来为大型零售商和餐馆制定和实施福利审核体系方面的经验（Grandin，2000，2005）。作者访问了来自 26 个国家的 500 多家农场和屠宰场。本书也将帮助读者更有效地使用从许多其他来源获得的知识，这将有可能带来真正意义上的改变：改善家畜、家禽和鱼类在农场、屠宰场以及运输工具上的处理方式。实施有效动物福利计划的原则对所有动物来说都是一样的。

世界动物卫生组织（OIE，2014a）发布了关于畜禽屠宰、家畜运输、疾病暴发后农场动物扑杀、肉牛生产和肉鸡生产的具体福利指南，还包括有关养殖鱼类屠宰、运输和扑杀指南（OIE，2014a），而奶牛、生猪和蛋鸡生产的相关指南还在制定中。OIE 指南是全球最低和最基础的国际标准，许多国家和大型肉类购买客户往往会有更严格的标准。

大型食品零售商和连锁餐厅现在都会要求其供应商遵守各自的动物福利标准。这些大买家提供的经济刺激是改善发达和发展中地区动物福利的一支主要力量（Webster，2012）。非政府组织（NGO）动物宣传团体在促进动物福利标准和立法的发展方面也具有影响力。

1.1.1 本书目标

本书有以下 5 个主要目标。

（1）帮助管理者、兽医和政策制定者实施有效实用的审核、监管和评估计划，以改善畜禽和养殖鱼类的福利和待遇。

（2）提供实用信息来直接改善一些关键领域的福利，比如屠宰、运输、捕捉、安乐死、役用动物护理和痛苦的外科手术。

（3）帮助读者理解动物行为在评估动物福利中的重要性及其在生产圈舍和处置系统设计中的作用。

（4）以易于理解的方式探讨伦理在动物福利中的作用。

（5）了解如何运用经济刺激来改善农场动物福利和减少经济损失。管理、操作处理、饲养和运输方面的改善将提高动物生产力，减少因瘀伤、疾病、跛行、死亡和其他问题造成的损失（Hemsworth 和 Coleman，2010；Huertas 等，2010）。

1.1.2 电子媒体对动物福利的影响

自本书第一版出版以来，随着可以拍摄高质量视频的移动电话数量的大幅增加，残暴的虐待动物视频引起了公众的强烈抗议并造成贸易中断，促使公司改进其实践做法。制订有效动物福利计划的第一步是防止虐待动物。当虐待动物的视频在全世界曝光时，遵守立法文件并不能保护这样的农场。一些视频如病毒般迅速传播开来，数百万人都看到了这些视频。许多福利指南和立法都倾向于将合规性转变为保存记录和填写表格，而不是监督现场的实际做法。作者的重点在于农场或屠宰场实际发生的事情。

实施动物福利计划的第一步是阻止明显的虐待行为。世界动物卫生组织（2014a）不允许公开虐待的行为有殴打动物、故意折断腿、切断肌腱、拖拽不能正常行走和摔倒的动物，或通过触碰敏感区域（例如直肠）来驱赶动物。货车超载导致动物死亡或者导致动物相互踩踏是另外一种必须停止的行为。农场生产条件下完全虐待的情况有肮脏的饲养环境、粪便不清除或者密集的圈舍中氨浓度或粉尘浓度都很高。被忽视的健康问题有坏死性器官脱垂、晚期眼癌、饥饿或者过度拥挤以至动物躺在彼此的身上，这些也是不可接受的。任何福利计划的第一步都是要消除所有上述问题，更多信息请见"快速访问信息1.1"。

快速访问信息 1.1　最严重的动物福利问题由虐待、忽视或管理不善引起，造成动物明显痛苦，必须立即纠正这些情况

装卸和运输——禁止的做法和情况[a]	由圈舍差、环境条件恶劣、营养不良或被忽视的健康问题所造成的福利问题	屠宰——禁止的做法[a]
● 殴打、扔、踹动物。 ● 戳瞎眼睛或者切断肌腱来约束动物。 ● 拖拽、投放动物。 ● 超载的货车过于拥挤，以至于摔倒的动物被踩踏。 ● 故意将动物驱赶到其他动物的身上。 ● 戳碰动物的敏感区域（如眼睛、肛门或嘴）。 ● 断尾或断腿。 ● 役用动物超负荷工作，直至筋疲力尽。 ● 用尖锐物体刺戳动物。 ● 在装卸过程中造成动物频繁跌落、受伤或瘀伤的情况。	● 饥饿或使动物严重脱水；许多动物过于瘦弱或者体况过差。 ● 高浓度氨导致眼睛和肺部损伤。 ● 极端冷热造成的严重应激或死亡。 ● 由于缺乏垫料或者圈舍设计不良而引起的大肿块或其他损伤。 ● 畜禽身体肮脏、沾满粪便、没有干燥地方可躺卧。 ● 无法治疗明显的健康问题。 ● 危害动物健康的营养问题。 ● 导致许多动物跛行（走步困难）的任何情况。 ● 役用动物身上由马鞍或挽具所造成的创伤。 ● 未能对严重受伤或者患有绝症的动物实施安乐死。 ● 被忽视的健康问题，如坏死性器官脱垂或晚期眼癌。	● 在有意识、敏感的动物身上进行热烫、剥皮、卸腿或其他胴体修整程序。 ● 用电流固定动物（Grandin等，1986；Pascoe，1986），与有效的电击晕相混淆。 ● 在屠宰前通过切断脊髓来固定动物的 Puntilla 方法，不会引起动物瞬间的感觉丧失（Limon等，2010）。 ● 固定有意识动物的高应激方法，如用一条腿倒挂牛。

a. 装卸、运输以及屠宰列中的所有事项都违反 OIE（2014 a、b）屠宰和运输法典。OIE 动物福利标准是发达和发展中地区每个人都应遵循的最基本标准。要实现更高水平的福利则需要一些额外的标准。许多国家都有额外的标准。不同国家之间的疾病控制标准比福利标准更容易在国家之间统一，因为福利标准需要更复杂的伦理考虑。

1.2　有效实施动物福利计划的步骤

许多动物福利专家都认为，防止明显的虐待行为并不是保证良好福利的唯一手段（Broom，2011；Keeling 等，2011；Mellor 和 Webster，2014）。作者也同意这些担忧。为了简化对福利问题的理解，作者按优先顺序列出了 4 种类型的福利问题。这对初期实施动物福利计划的发展中地区尤其有用。

步骤一

消除虐待、忽视和暴力（快速访问信息 1.1）。这需要管理监督，昂贵的新设施并不能解决这些问题。

步骤二

启动本书其余部分概述的测量系统和评估工具来减少出现严重福利问题的动物比例，这些严重福利问题包括体况差（瘦弱、皮包骨）、跛行（行走困难）、肮脏或者有疮伤和损伤（快速访问信息 1.1）。跛行是一个主要问题（Von Keyserlingh 等，2012）；还应对装卸、运输和屠宰实践实施评估和持续监测计划。在屠宰场可以很容易地发现许多严重的福利问题（快速访问信息 1.2）。屠宰场评估的优势在于可以在短时间内查看来自许多农场的大量动物，缺点是无法轻易评估步骤三和步骤四中的福利问题。

快速访问信息 1.2　在屠宰场可以轻松测量的动物福利问题指标

粗暴装卸、运输问题和虐待的后果	圈舍问题的后果	遗传背景管理不善或忽视健康问题的后果
● 瘀伤。 ● 家禽翅膀损伤。 ● 到达时动物的死亡数。 ● 不能活动的动物数，出现断角或断腿等损伤的动物数。 ● 断尾。 ● 特定虐待行为造成的伤害，如戳眼、穿刺伤或切断肌腱。	● 畜禽身上沾着粪便。 ● 家禽跗关节灼伤。 ● 奶牛腿肿胀。 ● 母猪褥疮。 ● 打斗导致的严重损伤。 ● 家禽脚垫病变。 ● 由于高浓度氨导致的眼睛和肺部病变。 ● 家禽胸囊肿。 ● 蹄部问题。 ● 鱼鳍腐烂。	● 体况差。 ● 跛行（行走困难）。 ● 表皮和羽毛状况差。 ● 装卸野生动物很难。 ● 动物虚弱。 ● 眼癌。 ● 体外寄生虫。 ● 体内寄生虫。 ● 咬尾。 ● 家禽腿扭曲。 ● 猪和牛腿部形态差。 ● 出现被禁止的行为和残害。 ● 疾病状况。 ● 脱水。 ● 成牛去角。 ● 肝脓肿——谷物喂养的牛。

步骤三

提供满足动物基本行为需求的圈舍，比如能够转身并以正常的姿势站立。为有较强动机的行为需求提供富集设施，例如用于产蛋母鸡的隐蔽巢箱，用于猪咀嚼的探究材料或设备。培养具有良好饲养管理技能的生产者，可以减少动物对人类的恐惧并且提高生产力（Hemsworth 和 Coleman，2010）。还应实施减少阉割和去角期间疼痛的方法。本书一些章节涉及术后疼痛的缓解、饲养管理和动物的行为需求。

步骤四

自本书第一版出版以来，研究人员对提供环境促使动物表达真正的积极情绪进行了大量研究（Boissey 等，2007；Rutherford 等，2012）。第一版的一些批评者指出，该书没有足够重视促进动物的积极情绪。目前，一些新的积极情绪评估工具有定性行为评估（QBA）（Rutherford 等，2012）和认知偏差（Douglas 等，2012）。这些评估将在第 2 章、第 12 章和第 16 章讨论。科学研究已经充分表明动物是有情绪的（Morris 等，2011；Panksepp，2011）。对积极情绪的一些简单评估包括动物的恐惧程度低、接近人、有玩耍行为、社交性梳理毛发、愿意接近新奇的物体。

1.3　有效福利计划的四个组成部分

1.3.1　一个指导文件，立法法典或概念性框架

指导文件包括 OIE 动物福利指导原则（OIE，2014a）、福利质量网络（2009）、五项基本原则（FAWC，1992）、Fraser（2008）的四项指导原则、政府立法或私人企业指导文件等。指导文件详细介绍了从复杂到简单的反虐待立法，并规定了总体原则。

1.3.2　评估工具

评估工具用于评估动物的状况，因此要符合指导文件、标准和条例。评估工具包括完整的计划，如每个物种的福利质量条款或美国肉类研究所审核指南（2013 年），针对特定福利问题的单一评估工具，如跛行、动物装卸、体况或咬尾的行为问题。农场用评估工具来确认其内部状况是否正在改善或恶化。政府检查员、企业质量保证人员或主要买家的审核员用评估工具来确定相关方是否符合指南和法规。第 4 章讨论了评估工具的实际应用。其他章节将提供有关装卸、安乐死、运输、屠宰、痛苦操作和行为的具体信息。这些章节对培养畜牧人员和编写标准操作程序（SOPs）很有用。

1.3.3　条例或标准

指导文件包含总体原则，但还需要更具体的标准。例如，OIE 有动物福利的一般原则，这是一份指导性文件（OIE，2014a），并在屠宰、运输、肉牛和肉鸡生产方面有更具体的单独标准。另外还有由私人企业或认证组织编写的标准，如麦当劳公司、全球动物合作组织或有机标准组织。这些标准可能需要使用特定的评估工具。例如，95％的牛必须保持安静，不能在进入击晕箱时或在击晕箱中发出声音（哞叫或咆哮）。如果超过 5％牛发出声音，该工厂将不符合麦当劳的企业标准。另外，还要求动物在其生长季节必须在牧场放牧。

一个优秀的私人企业标准与 OIE 是可以兼容的。在编写这些标准时要避免与 OIE 国际标准直接冲突。例如，装卸过程中牛发声的数字评分为执行 OIE 标准提供了指导，该

标准规定应该避免以伤害、痛苦或损伤的方式来装卸动物（OIE，2014b）。

各国政府制定的条例也包括在此类别中。法律要求人们遵守其所在国家的政府条例。OIE 标准与大多数国家的动物福利条例兼容。发达地区可能有着更加严格的条例。在不发达的地区实施 OIE 标准，有助于改善动物福利。一些国家可能会将 OIE 标准写入他们自己的法律。

1.3.4　标准操作程序（SOPs）和动物福利官员

每个公司或个体农场都应制定自己的动物福利标准操作程序，其中包括"怎么做"的不同程序和使用评估工具的方法。大屠宰场（欧盟，2012）和农业企业经营部门应该有一名动物福利官员来编写 SOPs。福利官员是确保公司遵守福利条例的关键人物。福利官员工作的另一个重要部分是实施福利计划来阻止明显的虐待行为，并纠正快速访问信息 1.1 和 1.2 中列出的问题。

SOPs 同时被用于食品安全和动物福利，为特定农场或屠宰场的特殊情况提供指导，它们不是评估工具。SOPs 提供了关于如何进行不同程序的详细指导，例如跛行评分、阉割、安乐死、卡车装载或屠宰时击晕。欧盟要求在 SOPs 中为每家屠宰场规定具体的击晕参数，例如电流强度和施加时间（欧盟，2012）。许多公司将使用已发布的培训和教育材料作为 SOPs，例如美国兽医医学学会（AVMA，2013）发布的安乐死指导方针、各国养牛协会发布的指南或本书中的信息。一个奶牛跛行评分的标准操作程序可能会说明，当奶牛离开挤奶设施时，应当每月进行跛行评分。因为每头奶牛都不同，SOPs 应该规定观察者该站在哪里，还应该规定该使用哪种跛行评估工具。安乐死 SOPs 可以指定本书中所示的方法、兽医协会指南、OIE 指南或主要零售商的要求。它将指导农场雇员和管理人员执行不同的程序。

世界各地的情况差别较大。例如，对一幢动物依靠通风系统来避免死亡、环境受控的圈舍，应该有一个标准操作程序，这个标准操作程序规定备用发电机必须每月进行测试和运行。而对一幢完全开放的自然通风圈舍，则不会配有发电机或关于发电机的标准操作程序。SOPs 的详细程度各不相同。一套非常详细的 SOPs 将是一本完整的员工培训材料，详细说明如何检测疾病、治疗疾病、装卸动物、安乐死、运输以及屠宰。一个较不详细的 SOP 可能包括现已发布指南的以下内容。

1.4　形成福利评估指导文件的四个概念框架

四个国际公认的概念框架包括 David Fraser 的四项指导原则（Fraser，2008）、福利质量网络（2009）、五项基本原则（FAWC，1992）和 OIE 动物福利指导原则（OIE，2014a）。

1.4.1　四项指导原则

加拿大英属哥伦比亚大学的 David Fraser（2008）指出，从伦理和科学两个角度看，良好福利有以下四个指导原则。

（1）保持基本健康　例如，提供足够的饲料、饮水、疫苗、圈舍和良好的空气质量，预防疾病和减少死亡损失；保持畜禽体况和生产力。健康是动物福利的一个主要组成部分，但不是唯一要素。

（2）减少痛苦　例如，使用麻醉剂去角，防止跛行，减少瘀伤，预防受伤，以及消除引起恐惧或疼痛的、粗暴的、引起应激的捕捉方法，也包括要防止饥饿、口渴、热应激和冷应激。

（3）适应自然行为和情感状态　例如，为母鸡提供一个巢箱，为猪提供探究的稻草。情感状态即动物的情绪状态，见第 8 章（Duncan，1998）。

（4）环境中的自然元素　例如，去舍外的机会或自然阳光。

1.4.2　福利质量体系

在欧洲发展起来的福利质量体系在四因素框架内评估动物福利（福利质量网络，2009；Blokhuis 等，2010；Rushen 等，2011）。

（1）良好的饲养——没有长期的饥渴　如评价瘦弱动物的体况、饮水机会、脱水迹象和饲槽空间。

（2）良好的圈舍——包括热舒适、易于移动、休息舒适性　如动物清洁度、空气质量、热应激症状（如气喘）、饲养密度、垫料状况和冷应激症状（如颤抖）。在易于移动的情况下，本部分也可以包括捕捉评分。

（3）良好的健康——包括受伤、疾病和在外科手术中的疼痛控制　如跛行评分、死亡损失、创伤（如奶牛跗关节肿胀）、家禽跗关节灼伤、家禽胸囊肿、家禽足垫病变、母猪外阴叮咬、猪疝气、乳中体细胞数、内外寄生虫、难产以及痛苦操作的疼痛缓解。本部分也包括疾病的所有临床症状。

（4）适当的行为——包括社会行为的表达和良好的人畜关系　如为评估对人的恐惧（躲避）测量逃离区（动物的独自空间）、定性行为评估、攻击造成的创伤评分，以及刻板和其他异常行为的评分。评估适当行为也包括积极情绪迹象的评估，如玩耍、接近新奇物体以及社交性梳理羽毛（Rushen 等，2011）。

1.4.3　五项基本原则

世界动物卫生组织（2014a）认为，下列五项是动物福利评估指导文件的一部分。这五项基本原则最初由英国 Brambell 委员会发展而来（FAWC，1992），包括：①免于饥渴和营养不良；②免于身体不适和热不适；③免于疼痛、受伤和疾病；④自由表达正常行为；⑤免于恐惧和痛苦。

1.4.4　OIE 动物福利的一般原则

自本书第一版出版以来，OIE（2014a）在第 7.1.4 条款中发布了"畜牧业生产系统中动物福利的一般原则"。本指导文件涵盖了农场生产单元（Fraser 等，2013）。之前比较早的 OIE 指南则包括运输、屠宰和为了疾病控制的扑杀。接下来，作者将提供如何使用OIE（2014a）农场动物生产指南的具体实例。在撰写本书时，世界动物卫生组织还没有猪、奶牛和蛋鸡生产的具体指南和评估内容。与鱼、肉牛或肉鸡相比，这三类动物与圈舍系统设计相关的福利问题更为复杂和更有争议。由于问题更加复杂，世界动物卫生组织成员可能更难在国际标准上达成一致。这可以解释为什么首先制定了饲养肉牛、肉鸡和鱼的指南。作者将就如何解释 OIE 指南提供意见。必须记住的是，OIE 指南旨在为存在各种情况的不同国家提供指导。

"遗传选择应始终考虑到动物的健康和福利"（OIE，2014a）。

这是许多科学家都关注的一个领域（Rodenburg 和 Turner，2012）。由于无差别地选择生产力而引起的一些严重福利问题有：蛋鸡骨质疏松导致骨折的比例很高（Wilkins 等，2011），快速生长肉鸡跛行和腿部异常（Caplen 等，2012），现代杂交猪抗病性降低（Jiang 等，2013），绵羊对寄生虫抵抗力丧失（Greer，2008）以及与产奶量增加相关的奶牛繁殖问题（Spencer，2013）。进一步的研究表明，高产奶牛体况较差，蹄底脂肪垫较薄（Green 等，2014）。Walsh 等（2011）曾报道，负能量平衡是奶牛繁殖力低的主要因素。当高产奶牛不能摄取足够的营养物质来防止体况下降时，就会出现负能量平衡。作者将这些问题称为"生物系统过载"。在未来，动物生物系统过载可能会导致一些严重的动物福利问题（Grandin 和 Deesing，2013）。值得注意的是，世界动物卫生组织首先列出了遗传问题。来自发展中地区的 OIE 委员会的人们可能已经注意到了他们国家首次引进现代高产畜禽时出现的福利和生产问题。这些高产动物在较原始的条件下更容易生病或死亡。Rodenburg 和 Turner（2012）担心，遗传选择出的能生产更多鸡蛋、牛奶或肉类的动物会出现功能丧失和福利问题。科学家和一些生产者都表示，需要选择动物以获得最佳产量而不是最大产量。为了保持动物合理的抗病性、繁殖能力和结构完整性，管理者可能需要选择稍低的生产力。

"被选择引入新环境的动物应适应当地气候，能够应对疾病（包括寄生虫病）和营养挑战"（OIE，2014a）。

高产荷斯坦牛饲养在过于炎热的气候条件且不提供人工降温的情况下，则存在问题。一个很好的替代方法是，将耐寒的当地牛与荷斯坦牛杂交来增加产奶量，而且还能保持足够的耐热性来预防热应激（Galukande 等，2013）。同时重要的是保护了有抗病力的当地品种（Yilmaz 等，2013）。Vordermeier 等（2012）报道，埃塞俄比亚当地瘤牛对结核病的抵抗力比进口荷斯坦牛更强。为了避免福利或生产力问题，饲养产肉、产蛋或产奶更多的动物通常需要昂贵的饲料（Thatcher 等，2011）和环境控制设施的更高投入。

"物理环境，包括垫料（行走区表面、休息区表面等）应适合所饲养的动物种类，使动物受伤、疾病和寄生虫传播的风险最小化"（OIE，2014a）。

动物福利评估的趋势是使用基于动物的结果测量（Whay 等，2003；Velarde 和 Dalmau，2012）。在该指南下，福利问题的主要结果测量是高比例的动物存在以下问题——跛行（行走困难）、身体肮脏、腿部受伤/肿胀、蹄病、足垫病变、跗关节灼伤、家禽胸囊肿以及毛皮或羽毛出现磨损区（见第 2 章和第 4 章）。

以下为可能导致受伤或疾病的圈舍条件和物理环境恶劣的一些例子：

- 板条间距不适宜的漏缝地面会导致跛行和腿部受伤（Kilbride 等，2009）。
- 奶牛隔间（散栏）过小造成跗关节肿胀（Fulwider 等，2007）。
- 体重大的牛长时间饲养在裸露的水泥地上会导致跛行。
- 家禽舍垫料潮湿、肮脏会导致跗关节灼伤和胸囊肿。
- 泥泞的饲养场会损害皮肤表面，导致足部腐烂。

以下为良好环境的一些例子：

- 提供充足的垫料，防止土壤和粪便黏附到动物身体上。
- 橡胶或塑料地面可以减少跛行或受伤。
- 每天为奶牛提供干燥的土地或草地，减少跛行（Flowers 等，2007）。
- 轮牧，减少寄生虫传播。
- 在完全封闭的圈舍提供充足的通风，以保持氨浓度低于 10mg/kg。

"物理环境应允许动物舒服地休息，安全、舒适地移动，其中包括正常的姿势变化和表达动物有动机表达的各种自然行为的机会"（OIE，2014a）

第一个需要遵守的要求是，动物应该能够以正常的姿势转身、站立和躺卧。本指南涵盖了最具争议的动物福利问题。Fraser 等（2013）在讨论本章应用中，没有解决母猪无法转身的妊娠栏问题以及防止母鸡完全站立的小鸡笼问题。Fraser 等（2013）对提供行为需求如母鸡筑巢的必要性方面，确实提出了有力的证据。他们非常清楚母鸡需要一个栖息区域和一个筑巢区。作者认为以下系统不符合本指南——防止母猪转身的母猪妊娠栏，防止母鸡以正常的站立姿势抬头站立、用于产蛋母鸡的小型层架式鸡笼。母猪群体舍饲和富集布置的笼（群体舍饲）符合规定。图 1.1 显示了一只母鸡在富集的舍饲系统中拥有足够的空间，可以完全站立并拍打翅膀。精心设计的鸡笼还提供了一个隐蔽的巢箱和一个栖息处（Tactacan 等，2009）。母鸡非常积极地使用巢箱，同时天花板高度足以让其以正常姿势走动。猪会积极用鼻操纵和探究东西（van de Weerd 和 Day，2009），应该给它们提供稻草、其他纤维垫料或特殊设计的可探究和可咀嚼的物件。奶牛隔间应该足够宽，以便母牛能够躺下，头部处于正常蜷曲的背部位置（使用其身体作为枕头），而不会使腿碰上后面的混凝土边沿而损伤（Fulwider 等，2007）。拴系牛应该能够转身。饲养在拴系栏舍的牛应该有解开系绳自由活动的时间。危害拴系牛福利的风险在增加（Loberg 等，2004；Tucker 等，2009）。应给所有种类动物提供密集饲养的设施，以便它们能够同时睡下而不会压到彼此。以上都是最低要求。

图 1.1　富集的群体舍饲为母鸡提供了足够的空间，使它能够完全站立并展开翅膀。

（图片由 Big Dutchman 提供）

"应该对动物进行社会重组，促使其表达积极的社会行为，并最大限度地减少伤病、痛苦和长期恐惧"（OIE，2014a）。

畜禽是社会性的，单独或在个体栏中饲养不能使其表现正常的社会行为。在奶牛场，为了控制疾病，小犊牛通常会被饲养在个体栏中。作者认为，遵守本指南，奶用犊牛应该在 6 周后分群饲养。妊娠栏中的母猪不符合此标准。猪在攻击遗传性方面存在差异（D'Eath等，2009）。实践经验表明，某些家猪杂交系混群时会攻击性地打斗。要成功地从妊娠栏转成群饲，可能需要改变猪的基因。对于所有物种，当陌生的动物混群时，它们应该同时放入一个新圈或牧场，从而避免造成其他动物入侵原居住动物领地的问题。五六头猪的小群放入一个小圈可能比更大的群打斗更厉害。因此，五六头母猪的小群通常在它们整个生产期都饲养在相同的群中。在饲养更多动物的大圈中，受到攻击的动物有逃脱的空间。另一个有争议的问题是奶牛的拴系栏。这些系统在许多国家都很常见，养在这些设施中的奶牛通常不表现异常行为。作者认为，应该每天将养在拴系栏中的奶牛放到牧场或舍外，除非严酷的季节性天气条件。

"对于舍饲动物，空气质量、温度和湿度应该确保动物健康而不应使其厌恶。极端条件发生时，不应阻止动物使用自然的热调节方法"（OIE，2014a）。

基于结果的环境问题的指标，包括高比例动物患有眼部问题如结膜炎（OIE，2014c）、热应激导致张口喘息（Mader 等，2006）、冷应激导致颤抖、蜷缩或死亡。研究表明，在夏季为育肥牛提供遮阳可以提高生产力（Barajas 等，2013）。当提供遮阳时，黑安格斯牛呼吸速度比浅褐色夏洛莱牛减少更多（Brown-Brandl 等，2013）。与具有较浅色皮毛的品种相比，黑牛体表温度更高。家禽和绵羊对高浓度氨都很厌恶（Phillips 等，2012）。任何类型的动物设施中氨浓度不应超过 25 mg/kg。与 5mg/kg 或 0mg/kg 氨浓度相比，人在 25mg/kg 氨浓度条件下出现头痛或眼部不适症状更严重（Sundblad 等，2014）。应该在动物水平上测量氨浓度。在集约舍饲的农场，动物完全依赖机械通风来防止热应激或窒息死亡，这种农场需要一台备用发电机或者打开建筑物侧面的方法。在自然通风的圈舍，则不需要。在寒冷气候下，通常可以通过防风墙、厚稻草或者庇护处来预防冷应激（Dronen，1988；Anderson 等，2011）。将未适应的动物转移到不同气候条件的地区时，热应激或冷应激也可能是致命的。由于缺乏对环境的适应导致死亡损失的一个例子是，将具有夏天光滑毛皮的牛带到寒冷的气候环境，如果在这个季节早些时候转移这些牛，它们会在天气变冷之前长出适宜过冬的毛皮，结果可能会更好。来自热带的动物品种可能在较冷的气候中存在冷应激问题。在较冷气候条件下培育的动物品种（如荷斯坦牛）在炎热气候下可能存在更多的热应激问题。在热带培育的品种具有更强的散热能力。动物的新陈代谢需要几天或几周才能适应温度的变化（Roy 和 Collier，2012）。

"动物应该有适合其年龄的充足饲料和饮水，需要保持健康和正常的生产力，防止其长期饥渴或脱水"（OIE，2014a）。

这是一个单独使用结果测量对福利有害的领域，因为饲料和水的严重缺乏可能导致缓慢的应激性死亡。理想情况下，应该有足够的饲槽空间使得所有畜禽可以同时采食。如果持续提供饲料，则饲槽空间可以少些。获取饲料有问题的测量结果可能是出现一些瘦弱的体况差的动物。这些动物变得瘦弱是因为受到具有侵略性的优势动物推挤，无法到达食槽边采食。最炎热的时候必须供应所有动物充足的饮水。在炎热的天气，许多动物对水的需求可能会翻倍（Arias 和 Mader，2011）。饲喂高剂量 β-受体激动剂也可能违反上述原则。Longeragan 等（2014）发现，在夏季饲喂 β-受体激动剂增加了牛的死亡损失。

　　"应通过良好的管理实践尽可能地预防和控制疾病（包括寄生虫病）。有严重健康问题的动物，如果治疗不可行或不可能康复，应该及时隔离和处理，或者人道处死"（OIE，**2014a**）。

　　本指南结果测量的例子是健康记录，包括记录患病动物、体况不良或感染高水平内外寄生虫的动物比例。毛皮状况不良或者有脱毛区域，通常表明存在外寄生虫。在一些禁止使用抗生素或其他药物的有机或自然农场中，生产者可能会试图拒绝对患病动物进行治疗。从动物福利的角度看，这是不可接受的。动物生产在发展中地区迅速扩大。因为一些人没有掌握疾病简单临床症状的基本知识，因此非常需要培训基础饲养方面的动物护理人员。在最近的一个不好的案例中，动物护理人员不知道咳嗽的牛病了。由于外寄生虫或刮伤引起的毛发脱落所造成的动物秃斑也是不可接受的。

　　"当无法避免疼痛手术时，应尽可能使用可行的方法控制其所产生的疼痛"（OIE，**2014a**）。

　　参阅第 2 章和第 6 章，检测可能表明疼痛的行为。动物毫无疑问会感觉到疼痛，研究支持使用麻醉剂和镇痛药（第 6 章；Coetzee，2011，2013；Stafford 和 Mellor，2011）。在世界上疼痛缓解无法获得的地区，阉割和去角应该在动物年幼时进行。在某些发展中地区存在着一些难以处理的伦理问题，在那里人们没有可用的抗生素和麻醉剂。如果一位母亲的孩子身患重病，那么她可能会从养猪场偷走抗生素来拯救她的孩子。当一家大公司在发展中国家开办养猪场或养鸡场时，这些动物可能比人更容易获得医疗保健。作者认为，在医疗保健较难获得的国家，大公司应确保其员工也能获得基本的药物。

　　"所有者和管理者应具备足够的技能和知识，以确保动物按照这些原则得到处理"（OIE，**2014a**）。

　　管理层对良好动物福利的承诺的重要性怎么强调都不过分。通常，人们想要购买神奇的新技术，因为他们错误地认为它会解决所有问题。技术绝不能替代优秀的管理。在非常简单的设施中，有可能获得高水平的动物福利。对员工进行动物行为和基础畜牧知识的培训是必不可少的。

1.5　不建议将众多福利指标与单一的分数结合起来

　　较新的评估工具，如福利质量网络（2009）和 Blokhuis 等（2010），试图将积极情绪的研究与本章前面的步骤一、二和三中列出的所有内容结合起来。作者赞同在这项评估中纳入积极的福利指标。但不幸的是，它对日常商业用途而言过于复杂。福利质量网络（2009）是有价值的科学研究工具的一个很好的例子。用于商业用途时，它需要简化（Andreasen 等，2014），因为它需要很长时间来实施。不建议使用结合了积极和消极福利因素的所有数据的单一汇总分数。DeVries 等（2013）发现，当根据福利质量评估协议对奶牛场进行评估时，出现 47% 跛行奶牛的牛场达到可接受的等级，而另一家出现 25% 跛行奶牛的牛场则获得了待改善的等级。大多数人认为，出现 47% 跛行奶牛的牛场没有达到可接受的福利等级。跛行会引起疼痛（Flowers 等，2007；Rushen 等，2007）。Andreasen 等（2013）指出，汇总所有分数的复杂方法缺乏透明度，并且消费者也难以理解。Vessier 等（2011）解释了福利质量体系的总体评分是如何基于伦理关切而制定的。

1.6　防止福利不良的关键控制点

作者认为，更实用的方法必须有某些关键控制点（核心标准），其中所有关键控制点都需要一个可接受的分数，才能达到可接受的福利分数。此方法的另一个名称是关键违规行为。在关键违规行为上得到一个可接受分数的农场应该能获得表示积极情绪因素的额外分数，这些积极情绪包括较低的恐惧、出现玩耍行为或社交性梳理毛发。一些明显的福利基础是没有虐待行为和跛行、生病、瘦弱、肮脏或受伤动物的比例较低。为了降低在移动和兽医手术限制过程中使动物跌落或发声的比例，对动物实施捕捉评分（第 5 章）是动物福利最低可接受水平所需的附加因素。为了获得总体可接受的分数，农场应该在所有基本关键控制点上都得到可接受的分数。然后，他们可以在积极情绪评估中获得额外分数来得到高分。为了达到动物福利最低可接受水平，农场应在以下关键控制点上使受影响的动物保持低比例。

- 跛行（行走困难）。
- 没有受到养殖员虐待。
- 身体肮脏。
- 受伤。
- 生病。
- 瘦弱。
- 生产动物和役用动物受伤或受损。
- 刺激眼睛或肺部的不良空气质量。
- 异常的刻板行为。
- 咬尾或啄羽。

本书还包括如何衡量农场动物的福利问题讨论、如何评估和执行关键程序的章节，这些关键程序有安乐死、运输、屠宰和缓解外科手术如阉割的疼痛。其他章节涵盖伦理的重要性、良好的饲养管理、对行为需求的理解以及对役用动物的护理。

参考文献

（赵卿尧、刘　芳、李　靖译，顾宪红校）

第 2 章　利用测量提高畜禽和鱼类福利的重要性

Temple Grandin

Department of Animal Science, Colorado State University,

Fort Collins, Colorado, USA

　　持续观测诸如跛行和不良的操作实践等严重的福利问题很有必要。当引入数字评分系统时，管理人员能够得出饲养条件是得到提高还是恶化的结论。调查表明，最佳与最差的生产者之间有着天壤之别。例如，最好的 20％奶牛场没有腿部肿胀的牛，而最差的 20％奶牛场腿部肿胀牛占 7.4％～12.5％。测量能够预防不当操作常态化。应持续观测操作处置动物的流程以确保维持在高标准。对人员进行培训、对设备进行简单的改造，能降低畜体瘀伤，减少处置时动物摔倒，并能大幅减少电刺棒的使用。叫声评分（牛的哞叫和嚎叫或猪的尖叫）是判断动物在被操作处置或保定时是否处于严重应激的有效方式。设备和人员操作处置水平的提升能够大幅降低牛或猪被保定时叫声的百分比。本章也包含易在牧场实施的反映动物疼痛的行为观测指标，并讨论了降低动物恐惧应激的重要性。

【学习目标】

- 通过测量了解最佳与最差生产者之间巨大的差异。
- 仅凭动物健康这一点并不能保证良好的动物福利。
- 学习动物机体生物功能超载带来的问题。
- 疼痛和悲伤的测量。
- 使用测量来显示改进或恶化的实践。

2.1　引言——运用好所测量的指标

　　畜牧生产者会定期测量动物增重、死亡损失和疾病，但不会测量引起动物疼痛或悲伤的一些指标，如跛行（行走不便）、被处置时摔倒、瘀伤或电刺棒使用，这些会严重影响相关动物个体的福利。定期对这些指标进行测量，能够确定管理水平是在提高还是在恶化。跛行会引起行走步伐异常，是多种畜禽出现的最严重的福利问题之一。跛行确实会引起疼痛，因为给奶牛使用麻醉剂利多卡因可缓解疼痛（Flowers 等，2007；Rushen 等，2007）。没有测量，人们往往无法成为有效的管理者。集约化圈养的奶牛跛行问题就是一个很好的例子。

2.1.1　奶牛和母猪的跛行

多年来，在水泥地面饲养的奶牛跛行问题呈持续上升趋势。出现这种情况的原因之一，是在跛行病情严重前人们较少测量奶牛行走能力。英国一项研究显示，16.2％的奶牛有跛行问题（Rutherford 等，2009）。散养（小隔间）奶牛平均有 24.6％临床表现为跛行（Espejo 等，2006）。但是，在排名前 10％的奶牛场中跛行却只有 5.4％（Espejo 等，2006）。Von Keyserlingk 等（2012）的研究发现，奶牛跛行的平均水平没有提高。在加拿大和北美，这一数值超过 27％。在英格兰和威尔士，奶牛平均跛行率为 36.8％（Barker 等，2010）。英国对 53 个奶牛场进行的一项调查显示，在排名前 20％的奶牛场中，只有 0～6％的奶牛出现跛行；在排名最后的 20％奶牛场中，有 33％～62％的奶牛出现跛行（Webster，2005a、b）。这表明，良好的管理可以减少跛行问题。

作者发现，1995—2008 年出栏猪的跛行率大幅度增长。美国一家著名的育种公司选育瘦肉型、快速生长的猪品种，一直没有对猪进行过跛行测量，直到一些猪群 50％出栏猪在临床上呈现跛行，腿部变形严重。这家育种公司专注于选育瘦肉率高、眼肌面积大、生长迅速的猪，却没有注意到 10 年间越来越多的猪发生跛行。跛行增加主要是遗传原因引起的，因为这些猪都被圈养在同样的使用了很多年的水泥板条地面上。一些育种公司现在选育有更好腿部构造的种群，但自本书第一版出版以来，作者还能看到因腿部结构问题而导致跛行的出栏猪。美国的一项研究表明，21％的母猪出现跛行问题（Vansickle，2008）。在英国，8.1％的母猪在断奶后会跛行（Pluym 等，2013）。而美国明尼苏达州一项针对母猪的研究则表明，如果腿部变形，则繁殖母猪被淘汰的风险也会相应增加。由于腿不好而被淘汰的繁殖母猪中，前肢跛行的占 16.37％，后肢跛行的则占 12.90％（Tiranti 和 Morrison，2006）。跛行是猪被淘汰的一个主要原因（Kirk 等，2005；Pluym 等，2013）。在西班牙所做的一项研究表明，腿部结构异常与母猪的高淘汰率有关（deSeville 等，2008）。挑选有标准腿部结构的后备母猪有利于获得更好的福利和生产力。

2.1.2　防止习以为常

为什么在采取防止措施前，奶牛和猪会出现如此严重的跛行呢？针对奶牛的调查表明，生产者经常会低估跛行奶牛的比例，而且可能不把跛行当作一个主要的福利问题（Leach 等，2010；Bennett 等，2014）。繁殖猪场或奶牛场的管理者只看到自己管理的动物，很少看到其他群体的猪或牛，并与自己的猪、牛比较。况且，跛行动物在几年间慢慢增加，如果没有对该指标的测量是很难察觉到的。这种情况是个很好的例子，作者称之为"习以为常"。作者发现了跛行猪数量的增加而饲养员却没发现，主要是因为作者观察了许多不同屠宰场数以千计的猪。观察出栏猪发现，在相似圈舍由不同饲养员饲养的猪跛行及腿部结构缺陷的比例有很大差别。为改善这一问题，先进的奶牛和猪养殖场已正式将跛行测量和腿部结构评估纳入计划。

2.1.3　肉牛的腿部问题

自本书第一版问世以来，作者开始观察到安格斯肉牛相似的结构性跛行问题。肉牛育种者正在重复着生猪产业所犯过的错误。2013 年由一家美国企业收集的数据表明，高达

10％的肉牛患有跛行。这些牛饲养在泥地面干燥的饲养场，且饲养人员不会给它们饲喂β-受体激动剂。跛行是最严重的动物福利问题之一。图 2.1 显示猪和牛标准的腿部结构和不同类型的异常腿部结构。在网上可轻而易举地找到各种畜禽类似的腿部结构图。牛、绵羊和其他哺乳动物面临着相似的腿部问题。在选择种群时应该能用到这些腿部结构图。

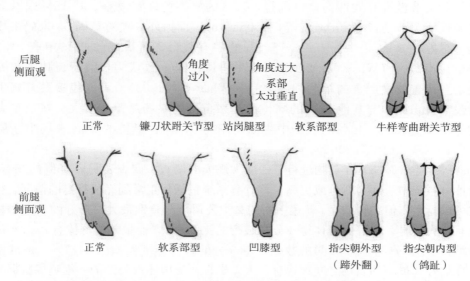

图 2.1　腿部结构：包括牛、猪及其他动物蹄和腿正常和常见的不正常图。腿部和蹄部结构不标准是导致跛行（走路困难）的一个重要原因。育种者应选育具有正常蹄部且腿部角度偏小的动物。动物的蹄部应朝向前方。图中右下角两张图片显示了蹄朝内或朝外两种异常腿型。

2.2　没有测量造成操作处置动物的实践恶化

在有大量不同人员操作处置动物的场所，例如大型牧场和屠宰场，作者观察到，操作处置动物的实践有时会慢慢恶化，且越来越粗暴，但没有人意识到这一点。多年来，作者举办了很多大农场、养殖场和屠宰场如何对猪、牛进行低应激操作处置和安静运输的专题讲座。许多管理者都非常乐意将这些新方法用于实践中。他们要求员工遵照动物移动的行为准则，禁止对动物吼叫，并大大减少电刺棒的使用。一年后，当作者再次评估他们操作处置动物的实践时，却失望地发现，许多员工已恢复成原来粗暴的方式。而当告诉其管理者他们对动物的操作处置方法不恰当时，他们往往表现得很惊讶和失望。由于回归粗暴的过程是在过去的一年中慢慢发生的，因此管理者丝毫没有察觉。由于管理者没有一个客观的方法来衡量这些操作处置实践，导致陋习习以为常。第 4 章和第 5 章中将介绍一种客观测量操作处置家畜的简单方法。

2.3　比较测量的重要性

作者调查了大量的农场后发现，动物管理和生存条件有好有坏。Fulwider 等（2007）

调查了 113 家散养（小隔间）奶牛场奶牛腿部机能障碍和肿胀的发病率。图 2.2 展示了被确定为严重腿部肿胀的一头牛。表 2.1 显示，20％最好和最差的农场中情况大不相同，最好的 20％农场中没有牛患跗关节肿胀，而最差的 20％奶牛场则有 12.5％～47％的发病率。加拿大的一项对 317 家拴系奶牛场的研究发现，26％的奶牛场管理良好，因此牛的跗关节没有开放性伤口。可是，16％的奶牛场确实很差，其 15％或以上的奶牛有开放性跗关节伤口（Zurbrigg 等，2005a、b）。而另外一项对英国 53 家奶牛场的研究表明，最好的 20％奶牛场有 0～13.6％的牛有跛行，而最差的 20％中有 34.9％～54.4％的牛有跛行（Whay 等，2003）。奶牛兽医小组一致认为，跛行、肿胀和关节溃烂均是需要改善的最严重的福利问题之一（Whay 等，2003）。可能很多最差奶牛场的生产者没有意识到，与其他 80％的同行比起来自己的农场差距有多大。在加拿大安大略省的一项调查表明，40％的农场中牛断尾率为 0，而在最差的 20％农场中断尾率为 5％～50％（OMAFRA，2005）。

Knowles 等（2008）在英国进行了一次大规模的调查，调查表明 27.6％的鸡有跛行，在 6 分评分系统中可评为 3 分或更高。该评分系统包括从正常到无法行走的情况。得 3 分的禽类可以行走，但跛行明显。5 家不同的禽类公司情况差别很大，最好的和最糟糕的群体中也有很大差异。最好的群体得 3 分和跛行的比例为 0，而最差的群体有 83.7％的禽类有明显跛行。从 176 个禽群收集的数据，得 3 分的跛行标准偏差为 24.3％。标准偏差大表明，在最好和最坏的农场之间跛行有巨大差别。而美国还没公开的一组鸡场数据（该数据正在被主要客户审核）表明，3 kg 的鸡仅有 2％明显跛行。跛行会导致疼痛，用非类固醇类抗炎药治疗肉鸡疼痛可提高其行走能力（Caplen 等，2013）。

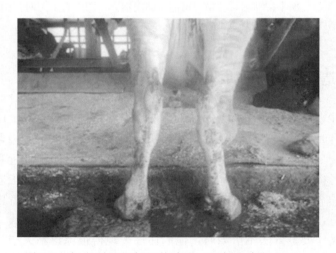

图 2.2　奶牛严重腿部机能障碍，腿部有直径 7.4 cm 肿胀（棒球大小）。像这样的照片应该保存在卡片夹中，以便进行奶牛腿部损伤评分。这头奶牛蹄也外翻，蹄趾向外（正常应朝向正前）。参见图 2.1（图片由 Wendy Fulwider 提供）。

表 2.1 113 家散养（小隔间）奶牛场按奶牛各种福利问题最好 20% 到最差 20% 分类

（改编自 Fulwider 等，2007）

福利项目	牛的比例				
	最好的 20% 牛场	次好的 20% 牛场	中等的 20% 牛场	次差的 20% 牛场	最差的 20% 牛场
仅跗关节脱毛	0～10	10.6～20	20.8～35.8	36.2～54.4	56～96.1
跗关节肿胀	0	0.7～1.7	1.9～4.2	4.2～11.9	7.4～12.5
严重肿胀[a]	0	0	0	0～1.5	1.8～10.7
清洁度差的牛[b]	0～5	5.3～9.8	10.3～15.4	16.8～28.9	29.4～100
股部机能障碍	0	0	0	0	0～28.8

注：a. 指腿部严重肿胀的牛，腿部肿胀直径超过 7.4 cm（棒球大小），或有开放性或渗出性损伤。

b. 指清洁度差的牛，包括身上、腹部、乳房或腿上部沾染干粪或湿粪。

快速访问信息 2.1 常见的会引起疼痛的管理操作

- 禽类断喙。
- 切除雌性动物卵巢。
- 雄性动物去势。
- 去角。
- 耳缺标记。
- 给野猪拔獠牙。
- 热熔铁烙印。
- 切除仔猪獠牙。
- 切除奶牛和猪的尾巴。
- 在耳朵上切割或切出大豁口标记动物。
- 对绵羊进行割皮防蝇术。
- 皮标——切除皮条做标记。
- 断尾。
- 烙铁打标。

2.4 数值评分能够量化操作处置的改善

Grandin（2005，2010，2012）讨论了在屠宰场实施的实际测量评估，作为审核动物福利的方法。麦当劳公司、温迪国际快餐连锁集团、特斯科国际、汉堡王、全食食品零售公司和许多其他大型购进肉类的客户现在正使用该评估系统。该系统采用客观数值打分法来评价动物的致晕手段和操作处置方法，而不是让一个审核人员主观判断一家屠宰场的好坏。在使用这个系统进行审核之前，屠宰场对每头动物多次用电刺棒驱赶、致晕枪不进行保养修理等现象都很常见。

审核之前的基础数据表明，只有 30% 的屠宰场捕获栓枪一次致晕 95% 的牛。而审核开始后，由于屠宰场担心会失去大客户，所以一次致晕 95% 动物的屠宰场比例上升至

90％以上（图 2.3）（Grandin，1998a，2005）。审核和调查数据均表明，缺乏对捕获栓枪的保养是致晕不好的主要原因。

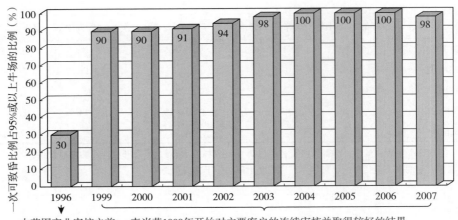

一次可致晕比例占95％或以上牛场的比例（%）

大范围产业审核之前
美国农业部所做调查　　麦当劳1999年开始对主要客户的连续审核并取得较好的结果

图 2.3　一次可致晕比例达到 95％或以上肉牛场的比例。基础得分是 1996 年在美国 10 家肉牛屠宰场测得的。自从 1999 年酒店审核开始后，每年被审核的屠宰场数目在 41～59 家变化。审核开始的 4 年后，得分大大增加，因为现在屠宰场已经开始记录致晕设备的维修情况和测试致晕器的螺栓速度。

减少电刺棒的使用也得到了同样显著的效果。由原来对每头动物多次使用电刺棒下降到整个屠宰场 75％以上的牛和猪不再使用电刺棒驱赶（Grandin，2005）。对南美的相似研究表明，对动物操作处置者进行培训能降低动物瘀伤和胴体损伤（Pilecco 等，2013；Paranhos de Costa 等，2014）。培训操作人员和改善管理程序，能使牛的踩踏率及疫苗接种失败率大大降低。具体说，与通道中动物排长队接种疫苗相比，在头部支柱限制下每次仔细地约束 1 头动物，可使动物的踩伤率由 10％降至 0，疫苗接种失败率由 7％降至 1％（Chiquitelli Neto 等，2002；Paranhos de Costa，2008）。

农场或屠宰场改进的测量需要不断提高。农场主和屠宰场主也可通过客观的结果测量来量化自身的改善，连续的内部审核可以防止回到原来草率或粗暴的操作方式。每周或每月的测量可以容易地判定操作处置实践是正在改善、保持还是在慢慢恶化。有关动物福利问题的常规测量项目，比如跛行或腿部损伤，将有助于农场管理者判断他们的兽医护理、垫料、饲养管理是在改善还是变糟。

评估测量也可用于判别一套新设备、一个新的管理程序或一次维修是否对生产操作有所改善。图 2.4 显示，像在通道入口处增加一盏灯这样简单的改变，就可能大大减少猪畏缩不前、拒绝进入通道导致使用电刺棒驱赶的情况。增加一盏灯，可使猪不再畏缩不前，减少了不得不用电刺棒驱赶猪的数量。猪具有接近光亮区域的自然倾向（Van Putten 和 Elshof，1978；Grandin，1982；Tanida 等，1996）。另外，评估测量也有可能识别出有难以操作动物的生产者。图 2.5 表明，一些猪群较难驱赶，使用电刺棒的次数和猪的嚎叫更多。本书第 4 章将更详细地介绍评估动物福利的测量工具。

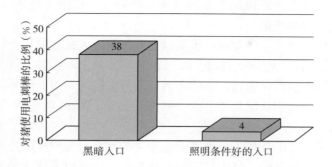

图 2.4　在固定器入口增加照明能够减少对猪使用电刺棒。简单的改变，如在致晕通道入口设置灯，会大大减少猪畏缩不前和拒绝进入的情况，因此可以降低需要使用电刺棒的次数。所有操作者都要求受过良好训练，只有在猪犹豫不前或者倒退时才使用电刺棒。

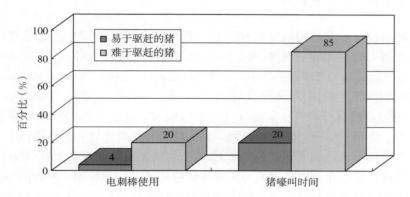

图 2.5　由训练有素的人员驱赶，只有当猪拒绝走时才使用电刺棒的情况下，较易驱赶和较难驱赶猪的电刺棒使用情况和嚎叫情况比较。相比其他猪，一些猪更易发怒并且难以操作。对于每家的猪都进行评估可以帮助饲养者发现有问题的猪。这些猪更容易犹豫不前，也更难在通道中移动。在小型屠宰场可以通过记录嚎叫猪数量来评估嚎叫这项指标，而在大型屠宰场这种方法则难以实现，所以要记录屠宰间处于安静的时间比例。

2.5　良好的健康状况不等于福利良好

　　很多人错误地以为动物的身体健康就意味着动物的福利状况良好。良好的健康状况只是良好福利的一个重要组成部分。世界动物卫生组织（OIE，2014a、b）法典指出"良好的福利需要预防疾病和兽医治疗"。然而在某些情况下，动物可能很健康，但它的福利却很差。例如，一头健康、无疾病、产大量牛奶的奶牛，腿上可能会有疼痛的伤口，因为它躺在一个卧床条件较差的牛栏中，没有足够的缓冲来防止其受伤。Fulwider 等（2007）和 Green 等（2014）发现，高产奶牛的腿部更容易受伤，生产年限较短，体况较差。根据快速生长条件选育的一些遗传品系鸡出现跛行和腿变形的比例较高（Knowles 等，2008）。另一个不良福利的例子是健康的蛋鸡患有骨质疏松症和骨裂较多（Sherwin 等，2010；

Wilkins 等，2011）。这些蛋鸡被饲养在极其狭小的鸡笼，以致不得不互相挤压着才能同时卧下，但它们还会持续产蛋。

为了迅速增重而选育的一些动物，很难以良好福利的方式运输和处置。为了增重快而选育的某些遗传品系猪，当体重增加到 130 kg 时，容易出现疲倦和虚弱。据作者观察，饲喂过高剂量莱克多巴胺的健康猪，身体太弱，从待宰栏的一端走到另一端都成问题。一些人却认为这种恶劣的福利状况是正常的。据作者观察，在 20 世纪 80 年代，猪强健到足以走过长长的陡坡。

健康的动物如果饲养的环境不允许其表达正常的社会行为和种属特异性行为，同样也可能出现异常行为，比如转圈、妊娠栏内的母猪咬栏、咬尾以及撕咬羽毛或毛发。在第 8 章我们会介绍动物的行为需求。也有一些关于农场动物行为的优秀书籍，综述了行为需求的研究（Broom 和 Fraser，2007；Fraser，2008b；Blokhuis 等，2013）。

2.6 减轻疼痛、恐惧和悲伤

许多福利问题会造成动物的疼痛和悲伤，且疼痛程度可被度量。而且有大量科学研究、综述文章和书籍证明畜禽能够感受到疼痛和恐惧（Gentle 等，1990；Rogan 和 Le-Doux，1996；Grandin，1997；Grandin 和 Johnson，2005，2009；Panksepp，1998，2011）。鼠和鸡感到疼痛时会进行自我治疗（Danbury 等，2000；Colpaert 等，2001；Pham 等，2010）。例如当它们发生跛行或关节疼痛时，会吃一些苦味食物或者喝加了止痛药的水。为了更利于实施动物福利计划，我们将涉及动物疼痛和悲伤的情况主要分为四类：①常见的疼痛手术，如去势或断喙；②引起动物害怕的情况，如操作处置和限制动物；③分离悲伤，发生在动物断奶或与其群体伙伴分离时；④长期、慢性的疼痛情况，如跛行。疼痛、恐惧和分离悲伤由独立的大脑系统处理（Panksepp，1998，2011）。

2.6.1 引起畜禽疼痛的常见操作

生产者日常施以动物并会引起疼痛的所有手术均涉及疼痛和悲伤（快速访问信息 2.1）。人们在实施这些手术时大多不使用麻醉剂或止痛药。大量关于家畜去角的研究清晰地表明，必须减轻疼痛（Faulkner 和 Weary，2000；Stafford 和 Mellor，2005a；Coetzee 等，2012）。强烈推荐在犊牛幼小时进行烧灼去角芽。Stafford 和 Mellor（2005b）指出，与犊牛相比，成年牛断角时会分泌更多的皮质醇。另外一项研究表明，动物去势时使用止痛药能较好地保障动物福利。事实上，关于是否有必要对动物进行这些手术已引起了人们大量的争议和讨论。例如，选育无角肉牛可免除为其去角的必要。第 6 章将进一步探讨引起动物疼痛的管理程序。虽然不同国家关于动物福利的立法和标准千变万化，但大部分研究人员和兽医机构一致同意，在对动物体腔施以大型手术时，比如对母牛实施卵巢切除术，必须使用麻醉剂。

快速访问信息 2.2 表明，引起动物疼痛的行为是很容易打分和计量的。快速访问信息 2.2 列出了牛、犊牛、猪和羔羊被施行手术后表现的行为。在手术后应立即（至少 1h 内）检查动物急性疼痛症状，并进行评分。

若需要观察动物的长期疼痛症状，可在数天时间内连续评分。列于快速访问信息 2.2

快速访问信息 2.2　羔羊、牛、犊牛、仔猪和其他动物中，易于量化的与疼痛相关的行为。在对动物施行疼痛操作后可评估这些行为

（引自 Molony 和 Kent，1997；Eicher 和 Daly，2002；Sylvester 等，2004；Stafford 和 Mellor，2005a；Viñuela-Fernández 等，2007；Stillwell 等，2012）

与疼痛相关的行为	动物种类[a]
异常扭曲的侧躺或者趴卧时间	羔羊、犊牛、牛
侧卧时间	羔羊、犊牛、牛
跺足次数	羔羊、犊牛、牛
踢腿次数	羔羊
撇嘴次数	羔羊
摆耳次数	犊牛、牛
摇尾次数（摇摆）	犊牛、牛
站立不动的时间	犊牛、牛
不停走动的时间	犊牛、牛
发抖的时间	犊牛
全方位躺着的时间	所有动物
蜷缩的时间	仔猪
擦头或摇头次数	犊牛去角
跪着的时间	仔猪

a. 这些研究以犊牛、羔羊和仔猪为观察对象，但其他动物也可表现这些行为。

的行为与疼痛和应激的生理指标具有相关性（Molony 和 Kent，1997；Eicher 和 Daly，2002；Sylvester 等，2004；Stafford 和 Mellor，2005b；Viñuela-Fernández 等，2007；Stillwell 等，2012）。与不同外科疼痛手术相关的行为会随手术程序和动物品种的不同而不同。量化与疼痛相关的行为会为我们提供一个简单经济的方式来评估大量动物的福利状况。当动物发现有人观察它时，它常会隐藏与疼痛相关的行为。这对牛或绵羊来说是自然行为，可以帮助其远离捕食者。为了准确评估与疼痛相关行为的发生，观察者需要躲过动物的视线或者使用远程视频相机拍照。

2.6.2　疼痛或应激操作的喊叫评分法

对牛和猪尖叫、哞叫和嚎叫进行评分是一个有用的指标，便于确定一种操作是否因疼痛、害怕或分离悲伤造成动物应激。Watts 和 Stookey（1999）指出，喊叫评分法可用于评估一群动物经历某种操作表现出的应激状态，但不能用于评估动物的个体福利。Watts 和 Stookey（1999）发现，烧烙标记会引起 23% 的牛喊叫，而冷冻标记引起牛喊叫的比例只有 3%。牛的叫声在评估严重应激方面很有用（Watts 和 Stookey，1999），高频叫声对应着高应激水平。

　　另一项研究发现，在屠宰场捕捉和致晕时，喊叫的牛98％遭受明显疼痛的操作处置，如被电刺棒戳击、无效致晕以及保定设备压力大或边缘尖锐（Grandin，1998b，2001）。保定设备压力过大会导致23％～25％的牛喊叫（Grandin，2001；Bourguet等，2011）。松开颈夹后没有牛再发出这样的喊叫（Grandin，2001）。喊叫评分法有效见证了改进设备和操作处置可减少喊叫（Grandin，2001）。表2.2中的数据显示，保定装置保定动物所引起的喊叫与应激、疼痛或恐惧操作所引起的喊叫是不同的。这还显示了一种可减少安格斯肉牛喊叫次数的电刺激采精方法，这种方法采用低压电采精装置。Velarde等（2014）报道，保定时牛呈直立姿势相比背部倒置喊叫较少。

表2.2　公牛对保定或者保定加电刺激采精的反应——每头牛的平均喊叫数（次）*

（引自Voisinet和Grandin，1997，未发表）

用有头部闸门的保定装置保定动物	高压电采精仪器	低压电采精仪器
0.15±0.1	8.9±1.1[b]	3.9±1.0[b]

注：a. 记录每种操作导致喊叫的总数，并用它除以公牛数目得到的结果。

　　b. 高电压和低电压组在$P<0.001$水平上差异显著。

　　在进行疼痛操作如打标记、去势、断奶，或恐惧操作如保定或捕捉时，应进行喊叫评分。动物在受到疼痛或应激操作时所发出的喊叫与应激的生理指标呈正相关（Dunn，1990；Warrisset等，1994；White等，1995；Hemsworth等，2011）。但对于绵羊，我们无法使用喊叫评分法来测试它们对疼痛操作的反应以及被保定或操作时的恐惧。牛和猪在受到伤害或恐惧时会喊叫，但绵羊往往保持沉默。绵羊是完全没有防御能力的被捕食者。长期的进化使得它们在受伤时保持沉默，以防止将它们的弱点暴露给敌人。但是，羔羊因断奶离开母亲时，或与羊群分开时，会大声地叫唤，这是羊感到悲伤时喊叫的唯一情况。此外，喊叫评分法也不能用于被电保定的动物身上，因为这种保定会防止动物喊叫。这些保定装置会引起动物的高度应激，实际操作中不应使用（见第5章）。

2.6.3　如何给喊叫行为评分

　　针对牛和猪，有两种有效的喊叫评分法，可以在农场、大牧场或屠宰场简单运用。

　　（1）为了确定动物喊叫的比例，要对每一个动物（无论安静的还是喊叫的）评分。这种简单的方法对于评估电刺棒的过度使用或诸如保定过紧、保定设备上有锐角等其他操作处置问题是很有效的（Grandin，1998a，2001）。

　　（2）要记录一群动物中喊叫动物的总数，再用这个数除以动物的总数，得到每个动物的平均喊叫得分。

2.6.4　疼痛和应激的行为学与生理学测量

　　许多科学家和兽医更倾向于生理学测量而不是行为学测量。对此，我们建议综合使用生理学指标、生产性能指标和行为学指标。生理学指标如皮质醇检测面临的问题是，实验室检测对于农场日常检测太过昂贵。已被确定，手持式乳酸计对评估牛和猪应激程度相对经济。Burfeind和Heuwiesser（2012）报道，产自德国莱比锡的便携式乳酸分析仪与商业实验室采用肝素锂血浆或氟化钠抗凝剂血浆检测效果相当。短期的应激，例如使用电刺棒或屠宰前 5min 在通道上干扰动物会升高其体内乳酸水平，而更长时间的应激会降低乳酸水平（Edwards 等，2010）。为评估急性应激原，如保定，应在 5min 内进行乳酸测定。牛在屠宰场临致晕前出现行为躁动与体内高乳酸水平有关（Gruber 等，2010）。而行为学指标评价的主要优势是易于在农场中运用。研究人员应该找出易于观察的行为学指标，并且非常有必要对山羊、骆驼、驴和其他多种动物进行研究。

2.6.5　恐惧应激

当动物被保定和处置变得激动和兴奋时，恐惧应激就会发生。粗暴的操作处置和多次的电刺棒刺激都会增加恐惧应激。糟糕的操作处置方法引起的应激会大大增加应激激素水平（Grandin，1997；Edwards 等，2010a）。Pearson 等（1977）发现，与在大型嘈杂的屠宰场被宰杀相比，在一个小型安静的屠宰场被宰杀的绵羊，其皮质醇水平更低。而在操作处置过程中，动物由于害怕人类或者激动，会导致增重减少及生产力下降（Hemsworth 和 Coleman，1994；Voisinet 等，1997）。目前可以完整地绘制出动物脑中的恐惧回路。Rogan 和 LeDoux（1996）、Grandin（1997）、Morris 等（2011）和 Panksepp（1998，2011）先后综述了与恐惧相关的文献。科学家们能够断定，大脑中包含一个管理恐惧的中心，称之为杏仁核。破坏杏仁核会使先天和后天的恐惧反应消失（Davis，1992）。电刺激鼠和猫的杏仁核，会使皮质醇水平升高（Setekleiv 等，1961；Matheson 等，1971；Redgate 和 Fabringer，1973）。杏仁核也是人类的恐惧中枢（Rogan 和 LeDoux，1996）。感到恐惧的动物，福利自然差。在本书关于操作处置与屠宰章节中，我们对操作处置与保定过程中畜禽的恐惧应激进行了深入探讨。第 4 章综述了许多研究，清晰地表明降低恐惧应激的良好管理能带来更多的好处。

2.6.6　紧张性不动——表面平静，实则恐惧

一些动物和鸟类感到害怕时会高度激动，而其他一些动物如瘤牛则会卧下，进入紧张性不动状态，保持完全不动，而且看起来很平静。人们已经广泛研究家禽的这种现象。将一只鸡背朝下放在一个 U 形槽中，轻轻地将其压制 10 s 就可以诱发紧张性不动（Faure 和 Mills，1998）。而一旦诱发了紧张性不动，至少 10 s 内鸡不会试图站立起来（Jones，1987）。高度恐惧的家禽遗传品系紧张性不动时间更长（Jones 和 Mills，1982）。我们可以将禽类在紧张性不动状态下保持静止的时间作为评价禽类恐惧的指标（Jones，1984）。电击、没有黑暗的持续光照等应激性刺激会增加家禽紧张性不动的持续时间（Hughes，1979；Campo 等，2007）。很多人误认为鸡进入紧张性不动状态是安静、放松的表现。而紧张性不动测试则是用来评价家禽应激状态的一个指标。

2.7　鱼类和无脊椎动物会感到痛苦吗？

自 20 世纪初，对鱼类福利的研究激增。检索文献发现，已有许多新的动物福利论文和大量鱼类加工厂致昏设备的新专利涌现。其中大量的研究是关于硬骨鱼类的，比如人工养殖的鲑鱼、鳟鱼、罗非鱼及一些其他有鳍鱼类。英国、加拿大、挪威、巴西和其他一些

国家的科学家已经撰写出关于硬骨鱼类福利的材料（Chandroo 等，2004；Braithwaite 和 Boulcott，2007；Lund 等，2007；Volpato 等，2007；Branson，2008）。Lund 等（2007）指出，鱼类可以感觉到伤害性刺激，因此这些作者总结得出"应该相信农场养殖鱼类具有这种能力，同时我们应该努力确保它们的福利尽可能得到满足"。自本书第一版出版以来，关于鱼类对疼痛的感知仍无确凿的结论。Rose 等（2014）认为，目前仍无明显的证据表明鱼会经历疼痛，但有证据表明鱼会感受到恐惧。

研究表明，鱼类对疼痛刺激的反应不仅仅是简单的反射。针对鱼类可以感受到疼痛最具说服力的证据来自 Sneddon（2003）、Sneddon 等（2003a，b）和 Reilly 等（2008）的研究。他们将乙酸注入鱼的嘴唇建立疼痛刺激。一些鱼会怪异地来回游动，并且在水池壁上摩擦被注乙酸的嘴唇。但是只有一些个体会表现出这种行为，而其他的却不会。在所有物种的疼痛研究中，不同个体间有很大差异是很常见的。此外，这种行为的发生存在种间差异，斑马鱼就没有这种行为（Reilly 等，2008）。

Laming 等（2006）的一项研究表明，鱼可能受到恐惧的调节，它们的反应受到其他鱼的复杂影响。也有证据表明，鱼在应对操作处置应激或固定应激时，皮质醇会增加（Wolkers 等，2013）。这类似于哺乳动物在操作处置后皮质醇的增加。最近的证据表明，一种有害的刺激在多种大脑机制中被加工处理（Ludvigsen 等，2014）。要验证有鳍鱼类是否遭受疼痛，需要做的最后一个试验是自我用药试验，该种试验已经清楚地表明，大鼠和鸡会自我用药来治疗其疼痛（Danbury 等，2000；Colpaert 等，2001）。

研究表明，从实践的角度来看，在屠宰场应该使用诸如致晕器之类的设备，从而使养殖的鱼对外界刺激失去知觉。在养鱼场可以很容易量化的应激行为指标包括失去平衡（鱼腹部向上）、高呼吸率和剧烈的游动（Newby 和 Stevens，2008）。其他研究人员对鱼的快速游逃反应和尾巴翻转行为进行了评分，尾巴翻转行为最先由 Mauthner 称为惊吓反应（Eaton 等，1977）。鱼是一个需要更多研究来开发农场简单评估的领域。鱼对应激的反应存在显著的物种差异，必须为每一种养殖鱼类制订具体的行为评估。

查阅鱼类福利的文献时，作者只找到一篇关于对虾等无脊椎动物可能的痛觉感知的论文。在这个试验中，北爱尔兰贝尔法斯特女王大学 Stuart Barr 将乙酸注入对虾触角，虾的反应是在水缸壁上摩擦它的触角（Barrett，2008）。当然还需要做许多研究。在编写本章时，作者建议应该发起农场硬骨鱼的福利计划，而且需要对无脊椎动物和诸如鲨鱼、鲶鱼在内的软骨鱼进行更深入的研究。

2.8　动物机体超负荷运转和动物福利

遗传选育越来越高产的动物，以及使用促进生产性能的物质，可能导致机体的超负荷运转，也可能引起动物的疼痛和悲伤。包括 β-受体激动剂、rBST 生长激素及其他促进生产性能的物质的滥用带来的福利问题，其中很多情况会引起动物严重的痛苦。快速访问信息 2.3 列举了为获取特定的生产性能而进行遗传选育，或者滥用激素或 β-受体激动剂如莱克多巴胺等物质而引起的福利问题。快速访问信息 2.3 列举的所有情况均为动物机体严重超负荷运转以生产更多的肉、蛋、奶所导致的结果。作者认为，动物机体的超负荷运转是导致许多严重福利问题的原因。但是超负荷也有程度上的差别。

适当的选育高产性能一般不会对动物福利产生负面效应。近期研究表明，经高产选育，动物抗病能力更低，蛋鸡更易发生骨裂（Wilkins 等，2011；Jiang 等，2013）。谨慎使用低剂量的生产性能促进剂可能是无害的。动物机体就像不断加速的汽车引擎，适当加速无害，但是如果引擎过速就会适得其反。但饲养者和生产者往往等到问题非常严重时才会发现。动物生产中存在着制衡。过度以肉、奶、蛋产量进行选育可能会导致动物繁殖力和抗病力降低。研究还发现，经高产及低背膘厚高度选育的猪可能与其咬尾行为的增加有关（Brumberg 等，2013）。

快速访问信息 2.3　动物机体超负荷所引起的福利问题

- 生长迅速的猪与家禽出现的跛行或腿部畸形（De Sevilla 等，2008；Knowles 等，2008；Caplen 等，2012；Dinev 等，2012）。
- 在猪和鸡的一些遗传品系中攻击性增加（Craig 和 Muir，1998）。
- 转基因动物将来要面对的问题（OIE，2006）。
- 某些根据生长迅速选育出的瘦肉猪应激性增加。
- 高肌肉产量的牛有较高比例的产犊问题（Webster，2005a，b）。
- 由 β-受体激动剂如莱克多巴胺或齐帕特罗引起的牛热应激或死亡损失（Grandin，2007；Longeragan 等，2014）。
- 由于使用 rBST 而引起的奶牛健康问题（Willeberg，1993；Kronfield，1994；Collier 等，2001）。
- 应激基因引起的猪应激综合征，该病症会增加猪的死亡损失（Murray 和 Johnson，1998）。
- 疾病抵抗力或寄生虫抗性丧失（Greer，2008；Vordermeier 等，2012；Jiang 等，2013）。

- 由于遗传原因或者使用 β-受体激动剂如莱克多巴胺而导致的猪虚弱、肌肉发达（Marchant-Forde 等，2003；Grandin，2007），这些猪不愿意走动。
- 给猪投喂莱克多巴胺而导致的蹄裂和蹄部损伤（Poletto 等，2009）。
- 对于高增重选育的动物，当为防止肥胖而限制其采食时，它们会有极高的食欲和沮丧感。
- 家禽的新陈代谢问题可能增加其死亡损失（Parkdel 等，2005）。
- 由于过量使用 β-受体激动剂如莱克多巴胺或齐帕特罗而导致的牛跛行。
- β-受体激动剂莱克多巴胺的使用会增加猪的咬斗（Poletto 等，2008）。
- 异常腿部结构和对生产性状的过度选育而导致的跛行。
- 奶牛只维持两个泌乳期。
- 奶牛繁殖能力下降（Walsh 等，2011）。
- 由于骨质疏松症引起骨折的蛋鸡比例升高（Wilkins 等，2011）。

2.9　对动物需求的评估

Fraser（2008b）认为，情感状态是动物福利的核心原则。动物的情感状态，即动物的情绪状态，是它表达许多自然行为的动机。科学研究清晰地表明，动物有强烈的动机表达某些物种的典型性行为。猪有强烈的动机在柔软的纤维材料如稻草、玉米秸秆、碎木屑及其他圈舍垫料上探究（Van de Weerd 等，2003；Studnitz 等，2007；Day 等，2008；见第 8 章）。作者观察到，与旧稻草相比，猪对新稻草探究更多。当稻草被嚼碎后，猪就会失去兴趣。Fraser（1975）发现，给拴系母猪提供少量的稻草可以防止其出现异常的刻板行为。综合这些研究表明，应该每天定量配给猪麦秸、稻草或玉米秆来满足它们探究和咀嚼的需要。其他已经得到科学研究证明的行为需要，如为蛋鸡提供产蛋箱和栖木（Duncan 和 Kite，1989；Hughes 等，1993；Freire 等，1997；Olsson 和 Keeling，2000；Cordiner 和 Savory，2001）。母鸡寻找产蛋箱，藏在里面就不会害怕。找一个隐蔽的地方产蛋是鸡的本能行为，这能保护家养鸡的祖先——野生鸡不被捕食者吃掉。

可以用非常客观的方法测量动物表达自然行为的动机强度，方法有：①不饲喂的情况下，动物愿意表达某一行为的时间；②动物想要得到某样东西时触动开关的次数；③逐渐增加门的重量（Widowski 和 Duncan，2000）。

科学研究清晰地表明，想要给动物提供高水平的福利，就应满足动物表达最强动机行为的需要（O'Hara 和 O'Connor，2007）。行为需要的确重要，但在条件非常差的地方，列举在第 1 章快速访问信息 1.1 中非常严重的福利问题应该首先得到纠正。快速访问信息 2.4 则列出了基本的行为需要。

快速访问信息 2.4　应当满足的基本行为需要

● 给反刍动物和马属动物提供粗饲料。 ● 给动物充足的空间使其能以自然姿势正常转身、站立和躺下。 ● 为家禽提供隐秘的产蛋箱。 ● 为家禽提供栖木。 ● 给猪提供稻草或其他纤维材料，使其能探究和咀嚼，或为其提供特定的环境富集设施。	● 养在贫瘠笼、圈内的动物会表现出重复的刻板行为，表明它们的生活环境很糟糕，不能满足它们的行为需要。应当采取一些环境富集措施来阻止这种不正常的重复行为（见第 8 章）。 ● 提供与其他动物的社会交往机会。 ● 提供适宜的环境，防止发生伤害性的异常行为，比如啄羽、拔毛或咬尾。这些伤害非常容易量化和测量。

2.10　自然元素和伦理考虑

与前三项原则——健康、疼痛和悲伤，以及自然行为有许多研究证据支持相比，David Fraser 的概念框架中所提到的第四项原则（Fraser，2008a、b）——提供天然元素，相关科学依据很少。多项科学研究支持前三项原则，而提供天然元素则主要出于伦理考虑。兽医、管理者和负责实施动物福利项目的其他相关人员绝对不能忽视伦理考虑。

不同的利益方有着不同的考虑。消费者通常更关注自然元素和无笼鸡（de Jonge 和 van Trijp，2013；Van Loo 等，2014），牧场主更关注动物健康和生物学特性（Tuyttens 等，2010；Hansson 和 Lagerkvist，2012）。许多有机食品组织和大型肉类买家要求饲养的动物一定要能外出活动并且接受阳光照射。但人们往往犯的一个错误是，提供了动物自然元素，却因忽视动物健康导致其福利低下。健康是良好动物福利的基本组成要素。作者就曾经见过全是病猪的舍外猪群，令人不能接受；也见过大都是健康猪的舍外猪群，环境非常优越。不同于无法给出明确答案的伦理考虑，人们对于科学可以给出明确答案的动物福利问题更容易达成一致意见。伦理是立法者、动物保护组织和其他政策制定人员做决定需要考虑的一部分。Lassen 等（2006）做了一个很好的总结："对于那些专业从事动物生产的人来说，你们应该意识到伦理假设及其潜在的观点冲突，并且把它纳入动物福利问题的探讨中。"科学解释不了所有的伦理问题。在某些情况下，伦理甚至会推翻科学。妊娠母猪限位栏就是个很好的例子。研究发现，限位栏饲养的母猪非常高产，但 2/3 的公众不同意把母猪养在限位栏中，因为在这种条件下母猪一生中大部分时间不能转身。作者经常在乘坐飞机时将妊娠母猪养在限位栏中的照片给邻座的乘客看，其中 1/3 的乘客没异议，1/3 会说"这样似乎不正确"，而另 1/3 的乘客则表示憎恨这种做法。甚至有人说"我不会这样养我的狗"。2008 年在加利福尼亚，63％投票者要求禁止使用妊娠母猪限位栏。欧洲和美国都正在逐步淘汰母猪限位栏。农场动物是有感知的动物，作者认为，人们应该为肉用动物和役用动物提供值得生活的适宜环境。将一只动物一生大部分时间养在一个盒里，不能转身，就无法为它们提供适宜的生活。

2.11　对母猪和蛋鸡不同群养系统进行权衡评估

作者经常被问到，应当给母猪使用哪种群养系统？或者哪一种是蛋鸡小型层架式鸡笼饲养的最佳替代方式？应该允许养殖业创新，测量结果产出指标，如咬伤数、出生仔猪数、受伤数、体况、跛行评分和其他指标。群养需要更大的空间（Wildman 等，1982；Hemsworth 等，2013）。D'Eath 等（2009）报道，一些猪遗传品系更具有攻击性。许多生产者使用攻击性更小的猪遗传品系已成功实现了群养。

目前有四种基本的猪的群养系统：①母猪电子饲喂系统；②自由进出圈栏的饲喂系统；③不混群的小群母猪饲养系统；④利用料槽来饲喂大群母猪的系统。每种系统有着不同的优缺点。母猪电子饲喂系统要求操作人员有一定的计算机操作技能。自由进出圈栏的饲喂系统操作虽然很简单，但由于需要大量的焊接钢，建造成本很高。不混群的小群母猪饲养系统对母猪限位栏转化而来的猪舍不失为一个好选择。这样限位栏后半部分被切开，而原有的饲喂系统得以保留。有关这些不同群养系统的更多信息详见 Spoolder 等（2009）、Hemsworth 等（2013）和美国国家猪肉委员会（2013）。在管理得当的群养系统中，母猪生产性能会很优秀（Li 和 Gonyou，2013）。饲养人员需要观察并确保每头母猪都能吃到饲料。若有 1～2 头母猪体况下降，则说明其受到地位更高的猪推挤而靠近不了饲槽。

蛋鸡有三种基本的饲养系统：①传统层架式鸡笼笼养；②无笼散养；③富集群养，或称富集笼饲养。无笼散养系统变化大，从舍内多层系统、母鸡可以自由活动的舍内单层系统到母鸡可以进出舍外的自由放养系统。富集群养笼为母鸡提供了一些基本的设施，如封闭的产蛋箱，允许母鸡上下活动的较高板层、栖架，以及母鸡可充分展翅的空间。传统层架式鸡笼和富集笼两种饲养方式均能提供清洁的鸡蛋（Gast 等，2014）。需注意的是，饲养人员一定不要使富集笼中的母鸡过于拥挤。过度拥挤可能会增加母鸡攻击行为（Hunniford 等，2014）。而蛋鸡多层饲养系统空气质量较差，鸡蛋微生物污染较严重（Laywel，Feedstuffs，2014；Zhao 等，2014；Parisi 等，2015）。而无笼散养系统为蛋鸡提供了更大的空间和在垫料中觅食的机会。没有垫料的无笼散养系统空气质量可能更好，鸡蛋污染更少。但这总会有得有失，因为去除垫料也就意着母鸡不能表达觅食这一自然行为。

2.12　做出伦理决定

科学研究表明，对某种动物而言，有些行为需要比其他行为需要更加重要。比如对蛋鸡来说，给它提供隐蔽的产蛋箱比让它有地方进行沙土浴更重要（Widowski 和 Duncan，2000）。O'Hara 和 O'Connor（2007）指出，必须允许动物表达优先行为以满足其最低行为需要。作者在快速访问信息 2.4 中推荐了应满足的畜禽最低行为需要。更高的福利系统将满足额外的行为需要，如禽类沙土浴、猪泥坑打滚。

科学提供信息可以帮助人们在动物福利方面做出较正确的决定，但是却不能解答一些伦理层面上的问题（见第 3 章）。为了帮助生产者做出正确的决定，很多政府组织和大型肉类买家设立了动物福利咨询委员会。作者就服务于家畜行业协会、大零售商和连锁餐厅的这类咨询委员会。大部分委员会由动物福利领域的科研人员、动物保护组织和一般民众组成。他们可以提出建议和指导。在欧洲，咨询委员会可以为立法提交建议。在英国，农场动物福利委员会（FAWC）已经为政府做了多年的提议工作。挪威国家兽医协会动物伦理委员会是由专家和一般民众组成的（Mejdell，2006）。

2.12.1　测量和伦理

对跛足、电刺棒使用、啄羽或福利相关的其他领域进行数字量化分析是显示实践或条件改善或恶化的有力工具。应该禁止为限制牛而戳穿它的眼睛、挑断它的腿筋这类残暴的实践。但是，完全消除跛行是不可能的。第 4 章会探讨较为符合实践的方法，将跛行动物的比例限制在可以通过福利审核的合理范围内。良好的管理下，跛行比例有可能会很低。

从伦理观点看，用生理指标如皮质醇水平或心率解释动物福利更加困难。什么水平的皮质醇可以接受呢？有一种能帮助人们在生理指标测量方面做出符合伦理决定的实用方法是，将应激或疼痛的处理与大部分人能接受的对照条件（比如保定动物）进行比较。最好是将其与相同研究中、处于对照条件的同种动物进行比较，以便对生理数据做出评估。

对于过高的生理测量值，咨询委员会的大部分科研人员都会说“这是完全不可接受的”。例如，像 Dunn（1990）报道的，牛皮质醇水平平均 93 ng/mL 就非常高。由于操作不当，这个值比可接受的皮质醇水平高出 30 个单位。在一群动物中使用生理测量平均值是很重要的。动物个体应激水平差异很大。Grandin（1997，2014）和 Knowles 等（2014）综述了评估应激的大量信息。另一个完全不可接受的情况是捕获性肌病病例，将在第 5 章讨论。

2.12.2　动物治疗与人类治疗的伦理观比较

作者去墨西哥遇到了一个男人带着一头瘦得皮包骨的病驴。当问及这头驴的惨状时，这个男人掀起衬衫，露出他肋骨突出的胸，说“我也受着罪呢”。显然，他连自己都吃不饱，就更别提他的驴了。让他把全家人的饭喂给这头驴，显然不符合伦理。

在这种情况下，要提高动物福利，最有建设性的建议就是告诉他一些简单的方法去帮助他的驴，也帮助他自己生存下来。比如简单地调整挽具也许就能防止鞍伤。同样地，告诉人们如何保养驴蹄，并与社区里的人一起养驴（见第 17 章）。他没能力喂驴更多的饲料，但可以教给他一些简单有效的饲养方法，如给足水，就能使驴活更久，也能干更多的活。对驴的跛行、受伤和死亡等进行数字记分，有助于整个养驴业认识到何时该注意驴的福利并且不能过度使役，从而延长驴的寿命。即使在最贫穷的国家，也没有任何理由殴打或折磨动物。快速访问信息 2.5 为重要的动物福利信息索引。

快速访问信息 2.5　在书中重要的基于动物的福利评估方法索引

- 体况评分——第 4、15 章。
- 跛行评分——第 4、11 章。
- 皮毛和羽毛状况评分——第 4 章。
- 损伤评分——第 2、4、17 章。
- 操作处置评分——第 4、5、9 章。
- 运输损失评分——第 11 章。
- 屠宰场致晕评分——第 9 章。
- 动物清洁度评分——第 4 章。
- 行为学测量——第 2、8、12 章。
- 疼痛评估——第 2、6 章。
- 喊叫评分——第 2、5、9 章。
- 热应激喘息评分——第 11 章。
- 伦理问题——第 1、2、3、8、12 章。
- 牧场条件——第 4 章。
- 应禁止的实践清单——第 1 章。
- 屠宰场易评估的福利问题清单——第 1 章。

参考文献

（舒　航、孙登生 译，顾宪红 校）

第3章　农场动物福利重要性及其社会和伦理背景

Bernard Rollin

Colorado State University, Fort Collins, Colorado, USA

对动物福利的定义将会影响对什么是真正好的、合理的、科学的看法。科学不应仅用于提高生产力，在世界范围内，对待动物的伦理正从个人伦理层面向社会伦理层面转变。动物福利立法的大幅增加就反映了这一趋势。动物生产的工业化产生了不良影响，即不重视饲养和照顾个体动物。一个主要的问题是不断增加的生产所带来的相关疾病和病症，比如较短的生产周期、较低的繁殖力、跛行、肝脓肿、老龄蛋鸡骨质疏松和骨折。除了个体动物的成本之外，还有环境和社会的成本。动物科学必须同时兼顾价值和伦理。消费者的需求导致了对动物更好的对待。

【学习目标】

- 理解动物福利的不同概念。
- 了解传统畜牧业原则缺失所造成的福利问题。
- 概略知晓生产疾病与病症。
- 了解动物自然天性的重要性（终极目标）。
- 解决动物科学和动物医学专业人员必须解决的问题：福利和伦理。

3.1　引言——我们应该如何饲养动物

在讨论农业产业（agricultural industry）中的动物福利时，存在一个巨大的、无处不在的概念性错误，它如此巨大，以致忽视了业界对社会不断关注如何处理农业动物的回应。这些关注正逐渐成为消费者不可商量的要求。不回应这种关注会从根本上摧毁集约化畜牧业的经济基础。当人们与业界团体或美国兽医医学协会讨论农场动物福利时，会发现同样的回应——动物福利仅仅关乎"真正的科学"。

在皮尤委员会（The Pew Commission）任职的人，作为知名的工业化农场动物生产国家委员会（National Commission on Industrial Farm Animal Production）成员，在处理行业内代表性事件时经常遇到这种回应。这个委员会研究美国集约化畜牧业（皮尤委员会，2008）。例如，一位猪肉生产者代表在该委员会做证，回答说，工业化养殖行业的人对该委员会非常紧张，如果依据"真正的科学"得出结论和建议，他们的焦虑就会得到减缓。希望能在那次交谈中纠正这种错误，并教育目前众多行业的代表。我回应她：

> "夫人，如果我们委员会提出如何在空间受限条件下养猪的问题，科学当然可以为我们回答这个问题。但这不是委员会或社会要问的问题。我们要问的是，应该在空间限定条件下养猪吗？而这个问题，与科学是不相关的。"

根据她"啊"的惊讶表现，我认为我并没有表达清楚我的观点。动物福利问题至少部分是"应该（道义上有责任）"的问题、伦理义务的问题。动物福利的概念是一种伦理概念，一旦对此理解了，科学就会带来相关数据。当我们询问有关动物的福利，或一个人的福利时，我们问，应该给予动物什么，以及达到何种程度。一份涉及农业科学与技术委员会（The Council for Agricultural Science and Technology，CAST）报告的文件，由美国农业科学家在 20 世纪 80 年代早期首先发表，讨论了动物福利，断言能否提供积极的动物福利的必要条件和充分条件是由动物生产力来决定的。高产的动物享有良好的福利，非生产性动物享有不良的福利（CAST，1997）。

这一说法受到了很多质疑。首先，生产力是一个经济概念，预测整体经营情况，而非预测动物个体情况。一种经营操作，如笼养蛋鸡在拥挤不堪的情况下可能非常有利可图，但作为个体蛋鸡却并不享有良好的福利。其次，我们应当看到，将生产力等同于福利，在传统畜牧业条件下，一定程度上是合情合理的，这种条件就是，当且只当动物状态良好时，生产者才能做得好，正如方钉塞进方孔摩擦才能尽可能少一样。然而在工业化条件下，动物并不是自然地适合其所处的小环境或环境，而要受限于"技术打磨机"（technological sanders）——抗生素、饲料添加剂、激素和温度控制系统，以允许生产者将方钉塞进圆孔。这样动物没有死亡，却生产出越来越多的肉或奶。如果没有这些技术，动物就不可能高产。我们回过来比较一下传统畜牧业及其工业化过程。

这里回顾的关键一点是，即使 CAST 报告对动物福利的定义不存在我们所概述的麻烦，但这个定义仍然是一种伦理概念。本质上说，我们给予动物什么以及达到何种程度仅仅是为了让它们创造利润。这反过来又会暗示，如果动物只要有食物、水和庇护所，它们就是幸运的，这些就是业内人士有时所宣称的。即使在 20 世纪 80 年代初，不管是动物倡导者还是其他人，对给予动物什么都有非常不同的伦理立场。事实上，英国农场动物福利协会（The Farm Animal Welfare Council，FAWC）在 1970 年提出的著名的"五项原则"（在 CAST 报告之前）就对我们给予动物什么描绘了完全不同的伦理观点，并申明：

> 动物的福利包括动物的身体和精神状态。他们认为，良好的动物福利意味着既健康又有幸福的感觉。任何由人管理的动物，至少必须免受不必要的痛苦。他们也认为，动物的福利，不论在农场、运输途中，还是在市场或屠宰场，都应该从"五项原则"的角度考虑（www.fawc.org.uk）。

（1）为动物提供保持健康和精力所需要的清洁饮水和食物，使动物免受饥渴之苦。

（2）为动物提供适当的环境，包括住所和舒适的休息区，使动物免受不适之苦。

（3）为动物做好疾病预防，并给患病动物及时诊治，使动物免受疼痛和伤病之苦。

　　（4）为动物提供足够的空间、适当的设施，并且让其与同种动物伙伴在一起，使动物得以自由表达正常的行为。

　　（5）保证动物拥有避免心理痛苦的条件和处置方式，使动物免受恐惧和精神痛苦。

（FAWC，2009）

　　显然，这两个定义包含着我们对动物道德责任非常不同的看法（还有不确定数量的其他定义）。当然，哪一个是正确的，不能通过搜集事实或做试验来决定——确实，采用哪一种伦理框架实际上将决定研究动物福利科学的状态。

3.2　你的福利观决定什么是真正的科学

　　澄清：假设认为生产力高，动物就过得好，就像农业科学和技术委员会的报告所述。在这种情况下，福利科学的角色将是研究什么饲料、垫料、温度等最有效，以花最少的钱生产出最多的肉、奶或蛋——动物科学和动物医学今天所做的许多都是这样。另一方面，如果持 FAWC 的福利观点，必须承认动物的自然行为和精神状态，并保证动物受到的疼痛、恐惧、痛苦和不适最小，这样生产效率将受到影响——按照农业科学与技术委员会关于福利的观点，这些不在考虑之列，除非它们对经济效率有负面影响。因此，真正意义上，真正的科学并不决定福利观，而是福利观决定着真正的科学是什么！

　　如果不能认识到动物福利概念中不可避免的伦理成分，就会不可避免地导致持有不同伦理观点的人各持己见。因此，生产者忽略动物疼痛、恐惧、痛苦、受到限制、切除手术、恶劣的空气质量、社会隔离和贫瘠的环境，除非这些因素对"底线"产生负面影响；而另一方面，动物保护者则把这些因素放在首位，对系统的效率和生产效率完全不感兴趣。

　　显然，这里出现了一个重大问题。如果动物福利的概念与伦理成分密不可分，而且人们对农场动物负有责任的伦理观明显不同，变化范围非常广，那么谁的伦理观占主导地位，谁就能在法律或法规上规定怎样才算"动物福利"？这与农业工业化的关系巨大，当人们担忧"素食的积极分子固执地取消肉食"时更是如此。事实上，这种担心当然是不必要的，因为这种极为激进的事情发生的机会微乎其微。然而，总的来说，社会上采用的伦理反映了社会共识，大多数人要么认为似是而非，要么愿意经过深思后接受。

　　所有人都有自己的个人伦理观，规范人生美好的一面。关于我们读什么、吃什么、给予什么样的关爱、具有什么宗教信仰等其他众多的基本问题都可用个人的伦理观来回答。这些可从许多来源（家长、宗教机构、朋友、看书、看电影和电视）获得。就像人道对待动物组织（People for the Ethical Treatment of Animals，PETA）一些会员所做的那样，每个人当然有权从伦理角度相信，"吃肉就是谋杀"，应该做素食主义者，使用来自动物研究的产品是不道德的，等等。

　　显然，一个社会，特别是自由的社会，容纳着这些令人眼花缭乱的个人伦理观以及相互间发生重大冲突的可能性。因此，社会生活运行不能只按每个人的个人伦理观为依据，在非常单一的文化中所有成员共享相同的价值观，这种情况可能除外。人们可能发现，在农区的小城镇具有类似的例子：那里不需要锁自家的门，不需要从车上取出钥匙，或者不需要为自己的人身安全担心。但这样的地方自然很少，而且可能数量还在减少。当然在较大的社区，人们发现多元的文化和相应的个人伦理观塞满了一个小小的地理空间。仅仅出于这个原因，以及为了控制那些可能利用别人的伦理观作为自己伦理观的人，需要一种社会共识伦理，一种超越个人的伦理观。这种社会共识伦理总是与法律相连接，对违反行为具有明显的约束力，并随着社会的发展出现不同的问题，从而导致社会伦理的变化。

3.3　对待动物的伦理从个人伦理层面向社会伦理层面的转变

在美国和欧洲，大致从 20 世纪 60 年代后期开始，对待动物已经从个人伦理的典型范例转变为越来越多地属于社会伦理和法律的范畴。这种情况是如何发生的？为什么？会发生到何种程度？

如果将人类利用动物的历史追溯到开始驯养动物的 11 000 年前，你会发现，关于对待动物的社会伦理规则非常少。唯一例外是禁止故意的、毫无目的的虐待，即不必要的痛苦、苦难或过分忽视的情形，如未能提供食物或水。这一规则在《旧约》中有很好的说明，许多禁令说明了它的存在。例如，人们被告知，当从产蛋窝收集鸡蛋时，应该留下一些鸡蛋，以免动物受到痛苦。

在中世纪，St Thomas Aquinas 出于以人类为中心的原因，规定禁止残忍对待动物，这一规定依据先见之明的心理洞察力，即虐待动物的人会不可避免地发展到虐待人类。虽然 Aquinas 并没有将动物看作直接的道德关怀对象，但是依然坚决禁止虐待动物。

在 18 世纪后期的英国以及随后几年的其他地方，所有文明社会都禁止故意、离经叛道、固执、恶意残忍地虐待动物，即没有合理的目的使动物遭受痛苦，或者粗暴地忽视，如不给动物提供饮水或者食物均被列入反虐待的法律中。尽管部分原因是采纳了限制动物痛苦的道德观，但是一个同样重要的原因是托马斯主义观点——要搜寻出可能伤害人类的个体，在美国和其他地方的案例能说清这一点。

19 世纪时，一名男子将鸽子抛向空中并向它们射击，以展示自己的技能，将它们杀死并食用。因为这种残忍的行为，该名男子受到了指控。法院裁定，这些鸽子不是"没有必要或不需要被杀"，因为这种杀害发生在"爱好于一种创造健康的运动过程中，旨在提升力量、身体的灵活性和勇气"。在讨论驯鸽在科罗拉多州遭受射击、类似 19 世纪的案例时，法院断言：

> 每一种导致动物疼痛和痛苦的行为，只要提出的目的或目标是合理和适当的，造成疼痛的行为就是必要和合理的，因为这种行为用来保护生命或财产，或向人提供必需品。

归于科罗拉多州法院的功劳，他们没有发现这种射击温驯的鸽子满足了"有价值的动机"或"合理的目标"测试。然而，即使在今天，还有司法主张射击温驯鸽子，"篱内狩猎"不违反当地的法律。

残忍对待动物与心理变态行为密切相关，这个观点显然是正确的。虐待动物者经常虐待妻子和子女（Ascione 等，2007；Volant 等，2008）。大多数的受虐妇女庇护所必须为家庭宠物饲养制定规则，因为施虐者会像伤害动物一样伤害女人。一些研究已表明儿童时期对动物残忍和对人暴力的行为之间存在关系（Miller，2001）。但概念上这些法律对动物提供的保护很少。虐待动物只占人类施加给动物的痛苦的一小部分。例如，美国每年生产 90 亿只肉鸡，在捕捉和运输过程中许多都受到擦伤和骨折或其他骨骼肌损伤。在餐饮公司开始做动物福利审核前，草率、野蛮装卸造成 5％ 的肉鸡遭受断翅的折磨，即有令人吃惊的 4.5 亿只鸡受到像断臂一样的严重伤害。这些鸡在法律上不受保护。在美国，它们甚至没有受到人道屠宰法的保护。在欧洲和加拿大，人道屠宰法律包括家禽。

3.4　传统畜牧业的终结

为什么历史上保护动物的法律或社会伦理如此简单？当最初开始从事动物伦理工作时，笔者认为，答案是对弱小动物自私的利用。后来意识到，答案更加微妙，存在于所称的"传统畜牧业的终结"中。

从传统角度考虑，从聚集狩猎社会发展而来的人类文明总会促进农业的兴盛，即驯化动物和种植农作物。当然，这样允许人类预测食物供应，就像人类预测变幻莫测的自然世界——水灾、旱灾、飓风、台风、极端的热和冷、火灾等。的确，利用动物提供劳力和动力以及食品和纤维，成功地促进了种植业发展。

这归结于 Temple Grandin 博士所称的与动物的"古老契约"，高度共生的关系基本上保持了几千年不变。人类选择适于管理的动物，进一步通过育种和人工选择来塑造它们的性情和生产性状。这些动物包括牛、绵羊、山羊、马、犬、家禽和其他鸟类、猪、有蹄类动物和其他能驯化的动物。Calvin Schwabe（1978），是一名著名的兽医，曾给牛起了"人类母亲"的绰号。动物提供食物和纤维如肉、奶、毛、皮革；提供役力来托运、犁地、运输；服务于军队，如马和大象。随着人们在育种和管理动物方面的有效进展，生产力得到了提高。

人类受益的同时，动物也受益。人们以一种可预测的方式给动物提供生活必需品。这样就诞生了传统畜牧业的概念以及共生契约的卓越实践与体现。"Husbandry"一词源于古斯堪的纳维亚语单词"hus"和"bond"，动物连结着每个人的家庭。传统畜牧业的本质是看护。人类将动物放入可能对其最理想的环境中生长、繁衍，这种环境是经过演变和选择的。此外，人类为它们提供食物、水、庇护所，保障他们不被掠食，提供实用的医疗照顾，在分娩时助产，在饥荒期间提供食物，在干旱期间提供饮水，以及提供安全的环境和舒适的管理。

最终，必要性和常识产生的东西，变成了一种与自身利益息息相关的道德义务。在诺亚的故事中，上帝保护人类的同时，人类保护着动物。事实上，传统畜牧业伦理贯穿整个《圣经》：动物必须在安息日休息；人们不应对吃奶的犊牛怒斥（这样就不会对动物需求及天性变得麻木不仁）；为了拯救动物，人们可以违反安息日教义。伊斯兰传统对利用动物也有类似的条文："当动物不能再忍受你的重量时，不要骑它，并要公平对待动物……如果动物筋疲力尽，必须让它休息一下"（Shahidi，1996）。

谚语告诉我们："聪明的人关心他的动物"。《旧约》中充满着不要给动物造成不必要的痛苦的禁令，以巴兰敲打其驴的奇怪故事为例，按照上帝的说法，他将受到动物的惩罚。

第 23 版《诗篇》充分阐述了传统畜牧业伦理的真正影响力。其中，为了寻找上帝关于动物与人类理想关系的恰当比喻，《诗篇》作者引用了耶稣的一段话：

上帝是我的引路人，我不应缺少。他使我躺卧在青草地上，他指导我来到静静的水边。他抚平我的灵魂。

《圣经》告诉我们，如果没有牧羊人，动物则不会轻易找到饲料或水，在众多天敌（狮子、豺、鬣犬、猛禽和野犬）出没的地方将无法生存。在牧羊人的庇护下，羔羊生存得很好、很安全。来自不同文化的牧羊人和牧民，包括非洲的努斯人、印加人、西班牙巴斯克人和印度牧民，谱写的诗和歌曲都涉及牧羊人（Kessler，2009）。所有这些传统促进了畜牧业的良好发展以及动物与土地的联系。

作为回报，动物提供了产品，有时甚至是生命，但是当它们活着的时候，应该让它们活得很好。正如我们所看到的，即使屠杀，夺取动物的生命，也必须尽可能无痛，由一个经过训练的人用尖刀刺杀，以避免不必要的痛苦。

当柏拉图在《理想国》中讨论理想的统治者时，他做了一个牧羊人与羊之间的比喻：统治者对于他的人民就好比牧羊人对于羊群。第四纪牧羊人，其存在是为了保护、维护和改善羊群，给他的报酬是按能力支付的工资。所以对统治者也该如此，进而阐明了传统畜牧观对人们心灵状态的影响力。直到今天，牧师仍被称为教徒的牧羊者，"牧师（pastor）"起源于"牧区（pastoral）"。

传统畜牧业的独特之处在于它既是一种伦理学说也是一种审慎学说（Rollin，2003）。谨慎的说法是，不遵守传统畜牧业的发展规律会无情地导致饲养动物的人遭受毁灭。不喂食，不给水，不防天敌，不尊重动物身体上、生理上、心理上的需求和天性，即亚里士多德所说的终结目标——"牛的生存本质，绵羊的生存本质"，意味着动物无法生存和茁壮成长。在 20 世纪之前，人们很少有关于动物伦理的文章，也很少有关于法律伦理的编纂，而且留下的大部分内容都是针对病态残忍。因此，缺乏动物伦理和法律可由动物的主要使用性质——农业及其成功所需——良好的畜牧业来解释。

3.5　工业化农业的兴起

在 20 世纪中叶，许多国家的传统畜牧业被工业化农业取代。Ruth Harrison（1964）在她的著作《动物的机器》（*Animal Machines*）中描述了她在英国集约化养殖场观察到的情况。鸡被塞进极小的笼子，肉用犊牛和母猪被拴系，无法转身。她的书被翻译成 7 种语言，推动了 Brambell 委员会的成立，并提出了五项基本福利（McKenna，2000；Van de Weerd and Sandilands，2008）。她的书令公众开始关心发生在英国家禽场、牛场和猪场的集约化养殖及养殖技术的不足。值得一提的是，美国传统畜牧业工业化的发生有各种各样可以理解甚至值得称道的原因及其消失产生的问题（快速访问信息 3.1）。

（1）工业化农业约始于 20 世纪 40 年代，当时美国面临着与粮食有关的各种新挑战。首先，经济大萧条和尘暴（严重干旱）使得很多农民的处境更加艰难，甚至更为引人注目地显露出民众闹饥荒的征兆，这在美国历史上是第一次。等候领救济食品的队伍和施舍处的深刻印象促使人们产生强烈的愿望，即要确保廉价食品充分供应。到了 20 世纪 60 年代末和 70 年代，与欧洲相比，美国拥有生产单元大得多的大规模工业化畜牧业。

（2）在城市可找到更好的工作，农村的老百姓成群结队来到城市，希望过上更美好的生活，造成了农业劳动力的潜在不足。

（3）城市和郊区的发展，因各种开发侵占了农业用地，抬高了土地价格，将可用于农业种植的土地转为他用。

（4）农村的老百姓本来对农村慢节奏的生活方式感到很快乐，第一次世界大战和第二次世界大战期间征兵使他们混杂在市区和郊区中，从而对农业的生存方式产生不满。记得第一次世界大战后流行的一首歌："如何要年轻人待在农场（在他们已经看到巴黎后）？"具有讽刺意味的是，到了 20 世纪 60 年代后期，许多城市人向往以小农场为代表的"简单生活"。现在，在发达地区，人们对购买当地小型家庭农场的动物产品产生了巨大兴趣。都市人渴望重新回到传统畜牧业。

（5）人口学家曾预测，人口在戏剧性地急剧增加，这已被证明是确定无误的。

（6）随着工业化在新领域的成功，特别是 Henry Ford 汽车概念的应用，工业化的概念或许不可避免地会应用到农业领域（Ford 已经将屠宰场描述成"拆卸线"）。

这样就诞生了农业工业化的做法，用机器代替劳力。农业学校传统的畜牧系改名为动物科技学院，象征性地标志着这种转变。在教科书中动物科技学院被定义为运用工业方法生产动物的院系。

在这种转变过程中，种植业、畜牧业的基本价值观——可持续性，作为一种生活方式而不仅仅是谋生方式，已经转变成追求效率和生产力的价值观。伴随着机器代替人力，接着需要大量资金，农场生产单元越来越多，结果形成了 20 世纪 70 年代的口头禅"要么扩大要么淘汰"。农业科研强调生产廉价和丰富的食物，并前所未有地向这个方向迈进。为了效率，动物受到空间限制，远离草料，大量的研究用来寻找廉价的营养来源，从而导致将不正常的饲料喂给动物，造成家禽和牛的粪肥也出现异常。为了生产力，动物处于远离其自然需要的环境。传统畜牧业强调将方钉塞进方孔、圆钉塞进圆孔，尽可能小地产生冲突；而工业化畜牧业被迫将方钉塞进圆孔，利用作者命名的"技术打磨机"（technological sanders），如抗生素、激素、极端的遗传选择、空气处理系统、人工冷却系统和人工授精，迫使动物处于非自然状态，而它们仍然能保持高产。

例如，看一下蛋产业，农业中最早实现工业化的领域之一。传统上，鸡自由地在场院中活动，能通过觅食以土地为生，表达它们的自然行为，如自由移动、筑巢、沙浴，逃避更好斗的动物，远离鸡窝排便，而且在一般情况下能表达鸡的天性。另一方面，蛋业的工业化，意味着把鸡放入小笼，在一些系统中，有 6 只鸡挤在一个小铁丝笼中，这样一只鸡可能站在其他鸡身上，它们没法表达任何固有行为，甚至无法伸展翅膀。在缺少空间建立优势等级或啄序（pecking order）的情况下，它们相互残食，因此必须断喙，导致产生疼痛的神经瘤，因为喙是由神经支配的（Gentle 等，1990）。产蛋母鸡的生物学特性已经被推向了极点，即老龄蛋鸡骨质疏松症和龙骨骨折比例很高（Sherwin 等，2010；Wilkins 等，2011）。龙骨骨折是很痛苦的（Nasr 等，2012）。目前，动物在工厂的机器中属于便宜的一部分，甚至是最便宜的，因此完全可以消耗掉。如果一个 19 世纪的农民试图有这样一个系统，随着动物因疾病在几周内死亡，他将会破产。猪和鸡的一些遗传品系经过高度选择，为了产蛋和产肉，已经导致其抗病能力较差。猪已经变得容易感染疾病，一些农民已经安装了抗菌过滤器，滤掉进入猪舍空气中的微生物（Vansickle，2008）。这是一种走向极端的"技术打磨机"。

3.6 工业化农业存在的问题

确保人类、动物和土地持久平衡的稳态正在被破坏。把鸡放入笼子以及环境控制舍内的鸡笼需要大量资金、能源和技术"安排"，例如，要运行排气扇以防止致命的氨聚集。每只鸡的价值不高，所以需要更多的鸡；鸡价格很低，但鸡笼价格很高，所以每个笼要尽可能塞满很多鸡。鸡的高度聚集需要大量抗生素等药物，以防止疾病在拥挤的条件下迅速传播。动物的育种，完全以生产力为导向，遗传多样性——应对意外的一个安全网——正在失去。美国印第安纳州普渡大学的遗传学专家 Bill Muir 发现，与非商业家禽相比，商业品系的家禽遗传多样性已经减少了 90%（Lundeen，2008）。Bill Muir 博士非常关注遗传多样性的缺失。小型家禽生产者无力承受资本的需求正在消失。农业作为一种生活方式和谋生方式正在消失。Thomas Jefferson 认为，小农户是社会的中坚力量（Torgerson，1997），正被大型企业集团所取代。垂直整合的大型企业实体受到青睐。粪便变成了一种污染物，而不是牧场的肥料，其处理成为一个问题。对于当地畜牧业至关重要的智慧和技术正在消失。有什么"智能"是硬连接到"系统"中的？药物和化学品的扩散使食品安全受到影响，而广泛使用抗菌剂来控制病原体实际上是在杀死易感病原体的同时选择繁殖抗药性病原体。最重要的是，这个系统并不平衡——需要不断的投入来维持其运行，处理其产生的废弃物，制造其消耗的药物和化学品。

在工业化畜牧业地区，动物都会遇到同样令人沮丧的局面。例如，谈到乳品工业，曾一度被看作是田园牧歌、可持续畜牧业的生动画卷，动物在牧场吃草，生产出牛奶，排出的粪便肥沃着土壤，维持着牧场的生态平衡。虽然业界希望消费者相信，这种情况仍然存在——美国加州乳品工业做的广告宣称，加州干酪产自"快乐的牛"，而且展示了在牧场的奶牛——事实上却完全不同。美国加州奶牛绝大多数在污垢和混凝土条件下生存，实际上从来没有看到过一片牧草叶，更不用说吃了，乳品协会也因虚假广告而受到了控告。

现代农业普遍存在的一个问题是，动物都是专门为了某项生产力而培育的，奶牛是以产奶量为导向培育而成。现今奶牛产出的奶比 60 年前高 3～4 倍。1950 年，奶牛在一个哺乳期内平均年产 2 410 L 牛奶。50 年后，它已接近 9 072 L（Blaney，2002）。仅 1995—2004 年，每头奶牛产奶量就增加了 16%。现如今，奶牛的产奶量进一步增加，这导致了动物的繁殖问题越来越严重（Rodenburg 和 Turner，2012）。其结果是，腿上好像挂着奶袋，无法站稳。美国奶牛跛行的比例很高，这些牛长期遭受严重的繁殖问题。Espejo 等（2006）发现，饲养在散栏（小隔间）舍中的奶牛平均有 24.6% 跛行。最近的一项研究表明，奶牛跛行平均发生率为 28%（von Keyserlingk 等，2012）。然而，在传统农业时期，一只奶牛可以连续生产 10 年，甚至 15 年，而现今的母牛只能维持稍长于两个泌乳期，这是代谢枯竭和追求日益增产的结果，在美国使用牛生长激素（BST）进一步增加产量加速了这种变化。这种不自然的多产动物自然会患上乳腺炎，在美国部分地区，在无麻醉的情况下给动物断尾，以减少粪便污染乳头，这种做法不但徒劳无功，还产生了新的福利问题。这个程序尽管仍然在实行，但已经明确表明与乳腺炎控制或体细胞数降低无关（Stull 等，2002）。应激和断尾的疼痛，以及随之而来的无法驱赶苍蝇的问题可能更容易引发乳腺炎。犊牛从出生后不久、接受初乳前就离开母牛，对母牛和犊牛都会产生明显的痛苦。出生后，公犊可能被立即运到屠宰场或饲养场，从而使它们产生应激和恐惧。

美国集约化的养猪业，少数几家公司生产 85% 的猪肉，也是造成猪重大痛苦的原因，却没有影响养猪产业。考虑到猪的智力，猪受到限制的养殖（the confinement swine industry，在板条箱或限位栏——实际上是在小笼子中饲养妊娠母猪）可能是整个畜牧业中最令人震惊的事实。根据行业的建议，这种栏尺寸为高 0.9 m、宽 0.64 m、长 2.2 m，母猪约 4 年的整个生产周期都要待在里面（只有一个短暂的例外，稍后详细阐述）——即这种栏用于体重可能达到 275 kg 或以上的动物。母猪不能转身、走动，甚至不能挠到自己的臀部。体型大的母猪甚至不能平躺，大多数时间只能胸部着地躺卧。唯一的例外是分娩阶段（约 3 周），母猪被转移到"产仔栏"产仔，给仔猪哺乳。为产仔母猪留的空间并不大，但其周围有"隔离栏"，仔猪吃奶时不会因为母猪调整姿势而被压。

在放牧的条件下，母猪在山坡上筑巢，排泄物可以浸入土地，每天吃草要走 2 km，与其他母猪轮流看护仔猪，所有的母猪都能吃上草。集约化生产如此剥夺了母猪的天性，母猪会发疯，表现出怪异与异常行为，如强迫性地咀嚼笼栏，因为躺卧在污染了自己排泄物的混凝土地面上，母猪要忍受蹄、腿病变（见第 8 和 15 章）。

这些例子足以说明在空间受限的情况下动物缺乏良好的福利。确信无疑，这一连串的问题可以得到解决。一般来说，在空间受限的农业生产中所有动物（肉牛是个例外，它大部分时间生活在牧场，然后在肮脏的饲养场靠采食谷物完成育肥，在牧场它们可以表达许多自然习性）都遭受着传统畜牧业所没有的相同的福利问题。

快速访问信息 3.1 传统畜牧业消失产生的问题

（1）生产性疾病 根据定义，生产性疾病，如果不是因为生产方式所致，是不会存在或不会严重流行的。例如，肝脏和瘤胃脓肿，是因为给牛饲喂了过多的谷物，而不是粗饲料。在饲养的牛中，24% 有瘤胃病变，只有 68% 拥有健康的肝脏（Rezac 等，2014）。经济上，生病的动物不只是抵消掉其余动物的增重。其他的例子有空间受限的环境引起的奶牛乳腺炎，β-激动剂（beta-agonists）增加猪肌肉产量引起的乏力以及肉牛"运输热（shipping fever）"（牛呼吸道疾病）。

（2）熟知动物的工人流失 大型工业化经营，如养猪场，工人工资较低，有时是非法的，经常迁徙，几乎没有动物知识。服务于动物空间受限的农学家鼓吹"智慧就在系统中"，从而失去了传统畜牧业历史上的集体智慧，就如历史上的牧羊人现在已转变成为死记硬背、廉价的劳动力。

（3）缺乏个体关注 在传统畜牧业系统中，每个动物都是有价值的。在集约化养猪生产中，每个动物个体不值得考虑。结合考虑工人不再是看护人的事实，结果是显而易见的。

（4）不重视由动物自身生理和心理特性决定的需求 如前面提到的，"技术打磨机"（technological sanders）让人们将动物饲养在违背其自然天性的条件下，从而强化了生产力，牺牲了有保障的康乐。

在这里绝对有必要强调，创造和延续这些系统的人们没有任何恶意的企图肆意欺凌动

物的福利（几乎所有动物科学家和工业化农业的生产者都有传统畜牧业的背景）。未能在这些新系统考虑动物福利基本上源于概念上的错误。

回顾一下，传统畜牧业的成功依赖于正确对待动物——总的来说，如果动物遭受痛苦，生产者就会受到损失。在这种情况下，以动物的生产力作为动物福利一个适宜（概略的）的评价指标是完全合理的（应当做出一些改进）。那些发展了动物空间受到限制的农业生产系统的人们继续使用这一指标，没有区分工业化和传统畜牧业之间的明显差异。在传统畜牧业条件下，遭受痛苦的动物通常会导致生产力的损失。在工业化饲养条件下，前面提到的"技术打磨机"不但切断了生产力和福利之间的密切联系，而且就动物遭受的痛苦来说，并没有导致经济效率的损失。在这种情况下，如通过对高生产力的单一遗传选择，当代奶牛实际上出现了新的福利问题，例如代谢"疲劳"、蹄腿问题和繁殖问题（Rodenburg 和 Turner，2012；Spencer，2013）。在一项研究中，最高产的奶牛腿肿的百分比较高（Fulwider 等，2007）。在许多集约化奶牛场，母牛只能维持两个泌乳期。我们看到，前面提到的 1982 年的 CAST 报告（CAST，1982）指出了这种概念的错误。

3.7　集约化农业的环境与社会成本

动物福利并不是由农业工业化无意中引起的唯一问题。美国工业化农场动物生产皮尤委员会（The Pew Commission on Industrial Farm Animal Production in America），作者曾有幸服务过，经过 2 年多的深入研究，最近发布了涉及所有这类问题的一个报告（可在 www. ncifap. org 获得）。我们认为，虽然按照收银机的现金支出，工业化农业确实产生出了便宜的食物，但这种农业产生了许多明显的由社会（消费者）负担的成本，没有出现在收银机现金支出中（经济学家称之为成本外化）。包括如下这些费用：

（1）环境掠夺　例如，在高度集中的工业化农业中，动物废弃物成为污染的一个主要途径。相关的一个问题是空气污染。

（2）小农户和健全的农村社区的进一步消失　例如，美国失去了 20 世纪 80 年代初养猪生产者数量的 85%。

（3）人类健康的风险成本　包括在高度受限环境下病原体的繁殖，在一些空间高度受限的单元中工作的人员呼吸困难，对空间受限的动物非治疗性地使用低剂量抗生素引发抗生素耐药性（Marshall 和 Levy，2011）以及食品安全等问题。

（4）动物福利　如已讨论的。

无论如何，让我们回到主要话题：动物福利的观念毫无疑问体现了动物的社会伦理，对畜牧业的作用必须理解清楚，以满足社会需求。

3.8　公众对动物的关注增强

首先，过去几年公众对对待动物的关注明显增加了，特别是，当人们已经知道当今对动物的使用没有建立一种公平的关系时更是如此。目前对动物的使用是公然的剥削，尤其在畜牧业以及动物研究和试验方面。这反过来又导致试图解决不受虐待法律包含的动物遭受折磨的法律向全球扩散，即使是该法律本身在美国 40 个州也得到了加强并提升到重罪状态。2004 年，美国各州立法机构提出了 2 100 多项与动物福利相关的法律，实验动物立法在整个欧洲和其他国家广泛传播。世界动物卫生组织（OIE）在屠宰、运输和动物生产方面的福利准则已经引起发展中地区对动物福利议题的关注。许多虐待行为由于舆论压力而遭淘汰，越来越多的消费者表示，愿意购买友好饲养生产的食品和没有进行过额外动物试验的化妆品。

随着媒体对动物议题报道的增多，社会普遍认为，伴侣动物是"家庭成员"，许多人为动物说话，关于动物伦理的书籍越来越多，人们需要确信动物得到适当处理。而且，如作者 30 年前预言，随着传统畜牧业的消失，反虐待伦理和法律看不到大多数动物经历的苦难，社会需要新的动物伦理，并期待对现存的人类伦理做出适当修改，做出成效。正如柏拉图所说，伦理学产生于预先存在的伦理，其中一种不但通过创建新的原则（他所谓的"教学"），而且通过提醒人们现行伦理观念隐含的逻辑内涵扩展了新的伦理领域。

关于传统畜牧业，放牧动物在牧场吃草、自由游动的田园景象是标志性的。正如《诗篇》第 23 篇指出，食用动物的人们希望看到动物有像样的活法，而不是过得很痛苦、悲伤和沮丧。这就是工业化农业向公众隐瞒了生产实际情况的部分原因——普渡关于饲养"快乐的鸡"的广告，或加州的"快乐的牛"的广告可以作证。一旦普通老百姓发现真相，就惊呆了。皮尤委员会（the Pew Commission）的其他委员第一次看到母猪限位栏时，许多人流了泪，所有人都被激怒了。

3.9　动物自然天性的重要性（终极目标）

正如我们采用尊重人性的基本原则而受到约束一样，人们希望看到一个类似的观念应用到动物身上。动物也有天性，我所说的终极目标来自亚里士多德——"猪的生存本质""牛的生存本质"。猪被"设计"在软壤土上走动，而不是待在妊娠栏中。如果这种情况不像传统畜牧业那样自然发生，那么人们希望通过立法来进行约束。这就是"动物权利"的主流意识。

严格来说，动物不能有法定权利。如同财产，但通过限制财产权，可以做到在功能上等同于权利。当我们人类起草关于实验动物的美国联邦法律时，不能否认，实验动物为研究人员所有。我们只是着眼于限制他们对自己财产的使用方面。我可以拥有我的车，但这并不意味着我可以在人行道上或在任何我选择的速度下驾驶它。同样，我们的法律规定，如果一个人伤害实验动物，他就必须控制其疼痛和苦恼。因此，可以说，实验动物有权利使自己的疼痛得到控制。

对农场动物而言，人们希望看到，他们的基本需求和天性、终极目标在饲养的系统中得到尊重。由于这种情况不会像传统畜牧生产上自然发生，因此必须通过立法或法规来强制执行。2003 年的一项盖洛普民意调查（Gallup poll）显示，62% 的民众希望农场动物福利拥有立法上的保障。这就是我所说的"动物权利是一种主流现象"。因此，关于动物终极目标的饲养管理准则的法制化是传统畜牧业被摒弃的地方动物福利的形式。

因此，在今天的世界中，动物福利的伦理规定，我们饲养和使用动物的方式必须表现出，尊重并提供条件满足它们的心理需求及天性。因此，重要的是，工业化农业应该逐步淘汰那些违反动物天性、造成动物痛苦的生产系统，并用尊重它们天性的系统取代。

3.10　动物科学和动物医学必须解决价值观和伦理问题

正如我告诉许多畜牧业和兽医团体的那样，这并不意味着动物科学的终结。它的意思是，当推动动物科学的基本价值变成追求效率和生产力时，动物科学必须转向我们讨论过的体现其他价值的系统设计——尊重动物的自然天性，减少动物的痛苦和苦恼，控制来自生产系统的环境退化，关注动物生产对农村社区和人类健康的影响，关注动物需求和天性。总之，动物科学和动物医学必须改变成 18 世纪所谓的"道德科学"。对动物福利的概念中不可约定的、长期被忽视的道德组成部分，畜牧行业必须接受并落到实处。

这就是为什么像母猪妊娠栏高度限制动物自由的系统要淘汰的原因。在英国它们已经被淘汰，欧盟国家已在 2013 年禁用母猪妊娠栏。在美国和加拿大，来自消费者和动物权益团体的压力已经在促使诸如史密斯菲尔德（Smithfield）和枫叶（Maple Leaf）等大公司淘汰母猪栏中发挥了作用。这正是对消费者伦理关注的一种回应。

欧洲继续寻找着农场动物福利问题的立法补救措施。例如，欧盟已经禁止在没有麻醉的情况下进行仔猪去势，这一禁令从 2012 年起生效，并计划到 2018 年全面禁止。一般而言，欧洲公众对农场动物福利问题的了解要比美国公众更多。例如，Tesco 等连锁超市长期向客户分发他们购买动物产品时所采用的标准信息。虽然美国的专业市场如 Whole Foods 确实公布了他们的标准，但传播的信息往往不那么详细。很难知道为什么欧洲人比美国公民更了解动物福利，但这可能是因为美国的地域非常广阔，而且由于所谓的"生物安全"原因，集约化养殖系统仍然远离公众视野，无法接近。

无论如何，在美国针对工厂化养殖的立法远远少于欧洲。事实上，皮尤委员会在行动项目清单顶部列出的主要问题是向农场动物饲喂抗生素，以促进生长、减轻动物饲养方式所造成的负面影响，但会导致对抗生素不敏感的病原体滋生，威胁人类。尽管私人和政府卫生当局向国会提出了这种担忧，但至今没有采取任何行动。由于美国人道协会在过去 15 年中对州立法选举进行公民投票和公开倡议，最具影响力的行动一直处于州一级。这些行动旨在废除母猪栏、犊牛高限制性板条箱（防止这些动物产出的肉不那么嫩），以及非常密集和环境贫瘠的蛋鸡层架式鸡笼。引人注目的是，这些倡议在他们尝试的所有州都以 2∶1 通过。

3.11　消费者需要良好的动物福利

动物福利能取得较大进展最主要是由于消费者的需求。从麦当劳、汉堡王和温迪等企业巨头所承受的压力开始，这些实体被迫从采用人道做法的生产商那里购买产品。在我看来，这种方法从长远来看实际上可能优于立法行动。2008 年，当我与 Chipotle 合作帮助发展他们的动物福利承诺作为他们开展业务的象征时，我被问到是否愿意让两位 Smithfield（世界大型猪肉生产商）的高管参加我给 Chipotle 一个部门的演讲。我说，"当然！"演讲在科罗拉多州韦尔举行，我们前一天晚上就到了。在晚餐期间，我列出了他们自愿放弃妊娠箱的社会伦理理由。他们第二天参加了我关于新兴社会动物伦理的演讲，我们继续交谈。我敦促他们不仅要接受我关于动物伦理的观点，还要询问他们的消费者。6 个月后，我接到他们的电话，告诉我说他们已经这样做了。"你发现了什么？"我问道。"我们使用问卷调查和焦点小组来确定我们的客户对母猪栏的看法。事实上我们发现你错了。您曾告诉我们有 75％的公众不接受妊娠栏，实际上是 78％！"在此基础上，他们逐渐在自己的设施中淘汰妊娠栏，最近淘汰妊娠栏也开始扩展到合同生产商。他们讲述这个故事的关键点在于，通过与消费者交谈，这些人在消费者中获得了丰富的动物伦理形象。如果对母猪栏的禁令是通过外部政府的压力来实现的，那么就不会有类似的理解水平。最近，Smithfield 已经开始将禁用母猪栏扩大到合同供应商。

2014 年 1 月，企业巨头泰森食品公司宣布了针对其供应商新的动物福利建议。这些建议包括：在母猪场使用视频监控；停止用人为造成的钝性损伤作为安乐死的主要方法；减轻断尾和阉割疼痛；要求在 2014 年建造或翻新的母猪舍能够为妊娠母猪提供充足的高质量空间。尽管这些都不是强制性要求，但它们代表朝着正确的方向迈出了一步，这同样可能是基于消费者的关注。

目前有超过 60 家公司拒绝收购使用妊娠栏的供应商提供的猪肉。以下为这些公司具体名录。

麦当劳（McDonald's）

戴恩股票［DineEquity（IHOP 和 Applebees）］

干红辣椒（Chipotle）

金宝汤（Campbell Soup）

大西洋保险（Atlantic Premium）

温迪（Wendy's）

好市多（Costco）

西斯科（Sysco）

愿你胃口好（Bon Appetit）

威廉斯香肠（Williams Sausage）

汉堡王（Burger King）

史密斯菲尔德（世界最大的猪肉生产商）［Smithfield（the world's largest pork producer）］

卡夫食品［Kraft Foods（Oscar Mayer）］

奎兹诺斯（Quiznos）

哈里斯蒂特（Harris Teeter）

赛百味（Subway）

饼干桶（Cracker Barrel）

康帕斯集团（Compass Group）

诺亚爱因斯坦餐厅集团（Einstein Noah Restaurant Group）

凯马特（Kmart）

丹尼（Denny's）

霍梅尔食品（主要猪肉生产商）［Hormel Foods (leading pork producer)］

目标公司（Target Corp）

嘉年华游轮（Carnival Cruise Lines）

信托之家（Trust House）

邓肯品牌（Dunkin'Brands）

枫树叶（加拿大顶级猪肉生产者）［Maple Leaf (top Canadian pork producer)］

连锁速食餐厅/快速休闲餐厅（Jack in the Box/Qdoba）

布林克餐厅［Brinker (Chili's，Romano's，Maggiano's)］

全食超市（Whole Foods）

声波驱动器（Sonic Drive-In）

克勒格尔（Kroeger）

康尼格拉食品（ConAgra Foods）

维也纳炸牛排（Wienerschnitzel）

海因茨（Heinz）

阿拜（Arby's）

西夫韦（Safeway）

小卡尔/哈迪（Carl's Jr/Hardees）

希尔郡品牌［Hillshire Brands (Jimmy Dean，Ballpark)］

布鲁格百吉饼（Bruegger's Bagels）

通用磨坊（General Mills）

超价商店（Super Valu）

乳酪蛋糕厂（The Cheesecake Factory）

皇家加勒比海游轮公司（Royal Caribbean Cruise Lines）

巴哈鲜阿玛克（Baja Fresh Aramark）

索迪所（Sodexo）

沃尔夫冈帕克（Wolfgang Puck）

蒂姆霍顿斯（Tim Hortons）

鲍勃伊凡斯农场（Bob Evans Farms）

星期五餐厅（TGI Fridays）

奥利梅尔（加拿大顶级猪肉生产商）［Olymel（top Canadian pork producer）］

美滋美食（Metz Culinary）

泰森食品（Tyson Foods）

约翰逊维尔香肠（Johnsonville Sausage）

朗迪超市（Roundy's）

加拿大零售委员会（Walmart，Safeway，Loblaw，Metro，Costco，Metro 和其他最大的加拿大零售商）

（列表由美国人道协会副主席 Paul Schapiro 提供）

该清单清楚地说明了在没有立法干预的情况下，社会伦理关注度在多大程度上可以产生社会变革。几乎所有公司的声明中都提到了伦理观，这些声明也解释了母猪栏的废除问题。虽然这种变化可能需要更长的时间，但也许能更好地得到理解。

参考文献

（赵卿尧、孙福昱、陈晓阳 译，顾宪红 校）

第4章 为评估农场和屠宰场的动物福利实施有效的标准和评分体系

Temple Grandin

Department of Animal Science, Colorado State University, Fort Collins, Colorado, USA

在制定有关动物福利的标准和指南时,应避免用模糊的词。避免使用类似"适当的操作处理"或"适度的兽医护理"这样的术语。可能某个人所认为的适宜的操作处理在另一个人看来就是一种对动物的虐待。世界动物卫生组织(OIE)和许多动物专家都推荐使用基于动物的结果测量指标。一些常见的测量指标包括体况评分、行走困难的跛行动物百分比、高浓度氨导致的眼部灼伤、动物体表清洁程度、损伤评分、羽毛或体表状况。目前对于如何建造畜舍这类基于资源的投入标准的关注在下降。不过,饲槽空间、饮水通道空间和卡车装载密度这些基于资源的标准仍十分必要。立法和私营标准将对虐待动物或采用违禁的畜舍进行饲养作出相应规定,例如,母猪妊娠限位栏,拖拉倒下的、不能走动的动物等残忍行为。最有效的审核和检查项目需要由三方来组成:①由农场自己的饲养员或兽医进行内部审核(第一方);②由独立的审核机构进行第三方审核;③来自公司或政府机构的经理或检查员(第二方)对农场进行随机检查,确保审核员尽职尽责。

【学习目标】

- 掌握如何撰写清晰明了的标准和指南,使不同的读者能够有相同的理解。
- 了解基于动物的结果测量指标和基于资源的投入标准之间的差别。
- 如何确定最重要的核心标准或关键点,以防止对动物的虐待或忽视。
- 提供简便易行的测量指标,评估动物的体况、跛行、损伤、被毛/羽毛状况、动物操作处理、卫生状况、冷热应激及异常行为的出现。
- 如何建立有效的动物福利审核项目。

4.1 引言——必须制定清晰的标准和方法,以提升不同审核员及检查员之间的一致性

许多有关动物福利、疾病控制、食品安全以及其他重要领域的标准和条例都过于模

糊且主观化。在使用模糊的标准时，可能会有很多不同的解释。一位检查员也许会用非常严格的方式来解释条款，而另一位检查员可能会允许虐待动物，并对条款做出宽松的解释。作者曾经为评估屠宰场和农场的动物福利培训了许多审核员和检查员。这些人需要明确的信息以了解什么条件是可以接受的，什么情况下认定审核失败或者什么情况是违法的。他们会问非常明确具体的问题。例如，瘀伤面积多大时可以认为是受损的胴体？用脚触碰动物时，什么情况下被认为是在踢动物？哪种行为被认为是虐待行为？在家禽舍中，他们会要求具体地描述可以接受的和不可以接受的垫料状况。例如，对良好垫料状况的清晰描述：垫料可以将土壤与动物隔开，有一些干松垫料供鸡翻找。应避免使用一些模糊不清的术语，如适当地操作处理动物，或为动物提供适当的兽医护理。

4.2　提高观察者之间的可靠性

一个好的审核培训项目必须真正地行之有效。好的培训会提高不同审核员之间的一致性。通过良好的培训，不同审核员之间的判断差异会减少（Webster，2005）。

当标准的用词清晰明确时，进行福利评估的观察者之间的可靠性就会极大地提高。观察者之间的可靠性良好，不同的人对相同的一项评估的分数就会相近。Phythian 等（2013）的一项研究报道了不同观察者对动物体况、跛行和眼部损伤评估之间的良好一致性。对于奶牛的体况评分和跛行（行走困难）评分，有可能得到高度一致且具有重复性的结果（Thomsen 等，2008；D'Eath，2012；Vasseur 等，2013）。

作者从 66 家美国屠宰场收集的资料表明，三位餐馆审核员在评估捕获栓枪一次射击失去知觉的牛的比例（$P=0.529$），以及在通道和致晕箱中喊叫（哞叫或者号叫）的牛的比例（$P=0.22$）时，他们审核的结果没有差异。造成观察者之间评估结果高度一致性的可能原因是使用了简单的"是或否"评分。例如，每头动物会被评估为安静或喊叫。不过，当评估使用电刺棒移动牛的比例时，不同审核员审核的结果具有显著差异（$P=0.004$）。对此的解释是，致晕和喊叫的标准描述得很清晰，但使用电刺棒的标准却不够清晰。一些审核员记录了所有接触电刺棒的次数，而其他审核员却没有这样做。一些审核员不知道是否应该把所有接触电刺棒的次数都记录下来，因为不能精确地判定是否打开了电钮。

对三种常用的奶牛福利评估工具的比较结果表明，它们都能准确地挑选出 20% 最差的奶牛场，但在其他指标的评估上差异却很大（Stull 等，2005）。Nicole（2014）将福利质量体系和两家企业标准进行了比较。这三项评估都鉴别出了福利最差的农场。

Smulders 等（2006）对猪的研究表明，通过现场评估动物福利和行为可以获得观察者之间的高度可靠性。这些研究人员开发了一种易操作的行为测试方法，获得的结果与生理应激指标如唾液皮质醇、尿液肾上腺素、去甲肾上腺素和生产性状等高度相关。在惊吓测试中，一圈栏猪可能被评估为受到惊吓，也可能被评估为未受到惊吓。将一个直径 21 cm 的黄色球扔进圈栏中，如果有超过一半的猪最初受惊跑开，则本圈猪就被评估为容易受到惊吓。惊恐受环境富集和饲养员的态度影响（Grandin 等，1987；Hemsworth 等，1989；Beattie 等，2001）。生活在环境富集且又受到饲养员悉心照顾的动物会表现很弱的惊恐反应。这项测试有这么好的观察者之间的可靠性，原因之一是因为该测试非常简单。

4.2.1　商用评估体系应比科研用评估体系更简便

基于实地培训超过 400 名审核员和检查员，作者认为在实习审核员独立进行审核之前，须由经验丰富的审核员陪同审核 5 次。如果他们准备审核或检查奶牛场，则需拜访 5 家奶牛场；如果他们要对家禽屠宰场进行评估，则需要拜访 5 家家禽加工厂。

商业上用于评估动物福利的审核或评估工具与用于进行详细科学研究或兽医诊断的测量指标有所不同。用于商业认证或立法合规性检查的筛评工具需简单化，从而使大量审核员的培训比较容易。使用筛评工具的目的是为了确定福利状况是否存在问题。而复杂的测量是为了诊断和修复问题或进行科学研究。奶牛福利质量网络（2009）是良好研究工具的一个典范。但对于认证工具日常使用来说，这一体系太过耗时（Heath 等，2014）。福利质量网络包含猪、禽和肉牛的良好评估工具。这些评估方式中的一部分可以纳入更为简便的审核体系中。Andreasen 等（2014）开发了一套与这一福利质量相关良好的更为简便的奶牛审核体系。

4.2.2　应该去除模糊词汇，以提高评估一致性

有几个模糊的词汇应从所有的标准和指南中删除，它们是"适宜的""合适的"和"足够的"。一个人对"合适的操作处理"的解释很可能与另一个人完全不同。例如，如果某标准描述"减少电刺棒的使用"，一个人可理解为一次也不能使用，而另一个人会认为在一头动物身上使用一次是符合规定的。

在美国，美国农业部（USDA）的标准中使用了一些模糊词汇来避免"过度使用电刺棒"或避免"不必要的痛苦和折磨"。培训审核员或检查员关于什么为过度使用电刺棒以获得不同检查员之间的良好可靠性是不可能的。一名检查员可能因为某农场在每头动物身上使用了一次电刺棒而延缓肉类检查，关停该场；而另一名检查员则可能认为这种行为很正常，没有对该场进行处罚。作者已多次目睹在执行美国农业部模糊不清的标准和指令时出现的不一致现象。而使用客观的数值计分会大大提高不同审核员之间或政府检查员之间的一致性。

有一个标准规定猪在运输车中或在舍饲系统中应有适宜的空间。这种说法太模糊。有效的说法是：猪必须有足够的空间，以便所有的猪都可以同时躺下，而不用躺在彼此的身上。其他两个表述清晰的例子有：畜舍内氨含量不能超过 25 mg/kg，并以 10 mg/kg 作为目标；奶牛禁止断尾（Kristensen 和 Wathes，2000；Kristensen 等，2000；Jones 等，2005）。一些福利标准要求家畜必须饲养在牧场上，那么就应该有一个对牧草最小需求量的明确定义。达到什么程度时，贫瘠、过度放牧的土地就可以认为已经由牧场变成泥土地了呢？作者建议，作为牧场动物，占用土地的 75% 或以上的部分都应覆盖具有根系的植被（图 4.1）。

图 4.1　舍外牧场饲养的猪。土地要达到牧场的条件，饲养动物的围场应有 75% 或以上区域需覆盖具有根系的植被。图中所示牧场有部分土地裸露，但可以接受。

运输安全标准是一个很好的描述清晰的例子，在很多国家均行之有效。编写福利标准的人应该把交通法规作为参考。当车辆超速时，警察测速后可以令其停下。他不会阻止他"认为"是超速的车子，而是去测量车速。司机和警察都清楚车速上限和规则，如停车标志表示停车。在大多数国家，交通法规的实施是有效且相当统一的。

不幸的是，有些政策制定者故意将标准制定得含混不清。一位发达地区主管食品检查的官员拒绝了作者关于减少条款模糊性的建议。他承认他的部门希望福利法规实施起来更灵活一些。他这样做的原因是，标准的实施可以根据政治环境强化或减弱。这样模糊的标准导致的后果是一名检查员可能超级严厉，而其他检查员非常松懈，从而导致检查员之间没有一致性。

4.3　三类动物福利标准：基于动物的标准、禁止的实践和投入标准（快速访问信息 4.1）

基于动物的福利问题测量指标在审核员访问农场时可直接观察到，对改善动物福利状况有效。一些常见的例子有体况评分（BCS）、跛行（行走困难）、被毛或羽毛状况、动物清洁程度、疼痛、肿胀和受伤。这些测量也是管理实践不佳的结果。世界动物卫生组织（OIE）已开始采用更多基于动物的结果标准（OIE，2014a、b）。许多动物福利研究者都推荐使用基于结果的标准（Hewson，2003；Whay 等，2003，2007；Webster，2005，Velarde 和 Dalmau，2012）。大型欧洲动物福利评估项目同样强调基于结果的测量指标（Welfare Quality Network，2009；EFSA，2012；Linda Keeling，2008，个人通信）。Linda Keeling 指出，这些测量指标应该：①以科学为基础；②可靠并可以重复；③合理实用，可以在现场实施。其他基于动物评估的工作已经由 Whay 等（2003，2007）和 LayWel（2009）完成。在可以直接观察的条件下，审核员容易做出评分和定量。有一些重要的例子，如体况评分（BCS）、跛行评分、操作处理过程中的跌倒以及动物清洁程度评分。许多已发布的评分体系都有图片和图表，便于培训审核员（Laywel，2006；Welfare Quality Network，2009）。Edmonson 等（1989）写了一个例子。对福利审核来说，体况评分很容易，因为评估员只需要鉴别出过瘦的动物（关于测量指标的进一步信息，见第 1、2 章）。

快速访问信息 4.1　不同类型的福利标准

评估动物福利有五种基本标准：

（1）基于动物的测量，也被称为性能标准或结果标准。基于动物的测量既可用来作为评估工具，又可用来设定标准。当它们被用作标准时，则需要设定一定的性能水平。例如一个"优秀"的例子是，一家农场泌乳牛只有 5%跛行（最重要）。

（2）所禁止的实践（最重要）。

（3）基于投入的需要，又称工程资源或设计标准（不太重要）。

（4）提升实际养殖状况的主观评估（不太重要）。

（5）记录保持、饲养员培训等文件要求。编制提升实际养殖水平的管理程序和标准操作程序（SOPs）（不太重要）。监管员可能需要更多的重视。

对于评估动物的操作处理，对操作处理错误进行数值评分的评估体系比较容易实施，且非常有效（Maria 等，2004；Grandin，2005，2010；Edge 和 Barnett，2008）。有些项目测量的是动物的摔倒率、电刺棒使用率、喊叫率（哞叫、号叫和尖叫）、比小跑或步行更快移动的百分比。采用跛行评分评估个体牛的运动得分，评估者之间重复性很高，变异非常低（Winckler 和 Willen，2001）。这表明，五分跛行量度可提供可靠的数据。肉鸡的一项研究表明，三分跛行评估体系较六分体系有更好的一致性（Webster 等，2008）。为提高评估者之间的可靠性，应避免超过 5 分的评分体系。在另一项研究中，评估员在 7 家牛场对三种情况进行观察，在跛行评分、踢、挤奶时踱步、牛清洁度、逃避距离这些指标上，评估员之间重复性很高（DeRosa 等，2003）。在踢、挤奶时踱步和逃避距离方面，水牛也有相同的结果（DeRosa 等，2003）。水牛不存在跛行问题，水牛打滚，因而清洁度评分也无意义。

OIE 法典（2014a、b）也支持使用数值评分，其第 7.3 章这样描述：

应该建立性能标准，用数值评分评价这类设备的使用，并测量使用电刺棒移动动物的比例和因使用电刺棒导致动物滑倒或摔倒的比例。

（OIE，2014d）

在屠宰场，很容易评估能直接观察到的、对动物福利有害的情况。例如擦伤、运输过程中死亡损失、家禽翅膀折断、家禽跗关节灼伤、疾病情况、不良体况、跛行、受伤和被粪污覆盖的动物（见第 1 章）。在农场，异常行为，如刻板踱步、母猪咬栏、家禽同类相食、过度惊恐反应以及咬尾，也很容易用数字量化和观察。

4.3.1　非直接观察到的、基于动物的福利标准

从生产者记录中获得的动物健康指标是福利问题的重要指标。有一些普遍的指标，如死亡率、淘汰率、动物治疗记录和健康记录。这些指标是有用的，但应更重视直接可观察到的指标，因为记录可以被伪造。文书和记录对于追踪疾病的暴发要比福利评估更重要。

4.3.2　基于动物的测量指标是连续的

农场不可能永远都没有生病的动物，也不可能永远都没有跛行的动物。当操作处理动物时，不可能做到完美无缺。所有基于动物的指标都是持续可变的。当设立一项标准时，需对某个错误的可接受水平做出决定，这些决定应以科学数据、伦理考虑和实际可达到的水平数据为基础。

错误的可接受水平在不同国家或消费者之间可能都不同。许多关注动物福利的人很难写出允许出现一些错误的标准。除非对基于动物的测量指标进行数值限制，否则不可能以客观方式来强制执行。如对于跛行动物的最大可接受水平为 5%。第 2 章中提到的研究数据表明，管理良好的奶牛牛场可以很容易达到这一要求。不应使用像"最小化跛行动物数量"这种模糊的规定，因为一名审核员可能认为 50% 的跛行率是可以接受的，而另一名审核员可能认为 5% 的跛行率不能通过审核。

例如，在屠宰场使用的评分体系（Grandin，1998a，2012）中允许操作处理过程中动物的摔倒比例为 1%。一些人认为允许这个水平的摔倒是对动物的虐待。许多来自牛和猪屠宰场的审核资料表明，为了使一家屠宰场在 1% 水平上可靠地通过 100 头动物的审核，它们的实际摔倒百分比下降到 1 000 头动物中不足 1 头。设定标准为 1% 的原因是，在审核 100 头动物的过程中，农场或屠宰场不应因一头可能跳起和摔倒或被其他接近它的人惊吓的动物而受到惩罚。对动物允许摔倒比例做出硬性限制带来了显著的改善。使用硬性数据同样防止了逐渐恶化的实践。OIE 法典中规定：

> 不能强迫动物以比正常行走步速大的速度行走，以降低由于摔倒或滑倒所致的受伤。应该建立性能标准，并对动物滑倒或摔倒的百分比进行数值评分，以评估移动动物的实践或设施是否应该改进。在设计和建造得当的设施中，配备称职的动物操作处理人员，移动动物 99% 没有摔倒应该是可能的。

（OIE，2014c）

很多人不情愿提出一些硬邦邦的数字，或者他们将擦伤、受伤或跛行畜禽可允许的数目定得很高，以致最糟糕的生产操作也能通过审核。例如，美国国家肉鸡委员会最初规定，在捕捉和运输过程中折翅鸡的比例限值为 5%。当进步的管理者改进了他们的捕捉实践时，断翅比例会降低到 1% 或更低。这一标准现在更加严格。

4.3.3　所有评分简化，每头动物按"是或否"评分

为了简化审核，基于单头动物的福利标准都应该用"是或否""通过或未通过"来评分。例如，每头动物用"跛或不跛"或"摔倒或不摔倒"来评分。有缺陷动物的数量用来确定跛行动物的比例或操作处理过程中动物摔倒的比例。用来审核的跛行和体况评分方法必须比在研究或兽医诊断中使用的评分体系简单。作者通过训练很多审核员后得出经验：

指标必须简单好用。对于福利审核，体况评分或跛行评分应被分为两类：通过或不通过。每头动物都被评分，并为每个变量列出符合要求的动物百分比。Tuyttens 等（2014）提出，仅用"是或否"进行评分有助于防止观测员的偏见问题。

4.3.4　禁止严重虐待动物的实践或在特定国家或市场被禁止的实践

这些标准很容易制定，因为它们是离散变量。某些实践是不许做的，诸如母猪妊娠栏以及奶牛断尾，是被正式禁止的，没有解释的余地。另一个例子是，要对手术操作进行特殊的指导，例如过了一定年龄后，对动物阉割需要麻醉。严重的虐待实践必须禁止，如抛扔动物、挑逗动物、戳眼睛、剪尾，或从大卡车上倾倒动物。OIE 法典（2014c）列出了不应该使用的屠宰实践（见第 9 章）。这类标准很容易制定，通常不需要对模糊的词汇做出解释。下面是 OIE 法典（2014c）规定的在操作处理动物时不应该使用的实践。

● 使用诸如电刺棒之类的设备时，只能用电池驱动的电刺棒，触及猪或大型反刍动物臀部的后半部分，而不能触及敏感部位如眼、嘴、耳朵、肛门和生殖器官区域或腹部。这些设施不应用于任何年龄的马、绵羊、山羊、犊牛和仔猪。

● 不应该拖拽或摔扔清醒的动物。

● 不应迫使待宰动物行走在其他动物身上。

● 为避免损害、痛苦或伤害，应以这样的方式操作处理动物：任何情况下动物操作处理者都不能诉诸暴力来移动动物，比如挤压或弄断动物的尾巴，抓住它们的眼睛或拖拉它们的耳朵。动物操作处理者不得将有伤害作用的物体或者有害物质用于动物，尤其是眼睛、嘴、耳朵、肛门生殖器官区域或腹部等敏感区域。扔或摔动物，提或拽它们的身体部位，如尾巴、头、角、耳朵、四肢、毛、毛发或羽毛都是不允许的。用手提小动物是允许的。

4.3.5　基于投入的工程资源或设计标准

基于投入的标准也可被称作基于建筑资源或设计标准。这些标准告诉生产者如何建造畜禽舍或细化空间需求。基于投入的标准很容易写清楚。它们可能适用于一种动物而不适用于另一种。例如，小体型的杂交母鸡需要的空间小于大体型的杂交母鸡。单一的空间指南不会同时适合大体型和小体型的鸡种。在许多情况下，应该用基于动物的标准替代基于投入的标准。不过，有一些情况需要建议使用基于投入的标准。

基于投入的标准适用于提出可接受的福利水平的最低条件。例如对运输车辆、舍饲空间、饲槽和水槽的最小空间需求。对于乳头式饮水系统，需要确定每个饮水处覆盖多少动物。另一项重要的投入标准是，将动物舍内氨浓度限定为 25 mg/kg，以 10 mg/kg 为目标。上述项目都可以用数字量化。对于这些标准，可因地制宜，绘制动物种类和重量的图表就可以很容易地完成。由于动物品种会发生变化，因此体重常常是一个很好用的变量。例如，20 世纪 60 年代和 70 年代的荷斯坦牛和安格斯牛与 2015 年相比要小得多。当明确规定动物舍具体设计细节时，投入标准效果较差。如不推荐在奶牛栏（小隔间）中规定怎样建分隔栏和牛颈枷，因为过时的参数可能阻碍革新和新的设计。要发现畜栏设计不当或者维护不当，通常使用基于动物的测量指标，如损伤、肿胀、睡觉姿势或牛体干净程度。如果牛舍设计不当或者垫料不合适，牛群通常会出现较高比例的跗关节肿胀和跛行。

要达到可接受的最低福利标准，绝不能将动物非常密集地关到一个栏或圈中，以致它们必须睡在同伴的身上。作者曾观察到一些笼养蛋鸡场，母鸡必须踩过其他母鸡身体才能到达食槽。应实施一种投入标准禁止这类虐待。可是，Dawkins 等（2004）和 Meluzzi 等（2008）都发现，肉鸡场中的饲养密度不是一个直接反映福利水平的指标。严重的福利问题，例如脚垫损伤或死亡率更多地与较差的垫料状况有关（Meluzzi 等，2008）。这个问题在冬季舍内气体流通减少时会更为严重。当一种投入标准十分模糊时，进行审核会出现很多严重的问题。例如关于牧场标准，规定动物必须能进入牧场，但还没有规定牛要在牧场上待多长时间。

4.4　培训审核员和检查员以提高审核一致性

动物福利审核中不可能消除所有的主观性。有一些需要主观评估的变量，如设施的总体维护状况和员工的态度等。一位审核员或检查员熟练主观评估的最好方法之一就是走访许多不同的地方。这样就能见识到各种各样好或不好的农场或屠宰场。

可以将一些不好的管理实践或者维护不好的设备拍成图片或视频，用来培训审核员或检查员。一些常见的设备问题，比如损坏的门、肮脏的通风扇和饮水槽、磨损的挤奶机等，都可以与维护良好的设备同时展示。接触动物的人员绝不能踢或打动物，一家检查员常问的问题可能是"什么时候轻击变成了击打?"。可以制作一个视频展示适当的操作处理动物，并通过轻轻拍打让动物朝着正确的方向行走。视频也可演示通过击打挤压一个空波纹纸箱。当足够的击打力用于箱子开始产生挤压时，轻击就变成了击打。动物不能为了录制培训视频而被击打，可以从网络下载动物被击打的视频或使用纸箱被击打的视频，也可在搜索引擎中输入题目"Proper Use of Livestock Driving Tools with Temple Grandin"进行相关查询。在欧洲福利质量网站上也有很好的照片（www. welfarequalitynetwork. net），涵盖奶牛、肉牛、猪和家禽。

4.4.1　清晰的评论

审核员和检查员的评论必须写得清楚。作者回顾了许多审核和检查报告，发现里面有太多的含糊评论或评论得不够详尽。应该写出恰当的书面评论来描述未通过的审核项目情况和不符合领域，而且观察到的良好和不良实践都应予以记录。在审核或检查失败后，良好的书面评论能帮助客户和监管官员做出明智的决定。快速访问信息 4.2 列举了一些模糊和良好的书面评论。

快速访问信息 4.2　模糊和良好的书面评论举例

模糊的评论	良好的书面评论，解释实际问题
粗暴地操作处理猪。	操作处理人员踢仔猪，并在猪舍之间扔掷仔猪。
致晕效果差。	损坏的致晕枪不能开火，并且有 1/3 时间不能使动物失去知觉。
禽舍垫料差。	垫料是由切碎的报纸堆积而成，潮湿，容易弄脏家禽。

4.4.2　记录保存及文件要求

记录的保存对于一家具有较高标准的农场来讲是十分重要的，同时对于鉴别和追溯疾病控制也是必不可缺的。但是，有些监管机构倾向于将整个审核工作转变为文件审核。这种做法可保证文件准确无误，但农场里的实际情况会十分糟糕。记录对观测动物淘汰率及其寿命诸如奶牛和种猪，是有价值的。动物的寿命是动物福利的一个重要指标（Barnett 等，2001；Engblom 等，2007）。在一些牛场，奶牛在两个泌乳期后就被淘汰。

4.5　防止不良福利的核心标准和关键控制点

在审核工作中，有些项目比其他项目更重要。必须避免文件审核已通过但农场依然有很多骨瘦如柴的跛行动物的情况出现。为了通过审核，必须满足某些主要的核心标准或关键不符合项。很多最重要的核心标准是可直接观察到的基于动物的指标。这些指标是很多糟糕实践或条件下产生的结果。快速访问信息 1.1 中列出的严重福利问题均为核心标准。例如，捅戳敏感部位（如直肠），舍内氨浓度过高引起眼部受损，动物身上沾满粪便而没有干燥的地方躺卧，或者体况差的动物。许多审核体系应用危害分析关键控制点（HAC-CP）原则。其原理是极少数关键控制点（CCPs）或核心标准必须全部符合才能通过审核。有效的关键控制点是许多不良实践的结果测量指标。HACCP 体系起初用于评估食品安全。最先开发出来的 HACCP 项目往往过于复杂，关键控制点过多。更新后的项目进行了简化。作者为屠宰场开发的评分体系包括 5 项用数值连续评估的基于结果的核心标准或关键控制点指标、1 项与动物饮水有关的基于工程或投入的标准、1 项禁止任何虐待操作处理行为的谨慎核心标准（Grandin，1998a，2005，2010）。屠宰场要想通过福利审核就必须通过所有 7 项核心标准的审核（见第 9 章）。HACCP 原则正越来越多地应用于动物福利的审核（von Borell 等，2001；Edge 和 Barnett，2008）。有关核心标准或关键控制点的分类方式也很多，作者分类的主要依据是标准在该领域容易实施的程度。

快速访问信息 1.1（第 1 章）的核心标准可用于所有类型系统中的福利标准，从完全自由放养型到集约型的大型农场均适用。要通过福利审核，农场在所有核心标准中都要获得可以接受的分数。第 1 章快速访问信息 1.1 和 1.2 中列举的均为审核员可以观察而不需要看记录的项目。对于每种动物，培训材料都必须根据当地的条件制订。不重视检查记录的原因是，作者发现有些记录是伪造的。作者的意见是，文件审核是福利审核的一个重要组成部分，但所占的权重应比快速访问信息 4.3 至 4.7 所列的可直接观察的项目权重小。以下是从多项测量指标转化为单一评分的问题。

繁忙的管理者需要易于评估的数据，并且希望能够将所有的福利和食品安全数据整合成单一的评分。将多项测量指标整合为一个评分的风险是可能会掩盖掉严重的问题。例如，当将欧洲福利质量网络奶牛审核多项福利指标整合为一个评分时，一家有 47％跛行状况的奶牛场获得了可接受的等级（de Vries 等，2013）。一家牛场有 47％奶牛跛行，其福利很差。如果采用单一福利评分，自动评级在碰到故意虐待动物行为时就会失败，因此需对这一情况有所规范。对于基于动物的测量指标，如跛行，稍高于 5％则扣分（points off）；但若 25％的牛跛行，则审核失败。因此，每个基于动物的测量指标均有两个级别的失败形式——扣分和审核失败。

4.6　可评估多种福利问题的基于动物的最重要测量指标

4.6.1　体况评分（BCS）

目前有许多不同版本的体况评分体系。最好采用所在国家已经使用的图表。对于美国荷斯坦牛和欧洲奶牛，Wildman 等（1982）、Ferguson 等（1994）、威斯康星大学（2005）和福利质量网络（2009）已给出了很多好的图片或图表，上述所有文章可在互联网上免费获得。该体系评分图片可以夹在塑料记录板上，这样评估员可以经常带在身上。体况评分体系从 3～9 分不等。应用最多的为 4～5 分的评价体系快速访问信息 4.3。我们还是推荐使用当地生产商所熟悉的评分体系。例如，在极其寒冷的条件下（－18℃）饿死的牛，往往没有出现 1 分的体况评分（Terry Whiting，2008，个人通信），且尸检报告显示心脏和肾脏周围没有脂肪。为了保证其福利，生活在极寒冷条件下的牛，必须比生活在温暖条件下的牛有更好（肥）的体况。我们建议将动物可接受和不可接受的后视照片和侧视照片放在卡片夹中。造成动物体况欠佳的原因可能有食物过少、寄生虫、疾病或 rBST 管理不当（rBST 是用以提升牛奶产量的一种生长激素）。所以体况评分是评估管理不当、营养和健康不良的一项重要标准。泌乳期动物一般会瘦一些，体况评分会比非哺乳期动物低。

快速访问信息 4.3　体况评分体系

（1）消瘦：肋骨和脊柱突出，不可接受。
（2）瘦。
（3）正常。
（4）超重。
（5）肥胖（极度肥胖）：有时成为一个福利问题。
世界各地的情况差别很大。体况评分标准应符合当地条件。

4.6.2　跛行（行走不便）评分

跛行是由很多不同情况造成的。测量跛行动物的比例可以很好地反映造成动物跛行的各种因素。一些可能会增加跛行动物比例的因素有：

- 遗传选育快速生长的家禽和猪。
- 湿垫料或泥泞地面。
- 站立在潮湿的水泥地面。
- 缺乏蹄修剪或足部护理。
- 疾病——例如蹄腐病。
- 腿部结构不良问题。
- 由于饲喂高浓缩饲料而引起的跌倒（蹄叶炎）。
- 由于饲喂高水平的 β-受体激动剂如齐帕特罗而造成的跛行。

- 导致动物滑倒或跌落的不当操作处理。
- 牛场设计不当的小隔间（散栏）。
- 以高产奶量为目的的遗传选育。

鸡的跛行可以通过简单的 3 分评分体系来测量（Dawkins 等，2004；Webster 等，2008）。评分如下：1 分——10 步之内可正常行走；2 分——10 步之内走不直，明显跛行；3 分——卧地不起（downer）或走不到 10 步。Knowles 等（2008）的论文包含培训审计员的视频，可在线访问。非常好的牛跛行（五分评分体系）评分视频可在 Zinpro.com/lameness 上查询。在 5 分评分体系中，3～5 分的牛会被归类为跛行。在该评分体系中，1 分是完全正常，而 5 分是几乎不能站立和行走。

自本书第一版出版以来，一个更为简便的 4 分评分体系备受欢迎（快速访问信息 4.4）。依据在群体行走时动物能否跟得上群，将跛行程度分为轻微或严重。在家禽养殖中 3 分跛行评分体系应用效果很好，但可能会低估跛行牛比例。还有其他许多不同的跛行评分体系，这些体系有着细微的差别。当将评分体系应用到研究中时，在方法部分具体说明所用跛行评分工具非常重要。一些体系以 0 分作为正常，另一些将 1 分视为正常。

理想状态下，应对所有的泌乳奶牛进行跛行评分，但这在大型牛场并不可能。Hoffman 等（2013）的研究表明，应选出在挤奶厅时排在中间的牛进行测量。目前也正在开发利用电子设备来测量奶牛跛行的新方法。在奶牛场和其他拴系动物的地方，可通过观察奶牛是否来回倒替受力腿以改变重心，或四肢表现为不均等的体重受力来评估跛行（Gibbons 等，2014）。在不同的体系中评分不同。流行的 4 分跛行评分体系将 0 作为正常值，然后是 1、2、3 分。当比较不同牧场间的评分时，必须采用相同的评分体系。

此外，与体况有关的体表清洁度评分可见快速访问信息 4.5。

快速访问信息 4.4　牛、猪和其他哺乳动物的跛行（行走困难）4 分简便评价体系

1 分：平缓、均匀地正常行走。

2 分：行走时跛行或步伐僵硬，头朝下或上下点头。在随群体行走时，其头朝上（定义为轻微跛行）。

3 分：行走出现困难，但仍可充分活动。其头部不能向上，当随群体行进时会掉队（定义为严重跛行）。

4 分：基本不能站立和行走，可能不能活动。与新普罗（Zinpro）奶牛评价体系 5 分描述一致（定义为严重跛行且不适合对其进行运输）。

在新西兰的 4 分评价体系中，最高的评分被分配给能完全走动却跟不上群的动物。这样的动物适合运输。

注：一些指南将正常行走定义为 0 分，将跛行按严重程度重新评为 1、2、3 分。

快速访问信息 4.5　动物体表粪便和泥土评分

简单的 1、2、3、4 分评价体系适用于所有动物。该评分适用于评价沾在畜禽体表的粪便、粪便泥土混合物以及粪便垫料混合物。这一评分体系可用于奶牛、肉牛、猪、绵羊和家禽中。

1 分：腿部、腹部/胸部、躯体完全洁净。家禽必须完全干净。

2 分：腿上有泥，但腹部/乳房和躯体干净（图 4.2）。

3分：腿和腹部/乳房都有泥土。

4分：腿、腹部/乳房和躯体两侧都有泥土（图4.3）。

不应混淆因无法为动物提供一个干燥的地方供其躺下而使其身上沾上的粪便与动物为了凉快而沾上的泥土。

一些评价体系中将0分定义为洁净，按脏污程度重新评为1、2、3分。

图4.2　这些奶牛在郁郁葱葱的牧场上放牧。它们腹部、乳房和大腿都是干净的，清洁度评分为2。

图4.3　这头奶牛腿、乳房、腹部和身体两侧都有泥污。由于很脏，清洁度评分为4。

4.6.3　被毛或羽毛状况

当评价被毛和羽毛时，很重要的是要确定造成被毛和羽毛损伤的原因。其中有三个主要原因：①笼具或喂料器的磨损；②由同类造成的损伤；③其他动物或外寄生虫造成的损伤。

我们已经建立了家禽羽毛评估体系，最先进的体系能分出羽毛的磨损和由其他同类造成的损伤。LayWel 网站家禽羽毛状况评分图片很好（图 4.4；www. laywel. eu）。圈舍类型对羽毛损伤模式有一定影响，在厚垫料中饲养的母鸡头部和颈部受伤较多，而笼养鸡翅膀和胸部损伤更多（Bilčík 和 Keeling，1999；Mollenhorst 等，2005）。头部损伤很可能是由于其他同类啄食造成的，而翅膀的损伤更可能是由设备磨损造成的。

家畜被毛状况差主要反映患有外寄生虫病或缺乏矿物质等问题。这种情况可能发生在不允许用药治疗寄生虫病的有机生态系统中。牛秃斑是患有外寄生虫病的表现，这是一种严重的动物福利问题。

图 4.4　根据 LayWel 羽毛状况评分体系为蛋鸡打分。共有 4 个分值，1 分几乎秃光，4 分正常。a 评分为 2 分，b 评分为 4 分。该网站还为胸部、后背及颈部的评分提供了参考图片（照片由 www. laywel. eu 提供）。

4.6.4　疼痛和损伤

需要为每个物种提供用于评分的照片和图表。猪肩膀压疮是由于限位栏管理不当造成的，而咬伤和创伤则多是由群养造成的。对于在散栏（小隔间）中的奶牛，腿部病变和肿胀是一个重要的测量指标（见第 2 章）。经常添加垫料的小隔间中，牛腿伤明显减少（Fulwider 等，2007）。过小的散栏也会增加创伤发生率。奶牛腿伤是评估管理不当和圈栏设计不合理的良好指标。对于禽类，由啄食、同类争斗或公鸡的攻击造成的伤害很容易量化；对于猪，如咬尾、咬耳的伤害也容易量化。对于肉鸡，其脚部病变和灼伤，可以用图表显示不同的受伤程度（图 4.5）。湿垫料是脚部损伤的一个主要原因。

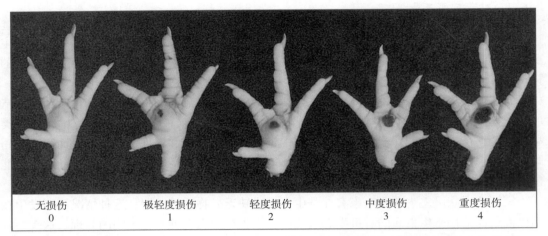

无损伤	极轻度损伤	轻度损伤	中度损伤	重度损伤
0	1	2	3	4

图 4.5　肉鸡脚部灼伤。脚垫病变是由恶劣的垫料状况导致的。损伤为棕色或者被染为其他颜色，这种情况通常发生在生长阶段的后期。如果损伤为白色，屠宰时也不变色，则该损伤有可能发生在生长早期。

4.6.5　易被忽视的健康问题

有些健康问题易被忽视，如牛眼的肿瘤坏死、未经治疗的寄生虫病导致的秃斑、大量未经治疗的伤口感染、未经治疗的大脓肿、坏死性脱垂或其他明显忽视的卫生条件。还有一些关键控制点应纳入基于动物的结果测量指标（快速访问信息 4.6）。

4.6.6　操作处理评分

在操作处理动物时，若发生快速访问信息 4.7 中的虐待行为，应视为审核自动失败。在管理良好的畜禽操作中，这些显而易见的虐待行为是要被全面禁止的。

如果可能的话，在装车/卸车或送宰过程中，应对 100 只动物进行兽医操作评分。每头动物都应以"是或否"评分。在动物喊叫和电刺棒使用评分时，每头动物都应进行"喊叫或沉默，使用电刺棒驱赶或不使用电刺棒驱赶"的评分。评分的主要连续变量以发生某种情况动物的百分率表示。操作处理评分见快速访问信息 4.8。更多有关操作处理评分的信息详见福利质量网络（2009）、Grandin（2012，2014）、OIE（2014a）、肉牛标准和 OIE（2014d）。

所有五项操作处理测量指标是人员缺乏训练或设施不足的结果。例如，跌倒可能是由于操作处理方式粗鲁、地板太滑（如果地面太光滑动物很容易滑倒）或动物不适合操作处理和运输而造成的。喊叫评分是评估设施设计问题或者操作人员培训不充分的有效指标。牛或猪等动物在操作处理或保定中的喊叫与下列不良实践密切相关（Grandin，1998b，2001）：

- 过度使用电刺棒。
- 地板过滑以致滑倒。
- 保定设备边缘锋利。
- 致晕设备故障。

- 用门拍打动物。
- 保定设备的压力过大。
- 被单独留在通道或致晕箱中。

喊叫评分不应用于绵羊，因为绵羊在受到严重虐待时常保持沉默。目前许多大型屠宰场牛的喊叫率已经能够轻松达到 3% 或更低（Grandin，2005，2012）。很多屠宰场的生产数据也表明，在保定设备中发出尖叫的猪比例只有 5% 或更低。

快速访问信息 4.6　其他重要的关键控制点，应以动物为基础的结果测量进行评分

- 温度应激——牛张嘴呼吸代表其正经受严重的热应激，猪挤在一起表明其正经受冷应激。
- 哺乳动物的被毛状况。
- 家禽的羽毛状况。
- 所有物种的蹄部状况。
- 身体的伤痛。
- 腿部的肿痛伤病。
- 被忽视的健康问题。
- 由于高浓度氨或粉尘造成的眼部受损或肺部损伤。
- 逃离区范围。良好的人畜关系：动物会接近人。不良的人畜关系：动物会躲避人。

快速访问信息 4.7　造成不能顺利通过动物福利审核的虐待动物行为

- 打、踢、扔牲畜或家禽。
- 戳眼或断筋。
- 生拉硬拽活畜。
- 故意驱赶动物踩在其他动物身上。
- 断尾。
- 通过戳动物的敏感部位如直肠、眼睛、鼻、耳或嘴而驱赶动物。
- 故意用门猛烈撞击动物。
- 在没有下拉挡板或卸载斜面的卡车上，使动物跳下或将动物扔出卡车。

快速访问信息 4.8　操作处理评分——在饲养员转移动物时评分

- 跌倒动物的比例。
- 使用电刺棒转移动物的比例。
- 喊叫（哞叫、号叫、尖叫）动物的比例（绵羊不能采用这个评价指标）。
- 移动速度比正常行走或慢跑快的动物的比例。
- 奔跑动物的比例。
- 冲撞围栏或大门动物的比例。

（细节请参考第 5 章）

4.6.7　热应激和冷应激

　　很多动物的死亡或福利状况恶劣都是由于热应激或冷应激造成的。动物的热中性区是可变的，它取决遗传、毛发/被毛的长度、获得阴凉的程度等其他诸多因素。如果动物或禽类出现喘息，则它们处于热应激状态；颤抖或缩成一团的动物都有冷应激。张嘴呼吸是牛出现严重热应激的一个信号（Gaughan 等，2008），此时应为其提供遮阳或为其提供喷淋来缓解这一情况。审核员和检查员能够很容易地记录喘息动物的数量。对于在商业条件下的应用，应将评分体系简化为张嘴呼吸、严重热应激或闭嘴呼吸。这已经超出了本书所讨论的热舒适的方方面面，但是由热应激导致死亡的热环境必须得到改善。对于热应激，一些纠正措施有风扇、洒水喷头、阴凉、额外饮水或改变动物遗传特性（图 4.6）。对于冷应激，一些可能的纠正措施有庇护处、加热、增加垫料或改变动物遗传特性。一些较为严重的热应激发生于不同气候区域之间运输动物的情况下。动物需要几周的时间适应冷热不同的条件。当需要将动物从冷区运到热区时，最好选择在冷季节时运输到热区。将冷驯化的动物运输到炎热的沙漠地区时，可能会导致较高的死亡率（见第 1 章）。

图 4.6　在美国干旱的西南地区，通过精心设计的遮阳棚和洒水车可使牛在干旱地区保持凉爽。这些牛在干燥条件下也可保持清洁。饲养场遮阳棚必须按照南北方向设计，这样阴影会移动以防止阴凉处泥土的堆积。遮阳棚高为 3.5 m。年降水量在 50 cm 的地区为饲养场最佳建设地点。牛圈距饲料槽的坡度应为 2%～3%，这样既可提供排水，又可防止泥浆积聚。

4.7　与较差福利状况有关的异常行为及与动物积极情绪有关的行为评估

　　羽毛或者被毛状况评分可以用于发现动物受其他动物伤害的程度。母鸡之间的同类相残和羊的扯毛行为是两种异常行为，可以通过检查损伤而发现。猪的异常行为，如咬尾和咬耳，则可以通过记录受伤猪的比例来量化。作者观察到，与其他品系相比，一些快速增长的瘦肉型猪出现咬尾行为的比例较高。牛的卷舌和吸尿行为都属于异常行为，且可通过饲喂粗饲料来预防（Montoro 等，2013；Webb 等，2013）。在单调的高密度饲养条件下，动物会出现咬栏或踱步等刻板行为。第 2、8、15 章对异常行为有进一步讨论。许多动物福利专家均同意跛行、疾病或伤害是反映动物福利问题的指标，但对于行为指标应该占多大权重存在较大分歧。Bracka 等（2007）已经开发出一种技术，对许多不同的动物福利科学家进行了行为需求的调查。统计数据被用来确定专家们认为最重要的行为需求。给猪提供探究材料被赋予最高的等级，从而避免咬尾行为的发生。在福利知识不够清晰、决策部分以伦理为基础的地区，这一群体共识方法对制定指南具有重要意义。2001 年，欧盟通过了一项指令，即猪必须能接触到纤维材料，例如可探究和咀嚼的稻草（见第 8 章关于行为的内容）。不可接受的动物异常行为见快速访问信息 4.9。

快速访问信息 4.9　不可接受的动物异常行为

应通过对饲养环境富集、饲喂更多粗饲料或改变动物基因型来避免异常行为。记录表达这些异常行为的动物比例。采用评分来判断外部干预是否能够有效减少动物的异常行为。

- 肉牛和奶牛卷舌。
- 猪咬尾。
- 喝尿。
- 踱步：所有动物。
- 重复行为：所有动物。
- 家禽啄羽。
- 拔毛。
- 母猪咬栏。

更多内容见第 2、8、15 章。

以下为积极行为和定性行为评估（QBA）。为了达到最低水平的动物福利，需要防止动物出现受伤、健康问题以及本章讨论的其他问题。越来越多的动物福利科学家看到了应用真正积极的动物福利指标的重要性（Boissy 等，2007；Edgar 等，2013）。勉强能够接受的福利水平是不够的。第 8 章详细讨论了动物大脑的情绪系统，列出了反映积极情绪的行为指标（快速访问信息 8.2）。反映积极情绪状态的行为有动物具有小的逃离区、接近人类的行为，玩耍、鸡尘浴和梳理行为。

定性行为评估（QBA）是评估动物情绪的一种方式，通过人们指定一些词汇如平静、好奇、紧张、激动或愤怒来评估。观察者所用的词汇与动物的生理状态有着明确的统计学关系（Rutherford 等，2012；Stockman 等，2012）。这种方法的发展并不完善，还不适合应用到商业农场中。在未来，强大的计算机程序会将这一过程简化。

4.8　如何用基于动物的标准设置关键限值（又称为基准点）

为避免指南含糊不清，必须对基于动物的标准设定数字限值，以确定通过和未通过的分值。限值必须设定得足够高，以促进行业改进动物福利，但也不能定得过高，以致人们觉得不可能达到或反对这一标准。当作者对屠宰场进行审核工作时，有 3/4 的屠宰场第一次审核没通过（图 4.7）。然后给他们一定的时间进行改进，但不惩罚他们。当第一次推出数值评分体系时，必须设定基线数据，其可接受的等级限值应该使最好的 25％～30％ 屠宰场或农场能通过审核。而其他屠宰场或农场需要在规定期内达标。例如，要求屠宰场应在 30～60 d 内解决小的福利问题，在 6 个月内解决大的福利问题。对于农场生产者，应当给予最多 2 年的时间来改正像跛行动物比例很高这样的福利问题。这种做法会使评估体系实施起来比较容易，具有优良成绩的地方可以作为示范点，供不良操作者参照并进行改善。在实践非常差的地方，这些标准可能需要在评分体系实施且农场得到改善后再提高。

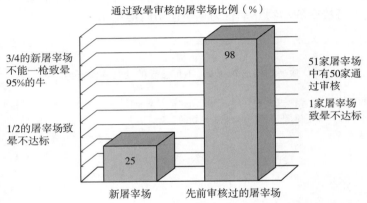

图 4.7　第一次进行审核的新肉牛屠宰场和已进行过 4 年审核的肉牛屠宰场的对比图。我们发现，只有 25％ 的屠宰场可通过首次动物福利和人道屠宰审核。屠宰场的管理者不知道会发生什么，他们经常采取不好的操作，因为这就是他们采取的常规实践。最初评估应视为一次对屠宰场管理者和工人的培训。

4.8.1　持续的提高方法

　　另一种方法是，不设定严格的数字限值，但采用 ISO 9001 持续工作的方法来提高（Main 等，2014）。作者认为，应当联合使用数值标准最低阈值（临界限值）与持续提高的方法。为连续测量设定一个可接受的最低临界限值，如跛行或体况评分，可防止不良福利。这种方法推荐用于相关法律实施中以及零售商将农场或屠宰场从合格供应商名单排除的审核项目。持续提高方法可进一步被用来提升动物福利。对不同指标进行农场排名也可用来促进持续提高。

4.8.2　实施成功的审核与评估项目

　　作者刚开始在屠宰场做审核时，看到许多工作人员做了许多对动物不好的事情，因为他们没有更好的办法。在最初的几年，通知审核和突击审核之间没有区别。但当人们了解到某些实践是错误的时候，一些管理者会在审核员到来时表现出很规范的样子，但当审核结束后又会继续使用电刺棒驱赶动物。对操作处理和运输实践进行审核和评估，通知审核和突击审核更可能会得到不同的结果，但对跛行、体况、体表粪便或设施维护指标进行检查，这两种类型的审核更可能一致。在美国，一些屠宰场中已经安装了视频审核，可以通过安全的互联网连接进行突击检查。视频审核在由场外人员每天不定时查看时最为高效。这样就可以解决屠宰场在审核过程中作假、在审核结束后又回到原来不良实践的问题。

4.8.3　将动物福利审核与其他审核和检查结合

大多数政府和行业审核以及检查计划中，往往有从事许多类型检查的人。在许多国家，政府兽医检验员既进行肉品卫生检查也督促动物福利的实施。对于大部分由麦当劳、乐购等大型零售商所做的审核，审核员需要同时审核食品安全和动物福利。当进行农场评估时，一名审核员可能要同时审核动物福利、环境标准和兽药的使用。身兼数职的审核员和检查员通常需要削减许多重复的工作，这也是制定更清晰、易实施的标准和指南非常重要的另一个原因。为了满足欧盟的标准，审核员必须是指定的动物福利专家。

4.8.4　有效审核和检查体系的结构

最有效的审核和检查体系是内部和外部审核相结合的制度。私营企业已实施的最好体系有三个部分：

● 内部审核（第一方），在每日或每周检查的基础上进行，审核员可以由屠宰场雇员或农场自己的兽医承担。

● 由肉品零售公司办公室雇佣人员进行审核（第二方），他们每年应该审核一定比例的供应商。

● 第三方审核，由一家独立的审核公司完成。他们对每家工厂和农场进行每年一次或两次的审核。

采用第三方独立审核公司的好处是可防止利益冲突。例如，肉品采购公司可能会照顾一些屠宰场，审核不那么严格，因为他们喜欢更便宜的肉。但是，作者认为一家公司不应将所有审核责任托付于一位第三方审核员。采购方应派人进行定期的参观，这样还可向供应商显示他们十分重视动物福利。

在农场，农场的专职兽医和其他专业人员可以进行内部审核。兽医们都不愿意自己的农场不通过，因为这样他可能会被农场主开除。为了避免这种潜在的利益冲突问题，审核员不应该由农场内部的兽医担任。做审核的人员应该是从其他方面获取薪水：如由政府、第三方审核公司、肉品购买公司如麦当劳、家畜协会支付，或者作为大型垂直整合公司的现场工作人员来获得薪水。在许多体系中，农场和屠宰场必须为审核付费。为了避免利益冲突，农场或屠宰场应将费用付给审核公司，审核公司再付给审核员。政府检查也采用类似的体系，审核员的薪水由政府支付。在这两种体系中，审核公司或政府来安排审核员和审核员的任务。农场或屠宰场不允许根据个人喜好挑选检查员。为了避免个人冲突，第三方审核公司应轮流指派审核员，以避免同一名审核员总是审核同一家农场或屠宰场。

4.8.5　每家农场或屠宰场都是一个独立的单元

大型跨国公司拥有许多屠宰场和农场。无论所有权怎样，每家农场或屠宰场都应视为一个独立的单元。该单元要么审核通过，要么审核不通过。一家大公司可能在其他国家存在不良的操作。如果是在自己的国家实施一项福利审核项目，那么最好将精力集中在自己国家每家农场或屠宰场的审核中。某家屠宰场或农场要么从批准的供应商名单中删除，要么重新列入批准的名单中。在改善动物福利方面取得最大进展的肉品采购公司应拥有足够的屠宰场或农场供应商，这样即使少数从批准的供应商名单中剔除，他们仍然有足够的产品。即使所有的肉品都来自两家大公司，如果买家从每家公司拥有的几个不同工厂购买，那么其仍然有足够的经济能力带来变化。在政府项目中，有不同程度的处罚，轻则罚款，重则关闭农场或屠宰场。

4.8.6 处理不符合条件事项的程序

大多数政府和行业系统都有一个正式的程序，当出现不符合条件事项时就遵循这个程序。对于轻微和重大不符合条件事项，必须用邮件说明要采取的纠正措施，以纠正问题。在指定期限后，农场或屠宰场必须进行一次新的审核或检查。在本章中，作者强调了需要明确的指南和标准，使不同的审核员或检查员可以一致地应用。

对于只有一两点没有达到最低通过分数的屠宰场进行的处罚应该轻于存在严重违规行为（如将不能移动的动物从卸载斜坡上拖下来）的屠宰场。作者已经联合很多大型肉品采购商决定将一家供应商从核准清单中剔除。通常，一两点没有达到最低标准需要一封整改方案信函和一次重新审核，可以继续从这家屠宰场采购。而拖拽不能移动的动物是一种严重的虐待行为，采购商应停止从这家屠宰场购买肉品至少30 d。如果该厂还有其他严重的违规行为，则禁止采购的时间将会更长。

总之，审核和检查过程应该非常客观，但是有时需要一定的智慧来确定适当的惩罚。从15年实施审核的经验中作者体会到，与较合作的供应商相比，态度差、不合作的供应商需要受到更加严厉的惩罚。麦当劳最初的审核开始于1999年和2000年，当时75家猪、牛屠宰场中有3家的经理在改善动物福利之前不得不被解雇。为了使这三家企业达标，所有的采购均中断，直到新的管理者上任。有了新的管理，其中一家屠宰场从体系中的最差变成了最好。为了食品安全和动物福利，好的企业都拥有正确做事的管理者。

4.9 利用远程监控摄像审核动物福利

美国两家主要的肉制品公司和一些个体企业已成功将摄像机应用到屠宰场，用以远程审核动物福利。摄像机解决了人们知道自己被监视时"表现良好"的问题。这些摄像机被用来评估致晕效果和动物操作处理，在动物操作处理和减少带电操作方面带来了最大的改进。为了提高效率，摄像机必须由结构化程序中的审核员监控。依赖屠宰场自身进行管理是没有效果的，因为他们在新奇感消失后就不再关注摄像机。

4.10 结论

审核和检查项目的有效实施可以大大改善动物福利。明确的指南将改善不同人之间判断的一致性。这样可以避免一名检查员过于苛刻，另一名却未能改善动物处理的问题。

参考文献

（孙登生、侯瑞娟 译，顾宪红 校）

第 5 章　如何改善对家畜的操作处理并减少应激

Temple Grandin

Department of Animal Science, Colorado State University,
Fort Collins, Colorado, USA

　　用安静、低应激的方法操作处理牛、绵羊、猪以及其他农场动物将会带来更好的生产力，并能够保障员工安全。操作处理动物的员工应该接受训练，理解和运用基本行为原则，比如逃离区、平衡点、自然跟随行为。如果从动物的视线中消除干扰，如闪光金属的阴影、反射或前方移动的人，动物则更容易通过通道或巷道。如果动物适应了操作处理的流程，并习惯了人们经过它们的圈舍或牧场，应激就会降低。如果使用下面的原则，动物将更容易被固定，且喊叫和挣扎更少。最重要的是防滑地板和躯体支撑，以避免滑落和跌倒造成的本能恐惧。

【学习目标】

- 了解转移动物的基本行为原则，如逃离区、平衡点等。
- 排除故障，消除使动物停止移动操作处理设施的视觉干扰。
- 了解公牛行为以及如何饲养公牛群有助于减少危险的攻击行为。
- 固定设备的设计及操作原理。
- 学习使动物适应操作处理及人们走进其圈舍或牧场的重要性。

5.1　简介：低应激固定家畜的好处

　　与恐惧、激动的动物相比，平静的动物更容易操作处理、分类和固定。如果牛变得相当激动，那么需要 20~30 min 它们才能平静下来，心率恢复至正常（Stermer 等，1981）。把动物从牧场赶到畜栏，再到进入兽医处理通道之前，通常最好让它们先平静下来。如果一匹马在进行兽医处理时变得极度激动，那么最好在再次处理前让它先平静 30 min。

5.1.1　良好操作处理的生产效益

　　与在接受操作处理时变得激动的家畜相比，固定时保持安静、在操作处理时可以安静走动的家畜会表现出更好的增重、繁殖性能和肉品质。固定时使劲挣扎，或在操作处理后疯狂地逃离通道的家畜增重较低，体内皮质醇含量较高，人工授精（AI）怀孕率较低，产出的肉颜色较深且十分坚硬（Voisinet 等，1997a、b；Petherick 等，2002；Curley 等，2006；King 等，2006；Kasimanickam 等，2014）。黑切牛肉是一种有严重质量缺陷的肉，这种肉比正常牛肉的颜色深，而且更干。在 15 min 的屠宰过程中被电刺棒电击 6 次的牛所产的肉通过品评定级为较硬的肉（Warner 等，2007；Ferguson 和 Warner，2008）。屠宰线上焦躁不安的牛或成为单行通道中最后的一头牛，其肉具有更多的乳酸和更高的剪切力测量值。澳大利亚研究人员 Paul Hemsworth 对猪和奶牛的研究表明，消极的操作处理降低奶牛的产奶量和猪的增重（Barnett 等，1992；Hemsworth 等，2000）（见第 7 章）。温柔的操作处理会有助于减少疾病和提高繁殖性能。应激会降低动物免疫系统的功能（Mertshing 和 Kelly，1983）。动物繁殖后不久对其的粗暴操作处理会降低绵羊、牛和猪的妊娠率（Doney 等，1976；Hixon 等，1981；Fulkerson 和 Jamieson，1982）。害怕人、见到人会往回退的母猪产仔数更少（Hemsworth，1981）。不当操作处理所产生的应激会使动物更容易患病，使免疫系统功能降低。固定应激会降低猪的免疫系统功能（Mertshing 和 Kelly，1983）。电刺棒的多次电击对猪是非常有害的。受到多次电击的猪很可能不能走动（Benjamin 等，2001）。McGlone（2005，个人通信）报道，对猪群中 50% 的猪使用电刺棒时，造成猪不能走动的发生率是对猪群中 10% 的猪使用电刺棒时发生率的 4 倍。我们对一家大型商业屠宰场屠宰 115 kg 猪的程序进行了观察。电刺棒的使用同样造成了猪血液乳酸和葡萄糖的大幅增加（Benjamin 等，2001；Ritter 等，2009）。Edwards 等（2010a、b）发现，在致晕通道使用电刺棒或致晕通道拥堵会增加肉中乳酸水平，并降低肉的 pH。低 pH 肉更可能出现 PSE 肉。这种肉具有严重的质量缺陷。

不能站立的动物绝不应拖走。猪不能走动，要么是由于猪应激综合征（PSS，一种遗传性疾病），要么是由于采食了含过高剂量 β-受体激动剂（例如莱克多巴胺）的饲料（见第 3 章和第 14 章）。细心、温和的操作处理会减少不能走动动物的数量。

5.1.2　良好操作处理的安全效益

低应激、温柔的操作处理的另一个优点是可以保证人类和动物的安全，使人类和动物的伤害都会减少。一项工人索赔情况的 10 年分析表明，与操作处理家畜有关的伤害索赔在所有的严重伤害赔偿案中所占比例最高（Douphrate 等，2009）。被轻轻运到卡车上的家畜也会有 1/2 造成瘀伤（Grandin，1981）。在巴西，家畜操作处理措施的改善使瘀伤牛的比例由 20% 降至 1.3%（Paranhas de Costa，个人通信，2006；Paranhos da Costa 等，2014）。良好的家畜操作处理也有助于防止由于猪死亡而造成的损失。西班牙的一项调查表明，当装载猪的时间减少时，猪死亡的损失会增加（Averos 等，2008）。

5.2　操作处理不太温驯的放牧饲养动物的行为原则

5.2.1　逃离区原则

家畜操作处理人员需要了解逃离区的行为原则和驱赶牛、猪、羊及其他动物的平衡点。要使动物保持安静并很容易驱赶它们，操作处理人员必须在逃离区的边缘进行操作（Grandin，1980a、b，2014a；Grandin 和 Deesing，2008）（图 5.1）。如果在单行通道中的牛后退或者变得焦躁不安，操作处理人员应该后移并离开逃离区。当人们离开动物的逃离区，大多数动物将会停止后退并且平静下来。逃离区是动物的独自空间，逃离区距离操作者 0～50 m 或以上不等。

Hedigar（1968）指出，驯化动物的过程就是使动物的逃离区缩小到可以让人们接触它的那个点。当一个人闯入逃离区时，动物会转身离开。当动物转身面对操作处理人员时，该人一定在动物的逃离区外。逃离区的大小取决于动物是野生的还是驯养的。完全驯服的动物经过引导训练，没有逃离区，应该引导它们而不是驱赶它们。放牧养殖动物很少看到人，它们的逃离区要比每天可以见到人的动物的逃离区大。当家畜受到温和操作处理时，它们的逃离区会变小。

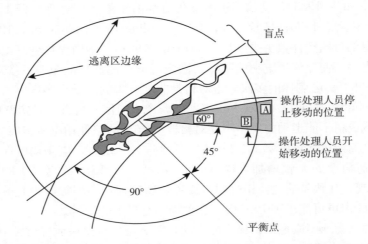

图 5.1　通过单列通道或从小圈转移动物的逃离区示意图。操作处理人员应站在平衡点之后，以保证动物可以前进（如位置 A 和 B）；站在平衡点的前面，会使动物后退。当操作处理人员远离时，平衡点可以向前移动，并稍后于眼部。操作处理人员决不能站在头部附近，干扰后面的动物，给动物带来混乱的信号。

逃离区的大小由三个因素决定：①接触人的数量；②接触人的状态，是冷静、安静，还是喊叫、击打；③动物的遗传性。采食时每天都可以看到人的动物，其逃离区通常小于放牧饲养牧场中一年中只见到几次人的动物。

要以平静、可控的方式驱赶放牧饲养动物，操作处理人员应该在逃离区的边缘进行操作。若操作处理人员进入逃离区驱赶动物，要使动物停下来，他就要向后退。操作处理人员应避开动物后面的盲点。应避免过度深入逃离区，这是因为连续地深入逃离区会使动物逃离。操作处理人员也可以应用"对动物施加压力和释放压力"的方法。当动物向期望的方向移动时，操作处理人员应该退出逃离区。而当动物的移动速度变缓或停止移动时，操作处理人员应该重新进入逃离区。

当一个人进入动物的独自空间，由于动物位于通道或小圈中而使它们不能走开时，动物会变得激动。将动物赶进畜栏的通道时，如果动物转回身并逃离操作处理人员，可能是因为操作处理人员进入逃离区过深，此时操作处理人员应该退出来，并根据动物做出的轻微返回暗示来重新确定自己在逃离区的位置。

逃离区示意图（图 5.1）展示了操作处理人员驱赶家畜通过单列通道或从小圈出来的

正确位置。要使动物向前走，操作处理人员应该站在肩部平衡点后面，而站在肩部平衡点前面动物会后退（Kilgour 和 Dalton，1984；Smith，1998；Grandin，2014a、b）。人们最常犯的错误就是站在平衡点的前面戳动物的后躯使其前进。这种方法给了动物矛盾的信号，使它们很迷惑。当操作处理人员要求动物向前走时，他必须站在动物的肩部位置之后。对于小圈的猪，其平衡点通常就在眼睛后面。操作处理人员应该利用猪的自然行为环绕在它们周围（National Pork Board，2014）。

5.2.2　遗传对行为的影响

动物性情的遗传差异也会影响逃离距离（Grandin 和 Deesing，2013）。在通道中操作处理期间，荷斯坦犊牛会比肉牛更加退缩（Thomas，2014）。每个畜群中都有个别的动物具有更敏感、易激动的性情以及更大的逃离区。在放牧饲养条件下，英国品种如短角牛相比婆罗门牛更平静（Fordyce 等，1988）。在家畜中，性情和惊吓的倾向绝对是可遗传的（Hearnshaw 和 Morris，1984）。荷斯坦牛相较于肉牛品种会有更多的退缩，并且更需要使用电刺棒来使其通过单列坡道（通道）（Thomas，2014）。牛、猪或绵羊聚集成群的倾向性也存在着遗传差异（Jorgensen，2011；Dodd 等，2012）。美利奴羊和兰布依莱羊会比萨福克羊、汉普夏羊和切维厄特羊更紧密地聚集在一起。

5.2.3　移动畜群的平衡点原则

图5.2展示了如何利用动物肩部的平衡点在通道中向前移动放牧饲养条件下饲养的家畜。当一个人从期望方向的反方向快速返回平衡点时，牛、猪和绵羊会向前移动。原则就是：在逃离区内快速走向期望方向的反方向，在逃离区外则快速走向期望方向的相同方向。当动物走出牧场时，一个基本原则就是操作处理人员应该走在家畜移动的反方向上指挥动物加速前进，并在动物行进的相同方向上移动迫使动物减速。这一原则适用于操作处理人员与家畜并排而行的情况，而不是在家畜后面。当一组动物被操作处理而操作处理人员离得更远时，平衡点可能会向前移动到紧靠眼睛后面。图5.3展示了如何用图5.2所示模式将牛从大圈中赶出。

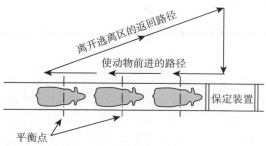

图5.2　平衡点示意图。要想使动物向前移动，操作处理人员可以从期望方向的反方向快速通过平衡点。

5.2.4　对于牛和猪——保证集畜栏半满并运用跟随行为

在操作处理牛和猪时，一个常犯的错误就是通往单列通道或装载坡道的集畜栏中的动物过满。圈舍应该半满，这样动物可以有空间转身。图5.3显示的是过多牛通往单列通道或装载坡道的集畜栏。所有的家畜都会跟随领头的动物，因此操作处理人员可以充分利用动物的这种自然行为轻松地驱赶动物。如果在试图装满之前留有部分空间，动物会容易地进入单列通道。有部分空间的通道就可利用跟随行为，因为这样可提供足够的空间让 4～10 头动物跟随领头动物进入。牛和猪应以小群驱赶。在通道和集畜栏中进行低应激处理需要更多的走动，以便将牛或猪小群赶进集畜栏。如果圈栏最多可容纳 20 头动物，那么应该在圈舍里放 10 头动物，使圈栏半满。在卡车装载过程中，达到上市重量的猪需要 4～5 头一组进行移动。绵羊的跟随行为很强，可以大批连续驱赶。驱赶绵羊的原则是，千万别使羊群断开。这就类似于虹吸原理。一旦开始流动，就应该让它一直流动，因为重新使它流动非常困难。

操作处理人员拿着旗以三角形模式移动。

图 5.3　把牲畜从大圈转到通道的移动模式。三角形模式控制动物运动，以实现对动物移出圈的控制。其原理是，在逃离区内向所需运动相反方向移动，以加速动物移动，并在逃离区以外向相同方向移动，以减慢动物运动。这个原则也适用于大型牧场。这种移动模式在小待宰圈或拍卖圈是行不通的。操作处理人员需要学会从畜群后面停止推挤，并在畜群前面操作来移动动物。

5.2.5　领头动物的原则

　　放牧饲养的绵羊逃离区很大，它们会跟随一只经过训练的领头动物的行为。山羊和绵羊都可以成为领头动物。图 5.4 展示了一只山羊正领着羊群穿过围栏。经过训练的绵羊可以很好地带领羊群上、下运输卡车，以及进入屠宰场的待宰栏。当被运送到另一个牧场时，经过训练的牛也可以很容易地跟随领头的人或车辆。当动物变得非常温驯时，利用逃离区和平衡点的原则将不起作用。温驯的动物一定需要引导。

图 5.4　经过训练的山羊或绵羊将带领羊群穿过围场或待宰圈。领头动物也可以很好地带领羊群进入和离开卡车。专门化的领头绵羊或山羊可以用于不同的操作处理过程。如果根据不同的目的来训练不同的领头动物，那么训练领头动物将更加容易。比如训练一只羊带领羊群走下卡车，训练另一只羊带领羊群走上卡车，训练第三只羊带领羊群离开圈栏，穿过围场。在空间有限的区域，例如卡车和屠宰场小待宰栏，建议用领头动物，而不用犬。在美国最大的羊屠宰场中，领头羊已经非常成功地应用了很多年。

5.2.6　使农场动物适应人类从它们中间经过

如果猪和牛在人们为了运输、接种疫苗或屠宰去操作处理它们之前已经适应了人类走过它们的圈舍，它们将更容易装车和移动。从来没有适应过这种情况的猪更有可能在装车过程中聚集起来。没有适应人类走过它们圈舍的牛可能会有较大的逃离区，并且装车运往拍卖地或屠宰过程中的操作处理将会变得更困难和危险。生产者需要训练动物，让它们安静地离开经过它们身边的人。

5.2.7　将牛从大圈或牧场驱赶出来

将牛或猪通过圈门从大圈驱赶出来时，操作处理人员应该移动到圈舍前面以控制动物通过圈门转出。采用三角形移动模式加速或减慢畜群的转出（图 5.3）。

5.2.8　当动物落单时会变得恐惧

一头单独的牛在试图加入它的同伴时会变得焦躁不安，这导致了许多严重的伤人事故。千万不要将一头单独的、焦躁的牛关在一个小的、狭窄的圈栏中。远离同伴对于所有牲畜都是非常高应激的（Bates 等，2014）。它有可能跳出围栏或撞到人。如果一头单独的动物变得焦躁不安，可以把其他动物也放进去。

5.3 动物感官知觉

5.3.1 农场动物的听力

农场动物有敏锐的听力，它们对高频声音特别敏感，能够听到人类听不到的高频声音。人耳对频率为 1 000～3 000 Hz 的声音最敏感，牛和马则对 8 000 Hz 或以上频率的声音最敏感（Heffner 和 Heffner，1983）。绵羊可以听到频率为 10 000 Hz 的声音（Wollack，1963）。牛或猪也会对断断续续的高频声音有反应（Talling 等，1998；Lanier 等，2000）。操作处理人员应该关注动物耳朵所指的方向。

马、牛、绵羊以及许多其他动物都会将它们的耳朵朝向吸引它们注意力的事物上。对家畜大喊大叫是高应激行为（Waynert 等，1999；Pajor 等，2003；Macedo 等，2011）。

5.3.2 牛、羊、马的视觉

放牧动物对快速移动的物体非常敏感。突然的快速移动可能吓到家畜（Lanier 等，2000）。牛、绵羊和马的视角很宽，它们能在不转头的情况下看到自己周围的所有事物（Prince，1970；Hutson，1980；Kilgour 和 Dalton，1984）。放牧动物，如马和绵羊，有一个视网膜敏感的水平带（Shinozaki 等，2010）。这使得它们能够在放牧期间容易观察周围环境，发现危险。放牧动物具有深度知觉（Lemmon 和 Patterson，1964），但它们的深度知觉可能较差，因为当它们看到地板上的阴影时会停下来，并低下头看。

放牧动物是双色视动物。牛、绵羊和山羊的视网膜对黄绿色光（552～555 nm）和蓝紫色光（444～455 nm）最敏感（Jacobs 等，1998）。双色视觉的马对 428 nm 和 539 nm 的光最敏感（Murphy 等，2001）。双色视觉和缺乏视网膜红色受体可能是家畜对明暗对比强烈的光（例如，操作处理设备的阴影或反光）特别敏感的原因。

5.3.3 家禽的视觉

家禽似乎拥有卓越的视力。与人类的以三种视锥细胞为基础的三色视觉相比，鸡和火鸡视网膜上的四种视锥细胞使它们具备四色视觉（Lewis 和 Morris，2000）。人类的光谱敏感度从 320～480 nm 到 580～700 nm，而鸡的光谱敏感度大于人类。鸡的最大光谱敏感度与人类在相似的范围（545～575 nm）（Prescott 和 Wathes，1999）。家禽更宽的光谱敏感度可以使它们感知到的光源比人类看到的更加明亮。若在操作处理过程中使用蓝色光谱，则家禽可能更加温驯（Lewis 和 Morris，2000）。在屠宰吊挂时，光线条件会对鸡的行为产生很大影响（Jones 等，1998）。在操作处理家禽时，应尽量减少家禽的拍动。改变光线可能是一种使家禽在接受操作处理时保持安静的方法。基本操作原则见快速访问信息 5.1。

快速访问信息 5.1　操作处理家畜的基本原则总结

- 平静的动物比受惊的动物更容易处理，受惊动物需要 20～30min 才能平静下来。
- 转移小群牛和猪到拥挤的圈栏和小巷。绵羊可以大群转移。低应激的处理需要更长的行走距离。
- 逃离区是动物的独自空间，它取决于动物的驯服程度。
- 用平衡点来引导动物的移动。当操作处理人员离动物很近时，平衡点位于动物肩部；当操作处理人员远离时，平衡点紧挨动物眼睛后面。
- 将通往单列通道的集畜栏装成半满状态。
- 采用自然跟随行为促进动物移动。
- 不要试图用集畜栏的门强推动物。
- 停止对动物大喊大叫。
- 当驯服的动物被带到新牧场时，等待动物冷静下来，然后打开通往下一个牧场的门。这有助于防止动物攻击人。
- 当动物被驱赶到新地方时，它们有一种回到原地方的自然倾向。
- 动物独处时可能会变得高度应激。如果被隔离的动物变得烦躁不安，应该把它和其他动物放在一个圈中。

5.4　从引起动物畏缩的操作处理设施中移除视觉干扰

放牧饲养的家畜和被训练成领头的动物往往会停下脚步，拒绝越过人们没有注意到的小干扰。动物对于明显的光线反差和快速移动非常敏感。它们会注意到生存环境中的视觉细节，而人类往往注意不到这些细节。平静的动物会对例如围栏上悬挂的衬衫这样的干扰物视而不见，但受惊的动物被迫通过这件衬衫时，则会经常转回身，并试图跑回去。操作处理人员应该走进通道和围栏寻找那些使家畜停止移动的干扰。造成动物分心的最主要原因是它们不熟悉这些操作处理设施。下面列出了一些引起动物停下来，并拒绝通过通道或其他操作处理设施的常见干扰。一头经验丰富的成年奶牛会径直走过干扰，比如它每天都会看到的地漏上的阴影。一头从来没有进入过操作处理设施的小母牛更有可能在地漏或阴影处停下来。

- 晴天时阳光或阴影往往是一个问题。家畜可能拒绝穿过阳光或阴影（图 5.5）。图 5.6 中显示的是猪拒绝走在阴影中，并在金属带前畏缩不前。要给领头动物时间去探究阴影。当它确认阴影是安全的，它才会带领其他动物穿过阴影。如果操作处理人员干扰了领头动物对阴影的探究，那么动物可能会冲向操作处理人员。当引导一头动物时，在催促其通过阴影前要给它足够的时间去低下头探究阴影。
- 应该移开围栏上或通道中的物体（例如链或衬衫）。图 5.7 中显示的是动物正拒绝走过悬绳。牛可能会拒绝通过悬挂在围栏上的衬衫。一条松链的摆动可能也会使牛停下来。亮黄色的衣服和物体尤其糟糕。明暗反差大的物体造成的干扰问题最多。
- 围栏外停放的车辆也可能造成干扰。汽车保险杠的明亮反光可能使动物停止前进。应该移开停放的车辆。
- 动物经常拒绝靠近站在它们前面的人。人要么躲开，要么躲在遮挡物后面，这样动物就看不到了。在操作处理设施外面安装实体围栏来阻止干扰动物视觉的方法，通常可以

图 5.5　犊牛走出保定装置（挤出）看到阳光的亮斑时会畏缩不前。请注意动物的眼睛和耳朵是如何朝向阳光的。平静的动物会直接看到干扰物。这种设施拥有由轮胎胎面编制的防滑地板，它的防滑效果非常好。

图 5.6　猪突然停下来，拒绝通过金属带。动物通常会避免走在阴影或光束中。

促进动物移动（Grandin，1996；2014a、b；Grandin 和 Deesing，2008）。这种材料必须坚硬且不易摆动。摆动的材料会使动物受惊。

●在日出或日落时驱赶家畜非常困难，这是因为此时动物的视力不好。解决这一问题的最好方法就是改变驱赶动物的时间。修建一个新设施时，不要让通道或卡车装载坡道朝向太阳。

●动物可能拒绝进入有通道的黑暗建筑（图 5.8）。它们更容易进入能通过圈舍的另一边看到阳光的圈舍（图 5.9）。拆除一侧的墙可能有帮助。在新设施中，安装白色半透明的天窗使大量无阴影的日光照进来的方法通常可以改善动物的移动。牛和猪有一种从黑暗处走向光明处的自然趋势，除非它们靠近耀眼的日光（van Putten 和 Elshof，1978；Grandin，1982；Tanida 等，1996）。夜晚时，可以用灯来吸引动物进入圈舍或卡车。灯

图 5.7　这头牛拒绝走过悬绳。要移走悬挂在动物前面的绳子和链子。需要注意的是卡车司机把电刺棒放在卡车的顶部。如果移开了悬绳，也就不需要电刺棒了。牛很容易从卡车上卸下来，而且如果移走所有分散牛注意力的东西，那么也可以不用电刺棒了。

光一定不能直接照向动物的眼睛。所用的光源应提供均匀、明亮、间接的光线。

图 5.8　动物可能拒绝进入这种漆黑的建筑。打开门或窗户让阳光进入将会吸引动物进入该建筑物。特别是在阳光明媚的日子，这种情况就更严重。夜晚时，可以用提供间接光线的灯来吸引动物进入该建筑。

图 5.9　动物比较容易进入这个兽医操作处理间，因为它们能够看到该建筑的尽头，并且看到另一边的阳光。

● 应取走纸杯，旧饲料袋、塑料袋或地面上的其他垃圾。因为动物可能拒绝从这些东西的上面走过。

● 畜栏或通道在水沟中反射的投影会阻止动物前进。可以通过向水沟中填些泥土或改变操作处理动物的时间来解决这一问题。在圈舍内，可以通过改变灯的位置来消除反射。在通道具体操作时，一个人应该低下身观察动物眼睛的图像，而另一个人调整灯的位置。

● 地板材料的突然改变也会使动物停止前进。如将家畜从泥地上驱赶到水泥地面上，或者让动物从木质的装卸坡道走进金属地面的运输车。在两种类型地面的连接处铺上一些土、干草或其他材料可以消除这种差异。通常使用少量此类材料就可起作用。在舍内设施中，排水沟的栅栏或金属的排水沟盖可能会使动物停止前进。在设计设施时就应考虑将排水沟放在动物的行走区域外。当使用便携式操作处理设施时，一起承载该设施的地面上的金属管道应该覆盖上泥土。如果要强迫动物靠近一个奇怪的东西，那么就连相当温驯并且接受过训练的动物也会惊慌，而且变得焦躁不安。特别是见到它们以前从未见过的东西时，问题会更严重。马会害怕骆驼，猪会害怕野牛。

5.5　防滑地板必不可少

保证动物站在防滑的表面上非常重要（Grandin，1983，2014a）。当动物滑倒时它们会惊慌并且变得焦躁不安。一些需要有防滑地板的重要地方有单列通道、卡车地面、兽医处理设施、致晕箱以及拥挤坡道（the crush）。重复的小滑动导致蹄的来回迅速移动会使动物惊慌。可以在地面上铺上沙砾、石子和泥土来防滑。在金属或水泥地面的圈舍中可以采用钢筋制成的网格（图 5.10）。这种方法在诸如致晕箱、装卸坡道以及地磅的主要通行区很有效。对于牛和其他大型动物来说，最好采用最小直径 2 cm 的粗钢筋，焊接成一个 30 cm×30 cm 方形的网格。钢筋垫必须放平。每根钢筋的顶部不能交叉。间隙部分会损伤动物的蹄。防滑地板对于动物福利非常重要，操作处理设施和卡车都应该有防滑地面。运输车辆中由钢筋做成的网格组成的防滑地面效果很好。粗糙的水泥拉毛地面会很快磨光，导致动物滑倒。对于猪和绵羊来说，对水泥地面的良好处理就是在湿的水泥上压上钢板网。这样既可以保证地面的粗糙，同时又便于清洁。大动物还需要更深些的槽。许多国家都提供具有良好防滑表面的橡胶垫。它们在高流量区特别有用，比如装载坡道、地磅、保定装置和通道出口。

图 5.10　由钢筋构成的网格会为装卸停靠点、地磅、致晕箱等其他动物活动密集的区域提供防滑表面。每根钢筋的顶部一定不能交叉。钢筋垫应该完全放平。对于大型动物，钢筋要做成 30 cm×30 cm 方形的尺寸。

5.6　驱赶牲畜的辅助工具

电刺棒永远都不应该成为人们驱赶动物的主要工具，而且世界动物卫生组织（OIE，2014a，b）法典规定只能使用由电池供电的电刺棒。OIE（2014a，b）法典同样强调，电刺棒不能应用于绵羊、马以及仔猪等幼龄动物。只有当其他的非带电方法不能使动物前进时才能用电刺棒。研究已经表明，当不采用电击致晕时，操作处理人员对动物的态度更好（Coleman 等，2003）。对后腿及臀部的短暂电击与粗暴拧尾或者痛打动物相比更为可取。用电刺棒驱赶倔强的动物后应该收好。棍棒的后端粘上塑料袋或旗子做成的工具是驱赶家畜的一个好工具（图 5.11）。另一个普遍使用的工具是塑料棒。对于猪来说，在狭窄的通道使用板条效果很好（McGlone 等，2004）。用来驱赶猪的一些其他创新工具还有不透明的长条塑料和所谓的"女巫斗篷"。猪屈从于这些固体障碍物，并且不会穿过这些障碍物（图 5.12）。驱赶的辅助工具绝不能用于动物的敏感部位，如眼睛、耳朵、鼻、直肠、生殖器官或乳房。OIE 法典规定：

　　　　不应该对动物实施会令它们痛苦的操作（包括鞭打、拧尾、抽鼻、按压动物的眼睛、耳朵或外生殖器官），或用电刺棒驱赶它们，以及其他会对动物造成疼痛和伤害的辅助措施（包括大棍、末端锋利的棍子、长的金属管、电线或很重的皮带）。

　　　　　　　　　　　　　　　　　　　　　　　　　　　　　　　　（OIE，2014a、b）

图 5.11　乌拉圭的操作处理人员用旗子来驱赶牛。在西班牙，为了推广动物福利概念，旗子由一个当地的肉类企业提供，并且上面印有"动物福利"的字样。

图 5.12　用一个塑料斗篷能够很容易地驱赶猪。斗篷的顶部用一根棍棒撑直。使用这种替代性的驱赶工具可以大量减少电刺棒的应用。

　　在许多情况下，不需要使用驱赶辅助工具。在低应激家畜操作处理方面，技术娴熟的员工通常可以通过少量的身体姿势来引导动物的移动。

5.7　用基于动物的结果测量指标评估动物的操作处理

　　人们会对操作处理进行评估。作者研究了许多牧场和牲畜饲养场的家畜操作处理情况。当作者在那里时操作处理非常好，但当作者一年后再次返回该牧场时发现，对动物大呼小叫并使用电刺棒的情况增加了。在许多情况下，人们并没有意识到这种情况，这是因为恢复到原来粗鲁的实践通常比较缓慢。为了防止回到原来粗鲁的实践，操作处理应该用数值评分来评估。可以用这种数值评分法来评估操作处理实践在改善或在恶化。为了评估操作处理，要记录出现以下问题的动物数量，并计算其所占的百分率：

- 在操作处理过程中发生摔倒的动物比例——只要身体接触地面就记为一次摔倒。OIE（2014a、b）法典规定，要用数学评分来测量摔倒的情况。如果摔倒的发生率超过动物数量的 1%，那么就应该通过改善操作处理实践或设施来降低这种情况的发生率（Grandin，2014b）。

- 快跑移动的动物比例，因为正常情况下动物不应该快跑和跳跃。它们被迫前进的速度不应超过正常的行走速度。

- 撞门或撞栅栏的动物比例。

- 用电刺棒驱赶前进的动物比例——OIE（2014a、b）法典规定，应该用数学评分来评估电刺棒的应用情况。在农场或牧场中，使用电刺棒进行驱赶的动物比例应不大于 5%。

- 当固定动物的头部或身体时，喊叫（哞叫、吼叫或尖叫）的动物比例。当评估操作处理质量时，给动物打耳标或开始其他程序后出现上述情况的比例不用做记录。

监控持续改进的操作处理。如果操作处理人员对动物进行的是良好的低应激处理，那么出现上述问题的动物比例就会非常低。如果在每次操作处理家畜时都对动物进行评分，那么就能知道操作处理是在改善还是恶化。

摔倒是非常罕见的。如果 1% 以上的动物出现滑倒，表明问题非常严重——地面过于光滑或者操作粗鲁。摔倒是一个非常好的指标，因为它们是光滑地面或粗鲁操作处理方法的反应。

作者关于动物喊叫的研究表明，家畜在屠宰场中接受积极的操作处理时会喊叫，99% 是由于发生了可怕或痛苦的事件（Grandin，1998）。引起家畜喊叫的事件有：在地板上滑倒、使用电刺棒（Munoz 等，2012）、被固定设备的锋利边缘伤到，或者被固定器或头套挤得太紧。当将放在头部上的固定器松开时，喊叫的家畜比例由 23% 降至 0（Grandin，2001）。由于操作处理和固定的问题而引起牛喊叫的比例降至 5% 或更低的目标是可以实现的（Barbalho，2007；Grandin，2012）。在农场中，只有当动物在单列通道中积极前进或被固定时，才可以根据喊叫的情况来评估操作处理质量。如果犊牛因头部或身体被固定时喊叫，那么说明这个设备伤到它了。Woiwode 等（2014）在堪萨斯州、科罗拉多州和内布拉斯加州的 28 个饲养场调查了在保定装置中对牛进行操作处理和固定以实施兽医处理的情况，平均喊叫评分为 1.3%，而用电刺棒移动牛的平均百分比为 3.8%（表 5.1）。在接受调查的饲养场中，有 20% 不使用电刺棒。当评估操作处理时，对断奶或正在进行标识程序的动物不能进行喊叫评分。可是，当评估像断奶、打烙印等程序给动物带来的应激时，应该对这些过程相关的动物喊叫进行评分。操作处理和兽医程序引起的喊叫应与断奶应激引起的喊叫分开评分。喊叫是动物受惊或造成动物疼痛事件的结果测量指标。牛和羊落单时都会喊叫，因为它们与同伴分开了。如果家畜带的头套边缘很锋利，那么家畜也会喊叫。喊叫评分是评估动物痛苦状况的有用指标。牛和猪喊叫都与应激的生理指标有关（Dunn，1990；Warriss 等，1994；White 等，1995；Hemsworth 等，2011）。造成痛苦或恐惧的程序通常会增加牛和猪的喊叫（Lay 等，1992a、b；White 等，1995；Watts 和 Stookey，1999）。喊叫评分不可以用于评估绵羊的应激或痛苦操作，这是因为绵羊受伤时不会喊叫。绵羊是毫无防御能力的动物。在野外条件下，它们不想向掠食者表明它们受伤了。当绵羊脱离队伍时它们会喊叫，因为它们在寻找羊群的保护，但它们在接受操作处理或受到固定时很少喊叫。

表 5.1   在堪萨斯州、科罗拉多州和内布拉斯加州 28 个饲养场对保定装置中操作处理牛的调查

牛百分比（%）	平均	范围
电刺棒	3.8	0～45
头部固定时喊叫[a]	1.3	0～6
出口坠落	0.6	0～4.5
出口绊倒	5.7	0～28
误捕	4.2	0～16
出口逃跑	30.7	0～25

a. 不包括标识、阉割和去角。

5.8   公牛行为及安全

通常认为乳用公牛会攻击人类，这可能是由于在一些国家中肉用公牛和乳用公牛的饲养方式不同。由公牛引起的事故约占家畜引起的致命事件的 1/2（Drudi，2000）。在印度，公牛伤害了许多人。Wasadikar 等（1997）指出，一所乡村医学院在 5 年中治疗了 50 例由牛角引起的外伤。乳用犊牛通常在出生后不久就要离开母牛进行单栏饲养，而肉用犊牛则由母牛喂养并保持在一个更大的群体中。

Price 和 Wallach（1990）发现，在 1～3 日龄就实行单栏饲养的海福特牛有 75% 会威胁或攻击操作处理人员，而进行群体人工饲养时仅有 11% 会威胁操作处理人员。这些作者还报告，他们已经操作处理了超过 1 000 头由母牛喂养的公牛，只受到一次攻击。单栏人工喂养的犊牛可能无法与其他动物发展正常的社会关系，并且它们可能把人类视为情敌（Reinken，1988）。让幼牛知道它们是牛非常重要。公牛伤人的问题是一个社会认同问题，而不是一个驯服的问题。如果幼龄公牛开始侵犯人的话，那么第一次侵犯可能发生在 18～24 月龄时。

如果犊牛由母牛喂养，或与其他的牛群生活在一起，那么奶牛和肉牛都是安全的。这种饲养方法符合它们的社会习性，而且不太可能直接攻击人。也有人工喂养的雄性美洲驼和失去母亲的雄鹿袭击人的相似报道（Tillman，1981）。有一个不幸的情况，一头失去母亲的雄鹿袭击并杀死了饲养它的人。幸运的是，人工喂养通常不会引起雌性或阉割动物的攻击行为。人工喂养使得这些动物容易操作处理。有关公牛更详细的信息可以参见 Smith（1998）的研究。

公牛在攻击人之前会转到一侧，并向各方向示威来显示它有多强大。对人表现出示威动作的公牛非常危险，这些公牛应该送到屠宰场，或者送到一个安全的种畜场。如果一头公牛威胁一个人，那么这个人就应该缓慢地后退。操作处理人员千万不能把后背朝向公

牛。当人不看着公牛时，它往往会袭击人。为了防止未阉割、失去母亲的公牛袭击人，应该在幼龄时对其进行阉割、由代哺牛喂养，或与其他小犊牛一起饲养。

5.9　操作处理和兽医程序的应激

通常来说，固定放牧饲养的动物所引起的恐惧应激可能与给动物打烙印、打耳标或注射产生的应激情况相似。将放牧饲养的牛固定在保定装置中与打烙印的牛产生的皮质醇水平相似（Lay 等，1992a）。当用温驯的奶牛来重复相同的试验时，打烙印的牛所产生的皮质醇显著高于被固定的奶牛（Lay 等，1992b）。当执行更严的程序如去角时，与操作处理相比，会造成皮质醇水平在一段较长的时间内增加（见第 6 章）。这种情况在放牧饲养和集约化养殖的动物中都会出现。因此，由操作处理所产生的应激通常可能超过如打耳标和注射等较小程序所产生的应激（Grandin，1997a）。对于更严的程序，例如去角或阉割，止痛药会缓解应激（Grandin，1997a）（见第 6 章）。隔离绵羊并把它们捆起来很长时间会引起很大的应激，从而产生非常高的皮质醇水平（Apple 等，1993）。在另一项研究中，当从卡车上通过捕捉把绵羊一只一只卸下来后，其皮质醇水平非常高。

5.9.1　防止恐惧记忆

有一点非常重要，那就是动物第一次接触新事物的经历应该是良好的。当一个新的围栏或其他动物操作处理设施建成后，动物第一次接触这些设施的经历应该是积极的，比如说在新围栏中给它们喂料。如果第一次经历非常糟糕，那么此后很难再让动物进入这个围栏。绵羊会记得一年前所经历的一次应激处理（Hutson，1985）。一定不能让一个新人或用一件新设备来对动物实施第一次的痛苦操作。Miller（1960）的研究指出，如果一只大鼠在第一次进入迷宫的一个新臂时就受到严重的电击，那么它再也不会进入那个迷宫臂。可是，如果大鼠第一次进入迷宫的新臂时吃到了美味的食物，那么它会忍受逐渐增加的电击，并且会继续进入相同的迷宫臂以获得食物奖励。同样的方法也可以应用于家畜。Hutson（2014）建议，动物在设施中接受的头几次操作处理首先应该是低应激程序，如分群或称重。这样做可能有助于在对动物执行痛苦操作后，使其更愿意重新进入这个设施。对新事物的第一次恐惧或痛苦经历会使动物产生永久的恐惧记忆。

人们经常会问这样一个问题：对一个 2 日龄犊牛或年幼羔羊进行痛苦操作是否会对其未来的操作处理有影响呢？实践经验证明，非常小的幼龄动物可能不记得这次痛苦的经历以及进行操作的人。当犊牛和羔羊长大些时，它们会清晰地记得特定的人、地点、声音或景物所造成的痛苦或可怕的经历。

对于非常可怕或痛苦经历的恐惧记忆无法抹去（LeDoux，1996；Rogan 和 LeDoux，1996）。即使动物接受过训练，可以接受它以前害怕的东西，但是这种恐惧记忆有时会突然再现。这种情况最有可能发生在易受惊吓的动物中，如阿拉伯马或萨勒牛。这就是为什么粗鲁、恶劣的训练方法对某些品种（如阿拉伯品种）特别有害。如果一匹阿拉伯马受到虐待，那么骑这匹马将不再安全，因为无法阻止他们受到惊吓。温驯的家畜（例如役用马或海福特牛）更有能力克服过去受惊吓或痛苦的记忆。恐惧回路已在动物大脑中完全形成。大脑中有一个称为脑杏核体的恐惧中心。科学家证明，大脑中确实存在一个恐惧中心，因为脑杏核体的损伤可使恐惧完全停止（Kemble 等，1984；Davis，1992）。Morris 等（2011）综述了这项研究。

5.9.2　基于感觉的记忆

动物会把对图片、声音或其他的感官印象记忆储存起来（Grandin 和 Johnson，2005）。由于它们根据感官记忆来思考，因此它们的记忆非常特别。对马的研究表明，当一个大型玩具旋转到不同位置时，马有时就认不出来（Hanggi，2005）。玩具的旋转形成了一个不同的、马认不出的图片。大脑的一个基础功能就是视觉图片记忆功能，甚至蚂蚁也有记住视觉图像的能力（Judd 和 Collett，1998）。例如，牛或马可能会害怕留着胡子的男人或带黑帽子的人（Grandin 和 Johnson，2005）。当动物痛苦或可怕的事件出现时，动物看到了帽子或胡子，这种情况就会发生。动物往往把不愉快的经历与一个人的明显特征（如白大褂、胡子或金发）联系起来。因为动物学习是基于感觉的，所以它的记忆是非常具体的。训练马去忍受蓝白相间的雨伞并不能预防它对摆动的帆布产生恐惧（Leiner 和 Fendt，2011）。当人们喂牛的时候，牛已经学会了保持平静，这一事实并不能转移到在新的保定装置中对牛进行操作处理时使其产生平静行为（Cooke 等，2009）。它们还能学会害怕某些与过去的痛苦或恐惧经历相关的声音。动物能够听出可信任的操作处理员的声音以及伤害过它们的人的声音（见第 7 章）。为了帮助打消动物对日常处理人员的恐惧，应该这样对动物进行痛苦操作：①由不同的人来进行；②由穿着专门用于痛苦操作的人来进行；③在专门用于痛苦操作的指定地点进行。

5.9.3　使动物习惯新的经历

作者经常听到的一个常见抱怨是："我家的牛/马在家时很温柔、很平静，但在展览场地或拍卖会上会变得疯狂和野蛮"。这个问题的出现是因为动物突然面对它们在农场从来没见过的许多新的、可怕的事物。为了防止这个问题出现，在去露天场地或拍卖会之前，动物必须适应这些场地的情景和声音。即使是非常温驯、被训练成领头的动物，也会被旗子、自行车和气球吓到。作者看到过外表温驯的动物惊慌失措，并且跑过露天场地撞倒人的情况。应该让动物仔细地适应农场中的一些物品，例如旗子和自行车。

训练动物忍受移动、可怕事物的最好方法是，让动物自愿接近绑在牧场栅栏上的旗子或气球。一条重要的原则就是：当迫使动物接近新奇的事物时，这些事物就是可怕的；但当动物自愿探索这些事物时，它们就是有吸引力的。当突然引进新奇事物时，具有高度敏感、紧张气质的动物更容易害怕。快速移动的物体可能会造成严重的问题。大多数动物可能会知道大的前进的车辆是安全的，但旗子是一个新事物。动物会感到以前从未见过的新的移动物体真的很可怕。

快速移动的大块面板（例如薄板或胶合板）同样会引起恐慌。作者看到，当一块 1.2 m×3 m 的白色面板突然摆动时，领头位置的温柔小母牛会试图挣脱操作处理人员。当面板静止时，小母牛不会注意它。强烈推荐训练家畜接受突然移动的大型物体。放牧的动物具有害怕迅速移动物体的本能。在野外，像狮子这样的捕食性动物行动非常迅速。当动物吃食时，如果一个新奇的物体快速移近其脸部，那么动物也会被吓到，并且做出剧烈反应。放牧饲养的牛在单格盐槽中舔盐时，如果一个球掉在它头部附近，那么脾气温驯的它们也会做出激烈反应（Sebastian，2007）。在这种料槽中，动物把它们的头放在塑料罩下，这种罩可以保证雨水不会淋湿盐。当球从料槽的最高处落下时，一些动物可能本能地将头躲开。

在一些发展中地区，黄牛和水牛常吃高速公路沿途的草。它们从小就会看到许多新鲜的事物，因此不太可能被像大块木板这样的物体吓到。这些动物看到过在公路上通过的各种各样的物体。母牛会教小牛不要害怕物体的快速移动，小牛看到母牛在高速公路旁边安静地吃草，也就在她身边继续吃草。

Ried 和 Mills（1962）是首先提出"羊能够适应日常改变"观点的两个人。要使动物明白新人和新车辆是安全的，这点非常重要。建议在饲养家畜时要用不同的人和车辆。如果家畜只由一个人饲养，那么当换一个新人来操作处理或饲养时，它们很可能惊慌。动物也会认为马上的人和地下的人是不同的人。对家畜来说，学习如何听从步行人和骑马人的指挥进入和走出围栏是非常重要的。作者曾经见过家畜很温驯，而且听从骑马人的操作处理；但当步行人第一次试图将它们赶出围栏时，它们会变得非常激动和危险。动物的学习是很特别的，骑马人和在地上走的人对于动物来说是两个不同的视觉图像。

5.10　放牧动物恐惧和激动的标志

操作处理农场动物的人员必须能够发现动物变得越来越激动和恐惧的行为信号。学会识别这些信号将有助于避免人和动物受伤。

5.10.1　尾巴的甩动

当没有苍蝇出现时，马和牛却甩动它的尾巴，动物越激动，尾巴甩动的速度就越快。若没有注意到这一警告信号，则人可能被踢到。野牛会把它们的尾巴竖起来。

5.10.2　排便

非常焦虑、惊慌的动物排便会增多。健康动物出现腹泻可能是情绪紧张的一个表现，动物在茂盛的绿色田野中吃了很多草的情况除外。温柔地操作处理动物时，留在设施上需要清理的粪便通常较少。排便是应激的最初表现之一。

5.10.3　眼睛露出眼白

眼睛鼓起并露出眼白是痛苦的表现。研究表明，出现眼白是情绪焦虑的表现，因为可以用抗焦虑药地西泮（Valium®）来阻止家畜出现这种反应（Sandem 等，2006）。眼白出现的比例与标准家畜脾气测试试验的得分高度相关（Core 等，2009）。

5.10.4　轻微活动后出汗

这种情况主要发生在马。

5.10.5　皮肤颤抖

动物在被摸或没有苍蝇叮咬时表现出皮肤颤抖，这可能说明它们很害怕。

5.10.6　鼻孔张开

与牛相比，这种情况在马中更常见。

5.10.7　耳朵指向后背

当动物把两只耳朵都指向后背时，说明它很害怕（Boissy 等，2011）。冷静、放松的动物会把耳朵放在水平位置。牛、绵羊和其他草食动物也会用耳朵"观察"事物。一头母牛或一只母羊可能会把一只耳朵朝向她的幼仔，另一只耳朵朝向人。奶牛在受到令人愉快的抚摸时，它们的耳朵更有可能处于悬空或水平位置（Proctor 和 Carder，2014）。

5.10.8　高昂起头

牛和马害怕时都会将它们的头高高昂起。这是一种寻找天敌的本能行为。

5.10.9　紧张性不动（tonic immobility）

这种情况主要发生在家禽中，即家禽保持不动。可以根据家禽经操作处理人员固定后保持不动的时间来评价家禽的恐惧程度。通过紧张性不动测量过程中保持的时间可以分析家禽不同遗传品系的恐惧程度（Faure 和 Mills，1998）。作者观察到，如果一些瘤牛和美洲野牛受到多次电击，被控制在通道中无法逃脱的话，那么它们也有可能躺下不动。变得不动的动物通常会平静下来，如果人们把它单独留下 15~30min，它就会重新站起来。

5.11　训练动物配合操作处理和固定的原则

经过训练的动物可以完全配合兽医程序（例如采血）。当动物配合时，其体内的皮质醇水平将维持在很低的水平。可以很容易地训练绵羊、猪、牛，以及藏羚羊等野生有蹄类动物，使它们自愿进入固定装置（Panepinto，1983；Grandin，1989a、b）。经过训练的羚羊，其皮质醇（应激激素）和葡萄糖含量几乎在基线水平（Phillips 等，1998）。而在灌木丛中捕获的野生羚羊体内皮质醇水平是经过训练羚羊的 3~4 倍。由捕捉和固定引起的捕捉性肌病导致的恐惧应激能够杀死野生动物。有时候动物会立即死亡，而另一些时候可能在 2 周后死亡。Chalmers 和 Barrett（1977）以及 Lewis 等（1977）获得了优秀的照片，并描述了麋鹿和叉角羚羊的捕获性肌病的形成原因。其基本原理是，当动物愿意合作时，恐惧应激水平非常低。在所有这些情况下，动物们都急切地排队来获得美味的食物。

5.11.1　使遗传上性情反复无常的动物逐步适应

与训练像牛或绵羊这种较温驯的动物相比，训练像羚羊这样脾气反复无常、容易兴奋的动物需要花更长的时间，而且训练速度更慢。必须非常耐心地训练羚羊去适应新设备的形状和声音。如果动物在早期适应阶段就被吓到，那么它可能会非常害怕这种设备，以至于训练无法进行下去。对于脾气反复无常的羚羊，可能要花约 10 d 的时间使它们适应滑门打开的声音。在适应早期，不要逼迫动物超越定向阶段。当动物的眼睛和耳朵朝向一个场景或声音时，就出现了定向阶段。当动物面向门时，训练人员应停止移动门。经过 10 d 的适应期后，可以迅速打开门。经过耐心的适应训练后，训练人员要给动物一些食物奖励，以训练它们安静地站立。

5.11.2　使家畜适应被人驱赶

显然，训练大批的牛和猪达到完全自愿的合作是不现实的。然而，如果人们小心地对待它们，那么家畜还是很容易操作处理的。如果羊群得到了饲料奖励，那么它们会更快地穿过通道（Hutson，1985）。Binstead（1977）、Fordyce（1987）以及 Becker 和 Lobato（1997）都发现，如果平静地转移放牧饲养的幼龄牛穿过操作处理通道或在牛群中行走，那么这些牛成年后脾气较温驯。这些训练每天都进行，10 d 为 1 个周期。驱赶小母牛通过保定装置 4 次后，其成年后会更平静，从保定装置被释放时，它们走得更慢（Cooke 等，2012）。在猪舍过道走过的猪，或者在圈栏里让人安静地走过的猪，将来更容易被驱赶和移动（Abbott 等，1997；Geverink 等，1998；Lewis 等，2008）。在幼龄时就适应了社会生活的家禽更容易操作处理，增重更多，而且免疫功能更好（Gross 和 Siegel，1982）。在所有的物种中，在幼龄时接受大量积极操作处理的动物，在成年后更加平静，更加容易操作处理。

5.12　兽医程序或屠宰家畜的固定原则

当固定动物时，无论是用像保定装置这样的机械设备，还是用手按住小动物，都要采用相同的行为准则。下面列举了使动物保持安静，并尽量减少挣扎或喊叫的固定原则。应在一个舒适、垂直的位置对动物进行固定。

5.12.1　防滑地面

防滑地面是非常重要的，因为滑倒引起的恐惧是一种原始恐惧。反复轻微的滑倒，即指动物反复滑倒，然后又站起来把脚放回原位以保持平衡，会使动物受到惊吓。当动物站在通道或靠近头部支柱时，如果动物还没有安静下来，那么就有可能出现反复滑倒的情况。

5.12.2　避免突然的动作

要避免人或设备的突然运动。人、绳子或设备的平稳运动会使动物保持安静（Grandin，1992）。

5.12.3　支撑身体

当动物受到束缚，蹄部离地时，如果它的身体被完全支撑住，那么它会保持平静。这一原则可以应用于用手固定的小动物，或用机械固定设备固定的大动物。当它的身体被完全支撑住时，动物会感觉很舒服，坠落的恐惧也会消除。像帕内平托吊带（the Panepinto sling）（Panepinto，1983）和双轨固定器（Westervelt 等，1976；Grandin，1988）都采用了这种在平衡位置支撑全部身体的原理（见第 16 章）。相对于倒立固定，直立固定应激较小，引发的喊叫也较少（Dunn，1990；Velarde 等，2014）。如果使用倒立固定，该设备必须完全支撑动物的身体，以防止在旋转过程中打滑和移动（OIE，2014a、b）。如果动物被固定得不舒适，它们就更有可能挣扎或喊叫。

5.12.4　平均压力

动物身体的大部分地方受到的压力相似时，动物会保持安静（Ewbank，1968）。没有集中的压力点或挤压点是非常重要的。作者修理了一个会使猪尖叫的固定器，具体做法是将施加在猪后背上的压力均匀分散，用一个宽木板来替换会伤害猪后背的狭窄木棒，这样猪就停止了尖叫。

5.12.5　最佳压力

压力不宜过松或过紧。应该将动物勒得足够紧，使它有被勒的感觉，但又不能使它感到疼痛。过度的压力会造成挣扎（有关详细信息见第 9 章；Grandin，2001；Bourguet 等，2011）。

5.12.6　蒙住眼睛

对于没有逃离区、完全驯服的动物是不需要这么做的。完全不透明材料制成的眼罩可使放牧饲养的牛和野牛更安静（Mitchell 等，2004）。至关重要的是，这种材料完全不透明。如果动物可以透过它看到移动着的影子，那么这种方法将不起作用。对于逃离区较大的家畜，安装在通道两侧的实心板或完全封闭的暗箱会起到安抚的效果（Grandin，1980a、b，1992；Hale 等，1987；Pollard 和 Littlejohn，1994；Muller 等，2008）。像野牛、羚羊和野马样的物种在通道中会经常暴跳。通道的坚实表面会使它们停止后腿暴跳。

5.12.7　避免痛苦的固定方法

动物会记得痛苦的经历。用鼻钳会伤害动物。当兽医程序需要固定头部时，强烈建议使用笼头（马轭）（Sheldon 等，2006）。当采用更舒服的固定方法时，动物将会更愿意进入兽医处理通道。

5.12.8　不使用电固定设备

会使动物的肌肉麻痹或冻结的固定设备均不利于动物的福利。不应将这些设备与使动物产生瞬间麻木的电致晕设备相混淆。OIE（20014b）法典规定，不可以使用这些设备。大量的科学研究表明，使用这些设备来固定动物会产生很大的应激。Jephcott 等（1986）发现，固定显著增加了体内 β-内啡肽水平（一种反应痛苦情况的指标）。另一项研究显示，与被固定在翘起的固定台相比，动物更讨厌电固定设备。当绵羊有机会在两种固定方法中选择时，它们更喜欢翘起的固定台（Grandin 等，1986）。

Rushen（1986a、b）及 Rushen 和 Congdon（1986a、b）进行的一系列研究都表明，

电固定设备令动物非常厌恶，不应该使用。其他研究人员也得到相同的结果，即电固定设备是一种不应该使用的方法（Lambooy，1985；Pascoe，1986）。作者用三个不同品牌的固定设备来固定自己的胳膊，他描述道："感觉就像将胳膊插进了电插座"。四个不同的研究小组分别证明了同样的结果，那就是电固定设备引起的应激过大。

5.13　不用犬驱赶动物

　　在空间有限的区域，如卡车、屠宰场的待宰栏和堆料场，不建议用犬驱赶动物。在空间有限的区域，强烈建议使用训练有素的绵羊或山羊来驱赶羊群。Kilgour 和 de Langen（1970）发现，咬羊的犬会对羊产生很大应激。在屠宰场限制区域，如操作处理通道，使用的犬对绵羊应激也很大（Hemsworth 等，2011）。作者观察到，在受限制的地方，例如它们不能跨越的通道，被犬咬伤的家畜很有可能踢人。作者建议，应将犬限制在牧场、大型圈舍和其他开放的区域。因为在这些地方动物可以有空间移动。

5.14　适合驯服或逃离区大的（野生）家畜操作处理设备

　　简单的设施对于训练成领头的温驯动物有效，但它们并不适合操作处理不温驯、逃离区很大的放牧养殖动物。其中一个例子就是中东地区用于澳大利亚绵羊的屠宰设施，由于这种设施最初是为习惯与人亲密接触的本地绵羊而建造的，因此它们不适合放牧养殖动物。当野生澳大利亚绵羊被领到这些设施中时，它们的福利会受到损害，因为没有通道可以安置这些野生绵羊。这就导致羊群聚成一堆、相撞以及人们粗鲁地捕捉它们。在专为温驯动物设计的设施中，放牧养殖的野生家畜福利状况可能更差。由于没有单列通道或致晕箱，因此操作处理人员可能采用残酷的方法来固定动物，例如捅出眼睛或切断肌腱。在这些设施中要实现良好的动物福利是不可能的，除非安装了适合操作处理放牧养殖的野生动物的设备。Grandin（1997b，2014a、b）以及 Grandin 和 Deesing（2008）的研究报道了设计适合于放牧养殖动物的设备的相关信息（见第 9 章和第 16 章）。如果动物完全听话，且经过训练能引导，可能就不需要固定或操作处理设备。对于所有类型的动物，良好福利的一个重要组成部分是要为动物提供一个能够站立的防滑表面。

　　针对放牧养殖家畜的操作处理设施，包括弯形通道和集畜栏的布局通常比呈直线形的通道布局更加有效（Grandin，1997b，2014a、b）（图 5.13、图 5.14）。Kasimanickam 等（2014）报道，人工授精的受孕率在半圆形系统中高于有大量急转弯和转角的系统。呈弧形的单列通道有效的原因有两点：

　　（1）从集畜栏进入通道的动物看不见站在致晕箱或头部支柱旁边的人。

　　（2）动物有返回它们出发地的行为趋势。弯形的、单列的、完整的半圆集畜栏通道可以利用这种趋势。

　　为了使这些系统可以有效地工作，必须对它们进行正确的设计（图 5.13 和图 5.15）。最常见的错误就是与围栏连接处单列通道的弯曲幅度过大。图 5.16 展示了一个设计良好的滑动门。精心设计的设施将使操作处理人员和动物均更加安全。

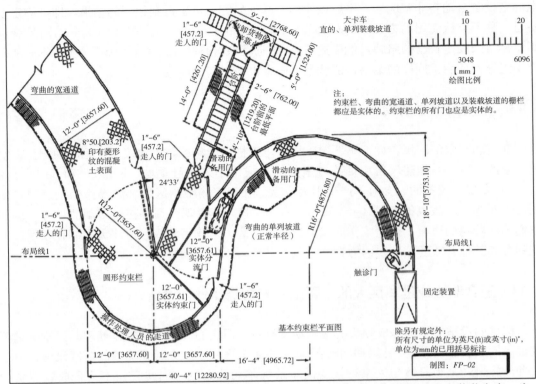

图5.13　一个基本圆形的集畜栏和弯曲通道系统平面图。该系统用于操作处理牛和装载卡车。为了有助于牛通过这个系统，圆形约束栏、装载坡道和单列坡道之间的连接必须像所显示的这样非常准确地布置。图中画了一头母牛站在单列通道的入口处。这种布局使母牛可以看到通道前面长度达两人距离的情况。在通道弯成弧形前，母牛必须能看清楚前面行进的路径。

图5.14　牛安静地进入单列通道。正确数量的牛已集中在集畜栏中。坚实的集畜栏门阻止牛返回。操作处理人员肘部和头部可以在集畜栏门的中心枢轴上看到。有时，如果操作处理人员站在图中的圆形集畜栏门的枢轴点，则更有效。如果操作处理人员站在一个小平台上，则他可以很容易地越过围栏，用旗子移动牛。

---

* 英尺（ft）、英寸（in）为非法定计量单位，1ft＝12in 1in＝2.54cm。全书同。——编者注

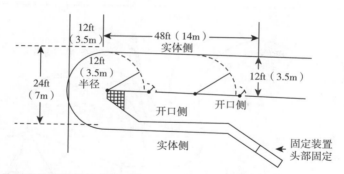

图 5.15　简单经济的操作处理系统，带有一个圆形的集畜栏，利用动物想回到原处的自然趋向。操作处理人员站在位于集畜栏门枢轴点的小人行道上。牛群会轻易地绕过操作处理人员，进入单列通道。

图 5.16　水平滑动门位于单列通道和集畜栏之间的连接处。在许多设施中，滑动门取代了单向止回闸门。止回闸门可以让牛通过，并阻止动物后退，但是它们也可能导致动物畏缩和拒绝进入。如果止回闸门可移除或用可打开的门代替，动物将更容易进入单列通道。

5.15　猪和绵羊操作处理设施设计

　　牛和绵羊可以很容易地通过漏斗状的集畜栏进入单列通道。图 5.17 展示了一个操作处理大量绵羊的系统。

　　当不得不将猪转移到单列通道时，千万不要使用漏斗状的集畜栏。猪会挤进"漏斗"，造成堵塞。这是牛和猪之间的物种差异。单列通道必须有一个突出的入口（图 5.18）。在发展中国家，强烈建议使用斜坡来装载卡车。与使用斜坡相比，人工拾运绵羊应激过大，导致皮质醇水平较高（Yardimci 等，2013）。

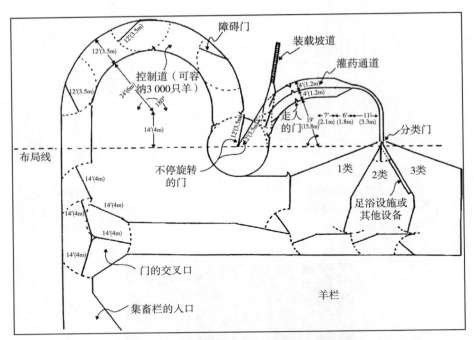

图 5.17　用于操作处理大量绵羊的弯曲系统。

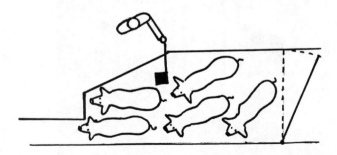

图 5.18　该图显示了一个简单的集畜栏设计，在单列通道入口有个偏移，有助于防止干扰，允许一头猪退到一边。操作处理人员挥动着旗子在正确位置转移猪。操作处理人员应该在直边对面操作。

参考文献

（王轶群、孙忠超　译，顾宪红　校）

第6章 畜禽生产上对动物疼痛的处理

Kevin J. Stafford 和 **David J. Mellor**
Massey University，Palmerston North，New Zealand

本章涵盖了牛、绵羊、猪、家禽和其他畜禽饲养中常见的会造成动物疼痛的处理。本章旨在解释进行这些处理的必要性和方式，以及在处理过程中和结束后缓解动物疼痛的方法。这些处理包括去角、去角芽、去势、打标记、断喙，以及许多其他处理。本章综述了在牧场中易进行的减轻动物疼痛的方法，并用清晰的图表显示了正确的处理方法。利多卡因是一种局部麻醉药，对去角很有效。美洛昔康，是一种既可在处理前又可在处理后让动物口服的非甾体抗炎药，可减轻犊牛和羔羊的疼痛。时下关注的凝胶麻醉剂包含两种局部麻醉剂，小心施用可以减轻疼痛。减轻疼痛是可能的，但不可能完全消除。未来一些处理可能会被免疫去势、无角牛的遗传选择、低攻击性猪和家禽的基因选择替代。

【学习目标】

- 解释常见的会造成疼痛的处理和进行这些处理的原因。
- 展示这些处理的正确方法。
- 理解三种类型的疼痛——急性、慢性、病理状态的疼痛。
- 学习在实际牧场条件可实施的减轻疼痛的方法。

6.1 引言——开展疼痛处理的原因

管理农场家畜、家禽和其他家养动物是以生产者控制它们的能力和它们所处环境的各个方面为基础的。畜牧生产包括提供饲料和庇护所、控制繁殖、使用对人和动物都安全的操作处理和固定方法，以及通过预防和治疗疾病促进动物健康的措施。其中一些管理目标是通过对相关动物痛苦的实践来实现的。本章的目的是为疼痛处理过程中降低动物的疼痛提供实际建议和指导方法。本章内容不涉及对这些处理伦理方面的讨论。对于每种动物，使用这些实践处理（表6.1）可能有各种各样原因，具体如下：

- 降低生产过程中动物和人受伤的风险（如去角）。
- 降低动物的攻击性行为，使公畜易于操作处理（如公牛去势）。
- 防止诸如擦伤的胴体损伤（如去角）。

- 提高胴体品质（如去势）。
- 减少蚊蝇叮扰风险（如绵羊摩勒氏处理，也称割皮防蝇）。
- 保证后续生产实践（如剪羊毛）可以更快速、有效地实施（如断尾）。
- 阻止动物对周围环境的破坏（如猪戴鼻环）。
- 易于个体识别（如耳标、耳缺和打标识）。
- 收获产品（如锯鹿茸）。

表 6.1　农场中家畜管理的日常处理

处理	牛	绵羊	山羊	马	猪
去势	+++	+++	++	+++	++
断尾	+	+++		+	+++
去角芽	+++		+		
去角	+++	+			
卵巢切除	+				
耳缺	+++	+++	++		+
耳标	+++	+++	++		
高温烙号	++			+	
冷冻打号	++			++	
摩勒氏处理		+			
挫牙		+			
断牙					+
磨犬牙					+
戴鼻环	+				+
尾切				+	

注：＋，表示在部分管理体系中会用到；＋＋，表示在很多管理体系中会用到；＋＋＋，表示在所有管理体系中都会用到。

同样，在家禽生产中也存在类似的疼痛管理实践，例如，断喙是为了防止啄羽和同类相残，修剪肉垂、冠（去皮、去肉冠）是为了减少其他家禽造成的啄伤。

何时对动物进行处理取决于农场类型。比如，对于一生圈养的动物可以在任何合适的时间对其进行处理，而放牧的动物可能在第一次放牧前的几个月就完成处理，而之后很少对其进行处理。动物个体价值也是考虑的一个重要因素。因为它会影响到进行这类程序的每一个人的时间分配，还影响使用麻醉和镇痛药物、兽医或兽医技师的成本效益评估。除此之外，镇痛药的可得性和兽医专业知识可能也很重要。例如，在一些发达地区，由于法律的限制，镇痛药不能直接卖给农场主，需要兽医对其进行监管。在其他一些地区，必须要有兽医开具的处方才能买到镇痛药。更有甚者，在一些欠发达国家的农村地区，连人的镇痛药供给都很紧缺，当然就更别说给动物提供麻醉药。

现代畜牧业中广泛使用的处理大部分都是很古老的方法，它们能被沿用至今，是因为其拥有一些共同的优点：操作快捷、简单、成本低、工具易于获得，以及对操作者和动物都较安全（Stafford 和 Mellor，1993）。随着这些处理的发展，除了快速完成外，几乎没有任何与动物疼痛相关的意义，对动物疼痛及其管理的科学理解也很差。这种情况现在已有所改变。

6.2　动物疼痛总述

一般说来，畜牧业中能造成组织损伤的处理对动物造成的疼痛可以分为三类：急性疼痛、慢性疼痛和病理性疼痛（Flecknell 和 Waterman Pearson，2000；Gregory，2004）。急性疼痛是指由处理直接造成组织损伤及后续发生的化学变化导致的疼痛。由于急性疼痛往往会导致动物出现行为学或生理学反应，因此，可以利用这个原理来鉴别动物疼痛的存在和缓解措施的有效性（Lester 等，1996；Mellor 等，2000）。慢性疼痛较缓慢，但疼痛的持续时间和治愈所需时间也相应长些，组织损伤也需要数天甚至数周才能完全恢复（Molony 等，1995；Sutherland 等，2000）。对轻微慢性疼痛的评估及其与发炎的区分目前还存在疑问，且对于减轻疼痛的知识较为匮乏。在急性疼痛阶段，疼痛通路的神经冲动阻断，通过对受伤部位本身、脊髓或大脑的影响，改变了这些通路的运转，这时就会发生病理性疼痛（Mellor 等，2008）。受病理性伤害困扰的动物对受伤部位或其他部位的疼痛或无痛刺激都会显得比较敏感，而且这种伤害会持续数周、数月甚至数年。目前还不确定畜牧生产中处理家畜而造成的组织损伤是否会带来病理性伤害，仅有一些证据表明羔羊产后迅速去势会引起这类伤害。农场动物所经受的疼痛经常治疗不足（Walker 等，2011）。

6.2.1　动物疼痛的行为学和生理学指标

疼痛引起的刺激会造成动物行为学和生理学反应的改变，因此人们可依此判断动物是否有明显的疼痛或研发缓解动物疼痛的方法（Mellor 等，2000）。然而，由于疼痛是一种主观感受，理论上不可能绝对量化。所有的这些观察只能作为疼痛的间接指标，因此人们需要更为谨慎的判断。不过，生理学指标和行为学指标却已经成功应用于动物疼痛的研究之中。生理学指标主要包括动物的心率、血压、直肠温度、体表温度、血浆应激激素和相关代谢物浓度，以及脑电活动等。种属特异性行为或者损害特异性行为有助于区分急性疼痛、慢性疼痛和病理性疼痛，提示疼痛什么时间存在，特别是疼痛何时缓解或消失。一些动物行为是非常明显的，如羔羊戴上去势橡皮圈后最初的明显不安（Lester 等，1996）；猪和牛在去势或打标识时的喊叫（呼呼声、哞叫声甚至尖叫声）与其疼痛和痛苦有关；当给牛高温烙号时喊叫要明显比只去势而不打标识时更剧烈（Lay 等，1992a，b；Watts 和 Stookey，1999）；给去势仔猪注射麻醉剂后，喊叫会减少（White 等，1995）；一些不太明显的行为，如犊牛在去角后反复甩尾可持续 8 h（Sylvester 等，2004）；一种处理后，牛来回摆动耳朵是表示其疼痛另一个明显的行为指标，犊牛在断尾之后摆动耳朵的动作会显著增加（Eicher 和 Dailey，2002）；在去角后，一些反映疼痛的行为有摇头、摩擦头部、摆尾或摇耳、安静趴卧（Stafford 和 Mellor，2011）。在临床研究中，动物行为、举止和表现往往比某些关键生理学指标更为常用，因为它们更易于快速观察到（Mellor 等，2008）。当然，在后续分析中也需要测定应激相关激素浓度的改变或者疼痛相关的脑电活动等指标。

6.2.2　疼痛应激和恐惧应激

疼痛应激和恐惧应激均可以提高皮质醇浓度。与奶牛相比，放牧饲养的牛在操作处理和固定后皮质醇升高更明显（Lay 等，1992 a，b）。例如，注射局部麻醉剂会减少动物去角过程中及去角后疼痛相关的行为。对于放牧饲养的印度牛，注射麻醉剂的牛皮质醇水平更高（Carol Petherick，2014）。原因可能是，野生牛不得不固定更长时间接受麻醉，造成恐惧应激水平升高。在操作处理过程中，动物本身易兴奋的性情和之前过少与人接触共同导致恐惧应激的大幅提升（Grandin，1997；Grandin and Deesing，2014）。

6.2.3　放牧家畜隐蔽疼痛

年龄较大的动物，如放牧饲养的 4～6 月龄犊牛和绵羊还未完全被"驯服"，它们在去势或者去角之后并不表现出疼痛的症状。农场主的常见反应是："它们肯定不怎么疼痛，因为手术后我的牛立即开始吃东西和喝水。"在生态系统食物链中，草食动物处于被捕食的地位，因此它们会经常隐藏疼痛以避免被捕食者吃掉。这种现象最常见于逃离区较大的对人类有恐惧感的动物（Grandin，2008，个人通信）。对高压橡皮圈去势的 8 月龄公牛的观察可以说明这一现象（Grandin 和 Johnson，2005）。其中一些公牛表现正常，而一些公牛会一直不停地反复踢踏，还有少部分公牛以一种奇怪的弯曲姿势卧在地上。但是，当它们发现有人走进圈栏时，疼痛行为会立刻消失，蜷卧在地上的公牛会马上跳起，加入同伴们的活动中。鉴于此，为了能观察到动物的与疼痛相关的行为，观察者必须把自己隐藏到动物不易察觉的地方，或者使用摄像机。所有家畜中，绵羊是最没有防御力的被捕食者，所以当发现有人在观察它们时，绵羊也最会隐藏疼痛相关行为。

6.3　在牛和羊疼痛处理过程中及之后减轻其疼痛的方法

选择引起疼痛较轻的方法、在幼年动物而非老年动物中进行处理以及使用镇痛药，可以减少由特定处理引起的行为和生理反应以及由此推断的疼痛。证据表明，犊牛在幼龄时与较大日龄时相比进行疼痛处理，如去势，产生的神经、行为和生理反应较轻（Dockweiler 等，2013）。快速访问信息 6.1 对决定是否以及如何进行特定疼痛处理时应考虑的事项进行了更全面的分析。本章最后一节会再次对此问题进行讨论。

与舒缓动物疼痛有关的一些术语见快速访问信息 6.2。

快速访问信息 6.1　决定是否以及如何进行特定疼痛处理相关的主要和次要问题

（Mellor 等，2008）

● 第一，这种处理是必需的吗？

— 解剖学改变的预期收益是什么？

— 这种改变能否顺利实现预期收益？

— 这种改变对被处理的动物有很大比例受益吗？

　　— 这种收益有多重要？（即这些改变真的很迫切地需要实施吗？）

　　— 若采用其他伤害性小的方式能否带来同样的收益？

● 第二，这种处理会带来哪些伤害？

　　— 实施处理时，是否会给动物带来瞬间或者短期的伤害，比如急性疼痛和悲伤？

　　— 这种处理在恢复过程中是否会给动物带来持续性伤害，如慢性疼痛和悲伤？

　　— 处理本身是否会给动物带来不可恢复的永久性伤害，如持续的不良行为或功能改变？

　　— 这些瞬间伤害、持续性伤害和永久性损伤有多大？ 有多严重？

　　— 这种伤害在多大比例的动物中会发生？

　　— 是否存在有效方法减少这类重大损害？

● 第三，这种处理是否利大于弊？

　　— 行为学及解剖学的改变是否对动物（个体及群体）造成比预防更大的伤害？

　　— 换句话说，这种处理对动物是否有直接的好处？

　　— 是否还有其他更广泛的间接利益，如商业、教育、娱乐、科研或者社会效益，可以抵消这种处理对动物个体甚至群体造成的伤害？

快速访问信息 6.2　　与舒缓动物疼痛有关的专业术语

● α-2 肾上腺素能受体激动剂 （α-2 adrenoreceptor agonists）——一类具有镇静和止痛效果的药物，如甲苯噻嗪（Xylazine）。

● 止痛 （analgesia）——疼痛消失或者疼痛程度降低的状态。

● 镇痛剂 （analgesic）——可以减轻疼痛的药物，通常是注射或口服给药。

● 硬脊膜外麻醉 （epidural anaesthesia）——向脊椎管注射局部麻醉剂。

● 局部麻醉剂 （local anaesthetic）——用于阻断神经从疼痛部位传导的药物，如利多卡因或布比卡因。

● 非甾体抗炎药 （non-steroidal anti-inflammatory drug, NSAID）——一类作用于受伤部位时有消炎作用的药物，作用于脊髓神经束或者大脑内部时有镇痛作用，如酮洛芬（ketoprofen）和美洛昔康（meloxicam）。

● 全身麻醉 （systemic analgesia）——让麻醉剂通过血液循环系统作用于全身各部位。

6.3.1　局部神经传导阻断麻醉

　　局部麻醉剂 （local anesthetics） 通过破坏神经细胞膜功能进而阻断电脉冲沿神经传导，达到麻醉效果 （Flecknell 和 Waterman-Pearson，2000；Mellor 等，2008）。为了有效阻断身体特定部分的感觉能力，一般需要将局部麻醉剂注射到靠神经较近的部位。麻醉方式的命名需以麻醉剂作用范围而定：“局部”（local）麻醉指麻醉较小区域（如阴囊和睾丸）；“区域”（regional）麻醉指麻醉更大的面积（如侧腹和腹部内容物）；“脊髓”（spinal）麻醉或“硬膜外侧”（epidural）麻醉则能麻醉身体更多的部位（如后肢、会阴部位、侧腹、子宫和腹部）。组织损伤处理（如外科手术）时，动物没有逃逸行为，可以轻易地表明局部、区域或硬膜外侧麻醉的有效性。

　　利多卡因 （lignocaine） 是在全世界范围内兽医使用最广泛的局部麻醉剂，它用来减轻包括畜牧生产上许多疼痛处理过程中及处理后 1～2 h 内动物经历的急性疼痛 （Mellor 和 Stafford，2000；Stafford 和 Mellor，2005a，b）。利多卡因是一种短效局部麻醉剂，通常能迅速从注射部位清除，其作用持续 60～120 min（表 6.2）。给犊牛去角之前，使用利多卡因可以阻断角内神经传导，进而降低反映疼痛的血浆皮质醇水平约 2 h（Stafford 和 Mellor，2005a）。一项持续两年的研究发现，若让大鼠接受大剂量利多卡因代谢物，50％的试验大鼠鼻腔内皮会发生乳头状肿瘤或癌变，因为利多卡因分解会产生一种叫 2，6 - 二甲代苯胺的致癌代谢物，这点必须注意。尽管目前利多卡因在食品动物上的最大使用剂量、安全使用剂量和残留量等尚未建立起相关标准，但在英国已经开始限制其在食品动物上的使用。除利多卡因之外，还有一些具有其他特性的局部麻醉剂（表 6.2），如布比卡因（bupivacaine）、甲哌卡因（mepivacaine）也可以在畜禽生产中使用。如在犊牛去角时，常利用布比卡因长约 4 h 的药效时间来阻断角内神经，以消除犊牛的皮质醇反应（Stafford 和 Mellor，2005a）。然而这其中大多数的局部麻醉剂是不允许用于畜禽的。

表 6.2　局部麻醉剂

麻醉剂	起效时间（min）	效果持续时间（h）
利多卡因[a]	1～2	1～2
布比卡因	5～10	4～12
甲哌卡因	1～5	1～2
普鲁卡因	5	1

a. 利多卡因由于价格便宜且起效需时短而批准在动物中使用。

　　硬膜外神经阻断术最初因向脊髓神经硬膜外腔注射局部麻醉剂而建立（Flecknell 和 Waterman-Pearson，2000；Mellor 等，2008）。通过硬膜外注射 α - 2 受体激动剂，如甲苯噻嗪，也能获得类似的效果。这种麻醉方法由于还同时具有镇静效果而被用于成年公牛去势。使用去势钳去势（Burdizzo®）时，混合使用利多卡因和甲苯噻嗪不仅可以达到硬膜外麻醉效果，还能有效延长麻醉剂作用时间（Ting 等，2003）。硬膜外注射曾经因为操作困难和副作用而在大量公牛去势时不被重视，但现在这种麻醉方式却应用于牛的兽医实践中。

6.3.2　凝胶表面麻醉

　　表面麻醉剂（topical anesthetics）具有非常好用的优势，但它们有效吗？这种麻醉剂在进行疼痛处理时应用简单。Giffard 等（2007）研究表明，70％山梨糖醇液体凝胶包含两种局部麻醉剂——利多卡因和布比卡因。这种凝胶对于缓解诸如摩勒氏处理（Espinoza 等，2013）、打标记（Carol Petherick，2014，个人通信）的体表处理造成的疼痛十分有效。当将 9 mL 凝胶小心施用于暴露的精索和伤口时，动物的疼痛行为会减少（Lomax 和 Windsor，2013）。该凝胶不具有穿透组织的能力，因此为了使其发挥有益作用，必须使用足够的剂量。该凝胶也可能会降低去角后的疼痛，因为它能够降低 24 h 内触碰伤口的敏感性（Espinoza 等，2013）。

6.3.3　全身镇痛的一般原则和非甾体抗炎镇痛药

全身麻醉药通过血液被携带到全身，因此可作用于全身或特定靶器官，其作用部位取决于特定药物的生物学活性（Flecknell 和 Waterman-Pearson，2000；Stafford 等，2006；Mellor 等，2008）。给药方式包括口服、外用、直肠或阴道给药、静脉注射、肌内注射及腹膜内注射。它们适用于治疗疾病、创伤或外科手术引起的疼痛。目前全身麻醉药在农场动物上的应用并不广泛，受到残留和成本的限制。

过去，人们使用局部麻醉剂或镇静剂仅仅是为了让外科手术能安全容易地进行，而对动物术后的疼痛极少关注，当然这也与缺乏有效的术后麻醉剂有关。当前使用较多的麻醉剂主要有三类：阿片类药物（opioids）、α-2 肾上腺素受体激动剂（α-2 adrenoreceptor agonists）和非甾体抗炎药（NSAIDs）。对它们在反刍动物中麻醉效果的研究往往更偏向于绵羊而不是牛。

长期以来，阿片类药物一直用于动物，但它对反刍动物的麻醉不是非常有效，临床上α-2 肾上腺素能受体激动剂对绵羊是有效的麻醉剂。肌内注射甲苯噻嗪对成年绵羊的麻醉效果良好，可对牛的作用却不明显，虽然能一定程度降低犊牛去角的皮质醇反应，但对犊牛角内神经的阻断作用却不及利多卡因。

6.3.4　非甾体抗炎镇痛药在牧场中的应用

作为第一种对牛、羊类动物真正有作用的镇痛药，有止痛作用的非甾体抗炎药的研发是减轻牛羊疼痛的一个重大突破。犊牛在去角时口服 0.5～1 mg/kg 美洛昔康能够降低其皮质醇水平，并增加犊牛在饲槽的停留时间（Theurer 等，2012）。人们曾认为这类药是通过对外周神经系统的抗炎效果而起作用的。近来的发现证明它对中枢神经系统也有一定作用。对于任何一种特定的非甾体抗炎药，由于对疼痛的起因及药物本身还知之甚少，因此其作为镇痛药的效力取决于其体内的清除率。有些非甾体抗炎药如苯基丁氮酮（phenylbutazone）的抗炎作用胜过止痛作用，而卡洛芬（carprofen）则相反。非甾体抗炎药较长时间的活性使得它们在非反刍动物治疗中比阿片类药物更有用，一些非甾体抗炎药如美洛昔康（meloxicam）在牛的生产中是非常有效的镇痛剂。高温烙铁去角芽时给犊牛联合注射非甾体抗炎药美洛昔康和局部麻醉剂能更好地降低犊牛的生理应激反应（Heinrich 等，2009；Stewart 等，2009）。

大多数非甾体抗炎药是与蛋白紧密结合的。一般肉类动物停药期长，可是酮洛芬（ketoprofen）的半衰期非常短，而且静脉注射后在牛肉和牛奶中无明显残留。与局部麻醉剂一起使用，酮洛芬实际上消除了犊牛去角和外科手术去势后至少 12 h 内的皮质醇反应，推断疼痛减轻明显。而且，单独使用酮洛芬可显著降低牛去角、外科手术去势和无血去势钳去势后几小时内的血浆皮质醇反应，从而推断减轻了疼痛。

一些非甾体抗炎药是马的有效镇痛药，多年来用于治疗腹绞痛，近年来日益在术后镇痛的治疗中获得青睐。阿片类药物也用于马，若肌内注射，哌替啶可起到镇痛作用达数小时。α-2 肾上腺素受体激动剂也可用于马，但主要用作镇静剂。对猪麻醉剂使用的研究很少，但一些非甾体抗炎药对控制猪术后疼痛是有效的，阿片类药物在猪上作用时间一般较短，临床上不常用。目前对家禽镇痛的了解有限，但非甾体抗炎药可明显减轻鸡关节痛。

6.3.5 缓解疼痛的展望

自 20 世纪 90 年代中期以来，疼痛相关研究已取得许多进展，但依然存在诸多问题。这些问题主要包括两个方面：一个是如何科学地判断动物是否正在承受疼痛以及疼痛的类型，特别是长期疼痛；另一个是哪些镇痛药实用、成本低廉，并将被允许在现有的监管控制范围内使用。目前已确定的家畜对去角和去势等处理的生理学指标和行为学反应，为常规检测现有和新止痛剂疗效提供了模型。这些模型也可用来筛选止痛剂治疗不同类型伤害引起疼痛的效果。

下面讨论饲养中的痛苦处理以物种为基础，更重要的技术受到最大的关注。减轻痛苦可能很容易，但消除痛苦是一个更困难的命题。将来，通过免疫阉割和培育没有角的无角动物，一些处理可能会被取消。在家禽中，遗传选择可以用来减少对家禽断喙的需要。

6.4　牛——饲养中的疼痛处理

牛生产中包含五种最常见的疼痛处理（去角芽、去角、去势、打标识、剪耳缺或耳标，表 6.1）。另外，一些小母牛要切除卵巢，奶牛还要断尾。当然，在牛生产中还包括一些无痛却给牛带来应激的处理，如妊娠检查、疫苗注射、人工育种处理、驱虫（口服、注射或皮肤外用）及驱杀螨虫（淋浴或浸渍）等，这类无关疼痛的处理在此不做赘述。

6.4.1　去角芽和去角

尽管在很多人看来去角芽和去角是同一个概念，但是在这里去角芽是指在角长出之前就阻止其生长的处理方式，而去角则指在角过了早期萌芽阶段生长的任何时段将其切断的处理方式。去角芽要求在犊牛生长早期就实施。研究表明，烙烫去角芽使犊牛发生皮质醇反应的程度要明显低于切断去角（Stafford 和 Mellor，2005a）。

生产中去角芽和去角方法汇总见快速访问信息 6.3。

快速访问信息 6.3　去角芽和切断去角术

● 烙烫去角芽（cautery disbudding）——一般在出生后至 6 周龄实施。通常使用高温凹形烙烫器反复按压，烙烫一定时间以有效破坏牛角幼芽组织。

● 化学腐蚀去角芽（caustic chemical disbudding）——指使用诸如氢氧化钾等腐蚀性化学物质贴附在犊牛角芽部，以腐蚀破坏牛角幼芽组织的方法。腐蚀贴用于摩擦 2 日龄前的犊牛角芽。年龄较大的犊牛会蹭它们的头部，不建议使用腐蚀去角芽方法（Villarrole，2011）。

● 外科手术去角芽（surgical disbudding）——用刀割去牛角芽，或者在牛角芽基部周围放一个勺铲去角器，然后将其封闭，去除牛角芽及周围一条 5 mm 长的皮肤。

● 切断去角（amputation dehorning）——使用锯片、碎胎圈、截断机或勺铲去除牛角及基部 1 cm 半径范围内的皮肤。如果角基部大于 2.5 cm 半径范围，不要切除角（AABP，2014）。

● 止血（haemostasis）——包括熨烫止血法、止血带止血法、止血粉止血法，以及主血管打结和止血钳压迫的强迫止血法。去角后常采用止血带打"8"字结法止血。

● **局部麻醉**（local anaesthesia）——可沿额骨嵴外侧边缘中间注射 5～10 mL 利多卡因，以实施角内神经封闭；也可用环形封闭，可能最有效（Fierheller 等，2012）。

6.4.1.1 牛去角的原因

去角（图 6.1）是牛场管理工作中必不可少的一个环节，因为有角的牛管理起来既困难又危险。如果牧场有野兽出没，则不会对牛去角，因为它们需要用角来保护自己和犊牛。另外，有机奶牛场也会保留牛角，但这样可能会因为牛之间的争斗而导致受伤，而且有角的牛也会给管理人员带来危险。由于有角的牛可能伤害到其他动物，因此一些国家禁止运输有角牛，除非在运输之前对有角牛施行一种被称为"锯尖"的去角处理。另外，较大牛角的牛不易进入头部固定轨道（立柱或大门），这样灌药、打耳标以及其他处理都会有一定困难，去角的牛则不存在这些问题。需要注意的是，有一些牛的角会周期性生长，这需要每隔几年就做一次去角处理，以防止其重新生长，但一定要注意锯角尖范围不能过大，以免触及牛角内的疼痛敏感核心部位（图 6.2）。

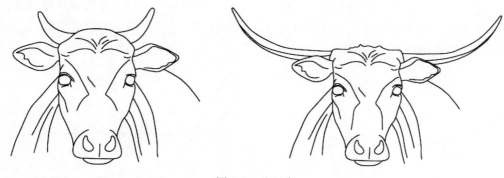

图 6.1 牛　角

图 6.2 去角尖

虽然去角是一种常见的做法，但许多品种，特别是肉牛品种，现在已开始培育不长角的牛，即无角牛。

家牛（*Bos taurus*）无角性状的遗传机制已很清楚，但印度肩峰牛（*Bos indicus*）的无角性状遗传机制却相对复杂。用无角和有角的牛或其混血牛育成的杂交牛可能长角，也可能不长角。减少角损伤或角切除引起的疼痛和痛苦的最好方法是选育无角牛。目前在常见奶牛品种中，弗里赛（Friesian）和泽西牛（Jersey）依然有角。如果有可能培育出这两个品种的无角牛，那么以后去角芽和去角就不再是牛场管理中的必要工作。培育无角家牛比培育无角印度肩峰牛（瘤牛、婆罗门牛或尼勒尔牛）更容易（Carol Petherick，2014，个人通信）。

6.4.1.2 犊牛去角芽的方法

在发达的乳品业，犊牛去角芽的常用方法包括化学腐蚀贴法（苛性钠、苛性钾或火棉胶）和烙烫法（Stafford 和 Mellor，2005a）。另外，也可以采用外科手术法，即用小刀或勺铲（图 6.3）直接切掉角芽及紧靠角芽边缘皮肤。理想的去角芽时间为产后最初几周。如果使用化学腐蚀贴去角芽，需要特别注意以下两点：舍内饲养的犊牛可能会相互舔去角部位的腐蚀贴，而在舍外的犊牛则可能遭受雨淋而使化学腐蚀成分流入眼内；若采用热烫烙铁去角芽（电热烙铁或者气热烙铁），则需要注意温度一定要足够高，而且烙烫时间要充分，使角芽周围的分生组织能被完全破坏，不然会导致牛角不均衡生长或牛角扭曲。成功的外科手术法去角芽要求完全去掉角芽及其周围包裹的皮肤，其中包括分生组织。犊牛去角芽已在世界范围内广泛采用。

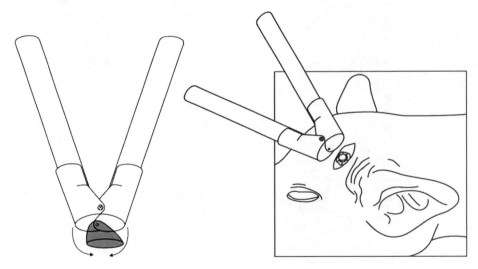

图 6.3　勺铲去角器

对 4 周龄的犊牛实施苛性钾化学腐蚀去角芽会给犊牛带来持续约 4 h 的剧烈疼痛。通过对犊牛皮质醇应激反应的测定和行为学观察发现，烙烫去角芽和外科手术去角芽（勺铲去角芽）均会给犊牛带来即时剧痛和术后数小时的持续性疼痛，但烙烫产生的急性疼痛明显比外科手术去角芽或化学腐蚀产生的疼痛小（Morisse 等，1995；Petrie 等，1996a）。因此烙烫去角法是更可取的去角芽方法，但高温烙铁去角时犊牛的极度逃跑行为表明，此法也给犊牛带来了巨大疼痛。采用局部麻醉剂阻断角内神经或者用橡胶环阻断角芽基部，可有效减少犊牛烙烫或外科手术去角芽时的剧烈疼痛。

6.4.1.3　犊牛去角方法

为成年牛去角时，如果不使用任何麻醉剂及术后镇痛药，则会给动物带来巨大的疼痛。成年动物去角的疼痛可能比大多数其他处理更剧烈，因此要杜绝以任何残酷的方式切除成年牛的角，比如用大砍刀直接砍断牛角。

对犊牛、断奶牛及成年牛实施去角时使用的工具各不相同（Stafford 和 Mellor，2005a），主要有锯（手工锯和电锯）、碎胎圈、对角去角钳和勺铲（图 6.4）。去角时，需要将角及角基周围的那一小部分皮肤一起切除。对较大的牛进行这种处理时，伤口容易使额窦撕裂。这是一个痛苦的过程，牛试图在此过程中逃跑。因此，对牛施行无麻醉切断去角时，需要采取有效的固定措施，例如捆住牛腿或者用头部固定栏将牛保定后去角。

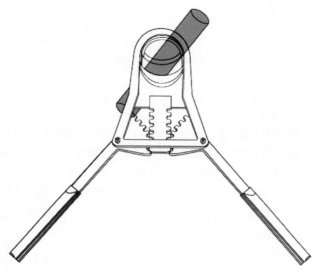

图 6.4　去角钳

去角容易导致出血，但可以通过使用碎胎圈去角，而不用锯片、截断器或勺铲去角，以减少出血量。因为碎胎圈去角可以很好地控制伤口大小，但比用锯更不易实施且较为耗时。截断器很容易使用，可是在去角过程中一旦牛头稍有摆动，就可能导致伤口拉大甚至额骨断裂。勺铲去角器的大小限制了其只能应用于犊牛去角。出血后虽然可以通过结扎、缠绕或者烙烫血管来达到止血目的，但更好的止血方法应该是使用止血垫和止血粉，或在去角前用止血绷带在牛角周围打上"8"字结以预防出血。

去角后伤口容易感染，若是夏季还会招来苍蝇或旋皮蝇蚴。因此，去角后需要对伤口采取一定的处理措施以防止这些问题的发生。成年牛伤口可能发生额窦撕裂。圈养牛可能因脏物进入额窦而引发额窦炎，致使伤口化脓。若发生化脓，需要通过钻孔排除额窦中的脓液。如果伤口过大或牛圈在舍内，最好能用含抗生素的止血垫包扎伤口，切断去角后伤口愈合需要几周时间。

6.4.1.4　去角芽及去角引起的疼痛缓解

使用局部麻醉剂阻断角内神经或者用橡胶环阻断牛角基部，能减轻牛去角疼痛的行为反应。阻断角内神经不是每次都有效，因此最好在去角前用针刺牛角基部周围的皮肤来测试是否需要更多的局部麻醉剂。切断去角后血浆皮质醇反应有固定模式（图 6.5）。去角开始，皮质醇浓度陡增至顶峰，然后下降到一个平台期，约 8 h 后，皮质醇浓度恢复到术前水平（McMeekan 等，1998a）。在一个试验中，去角造成的伤口大小没有引起皮质醇浓度的差异，这说明在研究的小范围内伤口大小不影响处理引起的急性疼痛（McMeekan 等，1997）。

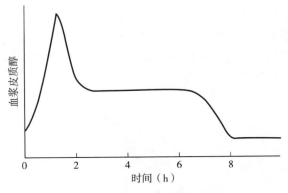

图 6.5　血浆皮质醇对截断去角的反应

　　用局部麻醉剂有效阻断角内神经，血浆皮质醇浓度不会出现最初的峰值，皮质醇浓度在去角的最初 2 h 内不增加，但在接下来的 6 h 内，却会一直增加直至再逐渐恢复到术前水平（McMeekan 等，1998a）。这表明有效的角神经阻断能消除疼痛约 2 h，之后会出现一些疼痛。这种迟发性疼痛可能比较缓和，不像切角的最初疼痛那样剧烈。为了消除至少 12 h 的急性皮质醇反应，去角动物需要在施予局部麻醉剂的同时给予全身镇痛剂，在这方面，结合使用非甾体抗炎药和局部麻醉剂是有效的（McMeekan 等，1998b；Stafford 等，2003；Milligan 等，2004；Stewart 等，2009）。美洛昔康采用口服方式效果较好（Allen 等，2013），可对动物的行为产生长达 5 d 的影响（Theurer 等，2012）。长效的全身镇痛剂有可能缓解疼痛长达 3 d。另外，术前局部麻醉，并用烙烫法止血也能减缓牛的血浆皮质醇反应及经历的疼痛至少 24 h（Sutherland 等，2002）。去角后 2～3 d 内，牛的采食和反刍行为都会发生变化，这也说明动物这个阶段经历着疼痛。有限的证据表明，去角不会引起持久的病理性疼痛。由于疼痛相关行为长期表达和伤口愈合缓慢，用于阉割的高压弹性带不应用于去角（Neely，2013）。

6.4.2　去势

6.4.2.1　牛去势方法及原因

　　大多数养牛生产系统中，去势是一个标准的畜牧生产实践。去势可使公牛更安全，更易于管理，

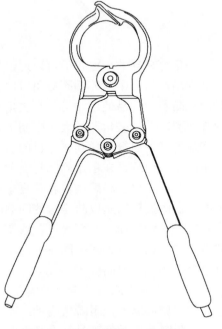

图 6.6　无血去势钳——Burdizzo®

并可减小劣质公牛不必要繁殖的可能性。去势后，牛成为阉牛或犍牛用于犁地或牵引；去势能改善肉牛胴体脂肪含量；去势后的牛有时会被给予生长激素，以提高生长速度和加速育肥。然而，在一些国家，养公牛是为了吃牛肉。例如，在新西兰，饲养完整的弗里赛小公牛用于牛肉生产，通常在 2 岁之前被屠宰。

去势的方法多种多样（Stafford 和 Mellor，2005b），包括橡皮圈或绳带结扎去势、外科手术去势或无血去势钳（bloodless castration clamp，Burdizzo®，图 6.6）去势（快速访问信息 6.4）。小橡皮圈主要用于犊牛去势，较大橡皮带结扎用于大牛去势（图 6.7）。外科手术去势是指切开末端阴囊壁后，牵拉睾丸和精索直至精索断裂或直接切断精索，在精索断裂之前用绳索绑扎或结扎钳夹紧，或使用去势器切断精索（图 6.8）。另一个方法是将精索缠绕起来（Warnock 等，2012）。无血去势钳（Burdizzo®）用于剪断精索，有各种尺寸。

快速访问信息 6.4　牛去势的方法

● 橡皮圈结扎法——用扩张橡皮圈的安置器将橡皮圈结扎到两睾丸背部的阴囊周围，用于小犊牛。

● 绑带结扎法——大绑带结扎部位与橡皮圈法类似，但要围在阴囊颈部，需使用特殊安置器拧紧和打结。由于这种方法通常用于较大的牛，所以必须非常紧地使用绑带以防止肿胀；并且需在结扎后的 12～24 h 观察动物是否出现肿胀，一旦出现肿胀则重新结扎。不检查动物是否出现肿胀可能会导致严重的福利问题。一些兽医也建议，采用此法去势时应注射破伤风疫苗。不建议用于成年牛。

● 去势钳法（Burdizzo®）——去势钳用于阴囊和一侧精索。将钳夹紧闭并挂在阴囊上达 1 min，从距初始位置远端 1 cm 处重复这一操作。另一侧也同样处理。两侧压碎组织之间的阴囊皮肤必须保持完好。

● 外科手术法——切除末端阴囊，切开双侧睾丸和精索，然后拉抽出精索，直到断裂，或者使用去势器、手术刀切断精索。另一种方法是用亨德森工具扭转精索。

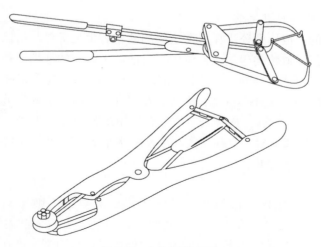

图 6.7　去势用橡皮圈

在不使用麻醉剂的情况下，为了保证动物福利，使用橡皮圈为犊牛去势是最好的方法。橡皮圈结扎去势法简单、经济且对犊牛和操作处理人员都安全。但由橡皮圈造成的伤口在阴囊脱落前会持续数周。对于在集约化条件下饲养的 4~6 周龄犊牛，采用第 9 天摘掉橡皮圈这一替代手段可以促进伤口愈合（Becker 等，2012）。除了橡皮圈结扎的阴囊部分很脏容易引发破伤风之外，使用橡皮圈去势对犊牛几乎没有副作用。

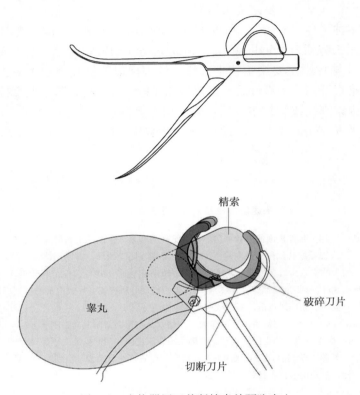

图 6.8　去势器用于剪断精索并预防出血

6.4.2.2　公牛高压绑带结扎去势

人们认为年长的育成后期公牛比早期去势的动物有生长优势，所以目前对这些动物进行绑带结扎去势。但在放牧肉牛生产系统中，目前尚无可靠的证据支持此观点，因此并不推荐这一方式（Knight 等，2000）。如果绑带过于靠近腹部，其在腹壁位置可能会造成较大的伤口。对 6 月龄公牛实施绑带结扎去势，在睾丸脱落时会引起疼痛，并降低生长速度（Gonzales，2009，个人通信）。成年公牛不适合采用结扎的方式去势，因为这会造成持续性疼痛（Petherick 等，2014）。炎症反应和皮质醇水平的升高可能会持续 4 周。因此对于大公牛，应采取外科手术去势。

6.4.2.3　牛去势钳去势

使用去势钳去势要比橡皮圈结扎或外科手术法去势的失败率高（Kent 等，1996；Stafford 等，2002）。在阉公牛和母牛一起放牧时，因处理失败，群内偶尔会出现具有生殖能力的公牛，这可能会导致体况不佳的母牛意外怀孕，从而带来潜在的福利问题。因此尤其要注意这一点。一侧或两侧精索没能有效剪断都有可能导致去势失败，不正确的操作还可能导致阴茎受压和尿道损伤而影响排尿。

外科手术法去势会导致组织出血，虽然不会太严重，但出血会导致伤口污染甚至感染。一般说来，只要阴囊切口足够大，引流充分，则可确保伤口干净；如果引流不彻底，则可能引发破伤风。

6.4.2.4　为去势的犊牛和公牛减缓疼痛

去势必然带来疼痛（Stafford 和 Mellor，2005b；Stafford 等，2006）。当不使用任何形式的止痛法去势时，牛会通过其行为来表现疼痛。另外，在去势后的最初 1 h 左右，血浆皮质醇浓度上升，然后经 3～4 h 才逐渐恢复到术前水平（图 6.9）。去势钳去势引起的血浆皮质醇反应比橡皮圈结扎或外科手术法去势引起的血浆皮质醇反应小，表明去势钳去势法疼痛较轻（Stafford 等，2002）。在阴囊远端和睾丸处注射局部麻醉剂能消除或减轻通过这些方法去势时看到的动物疼痛相关行为。它消除了由于橡皮圈或绑带去势引起的血浆皮质醇反应。由于紧紧结扎的橡皮圈或绑带会阻止血液和淋巴液循环进入睾丸和阴囊，致使局部麻醉剂在这些组织中的存留时间超过痛觉受体和相关神经缺氧死亡的时间。相比较而言，局部麻醉剂可减轻去势钳去势引起的皮质醇反应，但它对于外科手术去势的皮质醇反应则基本上没有作用。对于外科手术去势，特别是拉伸或剪断精索时，还可能损伤到如腹股沟管和腹部等没有麻醉的组织。为了减少由于夹钳去势和外科手术去势引起的血浆皮质醇反应和相关疼痛，有必要联合使用局部麻醉剂和全身麻醉药如非甾体抗炎药（Stafford 等，2002，2006；Ting 等，2003）。在放牧条件下，只能对大体型公牛进行一次操作处理，推荐在去势处理时使用酮洛芬（Petherick 等，2014）。美洛昔康对用高压绑带去势的 309 kg 公牛无效（Repenning 等，2013）。非甾体抗炎药更适用于外科手术去势的牛。对经过多次拍卖的牛，转到一个饲养场饲养并行外科手术去势，口服美洛昔康可减少其疾病（Allen 等，2013）。

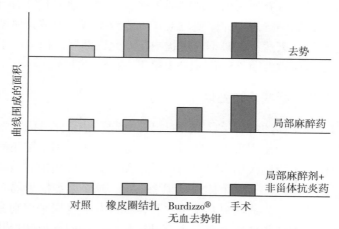

图 6.9　血浆皮质醇对不同去势方法的反应。曲线所围成的面积表示分别采用橡皮圈结扎去势法、Burdizzo® 无血去势钳法和外科手术法去势 8 h 后 3 种不同处理下的血浆皮质醇反应。3 种处理为没有使用局部麻醉剂（Castration）、使用局部麻醉剂（LA）、联合使用局部麻醉剂和非甾体抗炎药（NSAID）。对照组动物按去势处理，但未被真正去势。

在役用牛（draft oxen）生产中，目前尚无去势的有效替代方式。但在新西兰和欧洲的肉牛生产系统中，可不对公牛去势，直接育肥。目前还出现了另外一种去势方法——免疫去势，供这种去势方法用的疫苗已成功研制。研究表明，与未去势的公牛相比，免疫去势可提升肉质（Amatayakul-Chantler 等 2012，2013；Miguel 等，2014）。

6.4.3　牛卵巢切除

卵巢切除是为了防止放牧饲养系统中小母牛和淘汰母牛与公牛错配。卵巢切除有两种方式：一种是对成年母牛或者小母牛实施硬膜外麻醉后切除阴道；另一种是对小母牛实施腹侧切除（Ohme 和 Prier，1974）。腹侧切除卵巢需要专用手术器械，且会有疼痛，需要对手术部位注射局部麻醉剂甚至可能还需要注射术后镇痛药。不应用电固定设备来固定牛（Petherick 等，2012）。腹侧切除卵巢更适合采用从阴道内掉落的方式（McCosker 等，2010）。目前，要使小母牛不育还可以采用免疫方法，一旦此法被生产者和消费者广泛接受，可能会很快流行开来。

6.4.4　奶牛断尾

无论在产犊前还是在产犊后，给乳用小母牛断尾，都是为了挤奶工能在"人"字形或旋转式奶牛棚挤奶时比较方便地接近奶牛乳房。断尾对提高乳品质、乳房清洁度，以及降低乳腺炎或钩端螺旋体病（leptospirosis）的发病率都没作用（Stull 等，2002）。断尾动物比较容易遭受苍蝇困扰，为此它们会表达更多的苍蝇回避行为，如不停地踢踏腿等（Eicher 等，2001；Eicher 和 Dailey，2002）。橡皮圈断尾和烙烫断尾不会给犊牛带来特别的疼痛。橡皮圈断尾或硬膜外断尾时，使用局部麻醉剂能减轻动物疼痛（Petrie 等，1996b）。但橡皮圈断尾更合适，因为烙烫断尾会导致大量出血，对于小母牛是一个严重而痛苦的处理，因此不推荐。可以在外阴处剪断尾巴，或者剪掉尾尖及尾毛，后者几乎保留了整条尾巴，无论是否有粪便污染，都可降低挤奶工靠近乳房时被尾毛击中的可能性。另外有一种非手术性的断尾方法，即修整尾毛，也能减少挤奶工被粪便覆盖的尾巴击中的可能性。一些国家和许多天然及有机饲养过程中均不允许断尾。而且由于没有科学证据证明其正当性，牛的断尾应被取消（Sutherland 和 Tucker，2011）。

6.4.5　犊牛和成年牛耳标或耳缺处理

打耳标是识别动物个体的常用手段，并且已建立起了一套完整的耳标体系，农场主们为了能远距离分辨家畜，会使用很大的塑料耳标。家畜个体识别系统还有助于轻松筛选出适合种用的优良个体。现阶段人们对建立肉产品追溯系统和疾病控制系统日益重视，更促进了众多国家在牛生产中推广建立个体强制识别系统。这个系统需要易于识别的由塑料或金属制成的耳标，安置在一只或两只耳朵上。打耳标或耳缺也用来识别在公共场所放牧或可能会流浪到其他地方的动物的所有权，也有助于防盗。不同部位和形状的耳缺代表不同的含义，如出生日期、接种疫苗的情况或选配种情况等。

耳朵属于敏感器官，因此打耳标或耳缺可能很疼痛。打耳标的副作用包括感染、流泪以及耳标脱落需要重打。打耳标有两种方式：一是先使用打孔器在耳朵上打孔，然后再戴上耳标；另一种是使用能集打孔和戴耳标功能于一身的耳标器打耳标，这种耳标器有一个能刺穿耳朵的锋利刺针，因此在打耳标时伤口很小，由于每个耳标配有一个新的尖利的穿耳钉，所以可能不会那么疼痛。使用其他钝性打孔器安装耳标会使疼痛增加。由于对耳朵实施局部麻醉存在困难，因此为了减少动物在打耳标时的疼痛应激，可以考虑实施全身麻醉，除此之外暂时没有其他方法能减轻动物疼痛。

从动物福利的观点出发，相对撕耳（ear splitting）和剥皮（wattling），打耳标无疑更加可取。在一些国家，牛撕耳和剥皮的现象依然存在；一旦进行剥皮，就会剥出数条皮肤在脖颈处摇晃。许多国家禁止这两种处理方式，它们严重违反许多国家动物生产行业动物福利自愿指南。打耳缺在耳朵上仅打小缺口，人们应当能够区分打耳缺与这两种处理方式有本质差异。

6.4.6　牛打标识

对动物实施高温烙号或冷冻烙号都是为了能识别动物个体和所属群体（Lay 等，1992 a、b）。在那些大片放牧土地上放牧饲养牛的国家，打标识是一种常见的实践，如澳大利亚、美国西部、中美洲、南美洲以及其他很多国家。高温烙号时无疑会给动物带来巨大疼痛并造成动物逃跑。冷冻烙号，先将打号烙铁浸入液氮中，这样会破坏皮肤中产生色素的黑色素细胞。然后，将冻好的烙铁置于动物皮肤并保持一段时间（数秒而非数分钟），促使皮肤暂时冻住，再将烙铁移开，皮肤会逐渐回暖并留下一块白色标识。冷冻烙号后皮肤回暖和血液回流的过程中动物可能会经历一定的疼痛，但这种疼痛可能比高温烙号的疼痛轻得多。在减轻这些处理引起的疼痛方面几乎没有做什么工作。由于在标识部位多次注射局部麻醉剂不切实际，全身麻醉可能会减缓疼痛，但并不能消除打标识后的疼痛。含局部麻醉剂的山梨醇胶可能会减缓打标识带来的疼痛（Carol Petherick，2014，个人通信）。不应该在动物身体敏感部位如脸部打标识。

使用微芯片技术取代打标识识别牧场的牛具有广阔的应用前景。植入芯片只会引起轻微的疼痛，但是这项技术目前并不能作为日常识别的方法，因为手持式身份识别芯片数据阅读器成为牛场广泛使用的工具需要一段时间。DNA 检测是另外一种新型动物个体识别技术，随着 DNA 检测的成本逐渐下降，它有望在将来成为可行且合算的技术而广泛应用。

6.4.7　牛和水牛带鼻环或鼻绳

为了更好地控制脾气暴烈的个体，人们会给牛或水牛特别是公牛在鼻中隔带上鼻环或鼻绳。一般情况下，将牛安全保定或待其平静之后就可以带上鼻环或鼻绳，此过程中对是否使用局部麻醉剂没有要求，但不用局部麻醉剂可能会引起动物疼痛及相关行为反应。

6.5　绵羊——饲养中的疼痛处理

绵羊生产中最普遍的三种疼痛处理分别为去势、断尾和打耳标或耳缺。如果蚊蝇侵袭严重，澳大利亚的美利奴羊可能会经受摩勒氏处理。这些处理一般在羔羊身上进行。除非处理失误造成绵羊受伤（如剪毛时剪伤），诸如周身剪毛、去除肛周粪便垫或肛周削毛，以及妊娠检查、背部喷淋杀虫药、口灌驱虫药和疫苗注射等处理，只会给动物带来应激却几乎不产生疼痛。

6.5.1 羔羊去势总体考虑

在许多国家，大多数公羊都需要去势。一个原因是控制并阻止需育肥作肉用的母羊怀孕，另一个原因是为了改善肉的膻味。对 6 月龄之前就屠宰的公羊可能不必为这些原因去势，但仍然需要去势以提高屠宰时的卫生，因为在某些品种中，完整的阴囊可能很大，含毛多，且沾有粪污。

分娩后母羊一直在舍内饲养，因此羔羊去势和断尾可以在其出生后第二天的任何时间实施，当然也可以在羔羊和母羊放牧之前进行。之所以避开出生第一天，是为了增进母仔间的联系及保证羔羊吮吸足量初乳。铺设干净厚实的垫料能有效减缓羔羊去势疼痛并减少术后感染。当羔羊在外放牧 3 周左右时，应该集合所有的母羊和羔羊，对 4~5 周龄的羔羊进行去势处理，而不会出现母仔误认或者母羊弃仔现象。相反，如果过了 6~8 周龄依然未对羔羊按龄分群，就必须等到最年幼羔羊度过母仔误认或母羊弃仔阶段才能对羊群实施去势。另外须注意，舍外去势当天应天气晴朗，并在干燥的院子或临时草场中进行。严禁在雨雪天气去势，因为泥泞环境下去势伤口极易发生破伤风或其他感染。

在新西兰和澳大利亚，人们常采用橡皮圈结扎睾丸下部阴囊进行去势以保留完整睾丸（图 6.10），经过这类处理的羊被称为隐睾羊（cryptorchid lambs）或短阴囊羊（short scrotum lambs）。在新西兰的雄性羔羊中有 40% 是短阴囊羊，20% 是完全去势的羯羊，剩余 40% 则未经去势处理。其中未经去势处理的羊在年龄较小时即被屠宰，短阴囊羊则会被一直饲养直至其性成熟后屠宰。短阴囊羊中少数羊在繁殖力和行为上依然具有公羊特征，但常常也无碍大局。另外，短阴囊羊的生长性能优于去势完全的阉羊。

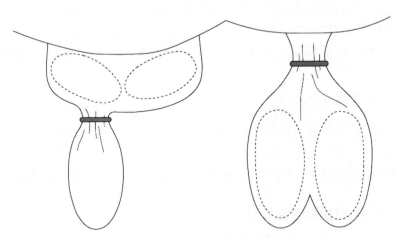

图 6.10　橡皮圈法结扎羔羊阴囊去势

6.5.1.1 羔羊去势方法

羔羊去势的方法多种多样，主要包括橡皮圈结扎法、外科手术法以及无血去势钳（Burdizzo®）法（Mellor 和 Stafford，2000），这些方法的基本原理与牛去势的对应方法类似。为了去势完全，一般采用橡皮圈法结扎睾丸上部阴囊，但此法有时在羔羊上实施起来存在一定困难，可能一个甚至两个睾丸尚留在腹股沟管中。相反，为了生产短阴囊羊，需结扎睾丸下部阴囊，让睾丸靠近腹股沟管并提升睾丸内温度，使得公羔成熟后也不具繁殖能力，但睾酮分泌并未停止，因此短阴囊羊依然具有雄性特征和行为。橡皮圈结扎法是用于幼小羔羊去势的一种简单有效的方法，但却并不适合年龄稍长、体型较大公羊的去势。

外科手术法去势是指切开末端阴囊后牵拉睾丸和精索直至精索断裂的方法，为此人们已经设计出多种刀具。对于年长一点的公羊，与牵拉至断比，使用小刀或者去势器截断精索的方法更为常用，成年公羊去势时还需结扎精索以止血。

无血去势钳法既可用于单侧精索囊外截断，也可用于一次性双侧精索截断，但一般不推荐使用后一种方法，除非在截断之前先用橡皮圈结扎睾丸上部阴囊。任何情况下，如果既有橡皮圈又有去势钳，则应优先考虑使用橡皮圈结扎法。如前面在犊牛去势部分所述，止血钳法去势精索较长的大动物比较容易，但技术上比橡皮圈结扎法和外科手术法更难。

6.5.1.2　减缓羔羊去势疼痛

所有去势方法均会给动物带来疼痛（Mellor 和 Stafford，2000）。结扎法去势引起羔羊的急性皮质醇反应小于外科手术法去势，但结扎法去势后羔羊行为反应相比外科手术法去势更活跃。这导致了人们对有关哪种去势方法造成更大急性疼痛所持观点不同。行为反应对每种去势方法都是特异性的，因此不能用行为来进行比较。但结扎法去势动物急性皮质醇反应水平显著低于外科手术去势法，且时间更短，进而推断结扎法对动物造成的疼痛水平更低，因此目前依然更推荐使用结扎法去势（Mellor 和 Stafford，2000）。与传统的橡皮圈相比，更小更紧的新式橡皮圈效果不会更好（Molony 等，2012）。但结扎法去势往往比外科手术法需要更长的时间恢复伤口。与外科手术去势的羔羊不同，结扎去势的羔羊在去势约 42 d 后仍回头看其阴囊区域（Molony 等，1995）。这表明在阴囊脱落前，去势羊可能因橡皮圈导致的皮肤损伤而感受到某种刺激或低水平的持续性疼痛。同时有证据表明，羔羊出生 3 d 内实施橡皮圈结扎比其后结扎导致的急性疼痛轻，但与之矛盾的现象是，3 日龄前去势会增加羔羊对 1 月龄后实施的其他疼痛处理的敏感性。该现象还有待进一步解释。

在阴囊和睾丸注射局部麻醉剂能消除橡皮圈法去势引起的血浆皮质醇反应及急性疼痛（Dinniss 等，1997；Molony 等，2012）。Kent 等（1998）发现，向阴囊颈部注射利多卡因比睾丸内注射麻醉剂效果更好。但 Dinniss 等（1997）却证明睾丸内注射与阴囊颈部注射的麻醉效果相当，且实施起来比阴囊颈部注射更加容易。局部麻醉剂对减缓外科手术法和去势钳法去势的疼痛效果不明显，因此采用这两种方法去势时需与注射非甾体抗炎药等全身麻醉剂联合使用来消除去势引起的疼痛。将局部麻醉剂或麻醉凝胶注入阴囊颈部和精索中，然后拉出、扯断精索至切除腹股沟组织，可减少外科手术去势后羔羊所遭受的疼痛（Lomax 等，2010）。外科手术法去势所造成的伤口需妥善处理，以防止苍蝇幼虫侵扰。

绵羊生产中应尽可能保证公羊机体的完整性，但如果它们必须被阉割，那么重要的是，要确定短阴囊处理是否能使养殖者、加工者和消费者接受，短阴囊处理比橡皮圈法去势或外科去势引起的生理应激反应低（Lester 等，1991）。如果可以接受，这应该优先于完全去势。羔羊的免疫去势疫苗很可能在不久的将来获得，如果在整个生产和消费链中都可以使用，并且价格足够便宜，就可以用来消除去势带来的痛苦。

6.5.2　羔羊断尾

断尾是毛用羊生产的必需环节，皮用羊则不一定需要。它是通过减少肛周粪便粘连，避免形成粪便垫而有效减少苍蝇叮咬发生率的有效途径之一，而且剪取断尾后绵羊的肛周羊毛也相对容易。对于育肥肉用的绵羊，可将尾巴截得短些；但对于种用绵羊，尾巴长度以遮住会阴部为宜，这样可避免粪便等污物进入生殖道。断尾时，应避免如齐尾根截断等断尾过度现象发生，免得增加动物脱肛的危险（Thomas 等，2003）。

常用的断尾器具包括橡皮圈、烙铁、熨棒以及锋利的小刀（Mellor 和 Stafford，2000）。血浆皮质醇反应试验表明，橡皮圈和烙铁断尾带给动物的剧烈疼痛程度相当，但其程度远不及用锋利小刀断尾。在尾部（皮下）像环形封闭一样注射局部麻醉剂可阻断疼痛传导，但这一操作困难且费时。行为学观察证明，尾周注射局部麻醉剂能减缓断尾疼痛（Kent 等，1998）。目前推荐在手术或烙铁断尾后使用麻醉凝胶（Lomax 等，2010）。受苍蝇或其幼虫叮咬困扰的未剪毛绵羊在断尾之前，有必要先对其进行抗苍蝇及其幼虫的药物处理。

就目前的育种技术水平来看，培育肛周羊毛少、尾部羊毛短的新品种绵羊是有可能的（Scobie 等，2007），这将有助于减少为防苍蝇叮咬的断尾处理，但同时若保留绵羊尾巴，剪毛又将受到一定影响。

6.5.3　羔羊打耳标或耳缺

为绵羊打耳标或耳缺的处理与牛类似，只是羔羊耳朵更小、更易受损（图 6.11）。将来微芯片识别技术可能减少打耳标或耳缺的必要性，但目前在大型商业化牧场中应用的经济成本较高且技术难度较大。

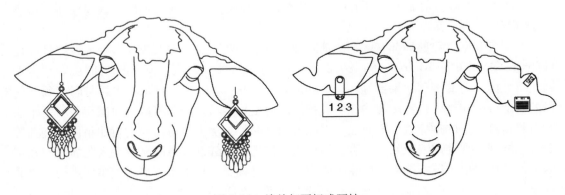

图 6.11　绵羊打耳标或耳缺

6.5.4　绵羊摩勒氏处理

摩勒氏处理是指对部分美利奴羊采用外科技术的方法，通过割除肛周皮肤以消除臀部皱褶的处理过程。在整个处理中需注意避免损伤皮下肌肉组织，还需对绵羊进行提前断尾处理。摩勒氏处理需在绵羊保定好的情况下，由接受过培训的专门人员使用剪毛器或改进版器具执行。在澳大利亚，摩勒氏处理往往是预防苍蝇叮咬美利奴羊的一种推荐方法，常在做标记时完成，也就是说，在美利奴羊 1～2 月龄实施去势、断尾和打耳标时进行。这种根治性处理有助于预防苍蝇叮扰，因为肛周无毛皮肤（雌性动物为外阴）被拉紧，伤口通过形成不会被粪便和尿液污染的疤痕组织而愈合。

由于在农场饲养条件下对绵羊特别是羔羊实施硬膜外注射局部麻醉剂存在诸多困难，因此要想在摩勒氏处理过程中减少动物的疼痛实属不易。研究表明，术后在伤口处敷上外用的局部麻醉剂能有效减缓疼痛（Lomas 等，2008，2013），如果再联合使用长效非甾体抗炎药更能提升动物福利水平。卡洛芬（carprofen）与局部麻醉剂联合使用可消除术后皮质醇反应（Paull 等，2008），单独使用卡洛芬（carprofen）不能降低皮质醇反应。在澳大利亚，人们正在研究其他一些不那么疼痛的去除臀部褶皱或羊毛的方法。这些方法包括一种可注射的蛋白产品，当在会阴区皮下注射时，可能具有所需的效果，就如放置专门设计用于去除多余皮肤的夹子一样；以及培育肛周皱褶少、羊毛少的改良美利奴羊。另外，还需注意的是，摩勒氏处理或断尾后保留的尾巴长度至关重要，尾巴过短容易引起肛周出现粪便结块并招致苍蝇叮咬，而中长尾巴则由于能引导粪尿排放而效果较好。

澳大利亚羊毛业致力于废止摩勒氏处理，培育肛周少皱褶少羊毛的美利奴新品种、使用抗苍蝇疫苗或长效杀虫剂使得这一目标有望实现（Elkington 和 Mahony，2007；Roth-well 等，2007；Scobie 等，2007）。

6.5.5　母羊挫牙

挫牙就是使用电动砂轮机将牙齿挫短。据研究，挫短母羊门牙能增加它们的咀嚼效率，并延长利用时间。虽然整个挫牙过程并不给动物带来多大的疼痛，但目前在澳大利亚该方法已禁止使用，因为没有研究证明其能带来任何生产效益。

6.5.6　羔羊标记和处理

标记和处理（marking and processing）是某些国家使用的术语。它是对首次被带到舍外的羔羊实施一系列处理的总称，这些处理包括去势、断尾、打耳标或耳缺、疫苗注射以及目前澳大利亚实施的摩勒氏处理。在这些处理中，除了疫苗注射，其他均属疼痛处理且很难用无痛法代替，因此有必要考虑使用麻醉剂来减缓疼痛，如橡皮圈去势时使用局部麻醉、打耳标或耳缺时使用全身麻醉。

在对动物进行疼痛处理之前，应该先对其进行局部或全身麻醉。对于舍内的小群或少量羔羊，可以在任意时间对其进行标记。但对于舍外成千上万的羔羊来说，这种方法是不可行的。因为当麻醉后的个体被放回羊群中，则很难再次抓到它们，所以必须采用另外一种方式——在处理时就进行全身麻醉，但此法只能减轻疼痛而不能完全消除疼痛。关于这些方法的有益性评估还有待研究。在有苍蝇叮咬的地方，许多农场主会向羔羊喷抗苍蝇的杀虫剂。如果在喷剂中加入局部麻醉剂，则可以减轻去势和断尾带来的疼痛，但不可能完全消除。

6.6　山羊——饲养中的疼痛处理

6.6.1　山羊去角芽

山羊去角芽处理一般在其角长大之前实施，主要通过高温烙铁烙烫、化学腐蚀角芽来破坏生角组织。角生发组织也可以用专门设计的勺、刀（类似于牛用勺或刀）或剪刀进行手术切除。高温烙铁烙烫去角芽时需注意，为避免高温损伤大脑，每次烙烫时间不得超过 5 s。若要继续烙烫，应有一定的间歇时间。另外，去角芽时需对山羊实施局部麻醉。

6.6.2 去势、耳标或耳缺

这些疼痛处理及镇痛剂在山羊身上的使用方式类似于牛和绵羊。

6.7 猪——疼痛处理与缓解

猪的管理方式包括集约化舍内饲养和粗放型舍外放养。仔猪需接受去势、断牙、断尾以及舍外放养猪必需的带鼻环等处理。一般说来，这些处理最好在仔猪出生后尽早进行，一般在 3～8 日龄以内进行，但不能在其生后 6 h 内实施。

6.7.1 仔猪去势及疼痛缓解

人们给猪去势是基于一种传统的认识：去势可以消除公猪膻味。某些猪肉生产系统选择在生猪体重较轻时屠宰，此时公猪膻味不足以产生影响，这样就可避免去势处理。生理学和行为学研究表明（Taylor 和 Weary，2000），公猪去势肯定疼痛，非常有必要采取一些减轻疼痛的措施。局部麻醉剂可有效减少 2 周龄仔猪去势时的疼痛行为学反应，却对 7 周龄仔猪无效（McGlone 和 Heilman，1988；Kluivers-Poodt 等，2012）。在欧洲，各国政府推荐公猪去势时使用全身麻醉，并且各零售商也开始打算销售未经去势的猪肉。随着气雾麻醉技术的发展，这项技术开始越来越适合大型养猪场将仔猪全身麻醉后一次性同时实施去势、断牙和断尾等处理。目前，组装一台简易式吸入器仅需 100 美元，麻醉一头猪的异氟醚成本也仅有 0.02～0.03 美元（Hodgson，2006）。大公猪去势前的全身麻醉方式有很多，最常用的是睾丸内注射戊巴比妥钠，待其失去知觉后再切开阴囊割取双侧睾丸，但是，睾丸内多次注入大量巴比妥钠可能会引起一些疼痛。巴比妥酸盐带来的另一个问题是药物滥用，在许多国家，它们并不适合在农场应用。免疫去势是外科手术去势的一种可能替代方法（Dunshea 等，2001；Thun 等，2006），可能会成为一种更被广泛接受的实践。疫苗去势在巴西已广泛应用，但在欧洲还不普及。与牛相比，猪去势时施用美洛昔康和其他非甾体抗炎药并不十分有效（Sutherland 等，2012）。在去势前 10～20 min 注射美洛昔康确能降低动物所受疼痛（Keita 等，2010；Tenbergen 等，2014）。还有另一种可能有效的方式是给泌乳母猪施用美洛昔康，镇痛剂通过母猪乳汁输入仔猪体内，不过还有待进一步的研究（Bates 等，2014）。

6.7.2 仔猪断牙

集约化生猪生产系统中，为了减少猪群之间因相互撕咬而造成面部损伤和因仔猪咬乳而造成的母猪乳房损伤，有必要对仔猪断牙。虽然部分大型养猪场已经废止了对仔猪的断牙处理，而且窝仔数较低时也不一定需要断牙，但舍内舍外饲养的对比试验还是证实了集约化生产及窝仔数较多条件下有必要断牙。断牙时需注意断面不能太靠近牙龈，否则容易引发牙龈或牙根感染发炎。断牙是一个痛苦的处理，没有简单的方法来消除疼痛，除非在阉割时在全身麻醉下进行。另外，断牙引起的仔猪皮质醇反应较挫牙低（Marchant-Forde 等，2009）。

6.7.3　仔猪断尾

断尾的目的是防止咬尾。一般于仔猪 8 日龄之前在无止痛处理下实施。常用工具包括剪刀、钳子、烙铁、小刀以及其他能迅速切断尾巴的器具。仔猪断尾后常见并发症为神经瘤，一旦发生则疼痛难忍（Simonsen 等，1991）。为防咬尾而断尾的说法目前饱受质疑，因为不同品种猪和不同环境下猪出现咬尾现象的频率不一样，如果给猪提供足够空间或者垫料，咬尾现象会明显减少。断尾是疼痛的过程，局部麻醉剂可以用来缓解去势时不全麻仔猪的疼痛。高温烙烫（烧灼）断尾引起的激素反应较弱，断尾后疼痛持续时间少于 60 min，但在不进行麻醉断尾时，高温烙烫断尾比低温烙烫断尾引起猪嘶叫的现象更严重，对其生长速度的影响也较明显（Marchant-Forde 等，2009）。（Sutherland 等，2008）。

6.7.4　仔猪打耳缺

打耳缺是为了识别仔猪。微芯片识别技术有可能会取代大型养猪场打耳缺这一生产处理。

对小公猪，可以同时进行去势、断牙、断尾和打耳缺等处理，去势时全身麻醉的发展将减少小公猪在这些处理中的疼痛。小母猪尽管无须去势，但也会遭受没有麻醉下进行断牙、断尾和打耳缺的疼痛。这三种处理可能会带来短暂的中度疼痛（Noonan 等，1994；Prunier 等，2005）。全身麻醉带来的痛苦比处理本身造成的疼痛更加剧烈，但如果不能定量化，评估疼痛会非常困难。能替代全身麻醉并减轻疼痛的方法还有待研究和应用。

6.7.5　成年公猪磨犬牙

鉴于成年猪的长犬牙容易伤害其他猪，人们往往定期使用高速旋转磨砂轮、锯子或碎胎圈等将猪的犬牙磨短、磨钝。每隔几年需要重复这种处理。公猪突出的犬牙会严重伤害到人。

6.7.6　母猪带鼻环

人们常常给舍外饲养的猪特别是母猪鼻子上安装扣环、夹子或一段金属线圈，以防止它们用鼻子挖拱（图 6.12）。如果不使用鼻环来减少探究，放养在牧场上的母猪会毁坏牧场。放养带鼻环猪的牧场草皮覆盖率显著高于放养未带鼻环猪的牧场（Eriksen 等，2006）。带鼻环的方式包括两种，一种是将专门设计的鼻环戴在鼻中隔上（如公牛鼻环一样），另一种是在猪的鼻上缘安装夹子或金属线圈。带鼻环需在猪被完全保定的情况下进行，通常要使用鼻环器。使用局部麻醉剂、镇静剂或全身麻醉剂，可减轻带鼻环时引起的疼痛。探究行为可能与饥饿无关，而是猪偏爱的一种活动，因此觅食时鼻环运动引起的疼痛可能相当明显。一些动物福利专家比较推荐鼻中隔鼻环。美国一个高福利项目只允许鼻中隔鼻环而禁止鼻上缘鼻环。鼻中隔鼻环允许猪有轻度的探究行为。使用鼻中隔单鼻环或许能有效平衡放牧母猪的福利和牧场保护。

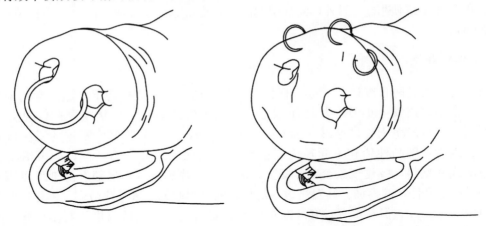

图 6.12　猪带鼻环的两种方式：鼻中隔带有一个单鼻环（左图），鼻上缘带多个鼻环（右图）。

6.8　鹿——锯鹿茸及疼痛缓解

鹿茸因初生鹿角表面附着一层松软的茸毛状纤维而得名，它属于鹿的生长组织且内含痛觉神经。锯取鹿茸的时间一般在初夏时节，此时鹿角尚未硬化，角内神经也尚未失去功能。锯鹿茸之前，必须对鹿进行保定或注射镇静剂，常用甲苯噻嗪。在锯鹿茸前，应在特定神经附近施用局部麻醉剂，更可取的是实行环形封闭，以避免或减缓处理带来的急性疼痛（Wilson 和 Stafford，2002）。相对而言，注射麻醉剂的方式更值得推荐，如利多卡因的效果就不错（Woodbury 等，2002；Johnson 等，2005）。目前尚未对局部麻醉效果结束后是否还有慢性疼痛做深入的研究，因此锯鹿茸时并不强制要求注射全身麻醉剂。

6.9　马——疼痛处理及缓解

对马的疼痛处理较少，主要是去势。仅部分国家允许实施断尾，就像尾切一样。

6.9.1　小马驹去势

马去势是为了使它们易于管理并减少误配。许多国家去势时进行全身麻醉，或站着注射局部麻醉剂和镇静剂（Oehme 和 Prier，1974），但也有一些国家只是将马捆住，不提供麻醉剂和镇静剂就去势。在一些国家，只有注册兽医能给马去势。去势时间因品种和用途而异，但一般在其 12 月龄时实施。去势的副作用包括出血、腹脏突出（由于部分小肠下垂至腹股沟所致）、感染和破伤风。术后镇痛药越来越多，如果使用非甾体抗炎药，也可以减少去势后的肿胀。

6.9.2　马断尾

对于役用马和狩猎马，常在中年时期为其断尾，以保证其身体清洁和易于管理。断尾后马可以更好地展现其后躯线条，因此给乘用马断尾也很普遍。一般来说，常用断尾大剪实施断尾，有时将断尾大剪在煅炉中加热后使用。

随着役用马的使用减少，断尾这一处理的使用范围也逐渐缩小，甚至在 20 世纪 30 年代末期断尾曾被认为是一种非常残忍的手法而被众多国家废止，除非马的尾巴因患病或外伤不保时才允许实施断尾。但现代的美国依然有为乘用马断尾的习惯，甚至役用马断尾的现象也时有出现。

一般断尾长度以齐母马会阴部的腹联合（ventral commissure）或公马坐骨弓（ischial arch）为好。断尾方法有两种，一种是于马驹预断尾处剪毛后套上橡皮圈结扎断尾；另一种是外科手术断尾，这种方法是现代美国和以前英国兽医教材中所描述的断尾方式。外科手术法断尾要求给马喂止痛剂且硬膜外注射麻醉剂，预断尾处剪毛并包扎止血带，于尾骨内关节处剪断尾巴，再将尾部腹侧和背侧的皮肤与尾骨肌肉缝合，最后需注射破伤风疫苗。

6.9.3 马尾切

对于乘用马和美国乘骑马，常通过称为尾切（tail nicking）或尾巴定型（tail setting）的技术修剪尾巴，以用于高尾马车。这种手术显然是在 18 世纪初从欧洲的低地国家（特指欧洲西北部的沿海地区比利时、荷兰和卢森堡三国）引入英国的，它涉及在尾部下面横切骶尾肌（sacrococcygeal muscles），从而使马的尾部抬高。这种手术在现代兽医手术文献中没有描述，但早在 20 世纪 20 年代中期就被称为残酷的手术。在美国，这种手术仍然被用作一种美容手术，但在许多其他国家是被禁止的。做过这种手术的马很难摆动尾巴驱赶苍蝇。

6.10 家禽——疼痛措施及缓解

家禽生产中疼痛处理较少，主要包括蛋鸡幼雏时的断喙、种鸡剪冠、断趾及种用火鸡去皮瘤。

6.10.1 家禽断喙

断喙（beak trimming）是鸡和火鸡生产中最重要的处理（图 6.13）之一，它主要是为了防止同类相残、啄肛和蛋鸡及种用肉鸡啄羽等现象的发生，年轻的商品肉鸡一般不需断喙。断喙也是目前家禽生产业中使用最广泛的生产处理，几乎任何饲养条件下的鸡都要断喙，如瑞士自 1992 年起就废止了蛋鸡笼养，他们采用地面垫料平养、网上平养以及大型禽舍饲养，甚至保证它们均能拥有室外活动空间。但 2000 年数据显示，其国家 59% 的鸡（61% 的母鸡）仍有断喙，可见对非笼养蛋鸡进行断喙处理也非常普遍。

图 6.13 雏鸡断喙

断喙时间既可选在雏鸡孵化后 10 日龄内，也可以选在 16～18 周龄从育成舍转移到产蛋舍时。需注意，上喙截断长度不得超过 1/2，下喙截断长度不得超过 1/3，即 1 日龄断喙时上下喙截断长度分别不得超过 3 mm 和 2.5 mm，10 日龄时不得超过 4.5 mm 和 4 mm。大型商业孵化场一般选择在 1 日龄时断喙。断喙方法有高温烙烫断喙和红外光束断喙两种，其中红外光束断喙法因其自动化程度高而在诸多国家广泛使用（Goran 和 Johnson，2005）。正常情况下，红外光束断喙效率和稳定性均优于高温烙烫断喙。但需注意，有未发表的数据表明，使用未经专门调试的红外光束机断喙效果不及高温烙烫法，因此有必要在大批量断喙之前调试红外机器。红外断喙所用仪器的一个优点就是，它在高效作业的过程中保持稳定。另外，烙烫断喙的偏差也更大（Marchant-Forde 等，2008）。两种方式都会引起雏鸡体重减轻，但相比较而言烙烫断喙对体重影响更大（Gentle 和 McKeegan，2007）。烙烫断喙的家禽饮水量也少于红外光束断喙的家禽（Dennis 和 Cheng，2012）。两种断喙方法都产生剧烈疼痛（Marchant-Forde 等，2008），而且烙烫断喙相比红外光束断喙后心率立即加快更多（Grandin，2008，个人通信）。对于日龄较大的鸡，可能还需要多次断喙以避免同类相残。关于缓解断喙时疼痛的方法还有待深入研究。

喙内布满神经受体，因此断喙的疼痛会导致鸡采食量下降（Glatz，1987）。行为学观察和生理学试验证明，断喙的疼痛会持续数周甚至数月（Craig 和 Swanson，1994），而且可能因长期疼痛而形成神经瘤（neuromas）（Gentle，1986；Gentle 等，1990）。研究发现，确保断喙长度不得超过喙长 50%，可很大程度上降低神经瘤的发病率（Kuenzel，2007）。然而，断喙可能有长期的有益影响，因为根据断喙鸡的肾上腺重量和血浆皮质酮水平判断，它们比非断喙鸡应激更小。给 6 周龄鸡断喙前注射局部麻醉剂（如布比卡因、二甲基亚砜）至少可减缓部分疼痛，并可防止出现断喙后 24 h 内常见的采食量下降。

一般认为，同类相残、啄肛及啄羽等带给动物的疼痛比断喙多，因此人们才选择给鸡断喙，并且最好选择在其孵出后 10 日龄内实施。既消除断喙疼痛又消除上述啄癖的最好办法是培育性情温驯、侵略性不强的新品种，并为其提供合适的生活环境。培育抗啄羽品种是可能的（Craig 和 Muir，1993）。高度选育产蛋性能得到的品种更易互啄。而且有研究表明，为鸡提供特殊的生活环境如设置栖木等，有助于减少互啄现象的出现（Gunnarsson 等，1999），为母鸡提供觅食的机会可以降低啄羽（Blokhuis，1986）的发生率。这样，使用特定的低啄羽倾向的蛋鸡遗传品系，结合特定的环境条件可以将母鸡这种同类相残降低到不需要断喙的程度。

6.10.2　公鸡剪肉冠和肉垂

剪肉冠和肉垂（dubbing）是指用剪刀剪掉鸡的肉冠和肉垂的过程。种公鸡常被剪去肉冠和肉垂是为了避免对肉冠和肉垂造成严重伤害。如果不剪掉，鸡群争斗时肉冠和肉垂会成为攻击目标。剪肉冠和肉垂应在雏鸡孵出后几天内进行。局部麻醉剂可用于减轻老年鸡肉冠和肉垂被剪引起的急性疼痛，并且需要考虑剪肉冠和肉垂后的止血问题。

6.10.3　火鸡去皮瘤

一般认为火鸡去皮瘤（desnooding of turkeys）有助于减少其啄食和互啄时受伤，还能避免冻伤和丹毒传播。若选择在其 1 日龄时处理，则用指甲抠下皮瘤即可；若选择日龄稍大时处理，则可以用剪刀剪除。现在看来，火鸡去皮瘤处理已没有过去那么普遍。

6.10.4　公鸡和雄火鸡断趾

为防止交配时种公鸡的锋利脚爪伤及母鸡，人们常常在雏鸡孵出后 72 h 内于最后关节处截断其脚趾，这个处理过程称为断趾（claw removal）。对于年长一点的鸡可以只切断趾甲，但为了管理安全和减少互斗损伤，最好也剪掉公鸡的喙和距（spurs）。火鸡一般在 1 日龄时断趾，以尽可能降低互相抓伤而影响胴体品质。断趾是在没有局部麻醉的情况下用锋利的剪刀来实施的。出血通常不是什么问题。公鸡的攻击行为与遗传有关，因此培育推广低攻击性的新品种将是减少断喙、剪冠、断趾等处理的较好途径（Millman 和 Duncan，2000）。

6.11　结束语

决定是否要对动物实施疼痛处理以及采取镇痛措施时，需回答一系列问题（快速访问信息 6.1）。这些问题大体上包括：该处理能否为动物或生产者带来效益？处理带来的伤害有多大？是否可以减缓甚至避免？对动物造成伤害的一个方面就是给它们带来了疼痛，所以我们有必要也有责任采取一些镇痛措施来减轻疼痛。本章关注的另外几个问题是镇痛药的药效、可获得性成本、给药的方便性以及药物残留。在一些国家，许多药物必须由兽医管理，这就引发了兽医的可用性和成本问题。与成本相关的另一个问题是，成本能否在农产品收购价格中得到弥补，或者在当今世界，提供止痛的成本是否正在成为农场管理成本而必须被消化，以便在福利敏感的市场上与贸易伙伴做生意。在未来，像去势这样的痛苦处理很可能会被一种阻止雄性激素分泌的疫苗所取代，去角可被培育无角动物的方式所取代，少啄羽毛的家禽遗传选择可以被家禽的断喙所取代。

参考文献

（孙登生、郝　月 译，顾宪红 校）

第 7 章 良好饲养管理的重要性及其对动物的益处

Jeffrey Rushen 和 Anne Marie De Passillé
University of British Columbia，British Columbia，Canada

良好的饲养管理可改善动物的福利和生产力。害怕人的奶牛、猪和其他动物体增重、产奶量较低，繁殖力较差。动物愿意接触人的农场可能产量更高。本章综述了许多研究，这些研究清楚地表明，厌恶的（坏的）处理与低产量有关。受到击打或惊吓的动物可能会对所有人都感到恐惧。对动物有积极态度的饲养员通常会提高动物生产力。研究还表明，培训可以用来改善饲养员的态度。动物与饲养员的关系并不是决定生产力的唯一因素。农场的清洁和饲养员对良好管理实践的关注也非常重要。为了帮助饲养员保持积极的态度，不应让他们工作到筋疲力尽。

【学习目标】

- *理解良好的饲养管理能改善动物福利。*
- *学习恐惧对生产力的不利影响。*
- *对待动物的积极态度对于改善福利和生产力都很重要。*
- *培训饲养员具有更积极的态度。*

7.1 前言

随着人们对农场动物集约化养殖设施（如蛋鸡层架式鸡笼和母猪限位栏等）的日益关注，推测农场动物的福利大多受到其饲养条件的影响。然而，影响动物福利和生产性能的一个重要因素却是管理动物的人。动物如何饲养、饲喂和管理都是由人来决定的，由人来执行育种、接产、挤奶、断喙和去角等处理。饲养员或保育员照料动物的许多方式都会影响动物的福利状况。如果出现饲养环境不适或饲喂方法不当，饲养员的知识和技能就会发挥重要作用。完成日常工作如清洁牛舍的质量和次数也非常重要。此外，研究表明，饲养员处理动物的方式对动物福利和生产性能也有重要影响。本章将综述一些研究，这些研究表明良好的饲养管理对于动物福利、动物生产力和员工满意度都非常重要。

7.2　良好饲养管理对动物福利和生产性能的影响

通过日常的喂料、清圈等照料工作，饲养员会明显地影响动物的福利状况。动物日常被照料得如何会对不同农场和饲养员饲养的动物福利水平产生影响。例如，在奶牛场，女饲养员饲养的犊牛死亡率低于男饲养员饲养的犊牛死亡率（Losinger 和 Heinrichs，1997）。美国明尼苏达州对 108 家奶牛场进行的一项调查显示，员工的饲养管理培训与更好的牛奶生产有关（Sorge 等，2014）。

Lensink 等（2001a）调查了 50 家肉牛场饲养管理在影响犊牛健康和生产性能方面的作用。这些肉牛场由一家公司经营，位于同一地区，采用类似的管理技术、饲料等。调查包括询问这些养牛人对于动物的态度（如他们是否相信犊牛对于人们的接触是比较敏感的）以及他们对工作的态度（如清洁处理有多重要）。调查时对这些牛场清洁情况进行打分，并记录各项日常管理的绩效。高产的牛场（即具有较高日增重、良好饲料转化率和低死亡率的牛场）更清洁，由外面的公司给围栏消毒，周日晚上给犊牛喂料，且由父辈管理过肉牛场的养牛人经营。后面的一点非常重要，因为它丰富了养牛人的养牛经验。这对牛场生产性能的影响非常大。牛舍的清洁程度会导致不同牛场日增重有 19% 的差异，饲料转化效率有 22% 的差异。犊牛的健康与养牛人的态度密切相关，例如养牛人越相信犊牛对于人的接触比较敏感，越感到清洁的重要性，犊牛的健康状况就越好。结果表明，常规的饲养管理对于犊牛的福利和生产性能非常重要。

7.3　处理方式和动物对人的恐惧

研究已经清晰地表明，农场动物对管理和处理它们的饲养员产生的恐惧会明显影响它们的福利。这项研究已在先前讨论过多次（Rushen 等，1999b；Waiblinger 等，2004，2006；Hemsworth 和 Coleman，2010）。对饲养员的恐惧是大部分农场动物的主要应激，并且是降低动物生产性能的原因之一。对南美洲奈尔多牛进行的研究表明，受到粗暴处理的用于胚胎生产的牛，与受到温和处理的牛相比，存活的胚胎少 19%（Macedo 等，2011）。动物之间、农场之间动物对人的恐惧程度存在显著差异，农场动物的恐惧程度与农场动物的生产性能高度相关。

7.3.1　恐惧对猪和家禽的有害影响

研究人员发现，农场之间动物生产力水平和动物对人的恐惧程度方面存在着极大的差异。在最初的一项研究中，Hemsworth 等（1981）比较一个人管理的猪场，发现可通过测量猪是否愿意接近人来测试猪对人的恐惧程度（图 7.1），他们发现对人的恐惧对猪产仔率和产仔数的影响较大。在随后的一项研究中，Hemsworth 等（1999）发现，泌乳母猪对人的行为反应和仔猪死胎率相关。母猪更快地从靠近的人后撤（一种恐惧的迹象）的猪场死胎率高于母猪允许人接近的猪场。小母猪对人的反应差异约占不同猪场死胎仔猪百分比差异的 18%。研究结果表明，母猪对人的高度恐惧可能强烈影响其仔猪的存活。同样，对于家禽，所养的鸡与人保持较远距离的鸡场饲料转化效率也低（Hemsworth 等，

1994a）。

　　有时，饲养管理的影响可能不是由于采用了粗暴的处理，而是由一些更细微的影响引起。例如，Cransberg 等（2000）发现，肉鸡场饲养员快速移动（可能吓到了小鸡），会导致肉鸡死亡率较高；而饲养员静静地待在鸡舍较长时间，肉鸡的死亡率较低。一些细节的影响是巨大的，如由于饲养员移动速度不同所引起的鸡场间肉鸡死亡率的差别占15%。

图 7.1　衡量动物对人恐惧程度的一种常见方法是测量它们离人的距离，特别是当它们在采食时与人的距离。当人接近它们时，它们从采食处后撤的距离可明显地看出动物的恐惧程度。然而，它们躲避人的原因有很多。例如，人工饲喂的动物更容易接近人。但是，这并不意味着它们的福利更好，或者它们得到了良好的处理。当根据不同农场间动物对人的反应来评价它们的恐惧程度时，应采取谨慎的态度（de Passillé 和 Rushen，2005）。

7.3.2　恐惧的牛产奶量低

　　也许是因为奶牛经常被处理，关于处理方法如何影响奶牛恐惧程度的研究很多（图7.2）。Seabrook（1984）表明，饲养员处理奶牛的方式及奶牛对人恐惧的程度可能是不同饲养员影响奶牛生产性能的一个主要因素。他观察并比较了分别由高产饲养员（由他饲喂的奶牛产奶量很高）和低产饲养员处理的奶牛的行为。他发现高产饲养员会更多地与奶牛交流，接触也更多，这样的奶牛对人的恐惧程度较低，很容易驱赶，奶牛也更乐意接近饲养员。

　　Breuer 等（2000）发现了奶牛场的产奶量与奶牛被处理的方式及奶牛对饲养员的恐惧程度之间的实质关系。作者走访了澳大利亚的 31 个商业化奶牛场，并观察了饲养员的移动和正常挤奶时对奶牛的处理。挤奶工在挤奶过程中使用粗暴或厌恶处理的程度在不同农场之间差异很大。此外，使用极为厌恶的处理方法（如用力拍打、击打和扭尾巴）可能约占农场之间年产奶量差异的 16%。

图 7.2　在所有农场动物中，由于定期挤奶，奶牛与人接触最紧密。良好的处理实践对于奶牛尤为重要。许多研究已表明，处理奶牛的方式可以极大地影响它们的生产性能。在能挤出多少奶的问题上，牛场之间和挤奶工之间均存在着巨大的差异。低产奶量与粗暴的处理、奶牛对人的恐惧有关。

奶牛对人的恐惧可以通过观察奶牛接近人的时间来评估。不同牛场奶牛对人的恐惧程度有很大差别，拥有最不恐惧奶牛的牛场，奶牛花在接近人的时间是拥有最恐惧奶牛牛场的 6 倍。特别是在挤奶期间，奶牛的恐惧增加时，产奶量会显著降低。多元回归分析表明，不同牛场间由奶牛恐惧程度所造成的差异占奶牛年产奶量差异的 30％，这是一个相当惊人的数字。该研究小组随后发现（Hemsworth 等，2000），奶牛恐惧程度较高的牛场，奶牛首次受精后，受孕的比例相当小。牛场间由于恐惧程度不同而造成的怀孕率差异占 14％。Waiblinger 等（2000）也重复得到了这些结果，在澳大利亚，他在产奶期间观察了 30 家奶牛场奶牛和饲养员的行为。结果发现，对于澳大利亚集约化奶牛生产体系来说，这种影响还不确定。奶牛对人的恐惧也可能影响它们的健康。Fulwider 等（2008）发现，更乐意接近人的奶牛体细胞数较低。

7.3.3　在牧场粗暴的处理增加运输应激

在屠宰前的处理过程中，动物对人的恐惧所产生的不良影响特别重要。人们发现，饲养员和犊牛之间的厌恶性互动会影响驱赶和运输该牛的容易程度以及屠宰后的肉品质。Lensink 等（2001 b）比较了来自不同牛场的肉牛，它们分别被温柔地对待和更加粗暴地对待。粗暴对待犊牛的牛场，需要花费更多的精力将牛装上车，而且装卸时犊牛心率更高（应激的信号），表现更害怕的行为和待宰时创伤发生更多（例如跌倒或碰撞围栏），同时肉品质较差。饲养员的行为与成年肉牛（Mounier 等，2008）和猪（Hemsworth 等，2002a）的肉品质也存在着相似的关系。

总之，这些研究为大部分农场处理动物所用方法、动物对人的恐惧程度和生产性能方面之间的极强相关性提供了令人信服的证据。

7.4 关于粗暴处理对生产性能影响的实证研究

以上讨论表明，生产性能偏低（例如产蛋量低、生长速度慢）的情况通常出现在粗暴对待动物、使动物害怕人的牧场中。然而，这些研究并没有表明，粗暴的处理确实是导致动物恐惧或生产性能降低的原因。为了证明这种说法，研究人员通过试验性地改变处理动物的方式来观察其生产性能的变化。在首个这类研究中，Hemsworth 等（1981）以青年母猪为研究对象，观察它们在受到舒适处理（温柔的抚摸）或粗暴处理（主要是用电刺棒刺激）时的表现。这些处理持续时间相对较短，即从 11~22 周龄，每周 3 次，每次持续 2 min。接受不舒适处理的青年母猪接近处理员的时间较少，表明它们更害怕人。此外，它们生长速度较低。第二项研究（Hemsworth 等，1986）表明，经过不舒适处理的母猪在第二个情期妊娠率较低，而经过舒适处理的小母猪妊娠率较高，分别为 33.3％ 和 87.5％。同时还发现，不舒适处理条件下的公猪 23 周龄时睾丸相对较小，其配种时间与在舒适处理方式下的公猪比较相对较晚（分别为 192 d 和 161 d）。Gonyou 等（1986）证实了厌恶处理对于猪生长速度的影响。他们发现，在 3 周龄内，厌恶处理的猪（即如果它们没有避开处理者就会受到电击的猪）生长率仅为几乎不接触人的猪的 85％。

这些令人信服的研究表明，厌恶或粗暴地对待猪会影响其生长速度、繁殖性能和性发育，同时这种影响程度可能很大。这些发现恰好支持了前面所提出的"动物对人恐惧与低生产性能相关"的观点，而这可能是由饲养员对动物的处理方式引起的（见第 5 章的良好处理方法）。

7.4.1 不良饲养管理会增加动物对人的恐惧

不良饲养管理是如何导致农场动物生产性能如此大的下降呢？为了解释这些影响，Hemsworth 和 Coleman（2010）提出了一个饲养员的观念、态度以及他们处理动物时的行为与对动物产生的影响之间的简单关系模型（图 7.3）。饲养员对于动物的特定想法会对他们如何处理动物产生直接影响。例如，认为"猪是不敏感的，移动起来很困难"的这种观念会导致饲养员采取粗暴或厌恶的处理方法。饲养员对于动物观念的重要性将在后面讨论。粗暴处理的结果就是，动物学着承受这种粗暴的处理，并且变得害怕人。这样动物就会受到应激，导致生理学的变化，这种应激对于动物的福利和生产性能都有害。这个模型是一种有用的方法，能把饲养员的观念和态度所产生的事件顺序概念化。

奶牛的试验研究证明，厌恶处理会导致动物更加害怕人，而且影响动物的生产性能（Munksgaard 等，1997；Rushen 等，1999a）。这些试验调查了同样的牛群为何害怕某些人，而不害怕其他人。在这些研究中，奶牛反复接受两个人的处理。其中一个人总是温柔地对待牛（轻轻地交谈，拍打和安抚奶牛，或有时候给点饲料作为奖赏），而另一个人以粗暴的方式对待牛（击打，喊叫或有时使用牛电刺棒）。不同人站在奶牛饲槽前面时，通过测定奶牛靠近人的距离来评价牛对人的恐惧程度。Munksgaard 等（1997）的研究表

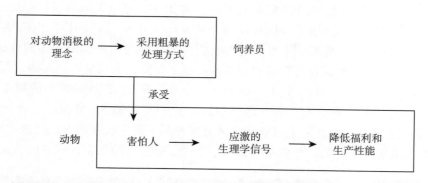

图 7.3　描述饲养员对动物的看法与其对动物福利和生产性能的影响之间因果关系的简单模型。
根据此模型，一个饲养员对动物的看法（例如，移动它们是否容易）将会影响他如何处理这些
动物。认为动物非常笨的那些饲养员可能更喜欢采用粗暴的处理方式。这些动物会学着承受粗
暴的处理，并且就这样对这种饲养员（或普通人）产生恐惧。这种对人的恐惧会产生与应激有
关的生理变化，并且会降低动物的生产性能和福利（Hemsworth 和 Coleman，1998）。

明，牛会离粗暴对待它的饲养员更远。当奶牛面对挤奶工时，Rushen 等（1999a）测试了
由处理引起的恐惧程度是否足以降低奶牛的产奶量。温柔的挤奶工会接近待挤奶牛，而粗
暴的挤奶工则离得较远。重要的是，要注意在挤奶期间挤奶工不能触摸奶牛或与奶牛互
动。挤奶过程中，粗暴挤奶工的出现足以增加 70％残奶（这是应激诱导的排乳反射受阻
的信号），并倾向于降低产奶量。还有一些恐惧的生理信号，如粗暴挤奶工的出现会增加
挤奶时牛的心率（表 7.1）。这些小规模的研究为图 7.3 中模型提供了依据。这些研究表
明，粗暴的处理会让奶牛对人产生恐惧，而且这种恐惧有时足以降低产奶量。

表 7.1　不同类型的处理对于泌乳期间奶牛产奶量和行为的影响

（Rushen 等，1999a）

项目	粗暴的挤奶工	温柔的挤奶工
产奶量（kg）	18.48	19.2
残奶（kg）[a]	3.6	2.1
乳房清洗时奶牛的踢腿次数	0	0.93
挤奶时心率的变化（次/min）[b]	5.94	3.42

a. 残奶是挤奶后剩余的奶量。

b. 心率增加是应激的一个信号。

7.4.2　一个人的粗暴对待可能会引起动物对所有人的普遍恐惧

一个明显的问题就是，经过一个人粗暴对待的动物是对所有人都感到恐惧，或者它们
只是对极个别人产生恐惧，看起来好像两种结果都有可能，这取决于动物辨认个体的能
力。大量的试验表明，农场动物对于不同人的反应方式相同。例如，Hemsworth 等
（1994b）发现猪不能辨别不同的人，它们对于熟悉和不熟悉的人反应没有变化。绵羊的
试验表明，一个人的粗暴处理可能使得动物害怕所有的人（Destrez 等，2013）。

然而有些时候，农场动物能够学会识别个体，并且变得害怕特定的人群（Rushen 等，

2001）。上面提到的关于奶牛的研究提供了这样的例子。猪（Tanida 和 Nagano，1998；Koba 和 Tanida，2001）和绵羊（Boivin 等，1997；Destrez 等，2013）也提供了动物识别个体的其他例子。绵羊能够识别温和对待它们的人。动物用来识别个体的线索是什么？视觉信号，特别是与衣服穿着有关系的东西，看起来在猪、羊和牛识别人的过程中发挥着重要作用（Rushen 等，2001）。Rybarczyk 等（2003）指出，即使非常小的犊牛都能区别出穿着不同颜色衣服的两个人，学着选择接近给他们喂奶的人。然而，Taylor 和 Davis（1998）的研究表明，奶牛实际上可以学会区分穿着同一颜色衣服的人。近来，Rybarczyk 等（2001）提供的证据表明，至少一些成年公牛可以通过人脸来识别人（图 7.4）。

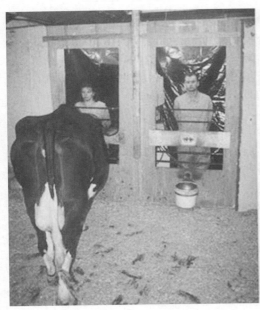

图 7.4　研究表明，大多数品种的农场动物能通过视觉信号认识个体。一些农场动物能通过细微的信号识别人。如果成年奶牛只有在做出正确的选择后才能获得食物奖赏，那么它可以迅速学会接近一个人，而不是另一个人。例如，Rybarczyk 等（2001）的研究表明，同样身高的人，当他们的脸部被遮盖时，奶牛居然不认识他们。这表明，一些母牛能够通过人的脸部认识人。

很明显，凭借非常微妙的识别信号，农场动物展示了其识别人的良好能力。如果不同的人以不同的方式对待动物，那么动物会对每个人做出不同的反应。

7.5　识别哪些类型的处理是厌恶的或积极的

很明显，饲养员对动物采取的处理方式对于动物的恐惧有较大的影响，所以要改善动物和饲养员之间关系的第一步就是识别动物感到厌恶或有奖励的特定行为（快速访问信息7.1）。

快速访问信息 7.1　饲养员对畜禽的行为

可能降低生产力和福利的厌恶（坏）行为	可能提高生产力和福利的积极行为
喊叫。 击打。 用电刺棒刺激。 饲养员突然移动。 踢打动物。	冷静，温和地说话。 抚摸动物。 平静地移动。

　　研究人员试图明确，哪些处理会使牛感到厌恶，这是最有可能导致它们害怕人的原因。Pajor 等（2000）对比了一些驱赶牛时经常用到的处理方法，如用手击打、喊叫、卷曲尾巴（但强度不大，不会弄断尾巴）和使用电刺棒驱赶。奶牛被放入走道，随后被保定和处理。试验人员测量了牛通过走道的速度，以及饲养员驱赶它们需要付出的努力。基于这些测量，从某种程度看，所有的处理都令牛厌恶。然而，用手拍打和温柔地卷曲尾巴，与没有处理相比，没有显著的区别，表明奶牛认为这些处理相对温和，尽管这一结论可能取决于使用的力量。不出所料，牛电刺棒的使用令牛厌恶，但有趣的是，喊叫似乎与使用牛电刺棒一样令牛厌恶。随后的研究（Pajor 等，2003）证实，让奶牛选择两种处理方式，奶牛对喊叫和电刺棒没有偏好性，对不处理和卷曲尾巴也没有偏好性。这些方法会帮助人们更好地理解哪种处理方法让动物感到更厌恶，并能让它们更害怕人。

　　人们有兴趣识别可能改善人与动物关系的积极行为。例如，Schmied 等（2008）发现，抚摸母牛的颈部会减少牛躲避人的程度，而且会使母牛更乐意接近人。

7.6　改善饲养员的态度和观念

　　对动物人道对待持积极态度的饲养员饲养的头胎小母猪每窝仔猪数明显增加（Kauppinen 等，2012）。

　　Grandin（2003）指出，改变牧场对动物的处理习惯是相当困难的。她注意到，人们通常更愿意购买新的昂贵设备，而不愿意花费低成本去改变他们对动物的处理方法。这可能反映了这样一个事实，即饲养员处理动物的方式是长期以来根深蒂固的关于如何处理动物的观念以及普通的个性特征的结果（Hemsworth，2003）。一项对 500 名荷兰奶农的调查显示，25％的人不相信奶牛会感到疼痛（Bruijnis 等，2013）。只简单地给出如何更好地处理动物的建议，还不足以克服这些观念的影响。相当多的研究表明，饲养员处理动物的方式是其特定观念的反应（图 7.3），改变这些观念可能是改善动物处理方式的有效手段（Hemsworth，2003；Hemsworth 和 Coleman，2010）。

　　Coleman 等（2003）调查了屠宰场的员工对猪的态度，并观察了这些员工如何驱赶猪。认为猪是贪婪、好斗和贪吃的员工，在转移猪时更可能使用电刺棒。使用电刺棒还与认为处理猪的方式对其行为没有影响的观念有关。

　　这种观念可以改变吗？Hemsworth 等（2002 b）调查了"认知行为干预"对奶农对待奶牛态度的影响。这些干预包括强调研究成果的多媒体报告，报告展示了处理不当对奶牛恐惧和生产性能的负面影响，同时也展示了一些良好的和不良的处理方法。干预明显地改善了奶农对奶牛的态度，特别是减少了那种认为必须花费相当大力气才能移动奶牛的看法。拜访牛场后发现，这些观念的变化导致减少使用厌恶处理方法，减少恐惧，并倾向于提高产奶量（表 7.2）。该研究清楚地表明，这种干预措施有可能改善饲养管理的至少一个组成部分，并提高奶牛的福利和生产力。

　　一项猪场的类似研究发现，当饲养员参加质疑他们对猪的态度和行为的培训课程后，他们处理猪的方法有所改善（Coleman 等，2000）。有趣的是，居然发现了其他没有想到的积极效果：学习结束后，参加培训项目的饲养员留用率（61%）高于未参加培训的饲养员（47%）。结果表明，接受过如何更好地处理动物培训的饲养员更加有可能保住工作，或许是因为提高了工作满意度。Maller 等（2005）的研究结果发现，对移动奶牛有积极观念的饲养员在奶牛场工作也更积极，这增强了对动物的积极态度与饲养员生活质量之间的联系。因此，以这种方式改进饲养管理可以改善动物和奶农的福利。

表 7.2　处理对奶牛行为和产奶量的影响

（引自 Hemsworth 等，2002b）

项目	对照	干预改变饲养员对奶牛的态度和观念
饲养员的行为		
每次挤奶过程中中等厌恶处理方法使用频率（次/头）	0.43	0.24
每次挤奶过程中强烈厌恶处理方法使用频率（次/头）	0.02	0.005
每次挤奶过程中温柔处理方法使用频率（次/头）	0.045	0.11
奶牛的反应		
逃跑距离（m）	4.49	4.16
挤奶期间的退缩、跺步和踢腿等反应（次/头）	0.1	0.13
月产奶量（L/头）	509	529

　　注：本试验在 99 家不同的农场进行 2 次。

7.7　饲养员性格的影响

　　除了取决于对日常护理重要性的具体态度和观念外，饲养管理的质量似乎与普遍个性特征有关。Seabrook（1984）以问卷形式调查了在奶牛场工作的饲养员个性与其所工作的牛场产奶量之间的关系。在高产奶量牛场工作的饲养员被发现是"不随和、体贴、不温顺、有耐心、不善交际、不谦虚、独立思考、坚忍、不健谈、自信、不合作和对变化持怀疑态度"的人。这个结果表明，饲养员的个性会影响产奶量。最近，Seabrook（2005）研究了其他饲养员评定的好的猪场饲养员的重要个性特征。大多数人认为，好的饲养员应该是挑剔、自信和内向型的，而不是苛刻、不细心、冷漠无情或挑衅的。Coleman 等（2003）发现，屠宰场中被定为有"粗暴思想"的饲养员更可能在驱赶猪时使用电刺棒。此类研究可能会对改进员工选拔产生实际的影响。

　　然而，不能只关注饲养员对动物的观念。正如"良好饲养管理对动物福利和生产性能的影响"章节提到的一样，在不考虑如何处理动物的情况下，饲养员对于日常工作如清洁的态度也会对动物福利产生重大影响。图 7.5 展示了态度、观念和饲养管理之间关系更加完整的模型。

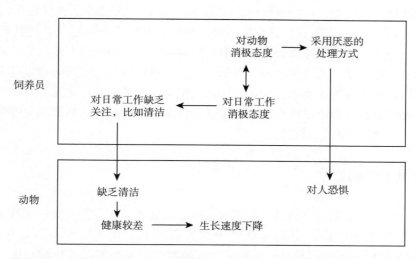

图 7.5　基于 Lensink 等（2002）对肉牛的研究，建立了一个更加完整的模型。该模型展示了饲养员态度和观念及其对农场动物影响之间的关系。在这个模型中，影响犊牛生长的最大因素是缺乏对日常清洁的重视，而不是动物对人的恐惧。犊牛对人的恐惧是一种可能出现的相关反应，因为饲养员对日常护理的重要性抱有消极的态度，对动物也可能抱有消极态度，进而使用使牛厌恶的处理技术（Rushen 等，2008）。

7.8　确认饲养员粗暴对待动物的原因

　　改善动物的处理方式有助于了解在什么情况下会导致动物被粗暴地对待。Seabrook（2000）介绍了他所承担的一项研究，在该研究中他试图确认为何奶农会粗暴地对待奶牛。研究要求饲养员回忆他们粗暴对待动物的次数，并试图解释这样做的理由。有很多原因反复被提到，包括时间紧张、工作复杂、对动物"顽固"（例如踢掉挤奶杯）的沮丧，或设备不能正常工作以及家庭等问题。这项研究进一步强调了常规工作满意度对良好饲养管理的重要性。管理人员必须注意不要让农场人员配备过少以及使饲养员工作超负荷。如果一个饲养员工作到筋疲力尽，他们就很难有积极的态度。未公布的行业数据显示，在装载猪或家禽 6 h 后，死亡损失增加，原因是人们变得太疲惫，以至于无法顾及对待动物的态度。

　　驱赶动物时的困难可能是导致饲养员沮丧的一个原因，这也可能是很多粗暴处理发生的原因。工作环境的结构设计也发挥着重要作用。Maller 等（2005）注意到，挤奶厅设计的几个部分（例如，动物必须退出的转弯次数、栏门等）与奶牛的移动难度有关，这可能相应地使挤奶工介入（通常是粗暴地）来帮助驱赶牛成为必然。Rushen 和 de Passillé（2006）也有类似报道，湿滑的地板不但可使牛的行走速度减慢，还增加了滑倒的危险，因而导致处理工必须试着鼓励牛向前移动，这也就增加了粗暴处理的风险。屠宰场中转运牛是一个非常棘手的问题，这是选择不恰当致晕的一个主要原因。Grandin（2006）列举了屠宰场为了改善动物转运而改进的一些设计。这些设计包括安装防滑地面，并消除会分散动物注意力的因素，避免其产生犹豫。良好的处理设施对于处理对人更容易产生恐惧的放牧饲养的动物（如肉牛）也特别重要。Grandin（1997）已经为这些设备提供了有用的参考指南（见第 5 章）。很明显，必须精心设计处理和移动动物的空间，这样既可以减少操作者的沮丧，又可以减少操作者把他们沮丧的情绪发泄到动物身上的趋势。寻找良好方法来驱赶动物，有可能显著减少厌恶处理的使用。这既可以通过改进通道设计来实现，也可以通过别的途径来改善动物的移动。Ceballos 和 Weary（2002）发现，当奶牛进入挤奶厅的时候，提供少部分食物奖励会减少奶牛进入挤奶厅所耗时间，从而减少操作工驱赶奶牛或使用其他厌恶处理技术的必要。

7.9　饲养员工作满意度

从其他行业来看，对工作的满意度很大程度上决定着工作的勤奋度；工作满意度较低通常是工作草率的原因。认识到这点对于饲养管理非常重要，Seabrook 和 Wilkinson（2000）采访了英国的奶牛饲养员，以确定什么因素会影响他们的工作满意度，尤其关注饲养员喜欢和厌恶的日常工作。重要的是，饲养员明显重视并享受他们与动物的互动，与动物互动的性质是造成"美好的一天"和"糟糕的一天"之间差异的主要原因。在奶牛场，广泛认为挤奶是最重要的日常工作，也是最快乐的工作。然而，并非所有国家都是如此。Maller 等（2005）报道，与其他牛场工作相比，仅有大约 1/4 澳大利亚奶农喜欢挤奶。这种区别可能与两个国家挤奶厅设计的不同有关系。

很遗憾，Seabrook 和 Wilkinson（2000）发现，维持畜群健康和福利没有受到人们尤其是年轻饲养员的足够重视。不过，来自高产牛群的饲养员比来自低产牛群的饲养员更重视牛群的健康和福利。值得注意的是，在引入质量保证计划后，重新采访饲养员时，他们认为牛群健康和福利重要性增加了。作者认为，这可能导致饲养员改变他们的工作重点。尽管维持动物的健康和福利非常重要，但清洁畜舍/挤奶厅和修蹄这些日常工作被认为是最令人讨厌的日常工作。修蹄（图 7.6）不受欢迎，主要是因为设备和固定设施不足，而且通常认为修蹄是一项危险的工作。作者推断，修蹄和日常清洁工作明显不受欢迎，为了更好地设计挤奶厅，便于清洁，也为了改进修蹄的设备和设施，有必要寻找一种清洁奶牛及牛舍的改进方法。这种类型的研究非常有用，通过这些研究可以发现需要哪些类型的改进才能提高工作满意度，进而提高工作质量。另一个影响工作满意度的问题是薪水。做一个优秀的饲养员是一项高技能的工作，遗憾的是，饲养员的薪水通常很低。畜牧业需要得到饲养管理所需技能的更好认可。

7.10　农场审核评估饲养管理

Hemsworth（2007）提出，鉴于动物福利对于农业公众形象的重要性日益增加，需要建立适当的饲养管理标准。鉴于饲养管理对农场动物福利的重要性，人们对在农场动物

图 7.6　一个较差的奶牛修蹄设施。执行日常工作，例如奶牛的日常修蹄，是良好饲养管理的重要方面。执行此类任务的勤勉和谨慎程度会对动物福利产生重大影响。例如，不适当的奶牛修蹄会增加奶牛变跛的机会。然而，许多奶农报告说，修蹄是奶牛场最不愉快的任务之一（Seabrook 和 Wilkinson，2000），因此，存在着这样一种危险，即这项工作不会像必要的那样经常进行。确保奶农拥有正确的设备和培训，可以改善这种情况。市面上有许多精心设计的保定牛的装置。用良好的设备代替危险装置将使修蹄更容易和更安全。

福利评估或审核中纳入饲养管理措施一直很感兴趣。这种评估通常包括动物对人的恐惧程度（Welfare Quality，2009）。例如，Rousing 和 Waiblinger（2004）拜访了一家商业奶牛场，并进行了两种测试：一个是动物自愿接近测试，以奶牛接近和接触不动的人的潜伏期为基础；另一个是躲避测试，以奶牛躲避正在靠近的人为基础。研究发现，两种测试的重复性都很高，而且两种测试的结果高度相关。躲避测试受人们熟悉程度的影响更小，作者得出结论，躲避测试在人和动物关系的农场评估中是有效的，也是有用的。其他研究表明，可以准确地测量农场奶牛与人之间保持的距离（Windschnurer 等，2008），家禽方面也有类似报道（例如，Graml 等，2007）。然而，我们对在农场审核中使用这种测试评估饲养管理持批评态度（de Passillé 和 Rushen，2005），不是因为测试不可靠，而是因为它们是否可以作为农场饲养管理的评估指标还没有得到充分的证实，这是一个更严重的问题。首先，除了使用厌恶处理之处，动物接近和躲避人的程度会受到许多因素的影响（Boissy 和 Bouissou，1988）。例如，人工饲喂是一种让动物接近人的方式。没有人工饲喂过的动物，也许不乐意接近人，但并不意味着他们的福利就一定较差。其次，即使农场之间在动物接近人的程度上有差异，也很难界定何种情况下对动物的处理已经达到了不能接受的粗暴程度。这在一定程度上是因为农场间的许多差异会影响动物接近人的准确距离，所以很难对不同农场进行精准的判断。再次，也是最重要的，正如本章所讨论的，与处理动物的方式相比，对良好饲养管理的要求更多（图 7.5）。饲养员执行重要日常工作的力度，或他们对动物和这些工作的态度，对农场审核评估可能更重要。除了农场的其他情况，与动物对人的恐惧程度相比，动物处理的其他方面可能对动物福利审核更重要（而且更容易测量）。例如，应该注意到，使用电刺棒驱赶动物、不当的致晕处理应成为屠宰场动物福利审核的一个重要部分（Grandin，1998）。因此，虽然评估饲养管理质量可能是农场动物福利审核的重要组成部分，但测量动物对人的反应可能不是最适合作为不同农场之间动物福利的测量指标，但它适合用来评估同一农场内饲养管理的改进。

7.11　结论

从本章综述的研究来看，很明显，照顾动物的人在影响它们福利和生产力方面可以发挥重要的甚至可能是决定性的作用。饲养员之间的差异可能是其他类似农场在动物福利和生产力水平上许多差异的原因。研究提供了具体的例子，说明糟糕的饲养管理是如何导致动物福利低下的，并展示了一些饲养管理可以改善的途径。值得注意的是，这些改进，以及动物福利改善，往往是通过提高动物的健康和生产力，提高涉及处理动物的操作效率和安全性，提高工作满意度及可能的自尊，给饲养者自身带来实质性的利益实现的。迄今为止的研究集中在饲养管理更明显的方面：动物是如何被处理的，它们是如何变得害怕人类的。然而，饲养管理涉及更多，人与动物之间可以发展的关系可能非常微妙。研究需要考虑与饲养员相关的更广泛的素质。

Seabrook 总结道：农场动物福利至关重要地取决于饲养员日复一日地处理、观察和监控其所管理动物的行为。动物的福利和生产性能不仅取决于畜舍和空间的分配，也取决于饲养员。厌恶行为可能是由于无知引起的，但通常工作人员知道如何正确处理动物。他们懂得好的动物福利需要做哪些工作，不过有时候，他们没有正确地执行而已，用他们的话说"让我们自己和我们的动物失望了"。

(Seabrook，2000)

7.12　致谢

感谢所有的同事和合作者就这一主题进行了有益的讨论，特别感谢 Paul Hemsworth、Lene Munksgaard 和 Hajime Tanida。这方面的研究得到了加拿大自然科学和工程研究委员会、加拿大奶农、诺瓦莱特公司及加拿大农业和农业食品部等的资助。

参考文献

（王轶群、顾宪红 译校）

第8章 农场中的动物福利和行为需求

Lily N. Edwards-Callaway[①]
JBS，Greeley，Colorado，USA

许多科学家一致认为，健康和生产力并不是决定动物是否有良好福利的唯一因素。人们越来越重视评估动物的情绪或情感状态。神经学家 Jaak Panksepp 已经确定了核心的情感系统，它位于所有哺乳动物的大脑皮层。这些系统驱动行为。核心情感系统包括恐惧，使动物避免危险（消极情绪）；恐慌，分离痛苦（消极情绪）；探寻，探究（积极情绪）；愤怒（消极情绪）；交配欲望（积极情绪）；关爱，亲仔养育（积极情绪）；玩耍（积极情绪）。例如，负面情绪而激发的行为包括试图逃跑、隐藏、踢腿、固定时间排便、与其他动物分离时喊叫、大的逃离区和咬嚼。由积极情绪系统激发的行为包括探索、玩耍、梳理、鸡尘浴和交配。本章也讨论了异常行为问题。

【学习目标】

- 理解动物福利的不同定义。
- 理解动物的情感是有神经学基础的。
- 动物的情绪是生存所必需的。
- 区分积极和消极情绪。
- 识别和理解异常取代行为和刻板行为。

8.1 前言

动物福利是当今社会一个非常重要的概念，然而动物科学家、生产者、兽医和消费者都难以充分、果断地定义这个术语，并达成共识。科学家提供了许多定义良好动物福利和识别动物福利重要组成部分的描述（Duncan 和 Dawkins，1983；Moberg，1985；Broom，1986；Duncan 和 Petherick，1991；Mendl，1991；Mason 和 Mendl，1993；Fraser，1995；Ng，1995；Sandoe，1996；Dawkins，2006）。利益相关方对评估动物福利应考虑的参数（如健康、行为、生产力、环境）有着普遍的共识；缺乏共识的是包括这些参数的

---

① 现地址：美国堪萨斯州立大学，美国堪萨斯州的曼哈顿。——译者注

精确测量，以及这些因素在动物福利状况的总体确定中有多重要，即在对畜牧业的实践提出建议时，每个因素的考虑水平是多少。在讨论母鸡和母猪不同圈舍类型时，对各个因素的这种考虑差异非常明显——动物表现正常行为的能力是否超过了不同圈舍类型对动物健康和损害带来的改善？

科学家们无法建立一个数学公式把所有福利指标（生物学指标、行为学指标和心理学指标等）都放进去，从而建立一个可定量的包罗万象的以 1～10 分为尺度的简单评分系统。考虑到我们对人类本性的第一手洞察，我们甚至无法在人类身上实现这一令人生畏的壮举，也许这比在动物身上更容易完成。

8.2　对动物福利的不同定义

虽然每个动物福利专家可能对"好"福利的含义都有自己的定义，但可以肯定的是，其中的许多组成部分是相似的。一些专家主张动物福利应首先基于健康（Moberg，1985）。比如，这个动物具有繁殖能力吗？有疾病吗？深入研究特定的生理机制，测量各种激素（如皮质醇、肾上腺素等）的水平，以评估福利状况（Moberg，1985）。科学家利用生理应激和免疫反应的知识来鉴定动物的福利状态。例如，犊牛对去角、去角芽有生理、行为和免疫反应，表现疼痛和应激（Petrie 等，1996；Sylvester 等，1998；Stafford 和 Mellor 等；Heinrich 等，2009；Stilwell 等，2009，2010），去势也是如此（Coetzee，2011，见第 6 章）。

很多福利专家扩展了动物福利的概念，超越了被认为是更客观的生理应激指标、健康状态和生产力的范围，认为动物福利还必须包括情绪（情感）状态、感觉和意愿（Duncan 和 Dawkins，1983；Dawkins，1988；Duncan 和 Petherick，1991；Sandoe，1996）：奶牛"快乐"吗？它们的所有需求都得到满足了吗？他们痛苦吗？一些科学家指出，表达自然行为是良好动物福利的必要组成部分。妊娠栏中的母猪能表达筑巢行为吗？如果它不能筑巢，那么对它的健康有何影响？

人们对好的动物福利的定义不同。用于评估动物福利的参数过多，不仅为极端辩论搭建了平台，而且还让所有参与评估、确定、确保和仅仅简单了解动物福利的人关注眼前的巨大任务。

8.2.1　不同国家的福利概念

在过去的十年中，有一个全球性的倡议考虑和定义动物福利标准。世界动物卫生组织（OIE）在其 2001—2005 年战略计划中首次将动物福利纳入其全球考虑范围。作为一个国际动物健康参考组织，它适合在制定动物福利的国际标准方面发挥领导作用。在该组织的陆生动物卫生法典中：

动物福利是指动物如何应对它所处的环境。如果（如科学证据所示）动物健康、舒适、营养良好、安全，能够表达天生行为，同时没有遭受疼痛、恐惧和痛苦等不愉快的状态，那么它就处于良好的福利状态。

（OIE，2012）

世界动物卫生组织利用这一福利定义制定了各种标准，以改善世界各地的动物福利。

2012 年，世界动物卫生组织通过了《牲畜生产系统中动物福利的 10 项一般原则》（OIE，2012 年），Fraser 等（2013）对其进行了全面审查。在世界动物卫生组织参与之前，个别国家也一直致力于发展动物福利文化。在美国，《动物福利法》（Office of the Federal Register，1989）是 1960 年首次颁布的联邦法律，为某些动物物种（主要是伴侣动物和用于研究的动物）提供动物处理、照顾、圈舍和治疗的最低保护。然而该法律对动物的定义不包括为提供食物或纤维而饲养的家畜（也不包括用于研究目的的鸟类、大鼠和老鼠）。由于家畜团体施加的压力，农场动物不受这项法律的约束，直到今天仍然如此。1985 年正式通过的一项修正案要求，非人灵长类动物的居住设施必须提供"足以促进动物心理健康的环境"。虽然修正案明确指出这是一项必需要求，但没有就如何满足这一要求提出任何建议。在这项法律中，动物健康的心理因素只适用于非人灵长类动物。

50 多年前，英国成立了布兰贝尔委员会（Brambell，1965），一个政府委员会，旨在提出农场动物应获得的生存条件，以确保它们的福利问题。自 1979 年英国农场动物福利委员会（FAWC）修订以来，这些动物生存条件现在被普遍称为"五项原则"，具体如下：①免于饥饿、干渴和营养不良；②免于不适；③免于疼痛、损害和疾病；④自由地表达自然行为；⑤免于恐惧和悲伤（FAWC，1979）。"五项原则"涵盖了动物福利的方方面面，已成为英国和许多其他国家动物福利评估的基础。

在欧洲共同体内部，Botreau 等（2009）描述的福利质量®项目致力于将动物福利纳入食品质量链，试图创建一种标准化的方法来衡量和评估动物福利。该项目解决了动物福利的复杂性，确定了确保动物福利的四项指导原则：良好的圈舍、良好的喂养、良好的健康和适当的行为。正如在许多倡议中所看到的那样，人们普遍认为应该对公认的动物福利标准发出统一的声音。

8.2.2 综合动物福利的组成

将动物福利的不同组成部分进行分类更便于有效实施福利计划。在"五项原则"提出后的几十年，David Fraser 博士（2008）确定了评估动物福利和定义原则的三个主要方面：①生物学机能——身体健康、生长、繁育；②情感状态——恐惧、焦虑、沮丧、痛苦、饥饿和口渴；③自然生活状态——近似于自然的生活条件以及行为需求的满足（更多信息见第 1 章）。在 2008 年美国动物科学学会会议上，Fraser 将动物福利重新划分为四个组分：①维持基本健康；②减少疼痛和悲伤；③适应自然的行为和情感状态；④提供环境中的自然元素（见第 1 章）。这四个组分涵盖了动物福利的所有概念，涉及健康、缺乏病理条件到情感状态、感觉。动物福利最好定义为所有这些组分的组合，但每个组成部分的确切权重并不清楚（即是否有一个组成部分更重要，如果满足两个，第三个是否可以被忽略等）。布兰贝尔委员会（Brambell，1965）还指出，动物福利"包含动物的身体和心理健康"，同样利用动物的心理状态的还有《动物福利法修正案》。

8.3 虐待动物和动物福利

在这个话题中值得注意的一个问题就是，糟糕的动物福利和虐待动物之间的区别。虐待动物是一种故意行为，会造成明显的不必要的伤害和痛苦，例如折磨、殴打、戳眼睛和剥夺如饮水这样的生存需求等。许多国家制定了虐待动物法，作为反对这些蓄意虐待行为的依据。在一些国家，甚至有具有警察权力的特殊人道主义官员执行这些法规。虽然为了获得良好的福利，动物不应该经历明显的虐待行为，但良好动物福利的概念会进一步延伸。动物福利还包括良好的健康、缓解疼痛、减少恐惧以及为动物提供行为需要的环境。随着对虐待动物的担忧转变为对动物整体福利的担忧，使用动物的更多领域（研究、农业等）都受到了严格审查。

8.4 动物的心理状态是福利的重要组成部分

如上所说，利益相关方在考虑动物康乐和福利时，一致强调动物生活中的情绪（情感）组分。一些研究人员明确强调了这种心理组分，表明动物福利完全依赖于动物的心理需求，一旦心理需求得到满足，物质需求就会得到满足（Duncan 和 Petherick，1991）。尽管心理（情感）状态是福利的一个重要组成部分，但绝不应忽视基本健康和伤害预防。当考虑动物的心理状态时，会出现一些困难问题：如何确定动物拥有良好的心理健康？更重要的是，如何衡量它？有些人很难有足够的时间去弄明白自己在特定环境中是否快乐，更不用说是另一个人，甚至是另一种动物。

为了达到康乐状态，人类会尽量减少生活中的痛苦。这些痛苦包括许多消极情绪，如疼痛、焦虑、沮丧、恐惧以及与身体或心理伤害相关的任何其他不愉快的感觉。一个人可能会遭受来自身体创伤的慢性剧烈疼痛。一个人也可能遭受恐惧，害怕失去工作带来的经济后果，或者来自挫折，被困在一段不快乐但又觉得无法逃脱的婚姻中的挫折。（顺便说一句，当看到服用处方抗抑郁药和抗焦虑药的人数时，美国人似乎正在经历广泛的心理痛苦。美国国家健康统计中心 2011 年的报告显示，从 1988—1994 年到 2005—2008 年，所有年龄人群抗抑郁药的使用量增加了 400%。）一个人遭受痛苦的方式很多，所有这些都会对他或她的整体心理健康产生负面影响。人类试图避免这些情况，寻找更令人愉快、表达积极情绪的情况。但这如何适用于动物？

8.4.1 动物情感：不同，而不是更少

许多人觉得，思考其他科学家和人类的想法比思考农场动物的想法更容易。科学家通过收集容易测量的数据、数字和信息（即客观测量）来发现未知。动物对它周围环境的感觉很难定义，不是一个容易理解的数字。当有必要使用主观测量（即感觉）时，人们往往会犹豫是否要用同样的方法来评估动物（Yoerg，1991；Ng，1995）。

在过去，人们普遍认为比较人类和动物的情感（即人类和动物的痛苦）是不明智的。这种将人类特征归因于非人类生物（如动物）的现象被称为拟人化。有些人认为使用拟人化是危险的（尽管我确实认为这在动物科学家中是一种逐渐减少的情绪），因为人们对事物的假设过于陌生和主观，以至于永远无法真正理解。而与之相反的观点是，拟人化可能不是一些科学家曾经宣教的罪过（Panksepp，2005a），实际上，它可能有利于人们理解动物的心理状态。在分析阿片类药物对动物分离痛苦的控制方面，我们如何有效地运用拟人化就是一个例子。人类对阿片类药物的心理反应导致了关于动物对这些药物的行为反应（即心理反应）的精确预测（Panksepp，2005a）。快速访问信息 8.1 概述了所有哺乳动物

的核心情感回路（Panksepp，2011）。此外，尽管一些科学家可能不愿意将情绪归因于动物，但已经在动物身上进行了广泛的试验工作，以探索药物缓解疼痛和焦虑的效果（Rollin，1989）。如果我们使用动物疼痛研究的信息来推断对人类的影响，那么一定有一些一致性。

快速访问信息 8.1　所有哺乳动物下皮层的核心情感回路（Panksepp，1998，2011），这些核心情感具有独立的大脑回路。

基本情感	目的	情感类型
探寻	激励动物去探索和接近新事物	积极的
发怒-愤怒	对抗捕食者	消极的
害怕-焦虑	避免危险和捕食者	消极的
欲望-性欲	繁殖	积极的
看护-养育	养育幼年动物和社会合作	积极的
恐慌-分离痛苦	促使动物与同伴、母仔待在一起	消极的
玩耍-快乐	教会社会技能	积极的

有些人忘记的是，动物福利并不比人类福利更难定义（Dawkins，1998；Broom，2001）。我们每天都会对其他人的情绪做出假设。虽然我们认为理解其他人的思考能力，但我们无法知道我们的假设是否正确。不同的人以不同的方式解释和感知相同的情况。例如，我讨厌过山车和任何快速、颠倒或侧身的游乐园骑行，感到压力很大，不喜欢它。而我的女儿虽然在四岁时还没有乘坐过山车，但是喜欢快速驾驶过山丘时的感觉，在秋千上被推得很高并且像被我丈夫抛到空中一样高。人们以不同的方式处理情况。如果我们能够理解人类的这个情况，但仍然对人类心理状态做出假设，为什么我们不能对动物做同样的事情，让它们免受怀疑呢？

值得注意的是，当硬连线的本能行为被误解时，拟人化可能会有风险。例如，在人类中，眼神接触引发积极情绪并表明有人参与，但许多动物感知眼神接触并且视盯着为威胁。不同物种的尾巴摇摆也可能意味着不同的意思：猫摇尾巴表示很焦虑，犬则是很兴奋。最近刚被阉割的小牛甩尾，它可能表示很疼痛；但是母牛甩尾可能只是在拍苍蝇。

一个很有趣的现象是，有时人们更愿意将感情归于特定的动物而不是其他动物。无论在农场、实验室还是诊所等工作场所，人们都害怕动物的情感，但当我们下班回家看到摇着尾巴的宠物时就忘记了。人们在科研、农业中用到的动物与宠物的感知不同。养在研究设施中的小猎犬与养在家里的宠物没有什么不同，所以当主人工作时，它不会嚼地毯。不同之处在于，我们与动物的关系以及我们如何看待它们。这并没有改变犬、猪、大鼠、猫和奶牛都是动物的事实。如果认为给豚鼠一个纸巾卷筑巢时，它会感到安全和满足，那么为什么不能认为母鸡更喜欢有个地方筑巢呢？

8.4.2 人类和动物对感觉的处理

动物确实有能力体验情感。正如前面所述，围绕着动物情感如此神奇和模糊不清的焦虑使许多科学家无法承认动物情感的存在。情绪是可怕的，因为它们的主观性使得它们难以用可靠和可重复的科学（客观）测量来解释。这有时可以转化为谴责其存在的理由。具有讽刺意味的是，有许多科学不仅可以用来证明动物情感的存在，还可以用来证明人类和动物之间存在的相似之处。

现在人们已经证实，在人和动物的大脑中，简单的大脑结构和神经网络所占的比例虽然不同，但是基本结构和功能区是极为相似的（Jerison，1997）。MacLean 是讨论三重脑概念的第一人（1990）。这是大脑的简化概念，表明爬行动物、哺乳动物和人类大脑区域之间的适应性变化。通过这个三层概念可以看出，人类和动物共享这些大脑区域，特别是边缘大脑区域。边缘系统是人类情感的家园，因为这个区域在人类和动物中共享，同时它也是动物情感的所在地（Rinn，1984；Heath，1996；Panksepp，1998，2003；Damasio，1999；Liotti 和 Panksepp，2004）。在这个公共区域发现了各种情绪回路（比如探寻、愤怒、恐惧、恐慌）（Panksepp，1998）。愤怒（Siegel，2005）、恐惧（Panksepp，1990）、性欲（Pfaff，1999）和母性养育（Numan 和 Insel，2003）都是可识别的人类和哺乳动物的情感，由这个皮质下区域调节。人与动物情感之间的主要差异可能是情绪表达的复杂性。人类处理情绪的皮层比动物更大。认为人脑的新皮层提供了情绪体验的能力是一种错误概念。事实上，情感状态不能通过新皮质电刺激或化学刺激产生（Panksepp，1998）。此外，当新皮质受伤时，某些情绪状态表现为特定的行为，例如玩耍、寻求奖励和自我刺激（快乐），仍然存在于动物中（Huston 和 Borbély，1973；Kolb 和 Tees，1990；Panksepp 等，1994）。

虽然动物和人类经历相似的情绪，但动物可能不会以与人类相同的方式处理这些基本情绪。这并不意味着他们感觉更少，甚至可能意味着他们感觉更多。通过使用更高的脑功能（即高度发达的新皮质），人类具有更强的调节和抑制情绪的能力。随着更高的脑功能发展，可能更低的脑功能（即情绪系统）变得越来越受到调节和抑制（Liotti 和 Panksepp，2004）。这一假设表明，具有较低认知能力的动物实际上可能比人类经历更多原始的未加工情绪。Panksepp（2005b）将情感体验中的这种区别识别为人类经历的情感意识与动物所经历的情感影响。如果比较动物和儿童，这个理论会获得更多的支持。没有达到完全认知和前脑发育的儿童往往比他们的父母更情绪化，经历诸如恐惧、游戏和恐慌之类的事情，抑制和节制较少（Burgdorf 和 Panksepp，2006）。任何与幼儿互动的人即使在简单的谈话中也可能见证这种抑制。患有创伤性前额脑损伤的人也缺乏像正常成年人一样控制其"直觉"的能力（Damasio，1994）。额叶皮质头部受伤的人更容易受到轻微挑衅的影响（Mason，2008）。在这些患者中，脑损伤阻止了对基本情绪的控制和抑制，结果是降低了抑制，可能类似于儿童和动物，前脑发育都受到限制。这并不是说动物没有主观的心态，它们只是没有能力像人类那样抑制情绪反应。

让我们讨论一下断奶犊牛和幼儿园的孩子，来说明情绪处理的差异这一概念。幼儿园的孩子对上学既恐惧又紧张，他将独自一人，远离他的妈妈，处在一个新环境中。同样地，断奶的犊牛也被置于一个陌生的环境中，它也不熟悉别的犊牛。由于两位"母亲"都被"带走"，母亲和儿子都可能会有一些哭泣。人类的母亲说，"记住，你只会在这里待几个小时，然后我会来接你"。尽管她感到悲伤和担忧，但是人类的母亲知道她的儿子会很好，她很快会见到他。牛妈妈不能用同样的方式安慰它的犊牛，因为它和它的犊牛一样，不知道分开的原因、分开要持续多久或除了它的后代被带走之外的任何进一步情况。幼儿园的孩子可以提醒自己，他妈妈很快就会回来接他。犊牛会不停地为母亲哭泣，它的思绪不会给他带来任何安慰，因为它无法理解它所感受到的对分离的恐惧。尽管这个例子并不完美，但它可以说明，动物无法预见痛苦和恐惧经历的结束可能会使这种经历更加痛苦。

再换个角度看待这个问题。有些例子证明，动物处理信息的能力有限，可能使其受到的伤害低于人类。就拿去势手术来说，生产者给小牛去势，小牛经受被保定、处理、陌生环境和手术过程的痛苦。如果有人要阉割一个不情愿的年轻男性，那么还会有另一个方面的痛苦。该男性不仅会遭受上面列举的事情，他还会因为知道自己即将在没有睾丸的情况下度过余生而受苦，这个概念可能是年轻犊牛所不知道的。我想很多人可能会认为这种情况会造成极度痛苦。有时无知是幸福，或至少少一点心理上的痛苦。与动物不同，男人知道他永远不会体验到这种快乐。

在关于 Temple Grandin 的生活纪录片（"Temple Grandin"）中，她的母亲说得最好，"不同，而不是更少。"这个概念完全适用于动物的情绪和感觉。

8.5　人类和动物中的类似神经递质和情绪激发动物避免危险

人类和动物大脑之间具有相似性的更多证据来自神经化学网络的同源性。人类和动物的大脑有相似的神经化学网络。在神经元之间传递信号的化学物质——神经递质，是相同的。研究人员已经证明，对于上瘾的神经化学，尤其是麻醉剂和精神兴奋剂，所有哺乳动物高度相似（Knutson 等，2002；Panksepp 等，2002）。对上瘾药物有反应的大脑网络位于大脑皮层下区域，是我们人类和动物共有的大脑原始区域（McBride 等，1999）。研究药物与大脑相互作用的一种方法是位置偏爱研究（Bardo 和 Bevins，2000）。在这类试验中，当动物处于特定位置时，特定的药物被注射到大脑皮层下区域。如果药物产生了正面的和愉悦的感觉，这个地方就会成为条件性偏爱位置；如果药物是令人厌恶的，动物也会对该位置产生厌恶（回避）。许多研究表明，我们认为产生诱发性（或娱乐性）的药物对动物也有好处，产生位置偏好，并刺激相同的大脑系统（Panksepp，2004，2005c）。大鼠对接受"好"药物的地方发出积极的声音，对接受"坏"药物的地方发出消极的声音（Burgdorf 等，2001；Knutson 等，2002）。动物表现出学得的地点偏好这一事实表明，它们最有可能经历积极的情绪状态。

人类寻找能产生积极感觉的情境来使生活更愉快，动物也是一样的。动物对抗焦虑和抗抑郁的药物有反应。抗抑郁药和抗焦虑药物在许多治疗宠物的小动物实践中已经司空见惯（Overall，1997；Seksel 和 Lindeman，1998；King 等，2000；Romich，

2005）。当主人工作时，可以给家庭宠物吃"百忧解"（氟西汀）来缓解分离焦虑症。也有很多科学论文描述了各种精神刺激药物在动物身上的作用。有一篇综述，单独引用了近 100 项研究，探讨抗抑郁药物对动物（主要是大鼠和小鼠）行为的影响（Borsini 等，2002）。研究还表明，当动物因关节受伤或跛行而感到疼痛时，它们会自我治疗并增加止痛药（在饲料中）的食用（Colpaert 等，1980；Danbury 等，2000）。在食用具有药用价值野生植物的野外动物中也观察到了这种现象（Huffman，2003；Provenza Vil-lalba，2006）。

抛开大脑解剖结构和神经化学，从进化角度来看，也证实有动物情感的存在。像人一样，动物利用情感来决定如何在它们的环境中行动。如果动物害怕进入森林中的某个地方，它会利用对环境的感知来避免潜在的威胁情况。同样地，如果晚上开车回家时车在路边坏了，这时一个男人走近并且虚伪地说要帮助我，我的不安感会使我拒绝他的帮助。为什么动物和人类会有情感呢？如果情感无用，很久以前它们可能就会被自然选择所淘汰（Baxter，1983）。正是这些"直觉"的祖先情感驱动着动物生存下来；情绪提供了寻求宝贵资源和避免伤害的动力（Panksepp，1994）。在确定采取适当行动以应对危及生命的情况之前，动物很少犹豫不决。一头小羚羊盯着一头狮子，还来回转悠，决定到底是逃跑还是等几分钟看狮子会不会离去，这是非常不正常的。小羚羊会在强烈的恐惧感驱使下迅速逃离捕食者的触及范围，这种情感使得它生存下来。

情感如何协助动物生存的另一个例子是分离焦虑导致的悲痛。在人类和动物身上都可以见到这种悲痛。后代与其父母间强烈的社会纽带被发展为一种生存方式，当这种纽带被破坏时（特别是在一种不自然、早期的时候），就会触发情感反应和许多物种的分离喊叫（Panksepp，2005a）。与同伴在一起的动机与动物的生存有关——如果是一个与母亲分离的婴儿，其生存机会就会降低；同样地，如果是一头与牧群分离的幼畜，其就会失去牧群的保护。

8.6 积极的核心情绪

我们都曾经历过积极和消极的情绪。在确定福利状态时，我们通常关注消极情绪的缺乏（可能是因为，消极情绪容易被识别且是有害的），但积极情绪的存在对整体健康也至关重要（Boissy 等，2007；Yeates 和 Main，2008；Mellor，2014a，b）。积极心理学在人类和动物研究领域最近发展很快（Linley 等，2006），对理解农场动物的情感表达非常重要。例如，研究探索疼痛过程对小牛的影响，比如阉割，传统上包括心理测量、行为测量以及消极行为反应（拍打尾巴、跺脚）。最近，在年轻的动物中出现玩耍行为已经成为衡量痛苦过程和疼痛缓解对福利状态影响的一个依据（Mintline 等，2012）。快速访问信息 8.2 是一些与积极情绪和消极情绪相关的行为概述。

快速访问信息 8.2　与积极情绪和消极情绪相关的行为

与积极情绪相关的行为	与消极情绪相关的行为
玩耍行为——当被放出舍外时动物四处奔跑。 母畜舔幼仔——正常的梳理行为。不要与动物互相伤害的异常行为混淆。 母畜哺育其幼仔。 性行为。 探索一种无威胁的新物体。 猪探究地面。 追逐捕食者。 采食。 动物展示其身体，这样人们或其他动物就可以抚摸或梳理它。 家禽尘浴。	本书第 1 章和第 6 章概述的疼痛相关行为。 冻僵。 试图逃避。 处理过程中排尿或排便。 固定或疼痛处理过程中发出尖叫声。 踢处理人员。 耳朵向后压住。 突然被吓一跳，跳离突然出现的新刺激。 察觉受到威胁时隐藏。 咬人或其他动物。

　　所有哺乳动物都一样，正面和负面的核心情绪回路都位于大脑皮层下更原始的部位。大脑中的情绪系统已经被绘制出来，并且已经证明边缘系统的神经活动是情感中心，包括像杏仁核和海马体这样的大脑结构。具体来说，伏核和杏仁核复合体的组成部分位于大脑中控制正向、目标导向行为的回路所在的位置。（Ikemoto 和 Panksepp，1999；Faure 等，2008）。Morris 等（2001）提供更多关于动物情感和支持神经科学的讨论。Jaak Panksepp 写了大量关于情感神经科学的文章，为动物的情感世界提供了重要的见解。Panksepp（1998，2005a）描述了正面的核心情绪，最重要的是寻觅或目标导向的行为。正面的核心情绪包括玩耍、交配欲望和照顾（如母仔养育行为）（Panksepp，2005a）。在 20 世纪 90 年代中期，Panksepp 的实验室开始探索幼鼠在玩耍行为中和玩耍前出现的特定叫声（鸣叫）（Siviy 和 Panksepp，1987；Knutson 等，1998）。从最初的试验开始，Panksepp 和他的同事们继续研究这种被称为是大鼠"笑"的叫声，因为它可以通过"挠"大鼠来启动，也就是模仿混成一团的玩耍行为（Panksepp，2007）。在猪上，行为与积极情绪、玩耍、鸣叫和摇动尾巴有关。负面情绪与排便、排尿、高亢尖叫和试图逃跑有关（Reimert 等，2013）。觅食是许多不同物种寻找目标导向行为的一个很好例子，是一种动机很强的行为。操作和探究稻草或其他纤维材料是猪的一种动机很强的行为（Berlyne，1960；Wood-Gush 和 Vestergaard，1989；Day 等，1995；Studnitz 等，2007）。Studnitz 等（2007）综述了猪这种探究行为的重要性，虽然不是每个人都有这样的爱好，但购买古董是人类目标导向行为的一个很好证明——对宝藏的探寻由发现时奖励的满足感驱动。在动物上的几项研究已经能够区分出与渴望和喜好相关的探寻系统的差异，包括与每种情绪相关的大脑活动以及可以观察到的特定行为（Smith 和 Berridge，2007；Berridge 等，2009）。

8.7　负面核心情绪

愤怒、恐慌（分离焦虑）和恐惧是三种负面核心情绪（Panksepp，1988）。人们已经详细研究并定位了这些情感系统。比如电刺激猫和大鼠的丘脑，会使它们愤怒（Panksepp，1971；Olds，1977；Heath，1996；Siegel 和 Shaikh，1997；Siegel，2005）。第二个负面核心情绪是分离焦虑。家畜是被捕食的动物，在不同程度上是群居动物（例如，绵羊非常喜欢与它们的牧群在一起，而猪尽管是群居动物，却不那么合群）。与同伴分开，被安置在陌生的环境中，或者与母亲分开，已经被证明会导致分离痛苦（Boissy 和 Le Neindre，1997；Carter，1998；Rushen 等，1999；Panksepp，2005a）。

第三个负面核心情绪是恐惧，这可能在各种物种中研究最广泛。Forkman 等（2007）发表了一篇关于研究恐惧的各种方法的综述。恐惧情绪系统中的回路驱使动物躲避捕食者，这已得到广泛研究（LeDoux，1992，2000；Rogan 和 LeDoux，1995，1996；Jones 和 Boissy，2011）。恐惧来自动物的恐惧中心杏仁核，它位于大脑的边缘区域，在这还有一些其他的情感回路（Davis，1992；LeDoux，1992）。现在已经证实，杏仁核也是人类的恐惧调节中枢（Bechara 等，1995；Büchel 等，1998；LaBar 等，1998）。对动物杏仁核的损害会影响先天和后天的恐惧反应（Davis，1992）。先天恐惧反应包括一匹马看到球就变得焦虑不安，一只犬被爆竹吓跑等；而后天恐惧反应则包括动物会怕打它的人，牛被电到后会远离电护栏。

研究表明，恐惧和恐慌（分离焦虑）系统是独立的系统（Faure 和 Mills，1998；McHugh 等，2004）。野生的鹌鹑会同时表现出较高的恐惧和分离焦虑。法国科学家成功培育出了四种独立的鹌鹑遗传系，分别为高恐惧和高分离焦虑型、高恐惧和低分离焦虑型、低恐惧和高分离焦虑型、低恐惧和低分离焦虑型鹌鹑（Faure 和 Mills，1998）。他们通过紧张性静止试验（见第 2 章）来衡量恐惧，以鹌鹑保持不动的时间作为害怕的指标。衡量分离焦虑（Faure 称为社会复位）时，利用传输机把鹌鹑从一个装有其同伴的笼子里移出来，通过测量鹌鹑为了留在其群体中而在传输机上停留的时间来确定分离焦虑的强度。

人们不喜欢有恐惧或惊慌的感觉，因此就会远离激发这些情感系统的情况。当一个女孩在杂货店突然发现妈妈不见了，她就开始惊慌并寻找妈妈。当我晚上一人去公园遛犬，听到身后的脚步声，我就会害怕并且加快回家的步伐。可见，人们都喜欢正面情绪而逃避负面情绪（Grandin 和 Johnson，2009）。

人类和动物都表达负面核心情感，只是以一种不同的方式。关于痛苦的讨论甚至延伸到水产养殖（Chandroo 等，2004）。我的犬够不到人掉落在厨房柜台下面的肉片，它就会感到一种温和的愤怒，那就是沮丧。它并不会像人一样用生气的言语表达自己的失落，它会发出一些哀叫，让人明白它的感受。人也很容易发现动物的恐惧。比如一只犬看到人拿着棍子向它走来时，它会由于害怕挨打而委屈地蹲下并蜷缩身体。又比如，当兽医给一个动物做手术时，它会因害怕而挣扎。当牛对一个物体害怕时，会逃离它或者止步不前（Grandin，1997）。后面的章节讨论了诸如恐惧之类的情绪如何驱动动物的行为。

8.8　行为是反映动物情绪状态的指标

情感系统是行为的驱动力，正是它驱使动物表现不同的行为。情绪可能无法被看到，但它们是通过动物的行为（在其他反应中间）来表达的，因此可以进行研究。人类不仅通过如何行动和特定行为来交流感受，而且也有能力在被问到的时候用语言来表达情感（而且还有提问人的理解）。可惜，人类无法和动物进行语言交流，不是所有人都有 Doolittle 博士的这种能力。因此，必须注意动物的行为，以确认它怎样认知它的生存环境。在人和动物的交流中，行为是非常有价值的。一个兽医的职责就是给动物治病，但却根本无法问动物它的感受。他必须利用像行为的改变这样的线索（如采食降低、精神萎靡、饮水增加）来判断动物到底怎么了。想知道动物对提供给它的生活环境有怎样的感受，关键就看它的行为（Darwin，1872；Dantzer 和 Mormede，1983）。人每天都在应用来自动物行为的线索，比如，养殖场管理者让牛从斜坡通过，或者宠物主人教她的小犬坐下和保持不动等，意识到动物行为在我们与动物的互动和交流中扮演着重要角色很重要。

动物的情感能驱使其本能和习得行为。看到捕食者出现在逃离区时害怕而逃跑是牛的本能；拱地寻找食物是猪的本能，受它的探寻情感所驱使；对幼犬同伴做玩耍式鞠躬是犬的本能，受其玩耍的动机驱使。

8.8.1　积极的目标导向行为

为达到特定的目标而表现出的行为模式是可以检测到的。积极的目标导向行为可以分为三个时期：①寻找目标；②指向目标的行为；③达到目标后的静态（Manning，1979）。寻找阶段又称为欲求阶段，目标指向阶段又称为实现阶段。动物行为的基本原则就是，与实现阶段相比，寻找阶段更加灵活而且更依赖于学习。寻找阶段必须要灵活，以适应动物不同的生存环境。当狼和其他捕食者觅食时，它们在学习中收获寻找技巧。当捕食者杀死猎物时，致命一口是其固有本能，但是决定要狩猎什么猎物是习得的。牛和羊的幼畜从母畜那学会什么饲料好吃什么饲料不好吃（Provenza 等，1993），这是寻找阶段的行为。吃饲料、咀嚼和反刍是牛的本能，则是实现阶段的行为。摄食和觅食行为是这种分类阶段说法的一个很好例子。想象一只野猫在野外觅食，它花时间寻找、追踪猎物，这是欲求行为；待时机成熟时，它攻击田鼠并杀死它，这是实现阶段；等猫吃完老鼠后就舔着嘴唇休息。草食动物的摄食行为相对来说算不上一个好例子，因为它们不停地吃，并没有明显的静止期。这些目标指向行为常常受到高度驱动，因为一旦表达了这种行为，目标就是一种奖励。

动物有不同水平的动机或者心理内驱力来表现丰富的目标导向行为。这些行为旨在达到一个"目标"，目标达到后就终止这种行为（Manning，1979）。像上文 Markowitz 试验中的美洲豹，其目标就是捕获猎物。而犬的乞讨行为，目标就是得到食物，一旦得到食物它也就不会再乞讨。一些行为比其他行为的动机更大，如果动物为了表现这种行为而工作，那么动机越大，动物越会努力工作，而且工作难度能提到更高。动物对吃、喝、睡觉、交配、走动、玩耍、探寻感官刺激和社交这些行为有着非常高的内驱力（Harlow

等，1950；Brownlee，1954；Panksepp 和 Beatty，1980；Dellmeier 等，1985；Dellmeier，1989）。这些目标导向行为受到欲望、搜寻、关注和玩耍的积极核心情感所驱动（Panksepp，1998）。

8.8.2　负面情感引发的行为

为动物提供对其恐惧、愤怒和惊慌的情感中心刺激较低的环境非常重要（分离焦虑）。常见的大多数农场动物属于被猎取的物种，如牛、羊和鸡。它们可能比狼、犬或者狮这些捕食者更加容易受惊，因为恐惧使它们免于被吃掉。母鸡也常趋向于在隐蔽的地方产蛋（Appleby 和 McRae，1986；Duncan 和 Kite，1987；Cooper 和 Appleby，1995，1996b）。今天母鸡的祖先——野生的原鸡，就是因为藏在灌木丛中产蛋才生存下来的，凡是露天产蛋的那些都被猎食了。恐惧情感使得母鸡在产蛋期间采取躲藏行为。

就像人类一样，动物也受大脑情感中枢的支配，因此它们的行为受到感觉和情感的驱使（Manning，1979）。Temple Grandin 强调，要设计动物的生活环境，使之能加强刺激动物的积极情感回路而避免刺激消极情感回路，从而提高动物福利（Grandin 和 Johnson，2009）。动物会通过它们的行为激活这些积极情感回路，因为这些行为有很高的内驱力。当动物无法表达这些高驱动力的行为时，说明它们的环境不再理想。

8.9　本能的固有行为

动物的行为不是后天习得就是本能的固有行为（hard-wired behaviour）。很多动物有后天行为，比如奶牛学会在挤奶时排队。很多动物园教给灵长类动物和其他动物一些口令，让他们伸展四肢或者站立不动，以便进行养殖或者兽医操作（Grandin，2000；Savastano 等，2003）。犬在口令训练中能学习许多行为。此外，动物在没有人类帮助时也会学习，例如猎豹幼崽会学着如何高效地杀死猎物。猎豹很小就会猎杀，但还需要母亲费些时间来指导它提高技能（Caro，1994）。

而固有行为（hard-wired behaviour）就不同了。它们是先天的行为，动物不必学就会。鸟类在求爱和交配时的表演行为就是本能固有行为。母猪产仔前的做窝行为也是固有行为（Stolba 和 Wood-Gush，1984；Jensen，1986）。在公园见到犬追赶松鼠的捕猎行为也是如此。作者也能观察到牲畜的多种固有行为：牛被处理时的平衡点和逃离区反应（见第 5 章），猪的拱地行为，鸡的沙土浴和母鸡使用巢窝（Vestergaard，1982；Appleby 和 McRae，1986；Newberry 和 Wood-Gush，1988；Stolba 和 Wood-Gush，1989；Studnitz 等，2007）。对于露天饲养的母鸡，如果有树或者灌木丛，它们便会更多地利用外面的遮挡物来藏身（图 8.1）。因为禽类天生害怕空中猎食者。以上这些提及的行为都属于固定的行为模式（fixed action patterns，FAPs），因为动物总是以同样的方式表达这些行为序列。一个经典的 FAP 例子就是灰雁的转蛋行为（Lorenz 和 Tinbergen，1938）。当一枚蛋滚出雁的窝，这只雁就会表现出把蛋移回窝里的高度可预测行为。这些固定的行为模式由各自特定的信号刺激所激发。交配时的表演行为由可能的伴侣激发，犬的猎物搜寻行为由迅速移动激发，转蛋行为就是由滚出窝的蛋（或者像蛋的物体）激发。固定的行为模式是固定不变的，但是对信号刺激的行为反应可以受到学习或情感经历影响。比如，牛对人类走进它的逃离区的反应就是转过来面对这个人但是保持安全距离。逃离区的大小可以通过学习或经验来修改。在习惯环境后牛的逃离区会变小，并且对人的出现也没那么害怕了（更多内容见第 5 章）。转身面对人是牛对于害怕的本能反应。当牛变得非常驯服的时候，就不再害怕，这种反应便会消失。

图 8.1　种植树木为自由放养的鸡提供庇护。如果树木或灌木能保护禽类远离空中猎食者，那么它们将更广泛地觅食。

8.10　测量动物动机的强度

如今科学家已经能够客观地测量一个动物表现特定行为的动机，而这非常有利于判定资源（如食物）的价值或者动物表达这种行为（如筑巢）的能力（Fraser 和 Nicol，2011）。Mason 对农场养殖的貂做了研究，目的在于判定它们为了进入能激起自然行为的不同环境究竟会多努力地工作，或者说它们会付出多少（Mason 等，2001）。为貂建立的环境包括新奇的玩耍地点、一个水池、一个巢穴和一个垂直平台。这些环境的入口设置了不断增加重量的门，用来测量这些貂究竟有多想进入这些不同的环境。结果表明，貂会抬起最重的门来进入水池，它们有非常高的接近水的动机。此外，Mason 还发现，当锁上进入这些环境的入口时，动物皮质醇水平增高，表明有应激反应。

针对包括小鼠（Sherwin，2004）、兔子（Seaman 等，2001）、猪（Pedersen 等，2002）和母鸡（Olsson 等，2002）等在内的不同物种，人们针对许多有价值的研究内容（如食物、饮水、地板、社交行为、筑巢材料等）做了动机测量研究。由于在很多商业养殖系统中并不为鸡提供垫料材料，限制了鸡的沙浴行为（Vestergaard，1982；Dawkins 和 Beardsley，1986；Petherick 等，1990，1991；Matthews 等，1993；Widowski 和 Duncan，2000），因此人们也展开了几项针对母鸡沙浴的动机研究。研究人员在观察了野生的和驯养的禽行为后认为，沙浴是一个动机行为。一些研究发现，母鸡会为了得到沙浴的材料如木屑、泥炭而工作，比如啄钥匙或者推开加重的门等，这表明母鸡对沙浴有着较强的动机（Matthews 等，1993；Widowski 和 Duncan，2000）。但其他研究者发现这个结果并不那么简单。比如试验中母鸡会用喙啄坏画的门闩，试图进去得到沙浴材料，但不论经过多少尝试，它们也学不会运用钥匙来获得进入的机会（Dawkins 和 Beardsley，1986）。另外还有研究发现，当打开笼子也意味着能得到沙浴材料时，母鸡会啄住钥匙来打开笼子，但是啄钥匙的数量不会大幅增加（Lagadic 和 Faure，1987；Faure，1991）。这些动机试验的结果都不一样，可见母鸡对沙浴材料的需求可能没有人们认为的那样强烈（比如说沙浴可能不是强动机行为）。实际上这些结果并不是否定了沙浴这种行为需求，而是对什么驱使了鸡的沙浴行为提供了有价值的信息。例如，某些行为可能依据特定的生物节律（如只发生在一天中的特定时间），这使得试验设计时必须考虑时间安排。此外，视觉刺激也是影响母鸡沙浴动机的因素，尤其是母鸡能看到沙浴材料时动机更加明显。试验结果表明如果母鸡看不见材料，则沙浴是不重要的（Dawkins 和 Beardsley，1986）；但如果看到了材料，则沙浴就变得重要（Matthews 等，1993）。这些例子很好地说明了行为动机的复杂性，以及对试验结果全面评价的重要性。

有人认为，沙浴行为可能是受积极情感中枢驱使。对获得隐蔽性个体巢窝的动机研究，就清楚证明了母鸡对巢窝的需求。相比于沙浴，这个恐惧动机行为有着更强烈的驱动力。母鸡对产蛋前得到隐蔽巢窝的需求明显高于禁食 4 h 后对食物的需求（Cooper 和 Appleby，2003）。母鸡会抬起加重的门（Duncan 和 Kite，1987；Smith 等，1990；Cooper 和 Appleby，2003）或挤过狭窄的通道来得到巢窝（Cooper 和 Appleby，1995，1996a，1997；Bubier，1996）。我们可以从这些研究中总结出，巢窝是良好福利的必备条件，而沙浴就显得没那么重要（见第 12 章）。

也有人测量了放牧动物结伴的动机。比如，牛犊有和其他牛犊待在一起的动机（Holm 等，2002）。这种动机可以通过记录牛犊为了和同伴在一起而按下开关的次数来衡量。研究人员认为犊牛会为了丰富的社会交往和简单的头接触付出更多努力（按下更多次数开关），这和貂的研究结果相似。这个研究结果可以指导人们在建造圈舍以及动物的个体与群体的围栏系统（参照犊牛的案例）时做出最好、最实际的管理决策。动机研究在决定动物行为需求上非常有价值，可以让人们了解哪种行为能满足核心情感，以及哪种行为对动物来说更重要。

人们可以根据许多线索来判断某种特定的行为是不是所研究物种的强动机行为。有时候，动物会表现某种行为，就算当前没有表现这种行为的必要材料和刺激物，那种行为也具有强烈的动机（Black 和 Hughes，1974；Van Putten 和 Dammers，1976）。这种行为被称作真空行为，因为这些行为并非由明显的原因引发。真空行为是固定行为模式的一种表现，即使缺乏合适的刺激信号也会表现出来。例如母猪在产仔前，即使眼前没有做窝的材料，也会表现出做窝行为（如叼草絮窝）（Vestergaard 和 Hansen，1984）。另一种常常可以观察到的真空行为就是犊牛的无营养式吮吸（如吮吸圈舍的同伴或者其他物体）（de Wilt，1985）。犊牛会因为缺少母畜的奶水而表现出更为强烈的吮吸动机（Sambraus，1985）。真空行为是因动物不能有效表达强动机行为时所感觉到的沮丧（Lindsay，2001）。这些强动机行为对动物来说是必须表达的。

另一个例子就是，动物表现特定行为的需求被剥夺一段时期后，表达此行为的动机便会增加。即当一种行为受到阻止，其表现动机就会相应增加，这被称为"反弹效应"（Vestergaard，1980；Nicol，1987）。蛋鸡对空间限制的反应表明，当受到限制后再给予更大的空间，蛋鸡大多会表现出某些特定行为（如伸腿、扇翅、竖羽等）（Nicol，1987）。作者承认，这种"反弹"可能是因为表现这些行为的动机在限制期间增加了，或者可能仅仅只是源自对陌生环境的反应。Lawson 进行了犬的经口饮食剥夺试验及其后续饮食行为的观察（Lawson 等，1993）。试验犬经胃内投食，数天没有经口饮食的刺激。待限制期结束后，Lawson 观察到这些犬都出现过量饮食的反弹现象。与之类似，我们可以联想到，当某天你下班回家晚了，比平时晚些饲喂犬，在这种情况下，它可能就比准时饲喂的情况下吃得更快。有一项研究探讨了母鸡会做多少工作（推一扇有重量的门）去获得栖木，结果表明当资源被拿走时，习惯了栖息的母鸡会表现出沮丧的行为（Olsson 和 Keeling，2002）。

在研究中使用偏好和动机测试已经成为动物福利科学家的一个有效工具，以帮助他们评估某些资源的重要性，或者农场动物对某些环境的偏好。Kirkden 和 Pajor（2006）提供了关于通常被设计用来回答偏好和动机测试各类研究问题的信息：①动物是否有动机获取或避开资源；②是否对替代资源有偏好；③其动机或偏好有多强；④其内部或外部环境的变化是否改变了它的偏好，或其动机或偏好的强度。他们的论文详细描述了各种试验设计的优点和缺点，以回答围绕动物偏好和动机的众多问题。

8.11　异常取代行为和刻板症（stereotypies）

当动物无法表现某些强动机行为，如土浴、觅食、筑巢时，它们就可能会出现取代行为，如咬围栏、踱步、摇摆、自我麻醉、攻击性增加等（快速访问信息 8.3）。其中一些行为就是刻板症的表现。刻板症是对一种重复行为的定义，这种行为以固定的模式重复并

快速访问信息 8.3　常见的刻板化重复性异常行为和其他异常行为。这些异常行为的出现表明动物需求没有得到满足。应该采取措施，丰富动物的生活环境，以防止出现这些行为

行为	动物种类	行为描述
咬栏	母猪	动物有规律性地咬或舔围栏或其他物体
卷舌	牛	伸舌并迅速来回卷动（图 8.3）
啄羽	蛋鸡	啄其他鸡，会导致羽毛损伤或造成其他伤害，属于不正常的觅食行为（Rodenburg 等，2010）
摆动	马	来回摇摆
咽气癖	马	把上腭放在围栏上有节奏性地啃咬围栏并咽下空气
踱步	水貂和狐狸	在笼子里以固定模式徘徊
异食毛发	绵羊和羚羊	将其他动物的毛拽下来
拱肚皮	猪	把鼻子贴在其他动物身上摩擦
无营养吮吸	犊牛	吮吸肚脐或尿
咬尾咬耳	猪	弄伤其他动物的尾巴或耳朵

且看不出有什么明显的目的（Mason 等，2007；Price，2008）。之所以会出现这些重复无明显目的的行为，是由于动物无法表达某些先天行为，导致它们以这种刻板的行为来寻求解决之道。举一个觅食的例子，一只动物园的熊在饲喂时间之前，会在围栏里某个区域来回徘徊。在动物园里它不必寻找食物，每天都有人在固定时间饲喂，而这种徘徊行为就取代了她在野生环境下长时间的觅食。在妊娠栏里的母猪有时候会在即将饲喂前表现出啃咬围栏的行为（图 8.2），这也许是对觅食和拱地这些天性无法表达的反应（Lawrence 和 Terlouw，1993；Day 等，1995）。许多人都认为稻草是一种可以为多种家畜提供丰富的环境并为它们提供展示种属特定行为的机会的垫料。Tuyttens（2005）对稻草的使用情况进行了全面的综述，以改善猪和牛的福利。Rodenburg 和 Turner（2012）、Grandin 和 Deesing（2014）讨论了遗传对异常行为的影响。被培育成高产的动物必需吃大量的饲料来支撑高产。这也许可以解释为什么异常行为经常涉及嘴。

　　一些动物可能会进行自我治疗，这是为满足行为需求而对不良生活条件的适应行为。现在已经证实，刻板行为与内啡肽的释放有关，使动物对紧张环境的反应有所缓解（Cronin 等，1986；Dantzer，1986）。研究发现，当将治疗成瘾的药物如纳美芬投喂给表现刻板行为的马、猪和小鼠后，其刻板行为就停止了，这也支持了动物刻板行为就是一种疗法的概念（Cabib 等，1984；Cronin 等，1985；Dodman 等，1988）。动物发展这种刻板行为作为应对贫瘠环境的一种手段，表明它们所处的环境需要改善。动物的行为可以作为反映福利水平的指标（Duncan，1998）。

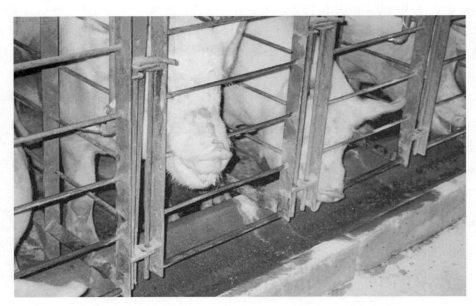

图 8.2　圈养在单体妊娠栏的母猪在咬围栏。母猪的个体差异很大，一些猪会出现咬栏行为，其他猪却不会。

图 8.3 牛的卷舌癖。喂给牛更多的粗饲料会减少此现象。受基因影响，不同品种的牛卷舌程度不同（Grandin 和 Deesing，1998）。

8.12 福利较差的行为指标

观察被囚禁的动物时会发现，一些动物会表现出刻板行为和取代行为，比如一只鸡在没有土的情况下表现出土浴行为；在妊娠栏里的母猪会咬围栏；用链子拴住的犬不停地舔爪子；动物园里的美洲豹不停地在笼子里徘徊。这些表明在一些封闭的动物生产系统中，动物表达某些行为（如土浴、筑巢、觅食、运动、社交、寻求等）的需求受到了限制。这些都是动物福利的潜在问题。很多农业圈舍系统使动物无法表达自然行为。它们表达自然行为的动机受到了挫败，因此在圈舍里变得更加沮丧，这种沮丧会通过多种途径尤其是行为表现出来。生产者往往在集约化封闭系统中饲养畜禽，可问题是我们应该以这种方式养殖吗？（Bernard Rollin，2008，个人通信）。在第 3 章 Bernard Rollin 进行了更进一步的讨论，那就是集约化封闭养殖系统所涉及的伦理问题。动物不会"说出"它们的感受，因此我们必须通过不同的方式来理解它们（如通过他们的行为）。有些人可能会担心由动物行为来判断其福利的可行性（尽管他们和同伴可能每天都这样做）。但是，正如一个研究者所说，"对某些事来说，大致正确比精确更重要"（Ng，1995）。

8.13 环境丰富有助于提高动物福利

对于受限制的动物来说，"五项原则"的其中一条就是动物有表达正常行为的自由。很多人认识到，我们常常很难给饲养和生活在一起的动物提供这样的机会。无论是动物园里有限的空间，还是城市中的限制性法律，可以看到，在当今社会中想要允许动物表达一些正常行为似乎有点难。尽管可能没法让动物像在野生环境下一样表现基本的行为（大众不会接受动物园的大型猫科动物猎杀小兔子），但还是要找到替代方式来达到同样的目的。Markowitz 是丰富动物园动物生活的发起者，他阐明了这种替代观念。他的其中一个努力成果就是发明了声学"猎物"，作为非洲豹得到捕获感的一种环境富集形式（Markowitz 等，1995）。他开发了电脑控制的仿真捕猎道具，为捕猎型猫科动物提供了锻炼机会，并最终改善了它们的行为，提高了它们的整体福利水平。Markowitz 就是用相似的经历来代替真正的捕猎，获得了同样的效果。

提供丰富的环境可以减少动物刻板的异常行为（Mason 等，2007）。其重点是要从一开始就避免异常行为。一旦形成了异常行为，就很难停止。比如禽类的啄羽和啄食同伴的行为就很难制止，因为禽类会互相教会同类啄羽。类似给猪稻草或给母鸡巢窝这些丰富环境的做法，目的就在于避免异常行为并顺应动物想要表现更多种属典型行为的天性。这样更有利于实现动物的生物学本能（Newberry，1995）。另一个好处就是可以阻止可能引起动物受伤的行为。

给牛提供充足的粗饲料，能减少它的卷舌行为（图 8.3）（Redbo，1990；Redbo 和 Nordblad，1997）。给马提供干草或者其他粗饲料，能阻止马的一些刻板行为（McGreevy 等，1995；Goodwin 等，2002；Thorne 等，2005）。喂给马过多的颗粒精饲料会使马容易产生刻板行为。给家鸡和火鸡提供垫料、稻草或者其他可以用来搜寻的材料，可以减少啄羽和啄食同伴。给火鸡提供稻草和吊链，能减少互斗伤害（Sherwin 等，1999；Martrenchar 等，2001）。但是，给鸭一些可以搜寻的材料却没有任何效果（Riber 和 Mench，2008）。给猪提供稻草或者其他纤维材料让它们拱刨，有助于阻止咬尾（Day 等，2002；Bolhuis 等，2006；Chaloupkova 等，2007），在猪的一生中为它们提供这些材料很重要。如果拿走稻草，咬尾行为就会增加（Day 等，2002；Bolhuis 等，2006）。图 8.4 展示的是生活在稻草铺垫圈舍内的母猪。

图 8.4　卧在铺有稻草圈舍中的母猪。给母猪提供稻草能减少异常行为。生产者必须认真管理这类养殖系统，确保给猪提供充足的稻草并保持猪干净。因为这些系统最大的问题是没能提供充足稻草，使猪只能卧在粪便堆中弄脏自己。

在采用液体粪肥和漏缝地面的系统中，可能很难提供稻草或粗饲料。悬挂绳索或者链条也能防止猪互相咬伤、咀嚼或者吸嗅，因为猪喜欢能咀嚼或破坏的物体。挂些布条或者橡胶管比挂链条的效果更好（Grandin，1989）。Jensen 和 Pedersen（2007）也报道了相似的结果。使用链条和球这些不容易被破坏的东西，很容易满足猪这方面的兴趣。给笼中的蛋鸡提供白色绳子，能减少羽毛损伤（McAdie 等，2005）。鸡能在几周的时间保持对同一根绳子的兴趣。在某个实验中，它们第一天啄绳子的次数和第 47 天的次数相同。可见家禽对新奇事物的兴趣可能没有猪的兴趣大。有绳索的笼养蛋鸡在 35 周龄时，羽毛情况明显较好。这个试验中的鸡没有断喙。

8.14　异常行为的遗传效应

必须记住，遗传对行为的发生有很强的影响，这些行为可能会对动物的健康和生产力造成负面影响，比如母鸡啄羽（Kjaer 和 Hocking，2004；Muir 和 Cheng，2014）和仔猪咬尾（Breuer 等，2005）。在家禽中，遗传起着重要的作用（Kjaer 和 Hocking，2004）。为高产蛋量培育的鸡品种啄食同类、攻击、啄羽发生率更高（Craig 和 Muir，1998）。最近的研究表明，啄羽和咬尾可能是不正常的觅食行为。遗传上高水平咬尾、啄羽的猪和母鸡会花更多的时间拱刨环境中的物体，并且吃更多的高纤维饲料（Kalmendal 和 Bessei，2012；Daigle 等，2014）。相比于北京鸭来说，美洲家鸭更容易自相残杀。很多生产者和管理员发现，某些经过遗传选育的猪，尽管瘦肉率高、生长迅速，却更容易咬尾。农场管理者也发现，这些猪也更容易拱咬其他猪。尽管攻击是动物行为的一个正常组成部分，但通过基因选择以减少母猪的攻击性，一直是几项研究的重点，随着许多生产者开始从妊娠栏系统转向开放的圈舍系统，攻击行为已经成为一个日益重要的组成部分。恐惧反应和害怕（或急躁）的遗传性在许多物种中被研究过（Broadhurst，1975；Mills 和 Faure，1991；Boissy 等，2005）。从 OIE 家畜生产系统中动物福利的一般原则出发，"基因选择应该始终考虑动物的健康和福利"（OIE，2012）。相关综述见 Rodenburg 和 Turner（2012）、Grandin 和 Deesing（2014）。

8.15　追求最大生产效率的困境

农业生产的任务是用更少的资源做更多的事情。畜牧业现在面临的困境是继续在很小空间养殖大量动物，以追求生产效率的最大化，或者为提高动物福利而给动物更大空间，单位空间里动物的生产力就会降低。社会团体、生产者和科学家们正以不同的方式因此观念而纠结着。这种极端受限的动物生产模式已经运行了好些年，但这是不可持续的，至少对动物来说是不可持续的。为了获得理想的生产水平，很多驯养物种被推向了生物极限。动物生产极限进一步的推进将无法维持它们的生物特性。人们能种植出达到极高产量的玉米（谷物），也可以通过基因工程改造和选育玉米，使得它们在高种植密度及狭小的空间里也能旺盛地生长。而家畜是不一样的，玉米是植物，不会对生存环境有恐惧、疼痛或者沮丧的感受。可是，人类像对待玉米一样对待家畜，为了让它们在更少的空间产出更多的肉、蛋和奶，只提供给它们拥挤的生活条件。从整体意义上说，如此有限的空间已经让它们不像动物。现在社会各阶层都意识到，将野生动物圈养在动物园狭小的死气沉沉的环境中是不人道的，而且对动物福利无益。早在关注动物园里的动物之前，为了避免伴侣动物感到痛苦，各国就已经出台了许多反虐待法令和法规。伴侣动物有特殊的社会角色，人们对待一些宠物更像对人而不是动物，因为犬的主人很容易就发现犬有感知痛苦、恐惧和沮丧的能力。有时，为了让宠爱的伴侣动物远离痛苦，人们甚至会过度地保护它们。全社会也意识到必须保证实验动物免于不必要的痛苦。许多国家已经立法保护实验动物，由世界各地的动物保护研究机构和委员会执行。那家畜的福利又如何呢？在农场动物的福利越来越为社会所关注的今天，我们可以看到民众消费需求的改变，以及政府增设的相关立法。

　　正如先前所提到的，限制动物的自然行为会导致其沮丧、恐惧、焦虑和痛苦，而且有悖于当前提高动物福利的大趋势。但讽刺的是，当限制动物的一些行为时，动物就会表现出另一些行为来指证人们的错误。动物缺乏自然行为，却表现出异常行为或者夸张的自然行为，这些都表明最近它们的生活不好，至少动物的身心需求没有得到满足。在畜牧业的下一个发展阶段，很有必要构建以动物为核心的养殖环境（Hewson，2003），把关注点放在改善农场条件来适应动物的生活（现在的农场是限制性的操作），而不是让动物适应农场（Kilgour，1978）。人为改造玉米来达到对高产的需要比改变动物要简单得多，因为植物没有感受痛苦的能力。人们不可能完全满足动物的自然行为，也不能彻底解除它们生理上感受到的痛苦。比如恐惧行为是动物生存所必需，所以难以完全消除。然而，可以在选育过程中减少一些行为需求的强度。家畜的哺育行为已经在一些动物上人工退化。与大部分肉牛相比，黑白花奶牛的分离焦虑要低得多。母鸡的就巢性（卧着孵蛋的行为），在一些种类的鸡中也大大弱化（Hays 和 Sanborn，1939；Hutt，1949）。回顾第 1 和第 2 章的研究，了解应该满足动物的一些行为需求。动物科学家和生产者需要在动物的生产性能和效率之间找到平衡，做到既生产食物，又可为家畜提供适当的动物福利状态。

参考文献

（王轶群、高　杰 译，顾宪红 校）

第9章　利用审核程序提高屠宰场畜禽和鱼类的福利

Temple Grandin

Colorado State University，Fort Collins，Colorado，USA

屠宰过程中动物的福利状况经常可以通过对程序和设备的些许改变来提高，比如在致晕箱中安装防滑地板。培训员工在转移一小群动物的过程中避免大声喊叫，可以降低动物的应激。猪、牛、羊和其他家畜对视觉干扰比较敏感。增加一个光源来照亮通道入口，或者减少一个光源来降低光的反射通常可以加快动物的移动。数字评分可以用来评价程序的改变是否合理。需要评价的指标有：在一次致晕后，有效致晕动物的比例；发声率（哞叫、吼叫、尖叫）；摔倒的比例；没有使用电刺棒移动的动物比例；被吊起之前呈现昏迷状态的动物比例。捕获栓致晕（captive bolt stunning）使用效果不佳的一个主要原因是缺乏日常维护或栓道（cartridge）受潮。脱水的动物可能比较难以电晕。在评价受控气体致晕时，应观测动物丧失行为能力（保持站立）前的行为。想要逃离围栏的行为是不被允许的。

【学习目标】

- 用数值表观评分来评价屠宰过程。
- 理解所有类型的致晕方法标准。
- 评价气体和低气压致晕法。
- 知道如何评估动物的昏迷程度（无意识状态）。
- 理解无致晕屠宰动物相关的福利问题。
- 排除问题并解决动物处理和致晕问题。

9.1　引言——找到影响动物福利问题的主要因素

在屠宰场中动物的低福利源自于四种基本类型的问题，要想有效地解决造成动物痛苦的问题，必须正确地确定造成问题的原因。以下是这四个基本类型的问题。

9.1.1 设备或设施维护差

典型的例子就是破损的致晕器或湿滑的地面造成动物在致晕箱中或卸载坡道上跌倒。

9.1.2 未经培训或无人监督虐待动物的员工

典型的例子就是员工将一根木棒戳入动物的直肠或者用重的断头闸门猛烈打击动物。

9.1.3 很容易修正的小设计缺陷

典型的例子是用钢条铺设致晕箱地面，以防地面光滑或者消除发光金属的反射，防止动物畏缩不前。

9.1.4 缺少设备的屠宰场需要购买设备或者重建设备

典型的例子是将非致晕屠宰的悬挂提升活体动物改为用固定箱使动物保持直立状态；或者用更大容量的新设备取代旧的小型设备，以满足屠宰线生产速度的增加。屠宰野生动物、放牧饲养动物时，应保证基本设施（如通道）的配置（参阅第 5 章关于设计的信息）。

屠宰肉牛或水牛等大动物时，缺少固定和捕捉设备引起了一些非常严重的动物福利问题，这个问题在世界各地都有存在（Ahsan 等，2014）。若屠宰野生、未驯服或不习惯被人捕捉的动物，福利问题就变得更糟。有过引导训练的动物在没有现代设备的情况下，也是较容易捕捉的。

9.2 禁止的操作处理和需要立即采取纠正措施的严重福利问题

在很多国家，政府法规和行业制定的指南都禁止最坏的做法。世界动物卫生组织（OIE）有捕捉和致晕动物的指导方针，包括一系列可造成动物痛苦和不应使用的做法（OIE，2014）。当评估一个屠宰场时，第一步要消除应该禁止的做法和雇员的不良行为。世界动物卫生组织法典（2014）特别规定，对有意识的动物使用的固定方法不应对其引起可避免的痛苦，因为这些方法会造成动物如下的剧烈疼痛和应激（快速访问信息 9.1）。

快速访问信息 9.1　永远不应该使用导致动物痛苦的实践（OIE，2014）

- 通过脚或腿悬挂或提升禽类以外的动物。
- 滥用和不适当使用致晕设施（如用电致晕设备移动动物等实践）。
- 机械夹紧腿或脚（用于禽类和鸵鸟的脚镣以外）作为固定动物的唯一方法。
- 通过断腿、切断腿部肌腱或致盲来固定动物。
- 切断脊髓（例如使用十字刀或匕首）或使用电流固定动物，适当致晕除外（见第 5 章固定的有害作用）。

电固定是会引起高度应激和令人厌恶的，因为它可致动物瘫痪但动物却保持清醒。适当的电致晕会造成动物瞬时麻木。研究表明，固定动物是非常令人讨厌的，而且对动物福利非常不利（Lambooij 和 Van Voorst，1985；Grandin 等，1986；Pascoe，1986；Rushen，1986）。

- 抛、拖、摔神志清醒的动物。
- 强迫供宰动物踩在其他动物的身上。
- 使用诸如电刺棒等设备电击动物的敏感区域，如眼睛、嘴巴、耳朵、肛门、生殖区域或腹部等。这些设备一定不能用于任何年龄的马、绵羊、山羊或犊牛、仔猪。
- 造成痛苦的行为（包括鞭打，拧尾，使用鼻箝，戳眼、耳朵或外生殖器官），使用电刺棒或其他可带来疼痛和苦难的辅助设备（包括大棒、具有尖端的木棒、长金属管、围栏电线或厚皮革带）来移动动物。

世界动物卫生组织（2014）和许多国家都制定了一些规程，包含用于畜禽致晕实践的详细规定。屠宰前动物必须处于昏迷、无意识状态。切割四肢、剥皮或烫毛时，动物出现任何恢复知觉的征兆都是不允许的。在宰前，恢复知觉的动物必须立即重新致晕。这是OIE 和很多国家的规范要求。一旦发生任何这些残忍做法，该厂即严重侵犯了动物福利标准和人道屠宰规范。欧盟标准要求每一个屠宰场都要指定一名动物福利官员。美国农业部（USDA）标准则没有这个要求，但是很多公司已经聘请了动物福利专家。

9.3　利用性能数值评分评价屠宰场动物福利

第 1 章、第 2 章和第 4 章介绍了利用数值评分的优点。数值评分极大改善了动物在捕捉和致晕过程中的福利（Grandin，2003a，2005）。此外研究显示，对员工的培训可以降低家畜和家禽胴体的瘀青和损伤（Paranhos da Costa 等，2014）。由 Grandin（1998a，2013）开发的对动物捕捉和致晕评分的数值评分系统在美国和其他很多国家得到了广泛应用。另外一些国家也成功地在评估动物操作处理方面运用数值评分系统（Maria 等，2004）。运用数值来评估动物福利可以断定操作处理正在改善还是恶化。这与检测肉类细菌计数的危害分析关键控制点程序原理相同。

OIE 法典（2009）支持使用数值评分的性能标准。它们远比在很大程度上基于证书文件或主观评价的审核更为有效。由 Grandin（1998a）开发的针对捕捉和致晕的评分系统是一种基于动物的结果评分系统（即所有分数都来自每头动物）。可直接观察到的指标才能用来评估。要通过审核，需要达到一个基于所有关键控制点（CCPs）的可接受的数值评分。对大型屠宰场而言，需要给 100 头动物的每个关键控制点进行打分，而小屠宰场需要对 1h 的生产过程进行监测和打分。本文列出了六个关键控制点（快速访问信息 9.2）。

快速访问信息 9.2　在屠宰时对动物福利进行数值表观评分

（1）一次致晕使动物达到昏迷的百分比（针对所有种类的家畜、家禽和鱼类）。使用捕获栓致晕，能接受的分数为 95%，优良分数为 99%。所有在第一次致晕失败后，必须立即进行第二次致晕。电致晕哺乳动物和家禽，致晕的正确位置必须达到 99%。对于哺乳动物，需要对钳夹放置进行评分；而对于家禽，需要对有效致晕比例进行评分。

（2）悬挂、剥皮、水烫、堵塞食道或其他操作处理前动物昏迷的百分比。该分数必须达到 100% 才能通过审核。对于猪和禽而言，如果任何一头猪或一只禽在进入浸烫时出现任何迹象的清醒，审核即告失败。在禽类屠宰场，出现任何一只红色、变色的禽类没有断喉，审核即告失败，因为很可能该禽是在活着时被活烫死的。

（3）捕捉和致晕时牛或猪发声（哞叫、吼叫或尖叫）比例。所有在致晕间或固定器中发出叫声的动物都必须计分。在动物从先导通道进入致晕箱或固定器过程中，发生于活体操作处理时的叫声都需要统计（更多信息见第5章）。不管是安静还是发声，每个动物都要统计。目标为5%或更少的动物发声。发声统计不适用于屠宰场的绵羊。不要在待宰圈进行叫声评分。

（4）操作处理过程中发生跌倒（如身体接触地面）的动物的百分比（适用于所有哺乳动物）。设备的所有部分都应该计分，包括卸载坡道和致晕箱。如果超过1%的动物跌倒，该工厂则存在需要改正的问题。

（5）不用电刺棒驱赶动物移动的百分比。适用于所有的哺乳动物，75%为可接受，95%为优秀。

（6）只适用于禽类——具有折翅或翅膀异位的禽类的百分比。目标为不超过总禽数量的1%。

还包括将导致自动审核失败的虐待行为。一些虐待行为在本书其他章节已有列举。如果员工故意猛关关押动物的闸门，审核也将自动失效。诸如头固定架、致晕箱闸门及其他机械装置等动力设备造成具有意识的动物发生骨折、挫伤及跌倒，也将会造成审核失败。重复使用具有明显故障或破损的致晕设备也是一种虐待行为。

9.3.1 客观表观评分可以提高动物福利状态

当运用数值表观评分时，屠宰场管理层可以判断各种操作在变好还是变坏。当设定关键临界值的时候，标准应该足够高以促进不好的操作有所改进，当然也不能把标准设定到不可能达到的过高水平。

一些动物福利拥护者认为，允许1%的动物摔倒或者5%的动物发声不是很好的动物福利标准。在一些内部和外部审核都很好的屠宰场，摔倒或者发声的动物都非常少。在1996年餐馆审核实施以前，最差的屠宰场有高达32%的牛发出惨叫声，平均值为7.7%（Grandin，1997a，1998b）。自从审核程序开始实施以来，动物平均惨叫比例在2%以下，最多的为6%（Grandin，2005）。审核开始后，动物摔倒的比例下降得更加显著。2005年对经过非常严格审核（经过McDonald和Wendy两家审核）的屠宰场数据进行了分析。对30多家屠宰场超过3000头牛和猪进行了数值评分，结果摔倒率为0。在动物福利审核实施之前，许多屠宰场用电刺棒移动所有的牛和猪。现今，电刺棒使用比例在20%以下。在多数屠宰场，只在致晕箱或者固定箱的入口处使用电刺棒。在实行审核的前四年，17.5%的牛由电刺棒移动（Grandin，2005）。青年牛比老年牛更容易移动，所以青年肉牛电刺棒平均使用比例为15.2%，而老年淘汰荷斯坦牛电刺棒平均使用比例为29%（Grandin，2005）。2005年对72家肉牛和猪屠宰场的审核结果表明，只有一家电刺棒使用没有通过审核，23%的肉牛屠宰场对5%或者更少的肉牛使用电刺棒。牛第一次致晕的评分平均为97.2%，91%（66家肉牛屠宰场中的60家）的屠宰场通过了致晕审核（Grandin，2005）。2005年，42家屠宰场所有的肉牛在吊挂之前达到了无知觉状态。在不使用头部固定装置的状态下，有经验的操作者对95%牛准确致晕，而经验少的操作者则为81%（Atkinson等，2013）。

9.3.2 在操作和固定时牛的发声

需要统计在捕捉时、致晕箱或其他屠宰点发声（哞叫或吼叫）的牛只数量。牛发声是应激的一种标志（Dunn，1990；Hemsworth等，2011）。Grandin（1998b）发现99%牛发声是对诸如致晕失败、滑倒、电刺棒驱赶或固定装置造成过度压力等粗暴操作的反应。使用限制设施造成过度压力的屠宰场有 35％ 的牛会发出叫声 （Grandin，1998b；Bourguet 等，2011）。另一项研究中，头部固定设备造成的过度压力造成 23％ 的牛发生吼叫，但当压力减小时，动物发声比例为 0 （Grandin，2001a）。对越多的动物使用电刺棒就会导致越多的动物惨叫。两个对超过 60％ 的牛使用电刺棒移动的试验，得到了很高的发声评分，分别为 10％ 和 13％ （Miranda de la Lama 等，2012；Probst 等，2014）。不管是利用致晕的常规屠宰场还是未进行致晕的非致晕屠宰场，都要进行发声计数。使用单列通道行进的屠宰场，动物在通道上行进时需要进行发声计数。在致晕箱或非致晕屠宰的固定箱或固定输送机中，要对所有发声的动物进行计数。没有行进通道或致晕箱的屠宰场，移动动物的任何时间，都要对发声的动物进行计数。动物在致晕间或屠宰间时，所有的叫声也都需要计数。牛的发声比例的临界值为 3％。不管是常规致晕还是非致晕屠宰场，如果使用头部固定设备，标准则为 5％，这是以每头动物为基础的评分——每头动物或者计为安静的动物或者计为发声的动物。屠宰场很容易达到这个标准 （Grandin，1998a，2005，2012）。作者收集了 10 个肉牛非致晕屠宰场的数据，表明使用设计良好的头部固定装置固定动物时就能达到该标准。不管是常规致晕还是非致晕屠宰场，如果牛提升悬挂后仍在发声，审核即告失败 （Grandin，2012）。

9.3.3　在操作和固定时猪的发声

猪发生尖叫与应激性操作处理和疼痛过程相关 （Warriss 等，1994；White 等，1995）。不像牛，很难确定哪头猪在满是猪的行进通道中尖叫。质量保证部门运用声级计来监测声音水平。一家具有创新性的猪屠宰场安装了一个声音信号灯。当猪在被操作的过程中尖叫很厉害时，指示灯显示红色；当尖叫声有所减缓时，指示灯显示绿色。声级得分在屠宰场内部行之有效，但在与其他屠宰场进行比较时，由于屠宰场设计和每个圈舍猪数目的差异，可比性就差一些。为了进行屠宰场间比较，可以统计在下列区域内尖叫的猪只数量：在具有行进通道的屠宰场，记录在传送器、限制器或致晕箱中尖叫的猪的百分比；在使用气体致晕的屠宰场中，当气体释放器打开时，记录每一头猪的情况；采用批量致晕的屠宰场，记录致晕时每头猪的尖叫情况。"是或否"的评分是在每头动物的基础上进行的——猪被评为安静或发声。极限值应该为 5％ 的猪发出叫声。任何一头猪在致晕后发声，审核即告失败。

9.3.4　不能对绵羊进行发声评分

不能运用发声 （咩咩叫） 评分来评定绵羊在被操作和固定时的应激水平。由于绵羊是毫无反抗能力的被捕食者，即使遭受应激或疼痛，它们通常也不发出叫声。在遇到捕食者威胁的时候，绵羊不会发出任何声音 （Dwyer，2004），这或许可以解释绵羊在受到厌恶的痛苦处理程序时可以为什么保持无声状态。绵羊在被固定的过程中或许会挣扎，但它们通常不会发声。一只孤立的绵羊会发声，因为它们为群居动物，其发声是为了寻找到同伴 （Boissy 等，2005）。

9.3.5 山羊

山羊叫声标准还需要进行研究。

9.3.6 电刺棒使用临界值

牛、绵羊、猪、山羊和其他所有哺乳类动物的关键临界限值为不使用电刺棒驱赶动物的比例必须达到 75%。比例达到 95% 为优秀。旗帜和其他无电用具应该是最基本的辅助驱赶用品。只有在不得已时才使用电刺棒，用完后即收存起来。如果是击打、拖拽、损伤尾巴及其他虐待性做法，审核也告失败。使用"是或否"来记录动物用电刺棒移动或不用电刺棒移动。因为很难确定电刺棒开关是否闭合，如果电刺棒接触到动物，就记录使用了电刺棒。屠宰场能很容易达到标准（Grandin，2003a，2005，2014）。

9.3.7 操作处理过程中跌倒的临界值

牛、绵羊、猪、山羊和其他所有哺乳类动物的跌倒关键临界值为从卸载到致晕或非致晕屠宰的任何一个环节，动物的跌倒比例不应超过 1%。如果动物身体接触地面，即计数为跌倒。设计的致晕箱引起动物跌倒，将会导致审核失败。屠宰场能很容易地达到该标准（Grandin，2012）。OIE（2014）法典也对跌倒使用数字评分。如果有超过 1% 的动物跌倒，那就需要采取改正措施。

9.3.8 家禽操作处理临界值

肉鸡操作处理是通过计算折翅或脱臼的禽类百分比来进行评估。折翅率计数必须在有羽毛的情况下进行，这是一个福利问题，以避免与由去毛设备造成的操作损伤相混淆。在倾卸模块系统中，可接受的最低分数为轻型禽类折翅率为 1%，超过 3kg 的重型禽类折翅率为 3%。超过 3kg 的禽类优秀分数为不超过 1%。行业内很容易就能达到该标准（Grandin，2014）。来源于使用 22 家加工不低于 3kg 的重型家禽的美国屠宰场（装有倾卸模块系统）产品的餐厅审核数据显示，所有屠宰场的折翅率均不超过 3%，6 个优秀的屠宰场该比例不超过 1%。在审核刚开始时，大多屠宰场禽类折翅率均为 5%~6%，但当他们提高了操作处理技术，分数即得到改善。在一些劳动力比较低兼的国家，可以小心抓取每一只家禽并以家禽头部向上的状态放入笼子中。采用这种方式抓取家禽的国家，折翅率可以降低至 0.5% 以下。

9.4 捕获栓致晕法原则

捕获栓致晕法原则参见第 10 章和美国兽医医药协会（AVMA，2013）关于捕获栓致晕法的说明和指南。人道屠宰协会发表了一篇非常好的关于捕获栓致晕的论文（HSA，2014）。动物的前额是比较好的正面射击位置，如安乐死（图 10.1 至图 10.6）所示，通常更有效。在有些情况下，在角的位置后面进行射击也是有必要的。为了使射击更有效，射击必须以正确的角度对准大脑（Gregory 等，2009）。细心维护和清洁捕获栓是必需的。

9.5　哺乳动物电致晕法原则

当采用电致晕法时，必须有足够的电流强度（单位是安培）通过大脑造成瞬间麻木。现代的电子控制致晕器可以设置为自动改变电压以提供所需的电流。老式的电击设备根据动物的电阻来设定电压，从而改变电流。润湿动物将减小电阻，强烈推荐这种做法。快速访问信息 9.3 显示了电致晕时的最低电流水平（OIE，2014）。为了导致瞬间麻木，电致晕必须导致一次癫痫大发作（Croft，1952；Warrington，1974；Lambooij，1982；Lambooij 和 Spanjaard，1982；HSA，2000；AVMA，2013）。当动物被有效致晕，阵挛（踢打）期过后，动物会变得僵硬，出现强直（僵硬）期。

快速访问信息 9.3　仅头部致晕所用最小电流水平

（引自 HSA 2000；AVMA，2013；OIE，2014）

物种	最小电流水平（A）[ab]
牛	1.5
犊牛（低于 6 月龄的牛）	1.0
猪	1.25
绵羊和山羊	1.0
羔羊	0.7
鸵鸟	0.4

a. 在所有情况下，在致晕开始 1s 内应该达到正确的电流水平，能维持 1～3s，且参照产品说明。

b. 对于通过头及身体产生心脏停搏式致晕而言，由于电流通过身体的距离较长，因此需要更高的电流强度。

对于猪、绵羊、牛或山羊而言，有两种基本类型的电致晕方式：仅头部致晕和头到身体心脏停搏式致晕。图 9.1 显示一种仅头部电致晕器的正确定位。图 9.2 和图 9.3 显示关键性的头部电极的正确定位。必须禁止将头部电极放到颈部，因为这会造成电流绕过大脑。体电极可以定位在背部、体侧、胸部或腹部。不推荐电流通过腿部。仅头部致晕是可逆的，羔羊或猪必须在 15s 内进行放血以防止它们恢复知觉（Blackmore 和 Newhook，1981；Lambooij，1982）。当应用心脏停搏式致晕时，致晕到放血的间隔可以长一些，因为动物是因心跳停止而死亡。心脏停搏掩盖了癫痫发作的强直期和阵挛期。如想获取电致晕的更多信息，请参考 Wotton 和 Gregory（1986）、Gregory（2007，2008）和 Weaver 和 Wotton（2008）等文献。图 9.4 显示屠宰场一种致心脏停搏的简单方法，该方法仅用简单的设备，首先在头部电击以达到失去知觉，然后在胸部运用一次电刺棒或电钳（Vogel 等，2010）。

图 9.1   仅头部致晕式钳型电致晕器在头部的正确定位。电流必须通过大脑来导致癫痫大发作，可使动物立即昏迷。

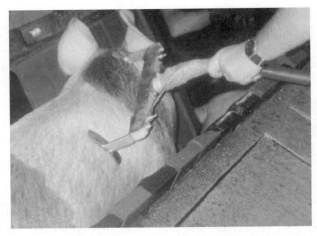

图 9.2   头到身体心脏停搏式电致晕器。必须禁止将头部电极置于颈部，而应放置在耳后凹处或者额部。将身体电极放置在体侧有助于减少肌肉中的血斑。本图片显示了正确的定位。

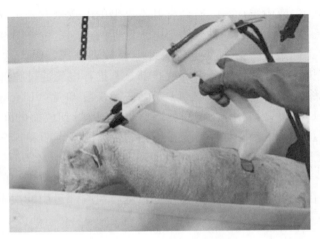

图 9.3   绵羊用头到身体心脏停搏电击器。为确保电极通过羊毛与皮肤接触，要向电极注水。为保证用电安全，全部部件由塑料构成。

图 9.4　在小型屠宰场，仅头部致晕的很多猪因吊起速度慢会恢复知觉。一个简单的解决该问题的方法是首先在头部进行电击，然后在胸部进行第二次电击以使心跳停止（照片由 Erika Voogd 提供）。

为了减少出血斑（猪肉或家禽肉中的斑点性出血），很多电击设备使用的频率高于来自输电干线的标准频率 50～60Hz。较高的频率将减少猪处于昏迷状态的持续时间（Anil 和 McKinstry，1992）。禁止使用极高的频率（2 000～3 000 Hz）致晕（Croft，1952；Warrington，1974；Van der Wal，1978）。频率为 1 592 Hz 的正弦波或 1 642 Hz 的方波将导致小猪昏迷（Anil 和 McKinstry，1992）。很多有效的商业化系统采用 800 Hz 电流电击头部，进而再用 50 Hz 电流电击身体，这种组合是有效的（Lambooij 等，1997；Berghaus 和 Troeger，1998；Wenzlawowicz 等，1999）。能引起心脏骤停的高频率电击是永远不可以采用的。对欧洲钳形电击的使用结果显示，以 400 Hz 的电流频率电击猪胸部不会导致心脏骤停。

9.6　家禽致晕方法的原则

在商业化的家禽屠宰场中，使鸡和火鸡呈现昏迷状态所采用的方法为电致晕或者气体致晕。为了瞬间使家禽昏迷，当使用电致晕时，必须使用快速访问信息 9.4 所示的电流（A）和频率（Hz）（OIE，2014）。欧洲所要求的高强度电流可以导致家禽胸部肌肉产生出血点和损伤。Wotton 等（2014）研究指出，200 mA 的 100 Hz 交流电既符合欧洲对有效电击的法律要求，也符合某些宗教信仰对电击后保持心跳的要求。采用这些参数可以减少对肉质的损伤。HSA（2001）也推荐了小群动物的电击参数。

快速访问信息 9.4　致晕家禽所用电流水平[a] 和电流频率

（引自 OIE，2014）[b]

物种	每只禽电流（mA）
肉仔鸡	100
产蛋鸡（淘汰母鸡）	100
火鸡	150
鸭和鹅	130

频率（Hz）	鸡（mA）	火鸡（mA）
<200	100	250
200～400	150	400
400～1 500	200	400

a. 所有的电流都是正弦波交流电。其他类型的电流可能需要更高的电流强度。

b. 关于电致晕家禽的补充信息参见 Raj（2006）。

快速访问信息 9.5 比较了用于家禽的电致晕法和气体致晕法的优缺点。

快速访问信息 9.5　家禽电致晕和气体致晕系统的福利比较

优缺点	致晕	
	电[a]	气体或低气压（LAPS）
优点	● 瞬间昏迷（Raj 和 O'Callaghan，2004）。	● 不需要从运输器具中移出禽类，可大大降低操作处理应激； ● 运输器具中的所有禽类都能致晕； ● 对活禽不进行操作处理，降低了员工虐待禽类的可能性。
缺点	● 活禽被倒置悬挂于传送带上，对禽类是应激，会造成血浆中皮质酮浓度上升（Kannen 等，1997；Bedanova 等，2007）； ● 与大禽混在一起的小禽错过水浴，可能会未被致晕； ● 管理和培训员工更加困难，由于员工对每个活禽都要进行操作处理，人虐待禽类的问题更有可能发生； ● 设计不周的系统，禽类可能在水浴前遭受小的预电击。	● 不能立即昏迷，失去意识前痛苦和不舒服程度随气体混合物或者排气速度而变化； ● 需要仔细持续地检测气体混合物。在很多系统中，屠宰场建筑周围的风、空气流通的变化、开关门都可能改变气体混合物浓度。这些问题不会在 LAPS 系统或者密闭的气体系统中出现； ● 相比于电击，配备气体系统需要更高的成本。

a. 发生于水浴中的电致晕。

9.6.1 应用于家禽的气体致晕设备

从工程的角度来看，存在两种基本类型的气体致晕系统：第一种是开放式系统，处于运输集装箱中的禽类沿着隧道或者深井由传送带连续运送，系统的入口和出口是开放的；第二种类型的系统是密闭系统（正压），在这种系统中成批的处于集装箱中的禽类被放置在密闭空间中。CO_2 在开放系统中运用效果良好，因为它比空气重，处于致晕箱的底部。氩气也比空气重，在开放系统中应用效果也不错。氩气的主要问题是成本高。为了获得最佳效果，开放系统中必须使用比空气重的气体。同样的原理也用于猪的 CO_2 致晕。处于吊舱（升降箱）的猪被降落到充满 CO_2 的深井。在密闭系统中，气体在正压下被输入到密闭的空间，气体通过通风系统进行再循环，而密闭空间中则一直保持特定的气体浓度。与开放系统相比，密闭空间的一个好处是混合气体能得到更精确的控制。所有种类的气体在密闭系统中应用效果都不错。密闭系统的缺点是与 CO_2 位于深井或隧道底部的 CO_2 致晕箱相比，它要用更大体积的气体。在密闭系统中，在下一批禽类进入前所有的气体都要排空。密闭系统采用惰性氮气时效果会不错，因为几乎所有的氧气都被排除到致晕箱外。惰性气体系统应用效果最好，如果氧浓度不超过 2%，禽类对气体的反应将会降低。这在开放系统中很难实现。利用氮气的开放系统曾经是商业上的失败，因为会造成较高的折翅率。此外，氮气在开放系统中效果较差，因为它比空气轻。氮气价格低，可在精心设计的密闭系统中应用。

9.6.2 禽类的低气压致晕

在本书第一版出版后，一种电击禽类的新方法被开发出来，并被应用于实际生产中（Vizzier-Thaxton 等，2010；HSA，2013）。把一个盛满鸡的容器放在一个气室内，慢慢降低该气室内的气压。通过这种方式致晕的鸡没有逃跑动作，不会扑打翅膀，直到失去姿态和意识。McKeegan 等（2013）研究指出，鉴于动物在失去姿态前没有相应的行为反应，低气压致晕（LAPS）是一种人道的方法。采用这种方法时，气室内的空气必须以比较低的速率慢慢抽出，整个致晕过程在 280s 内可以致鸡死亡。Cattaruzzi 和 Cheek（2012）拥有的专利中包含更详细的操作过程。LAPS 设备使用比较经济，并且比气体致晕装置更易安装。必须安装保护措施以确保空气抽出的速度永远不会加快，因为这会极大提高禽类的应激。Vizzier Thaxton 等（2010）推荐采用录像持续监控禽类的反应。最初在火鸡上的试验表明，应用于鸡的气压参数对火鸡无效（Kurt Vogel，2014，个人通信），火鸡需要不同的参数。鉴于解剖学的不同，不推荐将低气压致晕的方法应用于哺乳动物。

9.6.3 用于家禽 LAPS 和气体致晕的备用系统和放血方法

家禽气体和 LAPS 系统都应有完全的电致晕备用系统。许多屠宰场拥有不止一个 LAPS 系统或生产线，备用电致晕设备消除了工厂管理者在故障后加速其余系统运行的诱惑。加快 LAPS 气体抽出的速率或者快速增加 CO_2 水平会给家禽造成应激。

9.7　禽类和猪对气体混合物的反应

适合于家禽的气体混合物目前在科学界存在极大的争议，全面综述所有的文献超出了本书的范围。CO_2 系统有用纯 CO_2 或用二氧化碳与氧气、氩气或氮气的混合气体的。其他系统则专用惰性气体，如氮气或氩气。猪或鸡不会对 90% 氩气与不高于 2% 氧气组成的混合物产生厌恶性反应，动物自发地进入充满该混合气体的空间内进行采食（Raj 和 Gregory，1990，1995）。在纯 CO_2 系统中，必须禁止将鸡突然置入 CO_2 浓度超过 30% 的致晕箱，除非添加氧气，否则会导致鸡的猛烈扑动，非常不利于禽类福利。作者观察了利用纯 CO_2 的商业化系统，发现为了降低禽类对 CO_2 的反应，CO_2 浓度必须在 6 min 内逐渐上升。将一个录像机置于装有家禽的气室中，作者通过对录像的观察得出，采用 6 min 内 10 步操作逐渐注入 CO_2 的方法，家禽在失去站立能力之前反应很小。此外，商业性设施的实践经验表明，将 CO_2 浓度从 0 平稳地提高到 50%～55% 及以上可降低禽类跌倒前的反应（失去姿态，LOP）（Gerritzen 等，2013）。鸡比火鸡需要在更长时间内缓慢地提高 CO_2 浓度。缓慢、逐渐地提高 CO_2 浓度能防止翅膀拍打和仓皇地试图从器具中逃离。当鸡失去站起来的能力并处于失去姿态的状态，表明它们已失去意识（Benson 等，2012；AVMA，2013）。

商业化应用的另外一种气体系统是双相系统。在该系统中，鸡开始处于含有 40% CO_2、30% 氧气和 30% 氮气的环境中 60s；第二阶段是安乐死阶段，环境中含有 80% CO_2 和空气。双相系统麻醉阶段添加氧气有益于动物福利和胴体质量（McKeegan 等，2007a，b；Coenen 等，2009）。

最常见的两种商业化气体系统是缓慢导入气体的 CO_2 系统和双相系统。

禽类和猪之间具有物种差异。猪必须突然置于 CO_2 浓度高达 90% 的空间中致晕（Hartung 等，2002；Becerril-Herrera 等，2009）。在 90% CO_2 环境中，猪失去站立的能力（失去姿态），表明它们已失去意识（Craig Johnson，梅西大学，2014，个人通信）。采用 80% CO_2 致晕的猪会产生更多的 PSE（苍白、松软、渗水）肉，这是肉品质量的严重缺陷，肉呈现苍白、松软和含水过多状态（Gregory，2008）。CO_2 浓度低至 70%，猪可产生厌恶性反应，不推荐使用（Becerril-Herrera 等，2009）。作者已经对处于方便观察空间的猪进行了观察，无应激综合征的猪在进入 90% CO_2 的空间后行为反应很小，保持安静状态直到跌倒（失去姿态）（Grandin，2003a）。具有应激综合征基因的猪反应更有力（Troeger 和 Wolsterdorf，1991）。一个商业化屠宰场的观察结果显示，猪遗传基础可能影响猪对 CO_2 的反应。很多猪保持安静而另外一些猪积极地试图从器具中逃离（Grandin，1988）。针对猪对 CO_2 反应的研究所得结果不同，很多研究表明动物不会对 CO_2 产生厌恶反应（Forslid，1987；Jongman 等，2000），而另外的结果显示恰恰相反（Hoenderken，1978，1983）。Forslid（1987）的研究中采用的是纯种的约克夏猪，而其他研究中猪品种不明。作者的观察结果表明，猪遗传基础不同可以解释研究结果间的差异。

9.8　如何确定失去知觉（无意识）

角膜反射是保护眼睛不受外来物侵害的不自觉的眼睑闭合反应（Vogel 等，2010）。它包括两个汇合于脑干的脑神经，一个为感觉神经，另一个为运动神经。当角膜感受到诸如手指或钢笔接触时，一个脉冲通过感觉颅神经发送到脑干的中心，随后来源于脑干的一个反射脉冲发回眼睑，启动眼睑闭合，这就是所谓的角膜反射。在人类医学上，这个测试常用来判断脑干异常。但是角膜反射仅表明脑干活动，不代表致晕动物的知觉。对于运用钢笔末端触电或气体致晕的动物，微弱的角膜反射且没有其他恢复清醒的迹象，可能表示该动物处于手术麻醉状态。如果在未接触眼睛的情况下动物可以自发眨眼，则该动物肯定还有感知（有意识），必须重新致晕（Verhoeven 等，2015）。评估失去知觉的人员必须仔细观察待宰栏中的活体动物，从而知道自发眨眼的状态。使用穿透或非穿透捕获栓设备致晕的动物，其角膜反射和眼睛运动必须消失，眼睛必须睁大到茫然凝视状态，不能转动（Gregory，2008；AVMA，2013）。当测试诸如猪和绵羊这类眼睛小的动物的眼睛反射时，一定不要用手指或者其他厚的、钝性的物体去捅眼睛，因为这会造成很难解释的混淆迹象（Grandin，2001b）。手指测试可用于诸如牛这类的大动物。各种有可能指示恢复意识的迹象都应该排除（Verhoeven 等，2015）。永远不要只依赖于单独一个指标。

下列的昏迷迹象可用于评估牛、猪、羊和其他哺乳动物的致晕效果（快速访问信息9.6 和 9.7）（HSA，2000，2001，2013，2014；AVMA，2013；Grandin，2013）。补充信息见文献 Gregory（2008）和 Verhoeven 等（2015）。

对于所有的致晕，应忽视蹬踢和其他的腿部活动。当大脑受到干扰时，会出现蹬踢反射，因为控制来回走动的神经回路位于脊椎（Grillner，2011），控制走路的神经回路会过度兴奋。即使切除头部以后，这样的神经反射还会存在。如果动物舌头卷曲僵硬，说明致晕操作不当；反之，舌头松弛则表明致晕效果良好。

快速访问信息 9.7 和 9.8 引自 Grandin（2013），最初出现于 Gregory（2007）。

快速访问信息 9.6　动物无感知（无意识）的迹象，适当施加的捕获栓或枪射击会造成脑震荡

在侵入性胴体修理实施之前，以下 4 个迹象都不能存在：

①节律性呼吸：必须没有。有节律性的呼吸是指肋骨起伏至少 2 次。

②眼部活动：必须没有。包括角膜反射、眼睑反射、自然眨眼和眼球震颤。眼睛完全打开并且发直，有固定的瞳孔扩张。

③发声：必须没有。包括吼叫、哞叫或者尖叫。在动物倒下的时候，因为胸腔的压力变化引起的咕噜声允许出现。

④正位反射：必须没有。当倒挂起来的时候（图 9.5），正位反射是指背部拱起并且头部持续向后抬起。这应该与头部瞬间翻转区分开，头部瞬间翻转出现在后腿出现反射性蹬踢的时候。如果动物躺在地板上，应处于失去姿态状态，失去抬头或站立的能力。在一个准确有效的射击后，动物会立刻倒下，失去站立能力。

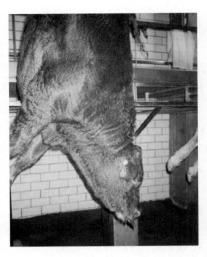

图 9.5　正确致晕、昏迷状态的肉牛。头垂直下悬，后肢或前肢可能会动，应被忽略。培训人员通过观察头部来评估动物是否失去知觉，当身体移动时，头应该松软下垂。

快速访问信息 9.7　动物无感知（无意识）的迹象，施加电击、CO_2、
或其他气体和 LAPS 等方法致晕不会导致动物脑震荡。

在侵入性胴体修理实施之前，以下 4 个迹象都不能存在：

①节律性呼吸：有节律性的呼吸是指肋骨起伏至少 2 次。应与喘息（像离开水的鱼呼吸）区分开来，适当致晕的动物会出现喘息。

②自然眨眼：像在待宰圈的活动物一样睁眼和闭眼。在眼前挥动手臂来测试（威胁反射），不能触碰到眼睛。适当致晕的动物可出现眼球震颤（眼睛振动）或微弱的眼角膜反射。

③发声：包括吼叫、哞叫或者尖叫。在动物倒下的时候，因为胸腔的压力变化引起的咕噜声允许出现。

④正位反射：当倒挂起来的时候（图 9.5），正位反射是指背部拱起并且头部持续向后抬起。这应该与头部的瞬间翻转区分开，头部瞬间翻转出现在后腿出现反射性蹬踢的时候。如果动物躺在地板上，应处于失去姿态状态，失去抬头或站立的能力。

快速访问信息 9.8　适当致晕鸡的无感知（无意识）状态的迹象

①无眨眼（瞬膜反射）。

②丧失下颌和颈部肌肉张力（松软）。

③无节律性呼吸，像离开水的鱼呼吸那样喘息是允许的。

④对掐捏鸡冠无反应。

根据 EEG（脑波）研究的建议，这些研究被用于验证在屠宰时可以观察到的反应，即鸡无意识迹象（Sandercock 等，2014）。

9.9　提高屠宰场致晕效果的实践方法

9.9.1　屠宰场内电致晕的评估

如果没有电流表或其他可用于测量电压、电流和频率的设备，评价动物福利的人员不会知道致晕系统的电流。评估致晕器的一个简单方法是测试其诱导癫痫发作的强直（僵直静止期）及随后的痉挛性收缩（划动踢蹬期）的能力。如果屠宰场使用一体的由头到身体的心脏停搏致晕棒，心脏停搏可能会掩盖癫痫发作。测试这种系统的唯一方法是将该电击器电力箱中的电线连接到只能用于头部的钳型致晕器进行测试，如果可诱导癫痫发作，该电击仪就可接受。只有当电击钳从头部移去后，才能评价强直和痉挛性收缩的存在。当测试强直和痉挛性收缩时，应按住电击钳 1~3 s。按住电击钳太长时间（超过 5 s），可能会使脊椎去极化，并掩盖癫痫发作。

如果屠宰场在致晕动物后使用一个固定的电流来保持胴体静止，电致晕器的效果可能也很难评估。为了观察强直和痉挛性收缩，必须关闭致晕器电流。如果致晕器不能诱导癫痫发作，则不得使用该设备。采用低电流或过高频率将导致具有意识的动物瘫痪。电固定绝不能替代有效的电致晕，后者可引起严重的癫痫发作（OIE，2014）。电固定对动物福利有害（Lambooij 和 VanVorst，1985；Grandin 等，1986；Pascoe，1986）。

电击致晕时电极的正确放置位置

为了确保电流通过 99％的动物大脑，电极的正确放置位置非常关键。这个标准可以很容易实现（Grandin，2001b，2003a）。电极的正确放置位置对于导致动物瞬间昏迷至关重要（Anil 和 McKinstry，1998）。图 9.1 至图 9.3 显示了电极的正确放置位置。脑部电极永远不能放置在颈部，因为电流会绕过大脑。致晕的电极或电钳也不应放置在动物的眼睛、耳朵或者直肠。头部可以接受的电极位置：

①前额到身体（心脏骤停）——仅限于头部电极的记分位置。

②耳后部到身体（心脏骤停）——仅限于头部电极的记分位置。

③头部两侧眼睛和耳朵之间，适用于有电钳型致晕器（仅限于头部）。

④头顶部和下颌，适用于有电钳型致晕器（仅限于头部）。

对于家禽水浴系统，99％的家禽必须放入水浴中，以确保电流通过大脑。

只有 1％或更少的动物应使用热烫电极。电钳或其他设备在切实触及到动物之前已通电，就会出现热烫情况。如果动物发声（尖叫、吼叫）或出现对电击的直接抽离反应，则记为热烫。此方法中的动物发声评分不能应用于绵羊。对于家禽，在水浴入口出现预震动，记为热烫。对受到预震动或没受到预震动的家禽进行计数。

对于鸡，可以反映发生癫痫的行为是不一样的。吊挂轨道上的鸡经过适当的致晕，翅膀会有震颤。它们的翅膀会紧贴身体。当它们恢复知觉后，翅膀会舒展开来，并有扑打的动作。

9.9.2　气体或低气压致晕的动物福利评估

为了评价气体致晕，系统中必须要有窗户或者摄像机，以便在动物跌倒（本书中也称为"失去姿态"，LOP）和昏迷前观察诱导阶段的禽类或猪。我的意见是，为了审核和监测商业化系统，必须测量的基于动物的结果是动物在诱导期的反应。我已经观察了很多类型的商业化系统中的鸡和火鸡。在最好的家禽 CO_2 系统中逐渐输入气体，很少有家禽抖动翅膀，一些家禽在失去姿态前晃头和喘粗气。这是呼吸窘迫的迹象（Webster 和 Fletcher，2001）。在失去姿态前，没有家禽试图从致晕箱中逃逸或做有力的拍打动作。作者观察到经 LAPS 致晕的鸡相似的反应。一项关于火鸡的研究显示，跌倒前 6.2% 的动物用力地拍打翅膀，37% 的动物晃头，18% 的动物深呼吸（Hansch 等，2009）。我认为失去意识前用力地拍打翅膀是不可接受的，必须通过调整气体混合物来避免发生这种情况。在评价气体致晕系统时，重点必须是观察失去姿态和昏迷前动物或禽类的反应。关于最佳气体混合物和诱导禽类方法的研究还在进行中。

9.9.3 评价整个家禽或猪操作处理和致晕系统

当评价家禽致晕系统时，必须将致晕方法和操作处理方法看作是一个完整的系统。气体致晕或 LAPS 可大大改善对家禽的操作处理，不用悬挂活体，更多地减少了雇员虐待家禽的机会，从而可以抵消由于气体导入期引起的某种不适。我的观点是，提高家禽致晕前的操作处理将使整体福利更好，即便是气体致晕或 LAPS 能造成家禽气喘和头部摆动。Gerritzen 等（2013）指出，鸡在低于 40% CO_2 下失去意识，相比于处理或固定产生的应激，逐步增加 CO_2 产生的不适更可接受。如果家禽确实在失去姿态前充分有力地震动翅膀或者试图从气室中逃离，采用电致晕可能更有利于家禽福利。在运输猪的敞车中一定要有足够的空间让所有猪独自站立，不重叠在一起。运输家禽的笼具也应该足够大以允许每一只鸡能够独自躺下并且不重叠在一起。

9.9.4 评估屠宰场捕获栓致晕和枪击致晕

单次射击，95% 的动物必须呈现昏迷状态，这是最低的可接受分值。该分数在管理良好的屠宰场很容易达到（Grandin，2000，2002，2005）。优秀的分值为 99%。所有需要接受第二次射击的动物必须在悬挂放血或其他侵害性操作前处于昏迷状态。穿透捕获栓比非穿透捕获栓更有效（Zulkifli 等，2013）。采用非穿透捕获栓射击，稍稍偏离目标，更可能导致失败。使用非穿透捕获栓致晕的动物必须在 60s 内放血。牛和猪的射击部位应该在额部中间（见第 10 章）。由于绵羊具有很厚的颅骨，射击部分必须在头顶（见第 10 章）。具有很厚颅骨的婆罗门牛、水牛和其他动物可能只能在颈背后面（角后的凹处）进行射击（Gregory 等，2009）。关于捕获栓致晕方法的进一步信息请参考 Gregory（2007，2008）和 Grandin（2002）（见第 10 章）。

9.9.5 在侵入性胴体修整程序之前，所有动物都必须无知觉和无意识

在悬挂到放血流水线前，所有的动物必须均无恢复知觉的迹象。错过致晕或自动刀具的所有禽类必须由放血人员进行切割放血。在诸如热烫、剥皮或腿切除等任一屠宰过程中，对动物或家禽表现出恢复知觉的迹象，均是零容忍。这个标准既适用于致晕的标准屠宰也适用于非致晕屠宰。针对 CO_2 和其他可控气体致晕，需要建立检测诱导过程中动物福利的评分系统。需要预备一个窗口，以使在诱导期（直到动物或畜禽失去正常的姿态和跌倒）得以观察和计分（参见"气体或低气压致晕的动物福利评估"和"评估整个家禽或猪操作处理和致晕系统"）。评估可以了解屠宰系统是改进得更好还是变得更差。在设定每

一个评估标准的时候，阈值要设定得足够高以使较差的屠宰场改进。

9.10 改善动物操作处理的经济利益

改善动物操作处理和致晕过程有很多优点。员工的安全是消除虐待牛和其他大型动物的充分理由。诸如非致晕屠宰前，活牛上镣铐和吊挂这类残忍的做法是很危险的。安装使动物处于舒适直立姿势的现代化固定设施可大大降低员工发生意外事故和伤害（Grandin，1988）。其他的好处包括减少瘀伤和更好的肉品质。临近致晕时，进行应激性操作处理和滥用电刺棒将大大增加血液中的乳酸水平并导致出现肉品质问题，如灰白松软渗水猪肉（D'Souza 等，1999；Hambrecht 等，2005a，b；Edwards 等，2010；Dokmanovic 等，2014）等。多次使用电刺棒将大大提高血液中的乳酸水平和不能站立（无法行走）猪的比例（Benjamin 等，2001）。我已经与多个屠宰场合作，他们改善操作处理做法后能向日本多出口 10% 更好质量的猪肉。一个基本的原则是保持牛和猪的平静状态，临致晕前减少电刺棒使用，这样会减少 PSE 猪肉的产生和改善牛肉的嫩度（Hambrecht 等，2005a，b；Warner 等，2007）。如果以谷物喂养的牛在养殖场装载到卡车时变得焦躁不安，则其皮毛感染沙门氏菌的风险会增加 2 倍（Dewell 等，2008）。

美国、澳大利亚、欧洲和南美洲绝大多数屠宰场不需要投入主要资本来建设全新的操作处理系统。在美国和加拿大，超过 75 家猪和肉牛屠宰场中只有 3 家需要重建整个动物操作处理设施，其他的屠宰场只需要做一些微小的设施改进，并加强员工训练和设备维护。改进设备通常花费不超过 2 000 美元，很多场低于 500 美元，最常见的简单改进是在致晕间中安装防滑地板、改进照明来改善动物移动，安装实心板防止接近的动物看到人和移动设备（Grandin，1982，1996，2005）（见第 5 章）。对禽类而言，更好地管理捕捉员工和加强设备维护都能降低折翅率。

管理屠宰场是一个重要的因素。在 3 个屠宰场中，审核一直不能通过，直到更换了管理人员。管理远比生产线的速度重要。50～300 头/h 不同速度的生产线，电刺棒得分非常相近（Grandin，2005）（表 9.1）。如果屠宰场拥有高效率的生产线操作，而且配备适合这种速度的员工，则即使操作速度很快，也能保持良好的福利。当设备过载或屠宰场人手不足时，情况会变得很糟。我观察到的过载设备的最糟事件之一是，一个小型的牛屠宰场将生产线速度从 26 头/h 提高到 35 头/h，这导致致晕间的门猛烈地撞击牛。一个在 26 头/h 速度下的屠宰场运转很好，但在 35 头/h 的速度下就很糟。3 个屠宰场不得不改造的主要原因是设备尺寸不符或者设备类型与生产线速度不匹配。

表 9.1　不同生产线速度下采用电刺棒的牛的百分数

（引自 Grandin，2005）

生产线速度（头/h）	屠宰场数目	采用电刺棒移动（%）
<50	16	20
51～100	13	27
101～200	10	12
201～300	21	24
>300	6	25

9.11 常见问题和解决方法

以下是屠宰场常见的造成审核不及格的问题和尝试解决这些问题的一些方法。

9.11.1 捕获栓致晕（所有动物种类）

以下为问题和纠正方案。

（1）致晕枪维护不良是造成审核不及格的主要原因。执行每日维护和清洁方案（Grandin，2002）。强烈推荐使用测试台来测试栓速（关于栓速的更多信息见第10章）。

（2）气动致晕器的气压过低，不足以有效致晕。大多数致晕器需要专用的空气压缩机。气体储存罐只能用于每小时屠宰4～5头牛的小型屠宰场。

（3）子弹发潮是子弹射击型致晕器审核不及格的一个主要原因（Grandin，2002）。子弹必须储存在干燥的环境，如专用房间或密闭的容器中。

（4）狂躁不安的动物很难致晕。有两个解决方法：一是改善操作处理，使动物在进入致晕间后保持安静（如减少电刺棒的使用和停止员工大声呼喊）；二是安装防滑地板，防止动物滑倒在地板上（在致晕间地板上用直径2cm的钢条以30cm×30cm见方的方式进行焊接；钢条必须焊接平整，不能重叠）。

（5）采用非穿透捕获栓时，致晕到放血间的间隔过长。在用非穿透捕获栓致晕时，要在60 s内放血。

（6）牛体上的长毛可能降低非穿透捕获栓致晕的效果。

（7）被准确电击的成熟公牛存在的问题。在一项调查中，多至3倍的公牛表现出未完全昏晕的迹象（Atkinson等，2013）。使用可调整气压的充气式致晕系统可以对公牛增加气压。在本书第一版出版后，出现了新的更厉害的盒式捕获栓枪。另外一种方法是使用步枪（AVMA，2013），配备口径大于0.22的子弹。

（8）非穿透式捕获栓击晕的失败。相比穿刺式捕获栓致晕，非穿刺式捕获栓致晕需要更准确的定位，因此需要安装一个固定头部的装置。

9.11.2 电致晕（所有动物种类）

以下为问题和纠正方案。

（1）电致晕电流不足。设定了最小电流，绵羊为1 A，猪为1.25 A，牛为1.5 A（见快速访问信息9.3）。老龄或大型动物可能需要设定得更高。

（2）电极放错位置，电流无法通过大脑。纠正这个问题，需要在电极正确定位方面重新培训员工。在人工操作和自动系统中，可能不得不对电极（钳）重新设计或调整来帮助正确定位。

（3）如果动物体表过于干燥，致晕可能没有效果。需要打湿动物或者电极来提高电流传导。

（4）脱水的畜禽难以致晕，尤其是老龄动物或经过长途运输的动物常见该问题。长途运输过程中和屠宰场待宰栏中供水将有助于防止脱水。

9.11.3 气体致晕（猪和禽类）

以下为问题和纠正方案。

（1）气体浓度太低或使用了不合适的气体混合物（更多信息参见"评价整个家禽或猪操作处理和致晕系统的评估"部分）。对猪而言，推荐使用 90％CO_2（Becerril-Herrera 等，2009），猪对 70％CO_2 会产生厌恶反应。另外一个可能发生的问题是，气体在致晕箱中分散不开。这可能是由于致晕箱设计的缺陷或屠宰场通风系统造成的。纠正这个问题可能需要熟悉通风系统的工程学专业知识。在用于猪和禽类的诸如 CO_2 系统这种开放的气体致晕系统中，造成问题的有以下几个因素：屠宰场建筑周围的气流、屠宰场排气扇开启数目的变化或致晕仓附近门的开关。这些因素能引起"烟囱压力"，造成气体的吸出。"烟囱压力"是有效运转的致晕箱中突然出现清醒动物的常见原因。这可能在按照某个特定顺序开门或开风扇时才发生。由于两室之间或者室内和室外之间的空气压力不同，门会自动砰地关上。气体致晕设施附近空间中压力的不同可能造成致晕设施不能正常工作。"烟囱压力"问题对正压（密闭）系统没有影响，因为该系统中气体由通风系统导入。

（2）过载、尺寸过小的机械设备是气体致晕系统出现的最糟问题之一。当屠宰场提高产能时，机械设备可能会过载。购置气体致晕设备的屠宰场管理者应该购置一台足够大的设备，以应对进一步产能的增加。必须替换过载的设备，一台过载的设备特有的迹象有：①由于输送带速度提高造成动物气体暴露时间降低，从而使动物不能呈现昏迷状态；②运输车或集装箱过载，猪或禽类没有足够的空间站立或卧倒，只得躺在其他个体上面。当将猪装车时，不能迫使其跳到其他猪的上面。

9.11.4 致晕后又恢复意识的问题

以下问题和纠正方案适用于致晕的动物。

（1）没有正确地致晕诱导昏迷——参见本节"问题解决指南"中的致晕部分。

（2）当采用仅头部可逆型电致晕时，致晕到放血的时间间隔太长。该间隔必须控制在不超过 15s（Blackmore，1984；Wotton 和 Gregory，1986）。对心脏停搏电致晕而言，致晕到放血间隔可以为 60s。

（3）放血后血流量不足。这是很多猪屠宰场审核不及格的主要原因。员工必须在更高效的放血方法方面加强培训。对猪而言，切口加大能提高血流，纠正恢复清醒的问题（Grandin，2001b）。

9.11.5 非致晕屠杀情况下，加快失去意识的方法

在非致晕屠宰场，对安静状态的动物进行切割，昏迷将出现得更快（Grandin，1994）。用很锐利的刀进行快速切割通常更有效。不得使用没有锐利刀刃的钝刀。固定装置造成的过度压力可能引起焦虑，延迟昏迷的发生。高叫声分数是固定装置伤害动物的一个信号。一个屠宰场固定设施使用过高的压力会使 35％的牛发生喊叫（Grandin，1998b）。头部固定设备使用的过高压力造成 22％的牛吼叫。当压力下降时，喊叫下降到 0（Grandin，2001a）。刀必须足够长，从而使切割过程中刀柄仍位于颈部的外面。切割过程中刀周围的切口不应闭合。应该将动物固定在一个舒服的直立位置，头部固定后 10s 内必须进行切割。如果超过5%的牛发生喊叫，必须采取措施立即纠正。必须非常小心，以防止后推门或固定设施的其他部分压力过大。切割后立即将头部固定器、腹部提升器、后推门和其他压制动物的设备撤除，以利于放出血液。推荐切割C1（颈椎1）区靠近下颌部的喉咙（Gregory等，2012；Kolesar等，2014）。不能从箱中移出动物，直到它晕倒并且死亡，瞳孔扩张（Kolesar等，2014）。

　　表9.2显示了非致晕屠宰场采用好的和差的程序屠宰牛的差异（Erika Voogd，2008，个人交流）。表9.2的时间与文献资料的结果（Blackmore 和 Newhook，1981，1983；Blackmore 等，1983；Gregory 和 otton，1984a）很相似。与不致晕牛相比，不致晕绵羊宰杀后昏迷更快。这是因为绵羊和牛在解剖学上有所不同（Baldwin 和 Bell，1963a、b）。绵羊开始昏迷的平均时间为2～14s（Blackmore，1984；Gregory 和 Wotton，1984b）。应该使用跌倒时间（失去姿态）计分来缩短喉管切割后动物仍保持清醒的时间。动物失去站立能力，并且对眼前手的挥动（威胁反射）无反应，这时表明动物已失去意识（EFSA，2013）。非致晕的糟糕屠宰会导致动物的清醒时间延长（Newhook 和 Blackmore，1982；Blackmore，1984；Gregory 和 Wotton，1984a、b、c）。参见 Grandin（1986）对这些研究的综述。Daly 等（1988）报道了牛大脑失去感官反应的时间变化范围为19～126s。为了减少这种变异和缩短知觉恢复的时间，需要仔细地计分和监测跌倒（失去姿态）时间。

表 9.2　非致晕屠宰牛过程中眼睛反转和跌倒（失去姿态）时间

（引自 Erika Voogd，2008，个人通信）

项目	好技术	差技术
平均倒地时间（s）	17	33
最长时间（s）	38	120
30s 内倒地的牛（%）	94	68
牛数（头）	17	19

9.11.6　纠正牛大声吼叫或猪大声尖叫（发声）的问题

　　以下这些问题和纠正方案适用于传统致晕和非致晕屠宰场。

　　（1）过度地使用电刺棒是发声的主要原因。培训员工利用旗帜或其他不带电的辅助手段作为他们移动动物的主要方法（见第5章）。只有在需要移动顽固的动物时才使用电刺棒，随后马上把它放置起来。

　　（2）错过致晕造成动物喊叫——纠正该问题见标题为"捕获栓致晕（所有动物种类）"部分的致晕建议。

　　（3）在致晕箱、固定箱中及引导通道上的跌倒或者很多微小的快速滑动，可能造成发声。纠正方法是安装防滑地板。当动物在致晕箱中上下快速移动和重复做出多次微小滑动时，它们会感到惊慌。

　　（4）造成疼痛的头部固定装置或其他固定设备的过度压力导致发声（Bourquet 等，

2011）。在液压或气动设备上安装限压装置。头部固定装置需要单独的压力控制，设置的压力必须低于需要更大压力控制的沉重门和其他装置的压力。如果使用固定设施时动物有直接反应，表现为喊叫，那么固定设施也有问题。

（5）锐器刺入动物身体发声。接触动物的表面必须平滑。即使是一个小的尖锐棱角也可能刺入动物身体，必须找到问题所在并清除。

9.11.7　在操作过程中防止动物跌倒

以下这些问题和纠正方案适用于传统致晕和非致晕屠宰场。

光滑的地板是造成动物跌倒的主要原因。有很多途径可以提供防滑地板。菱形地板或方格地板磨损过快，并变滑。致晕箱里应铺设平坦的防滑地板。

（1）安装由 2cm 钢条焊接的 30cm×30cm 方形格做成的防滑地板（见第 5 章）。钢条禁止重叠。在诸如致晕箱、通道、集畜栏、磅秤和卸载区等频繁使用的区域最好使用防滑格。

（2）利用混凝土制槽机械在地板上刻槽（由承包商做或者租用机械）。大面积光滑地面推荐使用这种方法。

（3）推荐为牛和其他大型家畜建设新地面，包括在栏内和通道的地面上刻槽，形成 20cm×20cm 方形或菱形图案。槽至少 2cm 深和 2cm 宽。对猪、绵羊和其他小家畜来说，可以使用相隔更小的小槽。膨胀的金属网嵌入湿的混凝土效果不错。不推荐使用粗糙的地面处理，因为它磨损过快。

（4）安装带有螺纹表面的橡胶垫。

9.11.8　减少电刺棒的使用

以下为问题和纠正方案。

（1）操作处理动物时，未经严格训练的员工倾向于过度使用电刺棒。必须训练员工操作处理动物的行为规范（Grandin，2014）。必须禁止员工对着动物大声叫喊和吹口哨（见第 5 章）。

（2）导入单列通道的集畜栏超载会使操作处理动物更加困难。牛和猪应该以独立的小群移入集畜栏。集畜栏应该半满。绵羊可以连续流动的形式大群操作处理（见第 5 章）。

（3）动物畏惧不前和拒绝移动是过度使用电刺棒的主要原因。这是一个必须要纠正的设施问题。为了提高动物移动速度，必须从设施中去除吸引动物注意的干扰性因素。参考快速访问信息 9.9，必须清除通道、致晕箱和固定设施中的干扰因素。为了发现造成畏缩不前的原因，人们应该进入行进队列观察动物正在看什么。一头安静的动物有助于定位干扰因素。单列通道或致晕箱清晰明亮的入口能促进动物移动（图 9.6）。快速访问信息 9.10 提供了解决致晕箱或限制设备中诸如喊叫或狂躁动物问题的辅助方法。

快速访问信息 9.9　发现和去除造成动物畏缩不前、返回或拒绝移动的干扰因素的故障排除指南[a]

造成畏缩不前的干扰因素	如何促进动物移动
● 通道或致晕箱入口过暗。	● 添加不直射正在走近动物眼睛的间接照明（图 9.6）。如果阳光使入口看上去昏暗，可能需要安装一个遮光物以阻断阳光。
● 看到前方有正在移动的人或设备。	● 行进通道安装不透明侧面，以及使人能站在后面的护罩。阻断动物看到运转设备的视野，改变人站立的位置，因为这些视野造成动物畏缩不前；可用大片的硬纸板尝试。
● 风吹到正在走近的动物脸部。	● 改变通风，使致晕箱的入口处无气流运动。
● 过度的噪声。	● 确保没有喊叫声，让嘶嘶作响的排气装置保持安静，在噪声大的设备上安装橡胶垫。
● 金属或湿地面的反射。	● 增加或移动灯具通常会消除反射。必须进入动物通道，并从动物眼睛水平观察，以确定反射是否已被消除。用便携式灯做多次试验。现有的灯具可能需要移动。
● 造成畏缩不前的小物件。	● 移除悬挂在栅栏上的蓬松塑料、衣物和通道中晃动的绳链。
● 颜色对比强烈。	● 将设施粉刷为同样的颜色，员工所穿衣物与墙体颜色类似。
● 地板排水沟或地板颜色的变化。	● 从动物行走的区域移走排水沟或使地板表面看起来颜色一致。

　　a. 更多的信息见第 5 章，以及 Van Putten 和 Elshof（1978）、Grandin（1982，1996）和 Tanida 等，（1996）。专家信息见 Grandin（2014）。

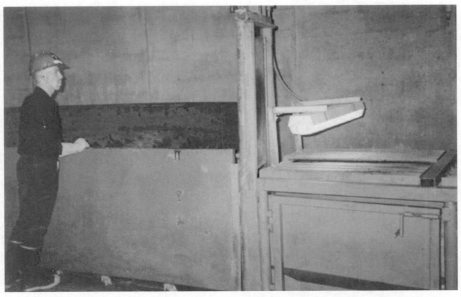

图 9.6　在单列通道入口放置一盏灯，能通过吸引猪进入通道而促使动物移动。

快速访问信息 9.10　利用致晕箱、头部固定器和传送限定器解决问题

问题	可能的原因	补救措施
● 动物拒绝进入	● 见快速访问信息 9.9。	● 见快速访问信息 9.9。
	● 固定传送器中的"视觉悬崖"效应。动物能看到传送装置高出地板。	● 安装假地板，提供可以行走的地板的错觉（Grandin，2003b）。必须安装假地板，使其位于传送带上最大动物的脚下约 15cm 处。
	● 进入时压紧支架接触动物背部。	● 升高压紧支架。
● 动物变焦躁和喊叫	● 地面光滑。	● 安装防滑地板。
	● 固定设备的压力过大。	● 减少压力。用最适宜的压力来固定动物——必须既不过松也不过紧。安装限压装置。头部固定装置需要有它自己的独立的压力限制装置——它需要一个远低于重型门的压力。
	● 在固定器中时间过长。	● 在 10 s 内致晕或非致晕屠宰。
	● 设备突然急速移动。	● 安装减速装置，使设备平稳缓慢移动。液压或气动控制必须具有好的减速控制，这可使操作者平稳移动头部固定器或其他固定设备，像汽车油门踏板一样（Grandin，1992）。
	● V 形固定传送器的一侧比另一侧运行速度快。	● 两侧必须以相同的速度运转。
	● 压紧支架不能完全阻断传送限定器中的动物视野。	● 加长压紧支架。
	● 动物看到致晕箱前的人员和其他移动的物体。	● 在致晕箱前安装不透明的挡板，通过试验来判断挡板的放置位置。

9.12　非致晕屠宰的福利问题

从动物福利立场来看，非致晕屠宰动物有很大争议。全面综述非致晕屠宰文献已超出本书的范围。有两个主要的福利问题：非致晕割喉；割喉过程中如何固定动物。非致晕屠宰最严重的问题是固定方法。我已经观察到恐怖的屠宰场：一长串乱窜的活牛被用一条腿倒挂。牛发声分数几乎为 100%。

对最好的动物福利而言，在非致晕屠宰过程中，应该将动物固定于一个舒适直立的位置（图 9.7）。

在固定箱里，奶牛直立比背靠地面发声少（Velarde 等，2014）。旋转箱中奶牛挣扎较少，但是作者没有区分失去意识前后的挣扎情况。失去意识之后的挣扎对动物福利没有

影响，这种挣扎主要是因为肢体反射引起的。与直立固定相比，设计差的固定牛背部的旋转箱会造成更多的应激和发声以及更高水平的皮质醇浓度（Dunn，1990）。一种改进设计的旋转箱，配有一个可调节的侧面，在倒转后的几秒钟内宰杀动物，其发声分数与直立箱相似。为了评价非致晕屠宰过程中操作处理和固定的动物福利情况，屠宰场必须采用传统屠宰场使用的方法对发声、摔倒和电刺棒使用进行计数。牛发声比例不得超过 5%，无论是在直立的还是旋转的箱内，这个标准是很容易实现的（Grandin，2012；Kristin Puf-paff，2015，个人通信）。执行动物福利计划的人员必须关注消除固定时疼痛、应激的方法（见第 5、16 章）。不幸的是，美国最近的一项研究显示，采用非致晕屠宰牛的过程中，有 47% 的牛发声（Hayes 等，2015）。用电刺棒驱使移动的几乎涉及所有的动物，机体乳酸水平高（Hayes 等，2015）。这是很明显的虐待，是不被允许的。

图 9.7　经济型手动操作的直立式固定箱，可以使用当地材料，容易
建造。长杠杆为手动操作提供了机械优势。由 Rastro Kolesar 设计。

正确的非致晕屠宰中，牛在切割过程几乎没有反应 Grandin，1994）。Barnett 等（2007）报道 100 只鸡中仅有 4 只在切割过程中出现身体反应。与操作好的非致晕屠宰相比，当用手在动物脸前挥动时可能引起更大的行为反应（Grandin，1994）。当刀第一次接触喉咙时，大多数牛会产生轻微的抽搐。手在动物脸前 20 cm 范围内快速挥舞，会激怒动物，因为这样进入到牛的逃离区。我观察到放牧饲养的牛逃离区较大。我还观察到当切割做得不好，伤口紧包着刀时，动物会激烈挣扎。EEG 疼痛测量表明利用锐利的 24.5 cm 刀切割 109~170 kg 犊牛颈部引起了疼痛（Gibson 等，2009a，b）。另外一项不致晕屠宰后的福利关注点是肺部充血，在牛上，该现象变化范围为 36%~69%（Gregory 等，2008）。

在穿透型和非穿透型捕获栓致晕后，心脏会继续跳动几分钟（Vimini 等，1983；Jeristrom，2014），对家禽通常允许水浴电击，但不允许气体致晕。在捕获栓致晕或电致晕之后，动物会产生大量应激激素，一些反对屠宰前致晕的人会引用此类研究（Van de Wal，1978；Shaw 和 Tume，1992）。实际上，经过正确的击晕后，应激激素释放的时候，动物是无意识的，因此对动物福利没有影响。一些很好的辅助阅读材料见 Daly 等

（1988）、Grandin（1992，1994，2006）、Levinger（1995）、Rosen（2004）、Shimshoney 和 Chaudry（2005）、Gregory（2007，2008）和 Johnson 等（2015）。关于失去知觉所需时间的其他信息参见前面的"如何确定昏迷"部分。OIE、EU、美国和其他很多国家允许非致晕屠宰，以便于人们自由地实践宗教信仰（Rosen，2004；Shimshony 和 Chaudry，2005）。在本书第一版出版后，非致晕屠宰动物的方法越来越受到争议，由此一些欧洲国家已经禁止了无致晕屠宰。非致晕屠宰对牛福利的影响大于对绵羊的影响。绵羊能迅速失去意识，并且比较容易以低应激方式固定。失去意识最初的迹象是失去姿态和站立能力（EFSA，2013）。失去自主的自然眨眼是另外一个失去意识的迹象（EFSA，2013）。

9.13　处理不能移动的动物

图 9.8　利用塑料滑板恰当地操作处理不能移动的猪。一定不能拖拽瘫倒的猪。

　　必须禁止拖拽不能移动的动物。拖拽是对 OIE（2009）法典、EU 和 USDA 规范中关于人道屠宰的违背。猪、绵羊、山羊和其他小动物可以用滑板或其他运输工具来轻易移动。图 9.8 是一种简单的运输瘫倒不能活动猪的滑板，而图 9.9 是一种能轻松组装、运输不能移动的猪、绵羊和山羊的手推车。很难以不造成痛苦的方式移动诸如不能动的奶牛等这类大型动物。美国农业部在美国做的最好的事情之一就是在联邦检验屠宰场禁止屠宰不能移动的奶牛。当奶牛处于较好状态时，将其出售给屠宰场，可以预防出现大多数不能移动的奶牛。不能移动的猪和绵羊依然能在 USDA 屠宰场屠宰。重点应该是防止出现大量不能移动的动物。

图 9.9　移动不能活动的动物手推车。它能在装载动物的条件下不费力地滑动。一定不能拖拽不能活动的动物。在很多国家，瘫倒和不能活动的动物必须用捕获栓射杀在货车上。

9.14   常见问题解答

9.14.1   使用 β-受体激动剂引起的操作处理和肉品质问题

> 说明：本节介绍的使用 β-受体激动剂的情况引用的是美国等国家的资料，我国不允许在畜牧生产中使用 β-受体激动剂。

饲喂高剂量盐酸莱克多巴胺（β-受体激动剂）的猪在屠宰场可能更难移动（Marchant-Forde 等，2003）。James 等（2013）报道，饲喂瘦肉精的猪在遭受粗暴的操作之后，会有更多的应激问题。待宰栏经理和工作人员都报告，饲喂高剂量盐酸莱克多巴胺、重达 125～130 kg（275～285 lb）的大型上市猪由于它们过于虚弱很难自行走动。这些猪没有 PSS 的症状，更多信息见第 5 章和 Marchant-Forde 等（2003）。对牛而言，以每天 200 mg 盐酸莱克多巴胺的低剂量饲喂 28 d 对操作处理只有较小的影响（Baszczrak 等，2006）。其对短暂的 60 min 的屠宰运输没有不利的影响。

饲喂过高剂量的 β-受体激动剂，诸如盐酸莱克多巴胺或齐帕特罗，牛将生产出更硬和大理石花纹更少的肉。笔者观察到它们还有热应激和跛行的症状。Longeragan 等（2014）报道，给牛饲喂 β-受体激动剂，会增加在炎热的夏天牛的死亡损失。它们的脚通常看上去正常，但可能有脚痛症状。如果给猪饲喂盐酸莱克多巴胺，其脚部病变发生率会更高（Poletto 等，2009）。对牛和猪而言，中等剂量的盐酸莱克多巴胺或齐帕特罗将提高猪肉和牛肉的韧性（Carr 等，2005；Hilton 等，2009；Gruber 等，2010）。最有效的禁止饲喂过量 β-受体激动剂的方法之一就是对移动不能动的动物和硬肉进行罚款。当生产者看到钱从他的薪金支票上扣除，他将停止使用 β-受体激动剂或者采取更负责任的态度使用它们。很多国家（包括中国）禁止使用这些物质。

9.14.2   集约化驯养动物与放牧饲养的动物

如果驱赶已经驯服、缰绳破损的动物，就不需要单列通道或致晕箱。人们能引导被驯服的动物到达屠宰地面，进而将其致晕。一个人能控制住诸如绵羊或山羊这类小动物进行非致晕屠宰或者致晕。简单的系统适用于习惯于人群的集约化饲养的驯养动物，但对用于放牧饲养的动物在动物福利方面却是非常有害的。适用于驯养的中东绵羊的系统并不适用于对人群不习惯的澳大利亚进口绵羊，对那些绵羊来说需要单列通道。对于小型屠宰场，可以使用由当地电焊工制作的简单通道。绵羊能在通道内排成单列，一次可以移出一只。对于大型的中东屠宰场，需要在通道终端安装固定传送器。

9.14.3   动物看见血的行为反应

在很多系统中，尤其在一些发展中地区，动物能看见其他动物正被放血或者被迫走过满是血的地面。作者曾经观察到，如果先前的动物保持安静，牛会自发地进入满是血的非致晕固定箱。如果先前的动物由故障设备卡住 10～15min，其他牛将拒绝进入。研究发现，施加 15min 的应激源，如电刺棒的多次电击，将引起体内应激信息素的分泌

（Vieville-Thomas 和 Signoret，1992；Boissey 等，1999）。如果动物保持行为安静，接下来地面上的血则不会影响其福利。如果动物变得狂躁，且持续数分钟，则地面可能需要在处理下一头动物前进行清洗。观测数据显示，在其他动物的视野中致晕动物几乎对这些动物的行为没有影响，但在视野中出现断头可能造成下一头动物恐慌。如果跌倒的动物身体保持完整，它们好像不明白发生了什么。

9.14.4　由固定设备或头部支架引起的瘀伤

一个衡量动物福利最重要的部分是检查胴体由固定设备引起的瘀伤或损坏。如果固定设备引起了胴体的瘀伤或损坏，则必须纠正。

9.14.5　清洗脏污家畜的方法

重点是在牧场保持牛清洁。应严禁使用诸如高压消防水管喷射动物此类恶劣的方法，也应避免直接向动物脸部喷水。许多屠宰场利用建在待宰栏地面上的喷淋装置清洁动物腿部和腹部，这是可以接受的。必须避免在低于结冰温度的环境中对动物进行清洗。必须停止给活牛剪毛或剃毛的行为，因为这样容易造成动物应激，对人也是很危险的。很多宰杀脏污牛的屠宰场在致晕和放血后对胴体进行清洗，从动物福利角度，这比在活体动物上清除污物要好得多。另外一个好方法是在致晕和放血后用绵羊剪毛剪修剪胴体开膛区域。

9.14.6　致晕到放血的间隔

一些国家的规范要求在致晕后 20 s 或 60 s 内对动物放血。只要动物显示恢复知觉的任何迹象，都必须在放血生产线提升和吊挂前进行重新致晕。如果需要重新致晕，则在第二次致晕后对间隔时间进行计时。一个短的致晕-放血间隔对只电击头部和无穿透捕获栓致晕至关重要。

9.14.7　工休期间的注意事项

在咖啡和午休期间不能将动物留在致晕箱、固定器或固定箱内。在午休和其他较长休息时段，也应该清空引导通道。对家禽屠宰场而言，在休息期间不能将家禽悬挂在生产线上。

9.14.8　人手不够对操作和致晕动物的影响

致晕箱和操作系统的工作人员不够，会导致出现严重的动物福利问题，因为工作人员很容易变得急促或疲劳。当一项特定工作几乎可以由一个人正确完成时，就会出现最严重的问题。在大的肉牛屠宰场，经常会有致晕箱大门砸在牛身上的问题。有必要在致晕箱大门处多安排一个工作人员来解决这个问题。

9.14.9　屠宰引起的动物应激程度

文献显示，动物皮质醇水平在牧场操作处理期间接近屠宰后。在牧场和屠宰场两个地方都有皮质醇水平过高和过低的情况。比较安静的动物有较低的皮质醇水平。很多研究已有综述（Grandin，1997b，2007b）。

9.15　鱼类致晕及其福利评估的原则

欧洲鱼类零售商正在要求鱼类更高的福利标准（Lines 和 Spence，2014）。OIE（2014）要求对鱼类进行有效击晕，使其缺乏意识。鱼类生产商和加工商已安装致晕鱼类、使其感觉不到痛苦的系统。在第 2 章对鱼类痛苦知觉研究有过讨论。研究显示，活鱼冷冻过程中可能处于高度应激状态（Lines 等，2003；Roth 等，2009）。文献的一个综述显示，很多渔场管理者已经安装致晕系统。文献检索发现，最近出现了很多鱼类致晕设备的专利。电致晕设备必须诱导大脑出现癫痫样活动才能使鱼呈现昏迷状态。电击系统和电击参数的信息可参见 Lambooij 等（2007，2008a，b，2013）和 Branson（2008）。打击致晕也用于鱼类。鱼类致晕技术正在迅速发展。

为了决定一个可接受的福利水平的数字分数，必须收集数据（快速访问信息 9.11）。当首次对鱼类加工场和养殖场进行审核时，可接受分数的临界值应该允许最佳操作的前 25％通过（见第 2 章）。

快速访问信息 9.11　评估鱼类的致晕和操作处理

可采用用于家畜和家禽的数字评分法来评估鱼类致晕。鱼类应运用以下参数进行评分。
(1) 使用一次致晕器有效致晕鱼的百分数。
(2) 操作前呈现昏迷状态鱼的百分数。
(3) 发生在生产区的鳍缺损等缺陷鱼的百分数。
(4) 有瘀伤鱼的百分数。
(5) 具有其他胴体缺陷鱼的百分数。

9.16　结论

使用客观数字评分实施审核程序将大大提高动物福利。另一个好处是将减少瘀伤和严重的肉品质缺陷（如 PSE 肉和深色分割肉）。为了更加有效，该程序应该审核关键控制点，如第一次致晕时正确致晕动物的百分数、动物呈现昏迷的百分数、跌落的百分数、不用电刺棒移动的动物百分数和喊叫的动物百分数等。数字评分能使一个屠宰场确定他们的操作是在改善还是恶化。

参考文献

（李聪聪 译，顾宪红 校）

第 10 章　推荐的农场安乐死实践

Jennifer Woods[1] 和 Jan k. Shearer[2]
[1]J. Woods Livestock Services, Blackie, Alberta, Canada;
[2]Iowa State University, Ames, Iowa, USA

　　安乐死在希腊语中为"善终"的意思。对于参与实施动物安乐死的人来说,保持关爱的态度是很重要的。本章介绍了需要实施安乐死的情况以及如何辨别动物是否处于痛苦之中。重要的是,应区分能够一步致死的安乐死方法和需要后续步骤如放血(流血)或脑脊髓刺毁才能确保死亡的安乐死方法。一步致死法,使用射击枪时,需要较大口径子弹;使用穿透式捕获栓枪时,需要带有延长栓的特殊捕获栓。本章还介绍了电击法、气体吸入法和对家禽使用的消防泡沫法。仔猪应该快速浸入高浓度的 CO_2 中,家禽应该暴露于逐渐升高的较低浓度 CO_2 中。

【学习目标】

- 当操作者必须对动物实施安乐死时,帮助他们保持关爱的态度。
- 知道何时需要对动物实施安乐死。
- 使用最有效射击枪和捕获栓法,配图展示了正确的射击位置。
- 对仔猪和家禽建议使用气体吸入法。
- 确认动物死亡以及尸体处理。

10.1　前言——对待安乐死的态度

　　"Euthanasia"是来源于希腊的一个词语,"eu"是好的意思,"thanatos"是死亡的意思。这个词语经常用于描述以最大化减少或消除疼痛和痛苦的方式结束动物的生命"(AVMA,2013)。为了减少疼痛和应激,需要采用一些可以使动物立即丧失意识的技术手段,这些技术手段往往伴随或需同时应用心跳和呼吸抑制措施,最终使动物大脑失去功能(AVMA,2013)。当对动物实施安乐死时,操作人员必须具备熟练的操作技能、相关理论知识和适宜的设备。

　　农场主和其他全部或部分依靠畜牧生产为生活来源的人,应具备保障动物福利的道德义务,其中包括保证某些动物即使处于濒死的状态也不必遭受不必要的疼痛和应激。在疾病或外伤导致动物遭受巨大痛苦或危及生命，而兽医在合理的成本下又不能实施有效治疗时，安乐死是最合适的选择。

在农场的实际生产中，人们可能需要经常对动物采用安乐死措施。一些情况是对动物外伤后所采取的紧急措施。而在其他情况下，是否采用安乐死主要根据人们对患病动物行走状态、病情恢复情况的预测或对动物承受痛苦的感觉来判断；其他情况还包括丧失生产力、治疗成本或动物的危险性因素等。无论出于何种原因，为了动物及其看护人（也可能是实施这项艰难任务的人），诱导动物快速和人道死亡的能力是至关重要的。

本章提供了动物安乐死过程的指导，从安乐死的适用情况开始，到尸体处理或将其加工成肉为止。本章所涵盖的过程步骤包括安乐死应用的及时性、动物生理状况评价、人道关怀、实施方法选择、技术应用、人道死亡方式的确定以及安乐死技术体系的评估等。

10.1.1　关于动物安乐死的个人经历

我（第一作者）既是农场主，也是在工作中经常因应对动物车祸、训练和研究的紧急状况而对动物实施安乐死的专业人士。因此，为动物实施安乐死和动物死亡是本人生活和工作的重要组成部分。这是一项必须有人去做的工作，而且我也做过很多次，在这个过程中我也有过犹豫，但我知道这是对待伤病动物最好的方式。作为农场主，我最难下决定的一次是对属于我 10 岁女儿的一只名叫 Posie 的羔羊实施安乐死。Posie 不同于其他的动物，它不仅仅是一只我很喜欢的宠物，而且我还要考虑我女儿的感受。

与其他羊一样，Posie 也会将头伸出栅栏间隙偷食谷物，但是这次它偷食了过量的谷物，而且同时另一只母羊也偷食了过多的谷物。谷物采食过多会导致瘤胃酸中毒。我们抓住它们后，连续治疗了 3 d，那只母羊逐渐恢复过来，但是 Posie 吃了太多的谷物，已濒临死亡。慢性瘤胃酸中毒后一般持续几天动物才会死亡，Posie 一天比一天虚弱，已经没有恢复的迹象。3d 后，Posie 显然已经没有治愈的希望，而且当时冬天的室外温度已经降到−25 ℃。

是否应该和其他农场主一样亲自对 Posie 实施安乐死，或者找其他人代替，对此我一直犹豫不决。虽然我已经知道 Posie 根本没有治愈的希望，但仍然很难在继续治疗和采用简单方法让它"自然"死亡这二者间做出选择。当我对 Posie 实施安乐死并从畜舍回来后，我的女儿支持了我的决定，并含着泪水说："爸爸，我知道这很难，但是对于 Posie 来说，这是最好的选择。"通过这件事，我明白了动物福利比个人情感重要，无论做起来有多难。

10.1.2　保持关爱的态度

真正关爱动物的人，通常很难下决心对动物实施安乐死。Blackwell（2004）发现，当农场颁布实施动物安乐死的标准后，工人对病猪或受伤的猪实施安乐死就会相对容易一些。标准包括动物肢体骨折、体况长期虚弱或对兽医治疗没有效果等情况。因为这种标准明确了安乐死的实施范围，所以可以帮助农场工人进行准确的决策。制定标准对于减少动物痛苦具有重要的意义，同时对于关爱动物的工人来讲，也为他们治疗患病动物提供了选择依据（Grandin 和 Johnson，2009）。如果要求具有爱心而且责任心强的农场工人处死所有病猪，他们可能会产生抗拒的心理。畜牧业的发展离不开这些具有爱心而且责任心强的人，因为他们不仅可以提高动物的福利水平，而且可以有效提高动物的生产性能（见第 7 章）。在动物安乐死操作的时效性、效率以及效果的影响因素中，人与动物之间的感情是其中重要的一项，其他还包括社会人口、环境影响、心理和管理等因素。只有在深刻理解上述影响因素的情况下，才会明白其中每项因素都是及时采取安乐死措施，并将动物痛苦减少到最低限度的保障。

10.1.3　文化背景

为了缓解痛苦，需要对动物实施安乐死。社会人口因素是安乐死实施效果的重要影响因素，其中包括宗教信仰、性别、文化、性格特点和年龄等。人的宗教信仰通常会影响他们对动物安乐死的态度和看法。一些宗教不能宽恕在任何情况下剥夺生命的行为，而另一些宗教则认为某些动物是神圣的。在同意实施动物安乐死的男性和女性人群中，即使男女数量相同，持肯定态度的男性比例也要高于女性。同时，性别也影响安乐死方式的选择（Matthis，2004）。不同的文化背景对动物福利也会产生截然不同的看法，从高度重视到漠不关心各有差异。美国生猪产业的一项调查表明，美国人对动物安乐死持肯定态度，而墨西哥养殖者则持否定态度。人不同的性格和气质也会影响对动物安乐死的态度和自我情绪缓解水平。其中一些人对此毫无反应，而另外一些人则在任何情况下都会感到不舒服，并且认为会有更好的选择。这项调查还发现，从业者的年龄也会影响他们对动物安乐死的态度，年龄越大持反对态度的比例越高（Matthis，2004）。

10.1.4　动物安乐死的实施经验

影响对动物安乐死态度的因素还包括之前的工作经历、管理水平、工作条件、爱心等。养殖者之前的工作经历将会影响他们对动物安乐死的态度和接受程度。与没有过农场从业经验的人相比，饲养过动物并在农场生活过的人更易接受动物安乐死。同样，对于之前实施动物安乐死有过糟糕经历的人，则会表现出更加排斥的态度。

动物安乐死及相关工作的实施频率也会对养殖者产生负面影响。在猪场和动物庇护所进行的一项研究表明，一个人实施动物安乐死的时间越长，他对这项工作的排斥情绪就越大（Swine News，2000；Matthis，2004；Reeve 等，2004）。在动物安乐死和相关工作的实施频率方面，也存在着这种情况。这种现象可以解释猪场不同岗位饲养员对动物安乐死态度的差异，因为分娩舍饲养员实施安乐死的频率远高于育肥舍饲养员，所以他们对安乐死的排斥态度更强。

10.1.5　关爱和处死之间的矛盾

养殖者的工作就是饲养和爱护动物，当他们实施动物安乐死时，就会面对"关爱和处死之间的矛盾"（Arluke，1994；Reeve 等，2005）。许多人都会纠结这个问题，特别是当他们为挽救患病和受伤动物付出更多努力时。在一些社会背景下，对动物实施安乐死同样是一种道德污点，实施者通常会将这种"污点"上升至人格高度，从而增加了他们的紧张情绪。

许多研究认为，动物安乐死会对实施者产生负面的心理影响。其中多数研究集中于动物庇护所的工作者，而对猪养殖者的研究较少（Arluke，1994；Swine News，2000；

Matthis，2004；Reeve 等，2004；AVMA，2013）。那些经常实施大量动物安乐死的工人通常会采用粗暴和缺少关爱的方式，而且同时他们也会产生一些不良的态度和情绪，如对工作不满、旷工次数增加、消沉、悲伤、沮丧、失眠、噩梦、孤僻、血压升高、机体溃疡增加和药物滥用等。

10.1.6　安乐死的心理学影响

Grandin（1988）曾报道，在一些大的屠宰场，负责致晕（实施安乐死）动物的工人一般形成 4 种心理学类型，分别是：①关爱型；②程序操作型；③虐待狂型；④宗教信仰型。程序操作型工作很有效率，并且能将工作和情绪区分开，这是最普遍的心理学类型。在大型屠宰场，一名熟练的屠宰工在谈论天气和高尔夫比赛的同时，每小时可以处理 250 头牛，工作非常有效率并且从不虐待动物。虐待狂型人喜欢增加动物的痛苦，因此必须将这种类型的人替换掉。Manette（2004）和 Wichert von Holten（2003）在对屠宰大量动物的工人心理疏导方面也进行了相关的研究和讨论，尤其是对于那些为了疫病防控大量处死动物的人员，心理疏导尤为重要。在这个过程中，一些人可能会变得不敏感，而另外一些人则通过对死亡动物举行葬礼来舒缓悲痛情绪（Manette，2004）。

生活中负面经历的有无和不同导致了人们对动物安乐死反应的差异。经验表明，知识和阅历丰富的人，往往能够正确实施动物安乐死操作程序，深刻理解其意义，并能在这项工作中保持轻松的心态。心态越轻松，压力相关症状产生的可能性就会越小。

10.1.7　动物安乐死的农场管理

动物安乐死的管理水平将会决定农场工人的态度。管理者必须提前充分考虑动物福利涉及的每个方面，并且要求工人也具有相同的积极态度。工人积极的态度对于保证农场动物安乐死操作和实施过程的顺畅具有重要的意义。一项持续性的研究表明，农场工人对动物的态度、行为、工作表现以及动物对人类的行为反应（如恐惧等）等与动物福利之间具有紧密的联系（见第 7 章）。

在雇佣或挑选实施动物安乐死的岗位人员时，必须保证选择的人员能够轻松地完成规定工作任务。当一个人不能轻松地实施动物安乐死，或不能胜任这个工作时，却强迫其从事相关工作，会对他的道德、身心安全和动物福利造成损害。工人可能会轻松地实施动物安乐死程序，但是他不一定会接受管理者所规定的处理方式（如钝器致晕），因此在实施安乐死之前一定要与工人进行有效沟通。农场需要对动物安乐死程序进行明文规定，并且当实施人员对实施方式产生排斥心理时，要有备选方案。此外，当确定实施动物安乐死时，必须在一天的 24 h 内均可实施。

农场的管理人员也有责任对动物安乐死实施人员进行培训。有研究表明，实施人员培训的数量和形式也会对他们的态度产生影响。当对工人进行包括动物安乐死等各方面的综合培训后，他们通常会更加轻松地对待动物安乐死，而且态度也变得更加积极（Matthis，2004；Reeve 等，2004）。培训不仅能传授工人技能，而且可以提高他们及时决定保时实施动物安乐死的信心。

农场完善的管理也能够在很大程度上缓解工人重复实施安乐死所产生的压力，特别是对于那些按规定进行操作的人员。管理者始终要与工人保持沟通，并且关注他们在行为、态度、病休频率等方面的变化。当工人需要支持或表现出需要支持的渴望时，一定要及时给予支持并进行安抚。支持系统包括明确的沟通渠道、必要时进行的岗位轮换机制和必需的安抚措施。有效的动物安乐死管理是整个农场管理体系的必要组成部分。Grandin（1988）发现，具备良好的动物致晕手段和后续处理措施的农场或屠宰场，一般都有一位具有足够关爱精神的管理者，而不是心态漠然的管理者。

10.2　可实施安乐死的动物特征

可实施安乐死的动物特征包括体况虚弱、疾病、外伤、丧失生产能力、没有经济效益和动物不再安全等。当面临上述任何一种情况时，养殖者有三种可能的选择：①当动物适合运输并且能够保证食品安全时，可以将动物运输至肉产品加操作者；②提供兽医治疗；③实施动物安乐死。因为动物治疗过程中存在不确定性，因此对于养殖者和动物而言，兽医治疗并不一定是最好的选择。当做出最佳的选择后，必须对其所涉及的问题进行分析，以保证对自己的决定负责。

当对动物疾病或外伤的判断结果有争议时，应该征求兽医的意见。任由痛苦的动物自然死亡（也就是"顺其自然"），绝对是不能接受的。此外，为了方便（如等待兽医每周的定时拜访）而拖延动物安乐死的时间，增加动物的痛苦，这也是不能接受的。当动物符合安乐死的特征时，及时对其实施相关操作具有重要意义。

以下为可实施安乐死的体况虚弱或外伤动物的判定标准示例：

（1）因疾病或外伤导致体况消瘦和/或虚弱，不能进行运输的动物。

（2）外伤或疾病导致瘫痪，不能活动的动物。

（3）恶性肿瘤如牛淋巴癌和鳞状细胞癌（眼癌），严重眼癌如肿瘤细胞侵入眼部外周组织时，需要立即进行安乐死。

（4）患病动物治疗费用过高。

（5）患病动物尚无有效的治疗手段（如反刍动物副结核病、猪流行性腹泻），预后不好或预期恢复时间过长的动物。

（6）不能产生经济效益的患慢性疾病（如牛和羊的慢性呼吸性疾病）动物。

（7）传染性疾病（人兽共患病），威胁到人类或其他动物健康（狂犬病、口蹄疫）。

（8）胫骨、髋关节或脊椎骨折，无法治愈并且不能活动和站立。

（9）突发伤病情况，导致极度疼痛并且通过治疗手段不能有效缓解（如公路车祸导致的创伤）。

（10）影响关键生物学机能的严重创伤（如实质器官、肌肉和骨骼系统、大脑损伤等），例如导致内部器官暴露的严重损伤。

（11）流血过多。

（12）猪脐带过长导致疝气，已经蹭到地板造成损伤。

（13）超过 24 h 不动的动物。Green 等（2008）发现，超过 24 h 不动的奶牛不太可能康复。

农场主有责任关爱动物并保证动物的福利。虽然利润是农场主追求的目标，但是在养殖过程中涉及的动物福利也要优先考虑。每当明确治疗费用超过经济回报时，安乐死应被视为潜在的选择。处理患病动物的成本因素包括药物成本、治疗过程中增加的人力成本、兽医治疗费用和为恢复生产性能而额外投入的成本。以下为其他影响决策的因素：①动物是否能够忍受长期痛苦的康复过程？②动物是否能够恢复到之前的生产性能（如恢复到良好的生理状态）？③动物康复过程中是否能够一直保持良好的护理水平？④在康复后动物是否会遭受慢性疼痛或者不能活动？⑤在动物康复过程中和/或康复后，是否遭遇极端天气（Woods，2009）？

对于上述问题，仍然没有确切的答案。但是，当任何时候农场主面临治疗、屠宰或安乐死的选择时，这些问题始终是影响决策的重要因素。

10.2.1　疾病或外伤的康复时间

影响决策的一个最主要的因素就是动物何时能够康复？企业研究资料和技术指导建议，患病动物在治疗后的 24～48 h 内就会表现出明显的改善迹象。包括一些特殊的病例在内，大部分动物在治疗后 24 h 内就会表现出康复的迹象，很少有动物在治疗的最初 36 h 内没有表现出改善的趋势。受外伤的动物康复时间会长一些，并且很难预测其准确的康复时间，因此需要针对不同的个体情况进行分析。

当受伤动物不适宜进行运输或其肉品不适合食用时，养殖者就有责任对其实施安乐死。这些情况包括仍处于休药期的动物，在运输过程中可能会遭受更多痛苦的动物，以及始终处于发热状态或伤病导致胴体不适于食用（如眼癌）的动物。

大部分动物的养殖都是以生产为目的的，无论是种用或提供肉、蛋和奶制品。当动物的饲料成本、兽医费用、场地成本和劳动力成本超出动物养殖收益时，养殖者有责任将其从生产周期中去除。即使动物仍然能够进行运输或生产肉制品，养殖者也要及时对其进行处理。这样做的目的也是保证养殖者的收益和其他健康动物的福利。在动物处于生命危险状态和不适合运输的情况下，农场屠宰或实施安乐死是最后的两种选择。

除了健康状况、动物福利和生产目的之外，还有其他判定实施动物安乐死的标准。当动物威胁到训练员、家庭成员、工人或其他动物的安全时，必须将其隔离，用以食品生产或实施安乐死。无论动物的生产力有多高，养殖者或管理者都有责任保证农场或生产车间人员的安全。在明知动物可能威胁到其他人安全的情况下，仍然将其出售给其他人，原所有者的这种行为是不负责任的，而且会受到法律的制裁（见第 5 章"公牛行为与安全"）。

10.2.2　认识动物疼痛和痛苦有助于理解动物安乐死的必要性

减少疼痛和压抑是实施动物安乐死的首要原因，但是这点很容易被曲解。草食动物不表达痛感是一种本能的反应，是为了避免被捕食动物发现。例如牛对疼痛仅表现出轻微的反应或压抑情绪，而且肢蹄受伤的动物会通过调整步态和姿势以掩饰跛行的事实（见第 2 章和第 11 章）。另一方面，捕食动物却可以随意表达疼痛和不舒服的感觉。通过观察发现，当不经意地踩到犬爪后，它会发出嚎叫并迅速抽回爪子，偶尔也会用攻击来表达疼痛。

这就是二者间重要的区别，未及时实施安乐死通常与曲解动物对疼痛和压抑的反应有关。一项关于安乐死的调查表明，与没有表现出疼痛的病猪相比，表现出疼痛的病猪更容易被实施安乐死（Matthis，2004）。此外，这项调查的结果还表明，绝大多数人都认为对因患病或受伤而表现出痛苦的猪实施安乐死更人道，而不是让它继续承受痛苦。工人的社会经历和受教育程度对准确判断动物行为是非常重要的，特别是在区别动物压抑状态和正常行为时更有必要。

有几种行为迹象可以提示动物可能会感到疼痛。任何这些迹象可能单独出现或与其他迹象一起出现，并且可能与痛苦迹象重叠。如果不能确定动物是否在承受痛苦或不清楚动物为什么有疼痛的表现，可以咨询有经验的工人或专家，从而对动物状态做出正确的评价。

动物疼痛的迹象可能包括：
- 不能或不愿意站立。
- 不能或不愿意行走。
- 不以某一肢负重。
- 保护疼痛部位。
- 喊叫，特别是当行走或触碰疼痛部位时。
- 张口喘气。
- 拱起或隆起背部。
- 腹部蜷缩。
- 垂下头部和/或耳朵。
- 磨牙。
- 尾部变直（包括没有去尾的猪）。
- 对食物或水缺乏兴趣。
- 对环境不敏感。
- 离群独行。
- 对同伴的挑逗没有反应。
- 对触碰或刺激没有反应。
- 选择比较坚固的地方站立。
- 发抖。
- 颤抖或大量出汗。
- 舔舐或用肢蹄触碰疼痛部位。
- 抓蹭或摇动受伤部位。
- 踢或啃咬腹部。
- 频繁站立或躺下。
- 绕圈行走。
- 经常打滚（马）。
- 发出咕哝声。
- 在圈舍内躲藏。
- 舔舐。
- 攻击。
- 性情改变。
- 眼睛混浊。

- 眼球玻璃质化，瞳孔放大。
- 乳汁吸吮量减少。
- 尾部拍打。
- 狂躁不安。
- 变得不舒服。
- 头颈转向身后。
- 趴卧时腹部着地。
- 血压升高，心跳加快。
- 被毛粗糙或不平整（短毛动物易见）。

上述表现包括急性、慢性疼痛和压抑的特征。动物去角或去势时表现出的疼痛特征见本书第 2 章和第 6 章。

根据 Moberg（1985）的研究资料，当动物摄入的营养物质从主要的生物学功能（如生长、繁殖等）转移到机体修复时，就会产生压抑的行为表现。压抑的行为表现有如下几种，但并不局限于此，如声音粗浊、尝试逃跑、危险行为、呼吸急促或不规律、张口喘气、流涎、挣扎、排尿、排便、心跳加快、流汗、瞳孔放大、摇动或颤抖、呆立、磨牙，以及吸吮减少或增加。和疼痛的表现一样，这些特征可能单独出现或几种联合出现。

在最初诊断一种疾病时，经常听到操作员说动物"只是表现得不像自己"。了解所饲养的动物并懂得它们的行为语言，将有助于区分伤病和疫病，并且有助于增加治愈的机会或通过及时实施安乐死而减少动物的痛苦。拥有可以读懂动物行为语言的员工也是农场的一份资产。

10.3　实施动物安乐死前需要考虑的问题和准备工作

在实施安乐死之前，操作者尽可能地减少动物焦虑、恐惧、疼痛和压抑的情绪具有重要意义。如果被实施安乐死的动物能够行走，或移动时不会带来压抑、不适或疼痛表现，那么可将其移至运输尸体相对容易的地点。利用粗暴的方式驱赶动物或拖拽不能行走的动物是不可接受的，并且会触犯一些国家的法律。如果移动会增加动物的压抑或痛苦，那么需要首先对其实施安乐死，经过死亡确认后再转移尸体。

10.3.1　固定动物的方法

当必须固定动物时，需要尽量缩短固定时间，并且采用应激最小的有效方法。所选择的固定方法一定要保证工人安全，并最大限度地减少动物应激。如果，在进行穿透捕获栓枪（PCBG）操作时用手固定小动物，一定要格外小心，以免伤到固定者。动物必须固定，以防在出现状况时动物猛烈攻击人或逃跑。在实施安乐死之后，尽快将动物尸体从现场移走。

对于猪固定方法的选择，主要根据体型大小和生理状况进行。对于初生仔猪和哺育早期的仔猪，用手或合适的设备（如吊钩）牢牢抓住其身体的两个部位（如腿和侧腹），将其从圈舍中挑选出来。任何情况下都不要只拖拽仔猪身体的单一部位（如腿），也不允许采用摇晃和抛掷等方式（OIE，2014a）。对于大动物，至少应该将其关在圈内，并且降低安乐死操作失误的概率。鼻勒需要根据猪的年龄和体重进行设计，材料应选用绳索或光滑的圆形电缆线，并保证不能割伤或伤害动物机体。一定不能用鼻勒拖拽或提升动物，而且在使用鼻勒后应尽快实施安乐死。固定坡道（通道和路面粗糙度）也要根据动物的年龄和体重进行设计，并且保证动物易于通过以利于安乐死操作。如果在固定坡道内实施安乐死，其设计要有利于移动已确认死亡的动物。Sheldon 等（2006）提供了许多有用的图片。

对于牛来说，可以用保定装置，但动物可能会非常难移动。另外，要保证单列通道末端的头闸（纵立的栅栏，头部固定）工作状态良好。对于可走动的驯养动物，可以利用缰绳（头颈圈）将其牵引至安乐死实施地点。马和羊可以利用固定坡道和缰绳进行固定。使用缰绳时，要保证缰绳的长度，便于在实施安乐死后解开，并防止卡住动物。此外，在麋鹿或圈养鹿中也推荐应用固定坡道（通道）。农场中的禽类可以用锥形器或手直接固定。

对性情暴躁的动物（如公牛和奶牛）实施安乐死时，可能需要在通道上捕捉并进行镇静处理，然后用转运设备将其移至附近的畜栏内。一旦镇静剂起效、动物不动，就需要采用合适的安乐死方法以保证实施者和助手的安全。

与此同时，也要考虑安乐死实施地点附近动物的安全。如果必要的话，其他动物应远离实施地点，以减少子弹跳弹击中以及因惊吓而受伤的概率。生物学安全措施也是需要考虑的问题，因为患病动物在实施安乐死后流出的体液和血液易污染其他物品。

10.3.2　选择安乐死的最佳实施方法

应从以下几个方面考虑，选择最合适的安乐死实施方法：

- 保证人员安全。
- 动物福利。
- 实施者和协助者对动物情绪的安抚。
- 操作过程中固定动物的技术。
- 安乐死实施人员的技能。
- 费用。
- 动物油脂提炼和尸体处理的相关问题。
- 进行脑组织诊断的可能性。

一些安乐死实施方法的成本较高。在使用的工具中，捕获栓枪的购买成本较高，但是使用和维护成本相对低廉。使用过量麻醉药时，由于需要兽医参与，并且含有药物残留的尸体处理起来比较麻烦，因此成本相对较高。此外，也要考虑安乐死实施过程中的动物数量。与经常实施大量动物的安乐死或宰杀大量动物相比，仅仅对单个动物实施安乐死的成本并不是一个重要的因素。

每一种安乐死实施方法都要求工人接受培训，并具有一定的技能水平。当操作人员的技能和效率决定整项工作的进程时，就需要对其进行重点考虑。错误使用工具不仅威胁操作人员的安全，而且会损害动物福利。大部分动物安乐死失误的原因都是人为因素。

10.3.3　实施方法的个人喜好

我们也要考虑实施方法的个人喜好问题。工人通常会较喜欢并熟悉某种实施方法，他们对所选择的方法感觉越轻松，他们运用得就会越熟练。影响实施方法选择的因素一般包括员工的宗教信仰、家庭背景、性别、教育/培训程度及前期经历和美感。

每种安乐死实施方法都有一定程度的丑陋性，与钝器致晕等方式相比，其他一些方法相对容易接受（如过量麻醉等）。另外，动物流血和机体物理创伤都不太美观。因此，必须考虑实施者和旁观人员（一般公众和媒体记者）的心理接受程度。虽然有些方式并不美观，但并不意味着这种方式不人道。巴比妥酸盐过量注射法在合理应用的情况下非常有效，并且容易被接受和符合人道主义，但是这种方法并不适用于大多数的家畜。过量麻醉致死的动物不能被人和其他动物食用，而且许多国家的动物油脂提炼厂不接受巴比妥酸盐致死的动物。

另外，对一些动物安乐死的实施方法也存在着法律限制。在许多国家，药物注射法必须由具有执照的兽医完成或在其监督下实施，因为巴比妥酸盐可能导致滥用，它是监管部门控制的药物。当使用处方药时，应该符合国家、州或省的法律规定。在一些国家，枪械或捕获栓枪的使用不需要兽医的监管，但是一些国家规定枪械必须注册，并且操作人员需要持有有效的枪械执照，而另外一些国家不允许公民持有枪械。

生物安全包括疾病传播范围的控制和实施地点的清理。实施完动物安乐死之后，紧接着就需要对动物进行放血，血液会污染设备。采用枪械、捕获栓枪和钝伤导致脑死亡的方法也会对实施地点造成污染。另外，实施过程中动物流出的其他体液也会对设备造成污染。

在选择合适的安乐死实施方法时，也要考虑动物的品种、体型和年龄因素。手工钝伤致死法仅推荐应用于禽类、仔猪、羔羊和小山羊；颈椎脱位法仅可以应用于幼龄禽类，如雏鸡；公猪、奶牛、成年公牛颅骨非常厚，很难用枪械和捕获栓枪射穿，一些工具往往达不到致死的效果。

选择动物安乐死方法时，还要考虑尸体的处理方法，动物尸体的处理方法要符合当地和国家的法律规定。如果动物尸体可以提供给食腐动物（如秃鹫和狼等），就不要采用过量麻醉致死法。当需要对死亡动物进行进一步的诊断（如狂犬病诊断）时，就不要损伤或破坏其脑组织。

10.3.4　诱导死亡

死亡是一个过程而不是一瞬间的事。动物死亡时，首先失去知觉，之后机体才开始死亡，大脑停止工作，心脏停止跳动，肺停止呼吸以及血液停止循环。整个机体并不会在一瞬间死亡，如枪击或捕获栓枪会立刻破坏大脑组织，但是心脏会继续跳动数分钟（Vimini等，1982）。如果子弹击中大脑正确位置启动死亡程序后，动物会立即失去痛觉，并且永远不会恢复。

以下一种或几种机制可能导致死亡：中枢神经系统（CNS）遭到直接破坏，组织缺氧以及大脑活动遭到物理破坏；注射过量巴比妥酸盐可以直接破坏 CNS；吸入性麻醉药如乙醚和氟烷虽然在家畜生产设施中不常应用，但是同样会通过抑制 CNS 而导致死亡，在应用时要保证工人的安全；可以通过让动物处于高浓度的 CO_2 或氩气的环境中，或对动物实施放血，达到氧气不足或组织缺氧的目的；枪击、钝伤或捕获栓枪射击主要是通过对 CNS 的物理损伤破坏大脑功能，达到使动物死亡的目的。另外，呼吸和心脏衰竭，会导致动物死亡（AVMA，2013）。

10.4　麻醉致死法

　　农场中对家畜实施安乐死时，可以选用巴比妥酸盐麻醉致死法，并且需要由具有执照的兽医通过静脉注射实施，这样可以保证药物的使用范围。其他应考虑的问题包括动物的固定；实施人员的安全，尤其是对于大型动物；家畜尸体的处理；某些动物较高的实施成本和技术要求。美国兽医协会（AVMA，2013）和英国兽医协会（BVMA）已经颁布麻醉致死法技术指导。AVMA 技术指导在网络上可以免费下载，并且在 Google 上键入"AVMA Guidelines on Euthanasia of Animals"就可以搜索到。但是 BVMA 技术指导需要付费或成为会员才可以下载。

　　当因可行性或技术性原因不能采用麻醉致死法时，可以采用枪击法、捕获栓枪法、CO_2 法、电击法、钝伤法和颈椎脱位法。此外，一氧化碳法和浸泡法也是可以选择的动物安乐死实施方法。由于一氧化碳法在人员安全和动物福利方面存在严重问题，浸泡法仅应用于老年家禽和受精蛋，因此本章不对这两种方法进行详述。

10.5　枪击法

　　枪击法可以应用于各种动物的安乐死。在美国，枪击法是应用范围最广的方法（Fulwider 等，2008）。枪击法会对脑组织造成很大的破坏。一个基本原则就是当没有放血等后续的步骤时，枪击法需要有强大的弹筒和枪械。远程射击需要有更为强大的枪械。影响伤害程度的因素包括枪械类型、子弹（或霰弹）的型号和射击的准确性。在实施动物安乐死时，手枪主要限定于近距离射击，范围 5~25 cm；霰弹枪合适距离为 1~2 m；步枪适合于长距离射击。

　　弹药的选择对于顺利实施动物安乐死也具有非常重要的作用。一种子弹的能量和破坏力通常以枪口能量（即焦耳，J）描述。对于体重低于 180 kg 的动物，推荐使用枪口能量为 407 J 的枪械；体重超过 180 kg 的动物，推荐使用枪口能量为 1 356 J 的枪械（USDA，2004）。该建议适用于现场的一步致死方法。人道屠宰协会推荐，对大型或年老动物使用的最小枪口能量为 200 J（HSA，2014）。

10.5.1　28、20、16 和 12 号口径的霰弹枪或 0.410 口径半自动霰弹枪

　　霰弹枪在实施动物安乐死时非常有效，在 1~2 m 的距离效果最好。20 号（口径约15.6mm）、16 号（口径约16.9mm）和 12 号（口径约18.4mm）口径的霰弹枪适用于任何体重和种类的动物。由于颅骨较厚的原因，28 号（口径约13.8mm）口径的霰弹枪和0.410 口径（口径约10.4mm）半自动霰弹枪不适合体型较大和成年动物。本书第一作者更喜欢 0.410 或 0.20 口径，配有弹头。这样可以在 6 m 或更短的距离内有效工作。4、5和 6 号铅弹适合近距离射击，因为小号铅弹射出枪膛后呈分散或散开状前进，动物距离越远，其冲击力和破坏力越弱。重弹头（特制的霰弹枪子弹）是由坚固的金属材料制成的，离开枪膛后不会发散，因此最适合实施动物安乐死。当动物比较分散或实施者不能接近动

物时，最好选择使用配备重弹头的霰弹枪。

[注：本章涉及规格为整数的枪，其整数为 1lb（453.6g）的铅融成同样大小的铅弹个数，而这个铅弹的直径则为该枪的口径，例如 12 号霰弹枪，1lb 的铅融成 12 个同样大小的铅弹，这个铅弹的直径为 0.727in（18.4 mm），那么 12 号霰弹枪的口径就是 18.4 mm。可见，整数枪号越大，该枪口径越小。本章涉及规格为小数的枪，该小数即该枪口径的英寸（in）数，可直接换算成毫米（mm）]。

10.5.2 步枪

0.22 口径的长筒步枪是最常用的一种枪械，但是其平均枪口能量仅为 136 J，不能满足目前对家畜实施安乐死的能量需求。180 kg 以下的家畜枪口能量至少需要达到 407 J，高于 180 kg 的家畜枪口能量至少需要达到 1 356 J，才能保证动物死亡（USDA，2004）。因此，0.22 口径步枪必须与脑脊髓刺毁法或放血法联合使用。0.22 口径步枪一定不能用于野牛、麋鹿、成年公牛、大型成年公羊或成年公猪，因为这种步枪并不能达到人道死亡的效果（AVMA，2013）。如果应用 0.22 口径步枪，必须配有长枪筒、圆头弹和坚固的铅弹头。0.22 口径步枪发射的空心子弹不一定会破坏动物脑干（Thomson 等，2013）。许多屠宰场使用空心弹以确保安全，因为空心弹不易跳弹和伤人。他们也经常使用比推荐值小的子弹。在屠宰场，很容易评估动物是否失去了知觉，并且射击总是伴随着出血（见第 9 章）。在野外，往往是从远处射击动物，因此评估动物是否失去知觉较难。在这种情况下，使用杀伤力较小的子弹更容易导致动物痛苦。与实心弹相比，空心弹需要使用更大的弹壳。步枪比手枪更有效，因为枪管越长子弹速度越快。在屠宰场，推荐使用单发步枪、栓动步枪或开口步枪以保证安全。

当射击距离低于 274 m 时，所需的步枪子弹要求如表 10.1 所示。需要注意的是，当射击距离达到 274 m 时，枪口能量已经开始降低。

由于具有射穿目标的可能性，因此大口径步枪如 0.308 口径步枪并不适合近距离使用。

表 10.1 步枪说明
(引自 USDA，2004)

枪筒	枪口能量（MJ）	274 m 的枪口能量（MJ）
0.357 口径马格南枪（步枪）	1.593×10^{-3}	0.457×10^{-3}
0.223 口径雷明顿枪	1.757×10^{-3}	0.778×10^{-3a}
30-30 号温彻斯特枪	2.579×10^{-3}	0.883×10^{-3}
0.308 口径	3.590×10^{-3}	1.617×10^{-3}
30-06 号斯普林菲尔德枪	3.852×10^{-3}	1.973×10^{-3}

a. 0.223 口径雷明顿枪配有 5.56 mm 的 NATO 步枪枪筒。

10.5.3 手枪

配有圆头弹和铅弹头的手枪可用于实施 5~25 cm 的近距离动物安乐死。表 10.2 列出了推荐枪口能量超过 0.407×10^{-3} MJ 的普通手枪枪筒规格。9 mm 手枪发射 124 粒径子弹对牛没有效果（Thomson 等，2013）。如果动物必须在封闭空间如翻倒的卡车中安乐死，第一作者更倾向于使用手枪。在其他情况下，由于步枪枪口速度较大，因此建议使用步枪。小口径 0.22 口径、9mm 手枪不适用于大动物，因为与相同口径的步枪相比，其枪口速度较低。

表 10.2　手枪说明

（引自 USDA，2004）[a]

枪筒	平均枪口能量（MJ）
0.40 口径斯密斯和韦森枪	0.553×10^{-3}
0.45 口径自动手枪	0.557×10^{-3}
0.357 口径马格南枪	0.755×10^{-3}
0.41 口径雷明顿马格南枪	0.823×10^{-3}
10 mm 自动手枪	0.880×10^{-3}
0.44 口径雷明顿马格南枪	0.988×10^{-3}

a. 当需要更高的枪口能量时，推荐使用步枪。

10.5.4　动物安乐死时枪械的应用

枪械一定不要顶住动物头部或身体。射击时枪膛内产生的压力会导致枪筒爆炸。比较合理的是让枪筒与目标保持一定的角度，这样子弹就可以沿着角度射入颈部或脊柱。当射击角度理想时，子弹会穿过大脑到达脊柱或脑干的顶部。由于安全原因，枪筒和目标之间的角度非常重要，理想的情况是让子弹仍留在动物体内。虽然世界动物卫生组织（OIE）接受颈部射击方式，但是这种方式仅可在大量处死患病动物时应用，并不适用于单个动物的安乐死。AVMA（2013）、人道屠宰协会（HAS，014）和欧洲食品安全委员会（EFSA，2004）并不推荐心脏或颈部射击方式，因为这两种方式不能立即使动物丧失意识。用于连续多次射击的枪应旋转以防止过热。

10.5.4.1　成年牛和犊牛

成年牛可以在两个位置实施枪击，一个是前额，另一个是后脑。如果动物为躺卧姿势，并且有角或颅骨很硬，则后脑射击方式优于前额射击方式（Gregory 等，2008）。

前额射击位置应在动物头部的上方，不应在两眼之间。对于有角的牛，正确的射击位置见图 10.1。可以在两眼上方到两角中心之间画交叉线，交叉点的中心即射击的目标位置（X）。对于无角（去角）的牛，正确的射击位置见图 10.2。在两眼顶部画一条辅助的水平线，正确的射击位置位于该水平线和角基顶部连线的中间。枪筒位置应垂直于颅骨，并且子弹从前额进入后应朝着动物尾部方向前进。另外，可以根据动物颅骨形状和角的大小，对射击角度进行相应调整。

图 10.1　有角牛捕获栓或枪的正确射击位置。与之前的图相比，X 的中心稍微偏高，因为 X 是从眼睛的顶部到对面的角中间。理想的射击位置是从外侧眦（外眼角）到对侧角基部两条连线的交叉点（Shearer 和 Nicoletti，2011；AVMA，2013）。

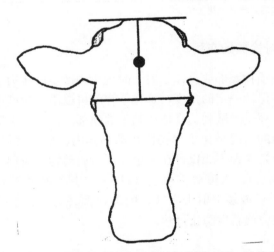

图 10.2　无角（去角）牛捕获栓或枪的正确射击位置。另一种确定理想射击位置的方法是颅骨中线上，位于外眼角连线与去角的顶部连线两平行线的中点。

10.5.4.2　猪

确定猪的射击位置相对复杂，因为与颅骨面积相比，猪脑相对较小。随着年龄的增长，猪的颅骨比大脑增长得更多，因此确定射击的准确位置更加困难。另外，不同品种猪的颅骨形状也不同，并且在猪的成熟过程中，颅骨形状也会发生变化，因此导致情况更加复杂。成熟母猪脑前有一个很大的鼻窦腔，导致大脑的位置离颅骨相对较远，因此需要穿透能力强的子弹或穿透捕获栓枪。同样，公猪成熟后，会在颅骨前形成一个隆起，使射穿大脑变得更为困难。对于体重低于 5 kg 仔猪，为了保证固定人员的安全和防止子弹跳弹，枪击法并不是合适的选择。

对于达到上市体重（100～135 kg）的猪，射击的理想位置是眼上部大约 2.5 cm 处，介于前额中部处（图 10.3）。对于年龄较大的公猪和母猪，射击的位置应位于两眼连线上部 3～4 cm，颅骨隆起旁的位置。对于老年和成熟的猪，最好使用装有重弹头枪械。

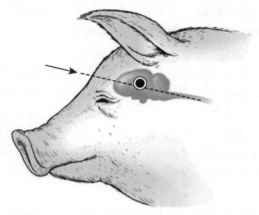

图 10.3　猪捕获栓枪和枪械的正确射击位置，许多前期图片的位置过低
（绘图：J. K. Sheare）。

10.5.4.3　马

马的大脑位于前额较高处，因此在眼睛和对侧耳朵画交叉线后，交叉点稍高处即射击位置。准确的解剖学射击位置应为交叉点上部 2 cm 处（图 10.4）。应特别注意的是，射击马可能出现前冲或暴跳的情况，因此对于站着的马，实施人员在射击时应防止出现上述情况，并且根据情况调整自己的位置。

图 10.4　马的正确射击位置，合适的射击角度是必需的。
（引自阿尔伯塔马科动物工作组，阿尔伯塔，加拿大）

10.5.4.4　绵羊和山羊

绵羊有三个可以射击的位置，分别是前额、头顶和后脑。当用解剖位置确定前额射击位置时，枪瞄准的位置应位于眼睛上方 2 cm 处。由于不同品种的绵羊和山羊具有不同形状的颅骨，给射击位置的确定带来困难，因此在实施安乐死时需要根据动物的具体情况进行调整。

绵羊理想的射击位置是头顶，枪应沿着颅骨中线，与喉咙呈直线射击，这种射击方式可以使子弹贯穿大脑。霰弹枪最适合这种射击方式，因为不仅可以避免子弹穿透动物身体，而且还可以防止子弹误伤其他人员。对于有角的绵羊，最有效的方式是后脑射击，并且射击后子弹一般不会穿透由角发育成并覆盖于前脑的骨组织。后脑射击最好采用霰弹枪，可以减少子弹因穿透身体而误射其他目标、动物或人员的概率。另外，采用这种方式时，应沿着喉咙或嘴的方向射击（图 10.5）。

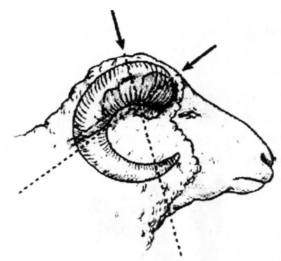

图 10.5 羔羊或山羊的正确射击位置：一些绵羊品种颅骨较厚，后脑射击方式比较有效，为确保射中脑部，正确的角度非常重要（Shearer 和 Nicoletti，2011；AVMA，2013）。

10.5.4.5　家禽

枪击法也是家禽安乐死可选择的一种方式，实施时枪支要垂直于额骨（成直角）射击。虽然在家禽安乐死中可以选择枪击法，但这并不是一种实用的方法，原因是家禽的体型较小，而且在射击时家禽跳脱的概率也较大。

10.5.4.6　圈养鹿和麋鹿

鹿的大脑位于颅骨的上部。在鹿的前额，从眼睛内角到对侧鹿角基部之间画交叉线，两条直线交叉点上部 2 cm 处即正确的射击位置（图 10.6）。

10.5.4.7　圈养野牛

对圈养野牛实施安乐死时，需要选用威力大的步枪或 0.357 口径及以上的手枪。由于野牛颅骨很大，因此最佳的射击位置在头旁侧角和耳朵之间。当野牛呈行走状态时，子弹最理想的射入角度应与角基呈同一水平线；当野牛呈静止站立状态时，子弹最好从后脑颅腔射入。

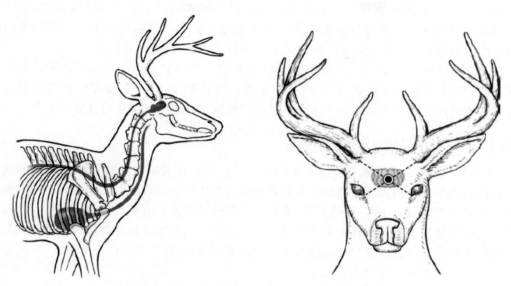

图 10.6　用捕获栓枪或枪械射击鹿时的正确射击位置
（引自加拿大农业和食品研究委员会）。

如果必须从野牛前方射击，射击位置应为眼睛和对侧牛角之间直线交叉点上方处（见图 10.1，同家牛），并且需要使用威力大的步枪。当从前方射击时，野牛的头最好朝向地面，这种姿态可以通过在地面撒饲料实现。在野牛前方射击时，子弹跳弹是一个主要的潜在威胁。

10.6　穿透捕获栓枪（PCBG）

穿透捕获栓枪（PCBG）主要由枪筒内的凸缘钢制捕获栓和末端活塞组成，当射击时，膨胀气体推进活塞，活塞推动捕获栓从枪膛射出。在射击前，主要由枪膛内一系列的胶垫吸收捕获栓的能量，使其保持静止状态。不同设计的 PCBG 可以自动或人为使捕获栓缩回至枪膛内。为了保证效果，捕获栓必须达到一定的速度。对于牛，捕获栓最佳的速度范围为 $55 \sim 58$ m/s，$41 \sim 47$ m/s 的捕获栓速度效果较差（Daly 等，1987）。Blackmore（1985）、Daly 和 Whittington（1989）以及 Gregory 等（2007）对 PCBG 的使用也进行了一些其他重要的研究。可以将捕获栓枪设计为仅击晕动物，然后再实施其他步骤如放血等使动物死亡。或者将捕获栓枪加上更强大的扩展螺栓，以使动物不需要后续放血等步骤而一步被实施安乐死。

之前的研究发现，在绵羊身上使用穿透捕获栓枪会造成三种级别的脑损伤（Daly 和 Whittington，1989）。首先，捕获栓穿过的大脑组织会受到损伤。其次，捕获栓在头盖骨内高速穿透会使大脑的流体介质产生压力波，在远离捕获栓轨迹的组织产生额外的损伤。最后，捕获栓对颅骨的冲击会造成脑震荡（Daly 和 Whittington，1989）。PCBG 主要是利用火药或压缩空气的能量进行射击，而且根据不同动物种类，火药和压缩空气必须提供足够的能量以保证捕获栓枪射穿颅骨。合适的射击位置、捕获栓能量（捕获栓速度）和刺入颅骨的深度决定动物安乐死的实施效果。捕获栓速度主要依赖于 PCBG 的日常维护

（特别是清洁）和火药的保存。许多 PCBG 的生产厂家都提供了捕获栓速度的检测标准。在 PCBG 的使用中一定要保证正确操作，火药不能存放于潮湿的环境中，受潮的火药会导致闷射，通常会降低使用效果（Grandin，2002；Gregory 等，2007）。

PCBG 有 9 mm 口径、0.22 口径（5.6 mm）和 0.25 口径（6.4 mm）三种，外形有管状（圆筒形）和握把手枪式（类似手枪）2 种。气动 PCBG（空气驱动）必须为射击提供足够的空气压力和空气体积，大多数零件需要根据屠宰场的环境进行选择和安装。

10.6.1 一步致死的捕获栓枪制造工艺

2007 年，为了满足农场家畜安乐死的需要，一种新式的捕获栓枪面世。旧式捕获栓枪虽可以致晕动物，但需要采取脑脊髓刺毁法或放血法等后续步骤，而这种新型捕获栓枪的安乐死装置更有效，不需要进行后续步骤。这种捕获栓枪具有更长的枪栓长度，并且可以产生足够的能量杀死所有种类和体重的家畜。另外，这种捕获栓枪能够对大脑（大脑皮层）造成足够的破坏力，瞬间使动物失去意识，并且破坏脑干（特别是延髓），从而导致动物丧失生物学机能，并且不会恢复。

对饲养不同年龄/体重动物的农场（如饲养仔猪到育肥猪）、混养不同动物的农场，或需处理不同品种和体重动物的工作者如兽医、动物管理人员、市场拍卖人员、运输人员和动物救助人员，这种捕获栓枪特别有用。无论动物大小，只需要一支捕获栓枪就够。单次射击可以安全地对 200 kg 以下的猪进行安乐死（Woods，2012）。通过对 489 只绵羊的研究发现，当根据捕获栓的轨迹评估射击的正确位置时，一步致死法是有效的（Gibson 等，2012）。牛的头骨比猪头骨薄，因此用可致安乐死的捕获拴枪单次射击就可以有效地杀死它们，无须放血等第二步骤。

PCBG 操作人员必须经过培训，而且在射击时需要穿戴耳朵和眼睛的防护装备。PCBG 操作者必须做好准备，并且确定动物已经完全固定或在其他预防走火的安全措施已经就绪的条件下，才可以扣动扳机。捕获栓枪的枪口应朝着地面方向。射击者因混淆了射击端与枪顶部而以枪击口向上的方向持枪，是直列式圆柱形枪造成意外伤害的主要原因。

使用捕获栓枪射击站立行走的动物存在一定的危险。射击者应等到动物的头保持静止后才可射击，并且不要用枪追逐动物的头。成功的射击应立即使动物失去意识，如果不确定动物是否失去意识，则需要进行补射，并且补射位置要不同于第一次射击的位置。当第一次射击位置正确时，第二次射击位置要选择第一次射击洞孔的稍上部或旁侧。如果第一次射击位置错误，第二次射击时要选择正确的位置。

强烈建议使用专为农场安乐死设计的大功率捕获栓枪，因为老式 PCBG 仅能致晕动物，因此需要采取后续致死步骤。捕获栓枪后续步骤包括脑脊髓刺毁法和放血法。使用PCBG 时，必须紧挨动物头部。如果 PCBG 未紧靠动物头部，捕获栓可能不会射穿动物颅骨，也可能从动物头部滑落。可从前面接近动物，但从后面接近动物并到达动物一侧似乎更容易，从而保持在动物的视线之外。然后射击者越过动物头部，将 PCBG 置于头前部。PCBG 有两种扳机触动方式，一种是扣动捕获栓枪上部开关，另一种需要实施者拉动扳机后再进行射击。PCBG 的反作用力主要取决于枪的口径、减震器结构、枪的制造和使用的火药等。必要的情况下，实施者在射击时需要用两只手握枪，以保持稳定。不同类型的捕获栓枪在射击时会产生不同程度的反作用力和噪声。

10.6.2　捕获栓枪的维护

未对捕获栓枪进行维护是导致哑火和无效射击的主要原因（Grandin，1998）。因此，捕获栓枪必须进行清洁和维护，以保证动物安乐死的顺利实施。每天使用结束后，都要对 PCBG 进行清洁和检查。即使不经常使用的 PCBG，也需要进行清洁和上油。在使用之前，PCBG 所有组件都要进行重新组装，并补充或更换缺失和受损的部件。在哑火的情况下，要关闭捕获栓后膛至少 30 s，以防止因雷管慢点火导致的"射击延迟"问题。在清洁捕获栓枪前，应阅读生产厂家的说明手册，并保证捕获栓枪处于退膛状态。PCBG 和火药要存放在干燥的环境中，暴露于潮湿环境中会影响枪支的使用和火药的效力。快速访问信息 10.1 介绍了捕获栓枪维护的要点。

快速访问信息 10.1　捕获栓枪维护要点（Bildstein，2009）

- 使用后必须每天进行清洁，清洁方式同枪械。
- 使用枪械专用油和清洁剂，不要使用机油、白油或 WD-40。
- 防止捕获栓枪受潮。
- 每次枪头清洁完毕后，用铁丝刷清洁捕获栓末端的活塞。
- 如果减震器出现裂缝或硬化，需要更换，防止捕获栓陷入动物脑中。
- 同型号捕获栓枪之间不可换用零部件，因为每支捕获栓枪的磨损程度都是不同的。
- 备有充足零件以便随时更换磨损组件。
- 火药存放于干燥处。
- 在大型屠宰场使用的捕获栓，应经常旋转以防止过热。

10.6.3　捕获栓枪射击位置

图 10.1 为推荐的射击位置，即"从眼睛顶部到对侧角部或耳朵顶部的两条线交叉处"，这是根据专门针对捕获栓枪射击奶牛位置的新研究而提出的（Gilliam 等，2012，2014）。图 10.2 为无角牛的正确射击位置。另外，根据动物颅骨形状的不同可对射击位置进行调整，例如荷斯坦牛的颅骨就比赫里福德肉牛长很多。水牛或婆罗门牛等具有较重颅骨的动物，选择在后脑凹陷处射击会更有效（Gregory 等，2008）。另外，射击角度也要保证精确，这样可以完全刺穿动物大脑。

与牛一样，猪的推荐射击位置也与前面所述的枪械射击位置相同（Lyndi Gilliam 博士，俄克拉荷马州立大学，2009，个人通信）。由于弹道轨迹不同，商业应用中推荐捕获栓枪的射击位置应位于枪击位置上方 2~5 cm 处。猪 PCBG 射击位置的确定相对困难，为了保证捕获栓在大脑中理想的射击轨迹，必须对 PCBG 射击角度进行微调，使捕获栓朝向猪尾部的方向前进。如果 PCBG 射击角度过偏，可能不会射穿颅骨，而是从颅骨上面穿过。

随着年龄的增长，猪颅骨还会增长，但是脑容量不会增加，因此使得射击位置的确定变得更加困难。成年母猪脑前有一个很大的鼻窦腔，导致大脑的位置离颅骨相对较远，因此需要深度射击。公猪成年后，会在颅骨前形成一个隆起，使得射穿大脑变得更困难。虽然公猪的射击位置与枪械相同，但射击时捕获栓枪的位置也应稍向隆起的旁侧移动一些。初步研究表明，对于体重小于 200kg 的猪，PCBG 是一种可靠的单步安乐死方法。然而，对于体重大于等于 200 kg 的猪，这种方法的有效性和可靠性是不一致的（Woods，2012）。首席研究人员指出，这种效果很大程度上受到了放置位置的影响——正确的位置加上枪被牢牢地握住，并对准颅骨。在观察到的成熟动物中，几乎所有失败的致死都被记录为没有将枪正确放置或没有对准头部。为此，强烈建议在应用 PCBG 时对猪进行保定（Woods，2012）。

在农场，用捕获栓枪对马射击时一定要进行固定，这就使捕获栓枪的使用受到很大限制。在射击时，马通常会出现向前移动（跳向空中）的现象，从而威胁马前方握枪射击的操作人员（图 10.4）。当马趴卧在地上不动时或为保障工作人员的安全而被固定在坡道中时，捕获栓枪的使用就会变得很方便。马捕获栓枪的射击位置与枪械相同。

绵羊捕获栓枪的射击位置在头的最高点/处，与枪械相同。用捕获栓枪实施安乐死失败的主要原因是射击时没有瞄准或没有找到正确的射击位置（Gibson 等，2012）。对于山羊，捕获栓枪最好从脑后射击。捕获栓枪仅可用于射击大型成熟火鸡的头部，并且需要固定火鸡的喙。捕获栓枪射击麋鹿和圈养鹿的位置也与枪械相同。捕获栓枪不推荐用于野牛的安乐死。

小型捕获栓枪适用于肉鸡的安乐死。为了保证实施效果，需要配备 6 mm 的捕获栓，采用 827 kPa 的空气压力，射穿深度要达到 10 mm（Raj 和 O'Callaghan，2001）。小型捕获栓枪要置于鸡的头部。

10.7　通过捕获栓枪控制钝伤

受控钝伤主要是通过物理作用破坏动物大脑达到安乐死的目的。对于拥有很薄颅骨的小型或年幼动物来说，击打头部是一种相对独立和有效的安乐死方式。对颅骨实施单次急速的击打可以立即抑制动物的 CNS 活动，并破坏脑组织，而不必击碎动物的颅骨。

受控钝伤的可接受设备一般包括弹药筒和气动非穿透捕获栓枪。非穿透捕获栓枪配有用于打击头部的金属材质的钝性平头或蘑菇形捕获栓。和 PCBG 一样，设备要对准动物头部，开火时会产生震荡力，导致动物脑出血、脑内剪切应力变化和组织变形。最近的研究支持使用非穿透捕获栓枪，作为一步安乐死方法。发现带有非穿透头的 Cash Dispatch 枪单次射击 10 kg 以下的仔猪非常可靠（Woods，2012），初步试验表明，对于体重达 23 kg的猪，这种方法比使用标准穿透捕获栓枪时脑损伤更加严重（Jennifer Woods，2010，个人通信）。Casey-Trott 等（2013）发现，Zephyr E 枪对 3 日龄仔猪非常有效，而 Erasmus 等（2010a，b）证实，相同的枪对体重 11～13 kg 火鸡实施安乐死是有效的。

有效性还取决于动物的大小、头骨的结构和质量以及用枪人的技能。目前市场上有几种非穿透捕获栓枪，每种都设计用于特定种类、年龄和重量的动物。目前，有用于仔猪、家禽、羔羊、新生犊牛和兔的枪。至关重要的是，所使用的非穿透捕获栓枪是专门针对需要安乐死的动物种类和体重或年龄设计的。专为小动物（如家禽、兔或新生仔猪）设计的枪对新生犊牛或较大的断奶仔猪不起作用。必须严格遵守制造商对于动物体重、年龄和种类的限制，以及使用推荐的枪头、枪筒尺寸和压力（PSI）。不遵守说明和建议很可能会导致安乐死失败。

对猪、家禽和羔羊使用非 PCBG 时，必须将动物固定，并且射击位置为动物的头上部。根据动物的类型和大小进行固定（参见关于固定方法的章节）。如果不确定动物是否死亡，应立即对动物的颅骨进行第二次射击。

非 PCBG 的维护要求和 PCBG 相同，遵循制造商的清洁和维护说明。

10.8　手工钝伤方法

手工钝伤方法同样是通过破坏大脑组织而导致动物死亡。对于头盖骨较薄的小动物，采用头部撞击方式是实施安乐死的有效手段。对于体重 5 kg 及以下的仔猪、体重小于 9 kg 的初生绵羔羊、体重小于 7 kg 的初生山羔羊以及家禽（鸡和火鸡）进行安乐死，手工钝伤目前是可接受的方法。必须以足够的力向颅骨中部进行一次急速打击，以便立即抑制中枢神经系统并破坏脑组织，而不会击碎颅骨。尽管手动钝伤是一种可接受的方法，但美国兽医协会建议用其他方法替代它（AVMA，2013）。互联网上出现的钝伤小仔猪视频引起了公众极大的负面反应。

采用手工钝伤时，必须将器械主动朝向动物头部击打，而不能驱使动物迎合器械，驱使动物迎合器械会显著降低动物福利标准。如果在实施手工钝伤过程中动物身体左右晃动，表明它们可能正承受着高度应激，而且大大增加了关节脱臼和肢体骨折等损伤的概率。目前手工钝伤安乐死所使用的工具包括圆头铁锤、铁棒、木质球棒和钢管。

仔猪和山羔羊采用钝伤法时，必须击打动物头顶；绵羔羊的最佳击打部位是头顶或脑后。家禽在击打后的反应很强烈，翅膀会剧烈扇动，因此实施人员一定要防范，以确保安全。准确和果断是顺利实施钝伤法的必要条件。

保持击打力量的一致性对于实施人员是一项挑战，因此在可靠性和有效性方面，手工钝伤法存在着一定的不确定性。另外，手工钝伤法并不适合对牛、马、麋鹿或野牛使用。

钝伤法还存在着一个大问题是善于照顾幼龄动物、有爱心的饲养员通常不想亲自实施这种操作。解决这个问题的方法是让另一个人在这名饲养员离开时来实施这项操作，或者使用气体安乐死方法。实际经验表明，许多人宁愿将动物置于"箱子"（即安乐死容器）内，而不是击打动物头部。一名饲养员曾说过，"我喜欢这种方式，是箱子处死了动物"。

10.9　吸入法

10.9.1　二氧化碳法

暴露时间和 CO_2 的浓度决定 CO_2 法的效果和人道程度。许多国家对猪、家禽、初生绵羊和山羊推荐使用 CO_2 法。农场只能对体重轻的动物使用 CO_2 法，因为必须将动物放置到合适的容器中。目前，对于在动物安乐死中采用 CO_2 法，不同国家之间有很大的分歧。在幼龄动物（包括家养水禽）中使用 CO_2 法时需要增加 CO_2 浓度和暴露时间，因为这些动物抵抗组织缺氧的能力较强。

在动物生产中主要有两种 CO_2 注入方式，高浓度 CO_2 预注入方式和逐级注入方式。每种方式都需要进行合理的设计和精心操作，以保证人道死亡，最大限度减少动物的应激。

农场在实施动物安乐死时，推荐 CO_2 浓度 $\geqslant 80\%$，暴露时间至少为 5 min，并且对所有动物从安乐死容器中转出之前，对其死亡征状进行评估。

10.9.2　预充方式——用于仔猪的 CO_2 系统

预充方式就是在动物放入容器之前，容器内已经注入高浓度 CO_2（$> 80\%$，最好达到 90%）。这种方式推荐在猪中使用，因为可以减少猪在窒息倒下失去意识之前的痛苦、尖叫和躁动（Sadleret 等，2014b）（见第 9 章）。为了最大限度减少动物在失去意识前对气体的逃避反应，一定要尽可能快地将动物全部浸入气体中。在确定动物死亡之前，CO_2 浓度必须始终保持在规定目标浓度范围内。在 CO_2 中新生仔猪比较大的断奶仔猪更快地失去意识（Sadler 等，2014a）。1/2 氩气和 1/2 CO_2 的混合物没有任何优势（Sadler 等，2014a）。

动物安乐死容器一定要根据目标动物的行为学和身体特点设计，其中包括门、防滑地板和充足照明设施的设计等。不要超载使用容器，并且要为容器中的所有动物提供足够站立和躺卧的空间。另外，在应用中禁止将动物堆积在容器内，这样不仅会危害动物福利，而且会导致动物因窒息而死亡。盖子或门也必须牢固地密封和关闭。

当一种气体注入容器后，容器中的空气就会被注入的气体替换，达到一定交换率。CO_2 重于空气，当容器中注入 CO_2 后会产生分层，因此为了保证容器中 CO_2 的均匀性，必须采用多气孔注入方式。此外，还要应用调控和检测措施以保证气体注入速度的稳定。如果不对容器中气体的释放速度进行调控，就可能导致动物受凉、气体注入管道冻坏或气体交换率降低等现象，从而造成操作失败或 CO_2 损失，增加操作成本。排气阀的设计一定要避免气体注入时对系统施加过大的压力。要降低气体注入速度，以防止因气体流速过快而发出尖锐的声音，造成动物应激。整套系统要配有 CO_2 监测器，或至少安装 CO_2 低浓度报警器。

10.9.3　逐级注入方式

上一节介绍了安乐死室和输送气体的规范。家禽在较低 CO_2 浓度（$20\%\sim25\%$）下即可失去意识，因此除了采用传统预注入方式和逐级注入方式外，还可应用一种低浓度逐级注入方式。低浓度逐级注入方式，CO_2 目标浓度为 40%，但需要 20 min 的暴露时间。Gerritzen 等（2004）介绍了使用不同气体混合物对鸡进行安乐死的其他信息。

因为 CO_2 令动物厌恶，在家畜和家禽安乐死时，注入的 CO_2 中通常加入不同浓度的惰性气体（如氩气和氮气等）。对于混合物中不同气体的比例，研究者仍然存在着争论，其他信息可参见 Raj 和 Gregory（1995）、Raj（1999）、Meyer 和 Morrow（2005）、Christensen 和 Holst（2006）以及 Hawkins 等（2006）。第 9 章也综述了更多相关科学研究。农场中评价混合气体比例最实用的方法就是观察动物的反应。若使用的气体混合物或方法导致动物试图爬出并逃离，则是绝对不可接受的。如果动物在倒下或失去姿态前挣扎、喊叫或用力拍打，则应改变气体混合物和方法。失去姿态后，动物失去知觉时，剧烈的身体反应不会对健康产生影响。

10.10　电击法

电击法被认为是非常人道的方法，当足够的电流流经大脑时会导致极度癫痫，流经心脏会造成纤维性颤动，心脏纤维性颤动导致心搏停止从而引起动物死亡（见第 9 章）。动物被电击时，初始电流导致大脑死亡，随后的二次电流流经心脏，导致丧失意识的动物心脏纤维性颤动，或在诱导失去意识的同时导致心房纤维性颤动。心脏纤维性颤动通常会导致心脏骤停及血液流向大脑及其他重要器官的中断。

　　电流的强度依赖于电路中的电压和总阻抗，同时也受动物种类、电极型号、电极施予身体的压力、电极接触位置、电极间的距离和电击时动物呼吸阶段的影响。目前在动物电击安乐死中，大部分操作者都会将电压、电流、频率和电击时间配合使用得很好。但是，要根据研究资料和商业中成功应用的经验对上述因素进行选择。可以使不同动物大脑瞬时失去意识的绝对最小电流见表 10.3。

表 10.3　致动物死亡的最小电流[a]（OIE，2014a）

动物种类	电流（A）
牛	1.5
犊牛	1.0
绵羊/山羊	1.0
绵羊羔羊/山羊羔羊	0.6
仔猪	0.5
猪	1.3

a. 电流频率不能超过 100 Hz，50～60 Hz 为推荐值。

　　初始校正电流需要在 1s 内达到规定要求，并且在实施时最少保持 3s（OIE，2014a）。

　　在实施电击之前，必须注意电极与动物完全接触。当使用电刺棒时，要预先进行充电，这种电刺棒充电后称为热电刺棒，会导致动物产生疼痛感。热电刺棒接触到牛或猪时，会立刻导致牛或猪发出尖叫。因为需要特殊的设备和高强度的电流，所以牛电击法只能在屠宰场使用（见第 9 章）。

　　正确应用时，电击法只能用于体重超过 5 kg 的猪。这个过程可以首先在头部的对侧施加电极，这样电流就可以通过大脑。使用市售的猪致晕器时，应将钳子放在耳朵内侧基部。电流通过头部后，再次将钳子放置胸部以诱发心脏纤维性颤动（Vogel 等，2011）。推荐一种市面上可买到的猪致晕器。自制设备通常是危险的，并可能是无效的（更多信息见第 9 章）。

　　对于绵羊、马、麋鹿和野牛，目前还没有电击法操作指导和操作建议。由于被毛具有绝缘性，因此电击法在绵羊中的应用存在一定的困难。屠宰场使用的特殊电击设备存在着危险性，因此并不适合在农场中使用。

10.11　家禽颈椎脱位法

　　颈椎脱位法通过物理方法造成颅骨和脊柱之间脱臼，破坏大脑和脊髓的连接，从而损害脑下部区域并可以使动物瞬时失去意识。为了保证动物彻底死亡，动物颈椎脱位后还需要放血。

颈椎脱位法只适用于小家禽，并且比其他方法需要更多的技巧。为了保证操作成功，需要对工人进行适当的培训，而且拉直法比脊椎压碎法效果好。幼龄家禽可通过扭动颈部造成脱臼；成年家禽可用一只手抓住胫骨（腿部），另一只手迅速抓住脑后位置，拉直颈部迅速向下向后猛推造成脱臼，此时动物的反应可能比较剧烈，会猛烈扇动翅膀，因此最好在实施脱臼法之前固定翅膀。

颈椎脱位法适用于体重为 3.0 kg 及以下的家禽，对于体重超出这个范围或肌肉比较发达的家禽如肉种鸡或火鸡，实施颈椎脱位法就非常困难。对体重 11~13 kg 的火鸡实施颈椎脱位不能消除瞬膜（眨眼）反射（Erasmus 等，2010a，b）。对于过大且难以颈椎脱位的禽类，强烈建议使用非穿透捕获栓枪安乐死装置（参见 10.7 "通过捕获栓枪控制钝伤"部分内容）。当对较小的禽类施行颈椎脱位时，不应将头部拉下。断头不是一种可接受的家禽安乐死方法（AVMA，2013）。

10.12　动物安乐死禁止采用的方法

麻醉致死法需要使用巴比妥酸盐或其他麻醉药物，以使动物失去意识。对敏感动物不能使用非麻醉性激动剂。如果使用非麻醉性药物，为了保证动物完全死亡，一定要预先注射麻醉性药物以使动物丧失意识。另外，不能采用溺死法、勒杀法和空气栓塞法。本章作者和本书编者都在努力探索在枪支和弹式捕获栓不能为公众所接受的国家对大动物实施安乐死的最实用的人道方法。在这些国家，屠宰场一般使用空气动力捕获栓枪，而非火药式捕获栓枪；麻醉药由于成本较高，也不是一种理想的方法。唯一的选择是使用许多发达地区（在这些地区，捕获栓枪很容易获得）的兽医职业协会不会批准的方法。在这种情况下，一种选择是使用重锤击打牛的前额（图 10.1 的 X 处），然后立即放血。如果不使用击打法而仅采用放血法，则应该使用颈部 2 倍宽的锋利刀具进行放血。刀具应从喉咙外部向脊柱方向插割，并同时切断颈部 4 条主要的血管。只有在利用本章前述方法使动物失去痛感后，才能采用这种放血方式。对哺乳动物，当不能应用枪击法、捕获栓枪法、麻醉法和其他推荐的方法时，才可以选择放血法。对家禽，不应使用颈椎破碎装置或钳子。破碎颈椎不是一种可接受的一步安乐死方法（AVMA，2013）。Erasmus 等（2010a，b）报道，颈椎脱位不能消除体重超过 11 kg 的禽类眼反射。

10.13　后续处死方法

采用后续处死方法时，一般有不同的原因。在一些情况下，动物安乐死实施工具只用于或只能致晕动物，而不能杀死动物，如许多捕获栓枪的设计就是只能暂时致晕动物。如果枪械或捕获栓枪第一次射击失败，则必须立即对动物进行补射。后续处死步骤必须在第一次射击后的 30s 内完成，操作方法包括放血法和脊髓刺毁法。

10.13.1　放血法

作为后续处死方法的放血虽然被大多数动物福利指南所接受，但这并不是一种独立的方法，尤其是在刀具变钝（刀口不锋利）或采用钝伤法的时候。由于在放血的过程中，动物承受巨大的疼痛、痛苦和应激，因此这种方法是不人道的。有资料表明，动物放血直至死亡的过程需耗时数分钟，并且在此过程中动物始终具有意识，会产生严重的焦虑、疼痛、应激和其他痛苦的感觉，存在着严重的动物福利问题（EFSA，2004）。学者对动物从放血到完全失去意识的时间进行了研究，牛的这个过程需要 35～680s（Bager 等，1992），而绵羊的时间比牛短（更多信息见第 9 章）。

给动物放血时，要使用尖锐和锋利的硬质刀具，并且刀的长度至少达到 15.2 cm。刀具应该全部刺穿下颌后部和颈椎下方的皮肤，并从这个位置开始向前方插割，直至割断颈动脉、颈静脉和气管。如果操作正确，血会大量涌出，数分钟内动物就会死亡。放血法并不是一种独立的安乐死方法，而且在放血前一般需要将动物致晕。这个过程会产生大量血污，不仅会引起旁观者的不快，而且会增加人们对生物安全防控方面的担心。

对于牛，还要割断肢体的脉管系统，具体方法是抬起前肢，在肘部前端的腋窝处插入尖刀，割断皮肤、血管和外周组织，直到前肢能够从胸前向后弯曲。

对猪使用的刀具不仅要锋利，而且长度至少为 12 cm。刀插入点为胸前颈部中间的凹陷处，插入前先轻轻抓住目标位置的皮肤并向上提起，插入时刀柄要低一些，这样刀片就会接近垂直的角度，向上刺入后可以割断所有来自心脏的主要血管。猪肢体脉管系统的割断方法与牛相同。采用放血法时必须非常小心，因为即使动物失去意识，肌肉仍然能够产生强烈的反射性收缩，可能会导致操作人员受伤。

10.13.2　脑脊髓刺毁法

脑脊髓刺毁法就是利用穿透捕获栓枪或无火药子弹将颅骨射穿后，用细长的脊髓探针或其他工具从颅骨裂隙刺入大脑，通过彻底破坏大脑和脊髓组织而导致动物死亡的一种技术。操作者用脊髓刺毁工具破坏脑干和脊髓组织，最终造成动物死亡。有时候需要在动物放血之前刺毁脊髓，以减少丧失意识动物的反射性活动。

脊髓探针可以由多种材质构成，如废弃的牛输精枪、高弹性的金属丝、钢丝或其他相似的工具，而且在市场中也可购买到不同种类的脊髓探针。脊髓探针必须坚硬一些，且具有一定的弹性。此外，脊髓探针还要稍长一些，以保证能够从枪械或 PCBG 造成的颅骨裂隙中触碰到大脑和脊髓组织。Appelt 和 Sperry（2007）建议，在捕获栓枪射击后如果不对动物进行放血，需要立即刺毁脊髓，有助于阻止动物恢复意识。

10.14　安乐死动物的死亡确认

对死亡过程的理解是非常重要的，死亡是一个过程而不是瞬时发生的事，即使是在枪击、捕获栓枪射击或电击使动物失去意识和痛感的时候，动物仍然有感觉，特别是在喊叫（尖叫或怒吼）、试图站起、抬头或眨眼睛的时候就像完全活着的动物一样。当动物有上述任何表现时，必须立即进行补射。动物在失去意识后机体才开始死亡，具体表现为大脑停止活动，心脏停止跳动，肺脏停止呼吸以及血液停止循环，因此死亡并不是一个瞬间的过程。从正确实施安乐死措施后，死亡过程可能需要 10 min 以上；在采用巴比妥酸盐的时候，死亡过程会更长一些。Woods（2012）发现，猪的心跳平均持续时间为 236 s，范围为 474 s。

实施动物安乐死时，如果操作人员对预期发生的事没有任何深刻的认识，就会对动物有意识和无意识的表现做出错误的理解。动物失去意识后，会表现出条件反射性的行为或发生肌肉痉挛，这些都是死亡过程正常的组成部分，不应该将其理解为动物正经受疼痛或痛苦的过程。一些动物或安乐死的方式会使动物表现出更加强烈的非自主性肌肉运动（见第 9 章）。

在枪击或捕获栓枪射击后，牛肌肉痉挛平均只持续 5～10 s，新生羔羊可持续几分钟。一项研究记录了猪最后一次运动的平均时间为 180 s，范围为 527 s。一条后腿平均踢腿次数为 116 次，范围为 14～361 次（Woods，2012）。如果动物反应的时间较长或出现"晃动"的行为，则需要再次采取致晕措施或射击。在死亡过程中，所有的动物都会表现出较弱而且频率较低的踢踏动作，并且会持续数分钟。

另外，对于没有安乐死实施经验的人来说，动物这种无意识的动作会给他们带来心理上的痛苦，正确认识这一点也是非常重要的。安乐死实施前对围观者进行预先警告，会有效地减少事后必要的解释。在确定动物死亡的过程中要保障人员的安全，操作者必须注意，防止被动物无意识的动作踢到，并且要沿着动物的背部/脊柱方向接近动物，防止与动物的腿部或头部接触。

确认动物死亡发生（无知觉或无意识）应在安乐死实施后的 30 s 内进行；死亡确认应在 10 min 内完成，在兽医办公室或实验室外确认死亡可能具有挑战性。稳定、有节律的心跳停止以及呼吸消失是判定死亡最可靠的标志，但是在嘈杂的环境中根据上述两个标志进行判断是非常困难的。如果对动物是否死亡还不能完全确定，那么就要进行再次确认或实施后续处死步骤。

可通过视觉观察胸腔的活动或对胸腔进行叩诊来判断动物的心跳是否消失，但是失去意识的动物可能仍然具有非常迟缓而且不规律的呼吸，这就给胸腔活动的判断带来困难。不能将喘息和不规则的心跳误判为有节律的呼吸。胸腔停止活动是动物呼吸消失的标志，因为这意味着动物的呼吸系统已经停止工作（见第 9 章）。

除了判定有节律的呼吸是否消失外，还要根据以下五种标志中的任何两种对动物是否已处于技术死亡状态进行判断：有节律的心跳停止；脉搏消失；眼睑反射消失；瞳孔放大；毛细血管无充盈。在死亡确认之前一定不要转移动物，推荐死亡确认至尸体转移处理之间至少间隔 20 min。

虽然在一定环境下可以通过叩诊法判断动物是否停止心跳，但是也可以利用听诊器、心电图仪（ECG）或脑电图仪（EEG）对规律性心跳的停止进行准确判定，并且这些仪器可以对心脏是否停止供血以及血液是否流经身体和大脑进行判断。当心脏停止跳动 3 min 以上时就可以确认动物已经死亡，但是在野外环境下，这种方法却存在一定的困难。对于听诊器判断方法而言，不仅要有听诊器，而且环境噪声会给心跳的听诊带来影响；为了利用 ECG 和 EEG，需要拥有适宜的仪器设备，这些设备非常昂贵，且在兽医诊所外不常使用。

动物脉搏消失可通过触诊来判定，并且脉搏消失也是心脏停止跳动的一项标志。这种方法在野外环境中同样具有一定的操作难度，要求操作者必须具备一定的技能，且主要用于大型动物。脉搏不是总能触知的，因此它不能作为判断心脏停止跳动或动物死亡确认的单一手段。

可通过沿睫毛方向快速移动手指观察眼睑反射，而且眼睑反射检测要先于角膜反射检测，以避免因手指触碰敏感动物的眼睛而导致疼痛。当接触到睫毛时，动物不应该出现眼球转动和眨眼，眼睑反射消失意味着动物已经丧失意识。眼睑反射检测后，可实施角膜反射检测，通过触碰眼球表面的角膜进行判断，接触角膜后不应该出现眼球活动或眨眼。如果动物已经死亡，眼睛会仍然睁开并且眼睑停止活动。

通过观察角膜可判断动物瞳孔是否已经放大。当心脏停止跳动后会停止向机体和眼球供血，因此就会出现瞳孔放大现象。同时也可以采用其他检测方法，如用针刺鼻子或对着眼睛实施高亮度的闪光测试，已确认死亡的动物一定不会对上述刺激产生反应。

另外，还可通过观察唇部黏膜是否失色和毛细血管是否充盈判定动物的死亡。当动物死亡后，唇部黏膜就会变苍白并出现斑点。按压黏膜后，黏膜颜色不会恢复，并且毛细血管仍然干瘪，这意味着黏膜毛细血管已经失去了再次充盈的能力。心跳消失后会停止向机体供血，因此黏膜就会变干变硬。

如果动物被实施安乐死后抬起头，试图恢复身体平衡，发出叫声，眼睛活动或眨眼，脉搏明显，或瞳孔对疼痛刺激仍然有反应，则表明动物并没有死亡。

在确认动物死亡后的 20 min 内，不要移动或处置动物（快速访问信息 10.2）。这段时间可以确认动物已经彻底死亡并不会再次恢复意识。即使在动物实施安乐死后已经确认死亡，仍然需要采取上述措施。不同动物品种死亡后尸僵和腹胀时间各不相同，猪正常为 4～8 h，绵羊为 8～12 h，牛为 12～24 h。由于出现的时间过晚，尸僵并不能作为死亡确认的方法。

快速访问信息 10.2　确认死亡——所有症状消失再处置尸体

- 必须没有所有眼睛反射和活动，包括角膜反射和眼睑反射。
- 必须没有节律性呼吸和脉搏。
- 必须没有喊叫。
- 必须没有翻正反射和站立能力。
- 在满足以上所有情况条件下，等待 20 min 再处理尸体，以确保动物不会恢复意识。

10.15　为疫病防控所采取的大量动物处死方法

OIE（2014b）对防控疫病所进行的大量家畜或家禽处死进行了规范。大量动物枪击法、捕获栓枪法和电击法的操作与第 9 章所介绍的操作相同，但是不可采用以下处理方法。

- 在坑中焚烧活体动物。

- 将动物叠放于土坑、袋子或垃圾箱中，任由其被挤压或窒息。
- 溺死。
- 勒杀。
- 使用会产生疼痛的药物。

　　OIE 规定：当为防控疫病而宰杀动物时，所采用的方法要求使动物立刻死亡或在死亡过程中丧失意识。当动物不能立刻失去意识时，所采取的方法不要引起动物反感或导致动物产生焦虑、疼痛、应激或痛苦。

（OIE，2014b）

　　用低应激的人道方法捕杀大量家禽是非常困难的。在鸡舍中注入窒息气体通常不会杀死鸡笼上层的产蛋鸡。疫病防控中宰杀大量家禽的方法仍然需要进行深入研究。最适当的方法包括在饲料或饮水中加入麻醉药或其他药品，或在鸡舍中注入窒息气体（Raj，2008）。加拿大学者已成功使用箱式系统处理大量家禽（John Church，2008，个人通信），这种方法符合 OIE 2014 年的指南。美国学者应用灭火泡沫处理肉鸡（Benson 等，2007，2012）。对家禽工业中应用泡沫法的讨论结果表明，要小心控制泡沫的大小，以保证处理过程的稳定。对于所有的气体法和泡沫法而言，需要对家禽失去正常姿态（跌倒）前的反应进行评价（见第 9 章）。Gerritzen 和 Sparrey（2008）研究表明，防火泡沫可以与 CO_2 共同使用，泡沫必须达到一定的体积，从而保证家禽死于吸入性 CO_2，而不是因通风口闭塞或溺水而死。自本书第一版出版以来，进一步的研究表明，使用 CO_2 或氮气填充的高膨胀泡沫实施安乐死是有效的，并且不会导致鸡或火鸡因气道阻塞而死亡（McKeegan 等，2013）。对于鸭，应在泡沫中加入 CO_2（Benson 等，2012）。含有 CO_2 的泡沫比整个房子充气更一致（Alpin 等，2010）。泡沫用于处死大量鸡或火鸡的一个主要优点就是，它比整个房子充气容易实施。Raj 等（2008）已对混合有氮气的泡沫致死法开展试验研究。2009 年，OIE 也已开始对泡沫法进行研究。

10.16　尸体处理

　　动物安乐死也带来了另外一个问题，就是动物尸体的处理问题，而人们并未对此进行深入思考。目前对死亡家畜尸体的处理方法主要包括以下几种：腐食法、填埋法、堆肥法、焚烧法、油脂提炼法和组织分解法。腐食法就是将死亡动物提供给腐食动物，通过自然降解法处理动物尸体。填埋法是最常使用的一种方法，就是在实施动物安乐死后就地填埋动物尸体。当采用堆肥法时，动物尸体应混有碳膨胀介质，如磨碎的稻草或锯末等可以分解为有机物的物质。组织消解炉通过碱性水解法分解动物尸体。焚烧法就是将动物尸体焚化成灰。油脂提炼法就是通过蒸煮消除病原微生物后，生产肉、毛、骨或血粉制品的过程。上述方法都有优缺点，无论采用何种方法都要遵守当地的法律法规。Shearer 等（2008）对堆肥法进行了详细介绍。堆肥不会分解巴比妥酸盐。研究表明，戊巴比妥在堆肥 180～367 d 后仍然存在。Payne 等（2014）对堆肥法和巴比妥酸盐的问题进行了很好的综述。

10.17　安乐死动物的食用

在世界上食物匮乏的地区，饥饿的人们会吃安乐死的动物，并且将养殖动物的皮剥下制成衣物。在人们挨饿的地方，他们不会扔掉食物。他们会将肉煮熟，待粉红色消失后，可以将一般的病原体如沙门氏菌、大肠杆菌和大部分的寄生虫杀死。禁止食用患病的家畜或家禽，因为这些动物会传播肺结核病、布鲁氏菌病、狂犬病、牛海绵状脑病（疯牛病）或流感病毒（禽流感）。在一些特定疾病流行地区，严禁食用动物尸体，并且要将动物尸体进行彻底处理，以防止流行疾病对公众健康造成威胁。用巴比妥酸盐或其他药物安乐死的动物尸体不适合人类或动物食用。

10.18　工作人员培训和福利保障

所有农场和养殖场都需要建立培训机制，以指导工作人员掌握正确的动物人道安乐死操作技术，这些技术和经验对于正确实施动物安乐死具有极其重要的意义。研究表明，许多人员（即使是那些具有动物安乐死实施经验的人）并不理解正确实施安乐死所需生理参数的意义。此外，人们应该认识到，无论采用何种安乐死实施方法，对操作者（或枪击法实施过程中的围观者）都具有一定的危险性，因此仅允许达到技术示范标准和具有丰富经验的人实施安乐死操作。如果操作失误，不仅会导致动物受伤，而且动物仍保持着不同程度的意识，从而承受不必要的疼痛和应激。

经验丰富的人员应该协助培训经验不足的人员，并且利用尸体演示动物解剖学特点和不同的操作技术。对于受训人员，可以利用动物尸体或者安乐死模型（加拿大阿尔伯塔省兽医模拟器工业公司）进行练习，直至已经完全掌握操作技术为止。工作人员也要完全掌握动物死亡确认的方法，在一些情况下，需要利用活体动物进行培训和观察。

无论养殖规模大小，农场的所有者和经营者都必须深入了解本节概述的所有因素。无论是拥有 50 名员工的农场还是个人经营管理的农场，所有者或经营者都有责任自学可接受的安乐死程序，并确保将任务适当分配给熟练且熟悉安乐死程序的人员。

不仅要对参加操作的新员工进行培训，而且还要对老员工进行持续性的培训和评估。培训内容应该丰富多样，应包括对动物安乐死各个方面的文字讲解和实践操作。一项对猪场工人的调查结果表明，工人更喜欢接受管理人员的培训。普通员工除非通过测试，证明自己已经成为技术熟练和高效的员工，否则不允许单独进行操作。

确认所有员工都已掌握动物安乐死操作技术并能及时实施是经营者的责任。应定期对每位员工进行验证，并采用标准的评价体系或第三方评价程序进行圈舍安乐死实践评估。农场安乐死的标准动物福利评估示例（Woods 等，2008）见快速访问信息 10.3。

快速访问信息 10.3　农场动物安乐死动物福利评估

农场动物安乐死动物福利评估

评估日期：　　　　　　　　　　　地点：

评估人：　　　　　雇员：　　　　　动物类型和体重：

评估标准

1. 雇员是否已经进行动物安乐死操作程序和操作技术培训？

　　是 或 否

　　培训课程的名称和日期＿＿＿＿＿＿

2. 雇员是否能正确地解释安乐死的标准操作程序？

　　是 或 否

3. 必要设备（处理设备、固定装置、安乐死实施工具等）是否可用并处于适当的工作状态？

　　是 或 否

4. 设备是否干净、维护良好？有维护和清洁记录吗？

　　是 或 否

5. 是否根据动物品种和体重级别选择适合的工具？

　　是 或 否

动物安乐死实施过程中

6. 是否遵循安乐死决策树以确保及时进行安乐死？

　　是 或 否

7. 必要时动物是否得到正确保定？

　　是 或 否

8. 动物安乐死程序是否按照培训手册中概述的标准实施？

　　是 或 否

9. 应用安乐死技术后，动物无知觉状态确定是否在 30 s 内完成？

　　是 或 否

　　如果选"否"，是否立即采取措施纠正以确保死亡？

　　是 或 否

10. 如果需要采取后续处理（如补射、放血、脊髓刺毁等），是否及时以确保动物人道死亡？

　　是 或 否 或 不需要

动物安乐死实施后

11. 将动物移走之前是否已确认动物死亡？

　　是 或 否

12. 尸体是否按照所有适用的规章制度处理？

　　是 或 否

13. 动物安乐死实施地点是否进行正确的清理和消毒？

　　是 或 否

14. 动物安乐死实施设备是否正确清洁并恢复原位？

　　是 或 否

如果这些问题中的任何一个回答为"否"，建议审查安乐死培训计划，并对接下来的三次安乐死实施过程进行重新评估。

备注或建议：

＿＿

＿＿

（续）

故意的虐待行为

安乐死过程中的任何故意虐待行为都是自动纪律处分的理由。故意的虐待行为包括但不限于：①故意用电刺棒击打动物敏感部位，如眼睛、耳朵、鼻子和直肠；②蓄意用门猛击家畜；③以违反制造商建议和国际标准的方式使用安乐死工具（例如，使用带电设备如电刺棒，射击动物的腿使其不能移动，以便对其大脑进行适当射击等）；④击打/殴打动物；⑤拖拽活体动物。

是否观察到故意的虐待行为？

是 或 否

参考文献

（靳　爽、顾宪红 译校）

第 11 章　运输中的畜禽福利

Temple Grandin

Department of Animal Science, Colorado State University,
Fort Collins, Colorado, USA

为了保持可接受的动物福利水平，动物或家禽必须适合运输。世界动物卫生组织（OIE）有运输准则。不能运输几乎不能走动或可能不能走动的动物。许多不同的因素可能会降低运输的适应性，例如瘦弱的身体状况、严重的跛行、不适应不同气候的环境、没有接种疫苗、饲喂错误饲料、高剂量 β-受体激动剂或遗传疾病。装载坡道和车辆应该有防滑地板。通过测量瘀伤、死亡损失、鸡翅损坏和其他损伤，可以监测畜禽运输过程中的福利问题。运输车辆超载可能会增加死亡损失或瘀伤。小心驾驶对于使动物保持站立状态也是必不可少的。在炎热天气，通过保持车辆移动或提供风扇通风，可以减少热应激造成的损失。

【学习目标】

- 确定动物是否适合运输。
- 准备运输动物。
- 装载坡道和处理设施的设计。
- 如何确定在运输车上或屠宰场内是否发生了瘀伤和损伤。
- 研究空间需求和休息站。
- 使用基于动物的测量来评估运输和处理。

11.1　引言

保证运输途中动物福利的一个重要措施就是运输前挑选适合卡车、飞机、轮船运输的动物。OIE（2014a，b）对不适合运输的动物有具体的指南（快速访问信息 11.1）。

快速访问信息 11.1　OIE 指南——不适合运输的动物

- 病、伤、弱、残或疲劳的动物。
- 不能独自站立或腿部不能承重的动物。
- 双眼失明的动物。
- 无法移动、运输将给它们带来额外疼痛的动物。
- 胎脐尚未愈合的新生动物。
- 分娩后 48 h 内未带仔的母畜。
- 卸载计划时间处于最后 10% 妊娠期的母畜。
- 可能因气候变化而导致福利受损的个体（仅限陆地运输）。
- 刚刚做完手术（如去角等），伤口尚未痊愈的动物。

运输中的福利问题可通过选择较好适应运输条件和气候变化的动物而得到有效解决。在运输途中特别容易造成福利不良、需要提供特别运输条件（设备、运输工具和运输距离）和特别照顾的动物包括：

- 体型较大或较肥的动物。
- 年幼及年老的动物。
- 较活跃或攻击性较强的动物。
- 易晕车动物。
- 与人接触较少的动物。
- 处于最后 1/3 妊娠期或正处于哺乳期的母畜。

还必须综合考虑动物的毛发或被毛长度是否适合运输时的天气情况。

11.2　不适合运输的淘汰动物是主要问题

运输低经济价值的老年淘汰种用动物时，动物福利问题是最严重的。淘汰种用动物和老龄动物应该在其仍适合运输时出售。OIE（2014a）明文规定，伤、弱、疲劳的动物不宜运输。同时，为了尽量减少人为评估造成的差异，作者推荐使用体况评分（body condition scoring，BSC）、跛行评分（lameness scoring，快速访问信息 11.2）及伤残评分（injury scoring）来综合评定动物个体是否适合运输。这些评分的优点是，不同人做出的是否适合运输的判定更一致。BCS 图表需与各国本地品种图片一起开发（见第 2 章和第 4 章）。

跛行评分为 4 的瘦弱或严重跛行动物，比起强壮动物，在运输过程中更易摔倒和被踩踏。对处理淘汰奶牛的屠宰场审核表明，能否及时上市也是一个主要的问题（Gary Smith，2008，个人通信）。一些奶牛场直到奶牛瘦弱、体况评分为 1 时才对其装运。当牛奶价格和淘汰奶牛价格都很高时，拍卖会上 1/6 的淘汰荷斯坦牛都很瘦弱（Kurt Vogel，2014，个人通信）。这一问题还发生在淘汰母猪上，而且作者发现 90% 瘦弱淘汰奶牛和母猪约来自 10% 的最差生产者。

快速访问信息 11.2　跛行（行走困难）评分——简单的四分评分系统

下面是可供运输者使用的一个简单的跛行（行走困难）评分体系。

（1）正常——走路容易，没有明显的跛行或步态变化。

（2）表现出僵硬、步幅短促或轻微的跛行，但群体行走时能与正常动物保持同步。

（3）表现出明显的僵硬、步履困难、跛行或不适。评为 3 分的动物在群体行走时落后于正常动物。

（4）在人鼓励下极不愿意移动。这类动物几乎不能行走，很可能会躺下，变得不能动。

作者建议不要使用三分制评分系统，因为这不能区分行走的困难程度。

11.2.1　发展中地区老龄淘汰动物面临的问题

一些发展中地区的人常常虐待老龄淘汰动物。在印度，装载人员装载淘汰水牛时，常施加殴打和拖拽（Chandra 和 Das，2001），而这严重违背了 OIE 法典"不得扔、拽清醒动物"的规定（2014a），这些行为造成在 43％瘀伤后腿、21％瘀伤在腹部和乳房（Chandra 和 Das，2001），这些瘀伤是由于人对动物的虐待造成的。在具备很好操作的国家，动物这些部位很少发生瘀伤。在尼日利亚和哥伦比亚，运输距离越远，停留时间越长，损伤发生率就越高（Minka 和 Ayo，2006，Romero 等，2013）。

11.2.2　有效阻止虐待动物的方法

有效阻止虐待动物的最好方法之一是对虐待动物的人实施经济处罚（Strappini 等，2009；Schwartzkopf-Genswein 和 Grandin，2014）（参见第 14 章　经济因素对畜禽福利的影响）。另外，研究表明（Chandra 和 Das，2001）装载工具欠缺也是虐待行为发生的重要原因之一，每装载一头动物往往需要 2～3 个人，在很多国家，把经济责任和改善设备结合起来将会改善动物福利。作者观察发现，很多国家家畜市场比农场存在的虐待动物问题更严重，因为市场不对损失负责。

11.3　动物运输前需做好准备

运输前做好准备工作可明显降低运输相关疾病的发生率和死亡率。下面将讨论一些有助于改善福利、降低损伤的运输前准备工作。

11.3.1　装载前饲喂与运输时一样的日粮

这对长途船舶运输绵羊来说尤为重要。在运输之前，应该给聚畜场的绵羊饲喂船上的颗粒饲料，以使它们习惯吃它。不训练绵羊吃新的饲料可能会导致高的死亡损失，因为这些动物在船上会拒绝采食。在聚畜场至少需要使用运输时的颗粒饲料饲喂绵羊 1 周，以让它们能从行为和生理方面适应采食颗粒饲料（Warner，1962；Arnold，1976）。

11.3.2　绵羊运往高温地区前应剪毛

剪毛对运输至更高温度地区的绵羊来说特别重要。羊毛会降低绵羊体表的散热能力

(Marai 等，2006)。

11.3.3 运输适应目的地条件的动物

如果把耐冷的动物运到寒冷地区，或把耐热的动物运到炎热地区，则会减少途中的死亡。Norriss 等（2003）报道，通过船舶运往中东热带地区的牛中，从澳大利亚北部的热带地区运出的死亡率较低。动物目的地的热应激或冷应激死亡更可能发生在不适应目的地条件的动物身上。作者在许多国家观察到这种情况，无论南部或北部，长途船运的动物都是如此。

11.3.4 初生犊牛喂足初乳

如果犊牛在出生后 6 h 内被喂食了初乳，那么它们在运输后生病和死亡的可能性就较小。只有在没有人帮助的情况下能够轻易行走和站立的犊牛，才能船运。唯一的例外是将新生牛犊运送到专门的犊牛饲养设施。

11.3.5 断奶犊牛运输前预断奶和注射疫苗

对 6 月龄肉犊牛在进行船舶运输前实施预断奶并注射疫苗，可降低长途运输至饲养场的疾病发生率（Swanson 和 Morrow-Tesh，2001；Loneragen 等，2003；Lalman 和 Smith，2005）。断奶当天，船运未注射疫苗的犊牛死亡损失和呼吸道疾病发生率更高（Fike 和 Spire，2006）。至少提前 45d 对待运犊牛进行预断奶和疫苗处理（Powell，2003）。但是作者了解到，仅在 2014 年，美国有 40％～50％肉用犊牛在运输当天断奶，这是因为没有经济激励或责任追究由此不良实践造成的损失。

11.3.6 运输前有些动物应禁食或饲喂不同的饲料

放牧条件较好的牛运输前给予充足的干草可减少水样腹泻的发生。一项对欧洲 37 家屠宰场的调查表明，运输前不对猪进行禁食处理会增加运输的死亡率（Averos 等，2008）。理想情况下，在禁食和击晕之间不应超过 12 h。对所有动物都不得限制其运输前和运输后的饮水。

11.3.7 锻炼动物逐渐习惯人类的走动

猪和牛习惯了人在它们中间走动，因此更容易被驱赶（图 11.1）。动物能区分在圈栏的人和在走道的人。人必须进入圈栏并在动物周围走动，训练动物有序避让。让步行的人驱赶仅被人骑着马放牧的牛，可能既困难又危险。这些牛在运输到新地点之前更需要接受步行的人驱赶其进出圈栏的训练（更多信息参见第 5 章）。

11.3.8 防止生长促进剂引起的身体虚弱

过量使用含 β-受体激动剂（beta-agonist）的饲料添加剂饲喂动物，在增加肌肉含量的同时可能会导致肌肉无力或增加热应激问题，除非非常小心地使用。作者观察了大量因过度饲喂莱克多巴胺（ractopamine）使体重过重而造成跛行、疲弱或呆滞的猪和牛的实例。被饲喂高剂量莱克多巴胺的 125 kg 体重猪很虚弱，不能自行从待宰栏走到击晕间。

图 11.1　此类漏缝地板饲养的猪能区别人是处于圈栏还是走道。如果人在育肥期间每天走过它们的围栏，猪将更容易被装卸。动物需要学习如何在他或她走过时有条不紊地离开这个人。这座位于美国的建筑有一个精心设计的地板，其实心地面超过 80%。它还拥有充足的自然光线。白色半透明窗帘保证了较好的自然采光效果。昏暗圈舍中饲养的猪也可能更难处理和装载。

Marchant-Forde 等（2003）也发现，饲喂莱克多巴胺的猪更难于管理且容易疲倦，粗暴处理时也更容易发生应激（James 等，2013）。影响程度随用药剂量和时间的不同而不同。以 200mg/d 的剂量给肉牛饲喂莱克多巴胺 28 d 没有影响它们的福利状况（Baszczack 等，2006），当然这些牛是饲养在美国科罗拉多的温带气候条件下，并不是很热的环境。而且它们被运到屠宰场只用了 60 min。作者观察到 β-受体激动剂与动物在炎热天气中蹄部疼痛和步态不稳的问题有关。当牛经过处理和运输休息站再进入屠宰场时，有害影响通常会增加。这似乎也是一个疲劳问题（Thomson，Kansas State University，2014，个人交流）。夏季，β-受体激动剂会增加死亡率（Loneragan 等，2014）。

11.3.9　选择适当的品种或杂交品种，以便运输到不同的气候环境

运输时，高温地区最好选择耐热品种，低温地区选择耐寒品种。肩峰牛耐热性能较好，将其从澳大利亚运往中东地区时死亡率较低（Norriss 等，2003），即使长时间处于高温高湿环境下，它也可以保持自身没有明显的生理变化（Beatty 等，2006）。在炎热的气候条件下，高度改良的品种，如荷斯坦牛，应该与肩峰牛杂交。这是墨西哥热带地区人们常用的实践。但是相反，肩峰牛却不能适应低温环境。Brown-Brandt（2001）报道，现代瘦肉型猪更容易出现热应激，它们的总产热量比基于以前品系的公布标准高出 20%。黑安格斯牛因其优质牛肉而广受欢迎。站在阳光下的黑皮牛会比浅色皮牛更热。如果运到炎热的气候环境，带有深色皮的牛可能需要更多的遮阳（Gaughan 等，2010）。安格斯牛较浅的红色皮可能有助于减少热应激。

11.4　影响运输中动物适应性的遗传因素

11.4.1　猪应激综合征（PSS）基因

携带 PSS 基因的猪在运输中死亡率较高。运输中含有纯合 PSS 基因的猪死亡率可达 9.2%，杂合基因携带者死亡率为 0.27%，不含此基因的猪死亡率为 0.05%，原本携带但通过育种措施筛选掉 PSS 基因的猪死亡率为 0.1%（Murray 和 Johnson，1998；Holtcamp，2000）。携带应激基因的猪通常瘦肉率较高，含有皮特兰猪的血缘。当从大型育种公司购买种猪时，推荐了解其是否携带有 PSS 基因的信息。

Ritte 等（2009a）通过对来自美国 400 家农场共 100 000 头猪中的 2 019 头猪为样本进行记录，发现运到屠宰场时死亡、已不能移动或疲惫的猪中，有 95% 的个体并不含有 PSS 应激基因。他们由此得出结论，PSS 应激基因（HAL - 1843 突变）并不是造成运输损失的罪魁祸首。不幸的是，2014 年，作者发现到达欧洲屠宰场的 PSS 猪仍携带皮特兰基因，表明这样的猪还在被繁育和饲养。作者也发现，自美国允许使用 β - 受体激动剂以来，猪不能走动的情况日益增加，β - 受体激动剂如莱克多巴胺的过量使用促使猪体重过重或许才是 Ritter 等（2009a）研究中如此高死亡率的真正原因。

11.4.2　快速生长的动物更弱

一些快速增重的猪禽品种比没有高度选育的品种更弱。猪体弱的问题在没有 PSS 基因的品种中也能出现。增重快的遗传品系猪较弱，在运输中更容易死亡。有研究表明，运输 130 kg 以上猪的死亡率更高（Rademacher 和 Davis，2005）。快速生长的重型家禽品系较弱，很容易疲劳，这是遗传因素和环境因素共同作用的结果。家禽业中，人们长期以来一直致力于高增重速率品种的培育，并从营养上配合其生长发育，常常在幼雏期控制其生长，等到生长末期再全速增重，一旦这些品种被运输到营养水平和兽医服务跟不上的其他地区，其死亡率必定很高。饲养当地品种可能会得到更好的动物福利和较低的死亡损失。

11.4.3　腿部结构不良或有其他缺陷的动物

腿部结构不良动物在运输中更不容易移动，福利也较差。育种时应评估动物的跛行和腿部结构。腿部强壮的动物在运输过程中福利较好。简单的腿部结构图能显示出腿的好坏，可以用于动物的选择育种（National Hog Farmer，2008，见第 2 章）。

基因组测序方法现在可以更快地选择所需的动物性状。Fan 等（2011）已使用基因组方法帮助选择更健全的猪。使用这些新型工具的育种者应仔细评估这些动物，以减少偶然选择到与所需性状连锁的缺陷。

11.5　牛、猪和绵羊装载设备

欧洲和一些发达地区的车辆具有可调节的甲板或装载在车辆上的斜坡。这些系统有一个下拉式后挡板、一个液压尾门或可上下移动的甲板。这些系统在技术先进的国家用得非常好。但在世界的其他许多地方，想要求人们使用这些装备是不可能的，因为他们很难维护这些设备。即使是下拉坡道也存在问题，因为用于提升后挡板的弹簧是由特殊的合金制成，可能无法在当地找到。

　　缺乏良好的卸载坡道是世界许多地方共同存在的一个严重问题，结果导致动物从1.2m高的车上被扔出或被迫跳下，进而造成身体损伤（Bulitta等，2012）。将动物装载到卡车时缺乏良好的坡道也是一个大问题。在一些设施中，已经建造了斜坡，但它们设计不良或太陡。

　　建造好的装卸坡道非常重要。建造固定的装卸坡道较为容易，且能就地取材，例如木材、混凝土或者钢筋等材料（图11.2）。发展中地区往往拥有很多较好的木匠、焊工、石匠或泥瓦匠等，他们可以取用修筑房屋的混凝土块、水泥、钢筋和木材等材料建造装载坡道。在某些情况下，可以通过堆积土堤支撑车辆来制作坡道。另一种替代方案是使用可以在农场间搬动的便携式坡道。在发达地区，便携式斜坡是可商业购买的。在发展中地区，可以从旧车上获得轮子和四轴修建便携式斜坡，焊工和铁匠善于将旧车配件改装成摩托车和许多其他用具。如果从商业化便携式家畜斜坡的互联网上获得一些打印出的照片，聪明的焊工可以轻松地制作便携式坡道。

图11.2　这个优良的卡车装载坡道由当地容易获得的材料建成。南美洲大多数牛场都有自己的装载坡道，坡道上部有一个水平台阶，可有助于在卸载时防止牛滑倒，加装完全坚固的侧栏可以改善牛的运动（见第5章）。

11.5.1　卡车装载坡道设计建议

　　推荐牛的防滑装载斜面坡度不得大于20°（Grandin，1990）（图11.2），绵羊擅长爬陡坡，因此角度可适当增加。对于猪，建议使用角度为15°或更小的坡道（Berry等，2012）。混凝土坡道上最好的防滑基础是阶梯式设计（图11.3）。阶梯式坡道相比凹槽式坡道更有效，即使坡道老化磨旧也能有效防滑，而凹槽式坡道会因凹槽很快被磨平而致使动物滑倒。阶梯式台阶是世界各地许多坡道上使用的经过验证的设计。图11.3列举了用于牛、马、水牛、骆驼或其他大型家畜的混凝土坡道台阶推荐尺寸。

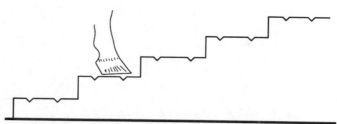

图 11.3　用混凝土建造装载坡道时，推荐采用阶梯式坡道。台阶高度应为 10 cm，台面宽度应为 30～60 cm。对牛、水牛、马及其他大型家畜，需保证台阶高度不高于 10 cm，台面宽度最小为 30 cm，每级台阶面上还必须有 2 条至少 2.5 cm 深的凹槽。对猪台阶高度需低于 8 cm（Grandin，2008）。

木制或钢制坡道都需要使用到楔子。图 11.4 至图 11.6 分别展示了正确和错误的防滑楔子使用方法。两个楔子之间的距离过长而不能起到防滑效果是最常见的错误。当防滑楔过于靠近时，蹄子在顶部滑动，能提供的牵引力较差。卸载时，若防滑楔之间的距离太远，则容易导致仔猪悬蹄一受损。仔猪的蹄一滑动，悬蹄就会碰上防滑楔。对于小型和大型家畜物种，防滑楔应该隔开，以便动物的蹄适应它们之间的距离（图 11.4）。对于牛，两楔子之间的距离推荐使用 20 cm，其他小型动物则距离要相应缩短。阶梯式台阶和防滑楔间距推荐值，对于经训练带过缰绳的动物和具有大逃离区放牧饲养的动物都一样。

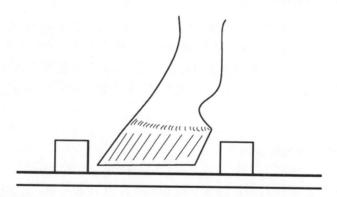

图 11.4　正确安放楔子的方式——保证动物正好能将蹄子放在两个楔子之间（Grandin，2008）。

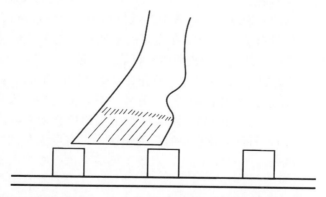

图 11.5　错误的楔子安放方式——过近，动物蹄可能在楔子顶部滑动（Grandin，2008）。

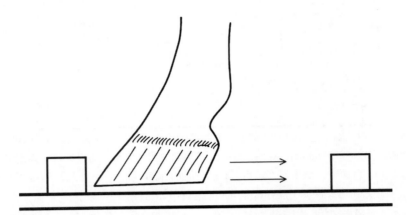

图 11.6　错误的楔子安放方式——过远，动物容易打滑。楔子离得过远，动物更可能滑倒（Grandin，2008）。

可以使用各种材料制作楔子，对牛等大型动物使用 5 cm×5 cm 硬木楔子即可，小型动物使用 2.5 cm×2.5 cm 大小的即可。另外，混凝土加钢筋可在钢制坡道上制作成很好的楔子。管子或方钢也是不错的材料，人们还可以使用本地任何适合的材料来制作楔子。

11.5.2　装卸载设备的评估

装卸载设施的坡道和其他部分需要进行数值评分。如装卸载过程中动物摔倒（动物接触地面）超过 1%，就需要考虑坡道或地面是否不合理或者人对动物是否过于粗暴（OIE，2014a），如管理方式改变之后摔倒率依然高于 1%，则需要改进坡道或地面以提供更好的防滑基础。评估装卸载设施时，应使用基于动物的数字评分而不是基于投入的工程标准进行评估。

11.6　家畜瘀伤问题的解决

交易的次数越多，动物的瘀伤越多。Hoffman 等（1998）和 Weeks 等（2002）都发现，经历交易环节的牛比直接送往屠宰场的牛瘀伤明显增多。转群时粗暴的捕捉会使牛逃跑或者情绪激动，造成身体瘀伤几乎加倍（Grandin，1981）。更温和地捕捉动物将减少瘀伤。一项研究表明，27% 的瘀伤发生在装载或卸载过程中（Strappini 等，2013）。许多人认为若动物皮肤完好，就没有瘀伤。其实在完好的皮肤和被毛下，可能会有很严重的瘀伤。特别是草食动物因有坚硬的被毛和皮而更有可能不易被察觉。

几份调查表明，与无角或去角牛相比，有角牛瘀伤翻倍（Ramsey 等，1976；Shaw 等，1976）。一些有角牛瘀伤会大大增加。令人意外的是，去角尖（去掉角的一部分）并不能降低牛群瘀伤（Ramsey 等，1976）。对大体重牛去角尖会带来剧烈疼痛，并导致增重减少（Winks 等，1977）。与具有较小角的品种相比，具有巨大角的西非牛出现更多的瘀伤和受伤（Minka 和 Ayo，2007），因此，农场主们应考虑在犊牛时期去角或者饲养无角牛品种。

在一些发展中地区，动物瘀伤和受伤现象仍然是一个大问题（Romero 等，2013）。

美国 2005 年的统计数据表明,农场饲养牛中大约 9.4％的个体有多处瘀伤 (Garcia 等,2008)。而根据作者的观察,屠宰场应拥有一套能有效降低瘀伤的生产工艺。瘀伤的评分标准应该尽量简单,以避免 Strappini 等 (2012) 发现的不同观察者之间的可靠性问题。瘀伤的大小在不同的评估人之间有最好的一致性。饲喂肉牛胴体瘀伤已从 2005 年的 35％减少到 2011 年的 23％ (McKeith 等,2012)。2014 年,在美国堪萨斯州立大学开展的一项研究表明,饲养牛的背部瘀伤有所增加 (Dan Thomson,2014,个人通信)。这是因为荷斯坦阉牛越来越高,背部出现了瘀伤,因此在装卸美国双层拖车时要非常小心。

11.6.1 设备问题

物体的锋利边角如角铁、凹槽边角、卡车门闩以及铁管尖端都容易造成牛瘀伤。若撞击到光滑宽大的墙壁或者直径为 15 cm 的大圆标杆,牛发生瘀伤的可能性较小。损坏的凸出木板或凸出的门闩也容易造成牛瘀伤,因此,走道两侧的门最好带门钩,以防止开到通道上。另外,需设计防滑地板,以防止动物摔倒发生瘀伤和伤害。

11.6.2 确定瘀伤的来源

动物运输到屠宰场之后若发现有瘀伤,需立即判断出动物在哪里受的伤。如果许多不同来源的动物都有瘀伤,则可能是屠宰场的问题;如果同一来源的动物出现瘀伤,则问题可能出在运输途中或农场。突发性瘀伤往往是人为管理失误或设备故障造成的。如果是由有缺陷的设备造成的瘀伤,那么会有一些锋利的边缘由于经常被动物撞击而被擦亮。精确判断瘀伤时间比较困难,但是我们却可以大致区分新伤和旧伤。新伤颜色鲜红,而几天前的旧伤表面会有黄色分泌物。新伤没有这种分泌物。

11.6.3 腰部瘀伤

装 (卸) 载时粗暴地对待牛,会引起它们情绪激动而猛烈撞击卡车门,容易造成腰部瘀伤。通过卡车上的全宽门可以减少腰部瘀伤。牛角也会大大增加腰部瘀伤。腰部瘀伤也可能是由于牛卡在门或护栏造成的,当动物卡入大门的末端和通道围栏之间时,腰部会出现瘀伤。突出的门闩也会引起许多腰部瘀伤。

11.6.4 肩部瘀伤

肩部瘀伤多由锋利边缘如突出门闩或破损木板造成。在屠宰场,则更可能是传送带入口处损坏造成的;当动物被传送出致晕箱时也会造成肩部瘀伤。动物从被击晕到放血阶段也会发生瘀伤 (Meischke 和 Horder,1976)。另外的原因是滑动门轨道没有凹进,以及单列滑槽中单向挡板门侧面断裂。粗暴对待动物和动物带角也会导致动物肩部瘀伤。

11.6.5 背部瘀伤

背部瘀伤多由设备原因造成,棍棒抽打也会导致背部瘀伤 (Weeks 等,2002)。背部瘀伤形成的最常见原因是体高较高的牛从装载卡车的底层出来时撞到顶层平台,这种瘀伤可以通过放慢牛的移动速度来避免。跳跃的牛更容易撞到。另一个主要原因就是垂直下拉卷帘门的不合理使用，一般要求此类门的底边由直径 10cm、覆盖橡胶的圆管建造。单向门不合理调整也会造成背部瘀伤，特别是设置得过高时很容易造成牛背部多处瘀伤。

11.6.6　后肢、乳房及腹部瘀伤

当后肢、乳房及腹部瘀伤发生在完全行走、没有跌倒在卡车上的牛身上时，经常会有虐待性殴打、拖拽或踢腿情况发生。

11.6.7　身体大面积瘀伤

动物身体大面积瘀伤，则极可能是运输途中卡车内发生了动物相互踩踏事件，特别是车辆超载的情况下，动物一旦摔倒就很难再爬起来。若绵羊大面积瘀伤，还可能是因为工人直接通过抓住羊毛来捕捉绵羊，这种做法应该严格禁止。

11.6.8　皮肤损坏与标识

打标识会严重损伤动物的皮肤。在犊牛肋部打标识几乎会毁掉整个一侧的皮肤，因为标识会随牛体长大而扩大。冷冻标识比高温熨烫标识给动物造成的疼痛少（Lay 等，1992），但它依然会损伤皮肤。皮革更容易在冷冻烙印的地方裂开。在一些放牧饲养牛的国家，需要给牛打标识以防盗窃，将打标识的部位从肋部移到动物的后躯，可以减少皮肤损伤和提高动物福利。动物福利宣传团体一直非常关注在动物脸上打烙印。有些国家已经停止了这种引起应激的做法。面部是动物的敏感部位，强烈建议将烙印移到敏感度较低的后半躯。在后躯最后面打烙印，可以最大限度地减少皮肤的损伤。

用钉满钉子的棍子戳动物会破坏皮肤表面纹理。不幸的是，这个问题在很多国家都存在。当动物完全拒绝移动时，使用电池驱动的电刺棒短暂电击比末端有钉子的棍子效果更好。作者曾见到动物整个体侧的皮肤被带尖的棍子刺伤。除了运输和捕捉外，这也是动物皮肤受伤的一个原因。虱子会破坏皮革表面纹理。青年动物身上有虱子，其表皮就会受到损伤。

11.7　性情温驯动物的运输

Miriam Parker 研究了大量发达地区对牛、水牛、驴和其他性情温驯动物的运输发现，运输这些动物时只需要安置好拴在头部的颈圈即可（Ewbank 和 Parker，2013）。如果动物带有鼻环或系有穿过鼻子的引线（图 11.7），千万不要将它们系到卡车上。若动物摔倒或者变得恐惧时，可能会撕裂鼻子。若需拴系运输，则应使用头部缰绳。相同大小的动物应一起运输，并分别拴系，而不要拴在一起（图 11.8）。图 11.9 为菲律宾船运温驯牛群。

图 11.7　亚洲和印度地区的典型牛鼻套。此种设计将鼻套和颈环连在一起，可保证放牧时能完
全地系住牛。永远不能仅用鼻套拴系牛，但车辆运输时强烈建议在此设备外再套上缰绳，以防
止运输过程中拉动敏感的鼻子（Miriam Parker 提供照片）。

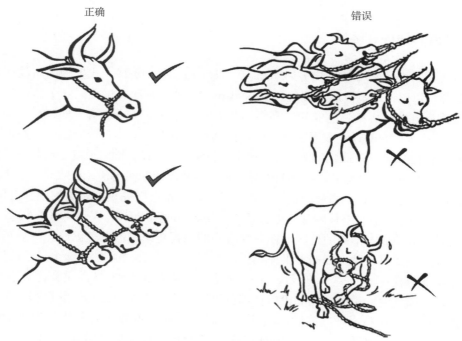

图 11.8　绑定动物的正确和错误方式。左侧两幅图显示的是正确拴系方式，右侧显
示的是错误拴系方式（改自 Miriam Parker）。

图 11.9   菲律宾经过引导训练的温驯牛群登船的情景。它们表现得很安静，因为在运输前很长
　　　　一段时间，它们接受了接触新环境的训练（见第 5 章）。这种情况下，动物的福利就很好。那些
　　　　运输前只经过引导训练而未接触过新环境的动物有可能惊慌或跳船。这艘船的动物大部分时间
　　　　都在沿着繁忙道路放牧。这就是在不同情况下，动物福利好和差的例子。

11.8   家禽的捕捉和运输

　　研究表明，机械抓鸡有助于减少鸡群应激（Duncan 等，1986），主要原因是设计良好的
自动抓鸡器可以保证鸡不被反复倒置。但 Nijdam 等（2005）研究了美国 8 个商业鸡场后发
现，人工抓鸡与机械法抓鸡造成的鸡瘀伤率并无明显差异。Nijdam 等（2005）、Chauvin 等
（2011）及美国未发布的行业数据表明，机械抓鸡死亡更多。美国鸡饲养温度较高，机械抓
鸡需要花费较长时间，从而引起鸡死亡，除非使用两台抓鸡设备同时抓鸡。抓鸡一开始就会
关闭鸡舍通风系统，因此较长的抓鸡时间导致通风系统关闭时间更长。在欧洲，由于人力较
贵，机械法抓鸡比较流行。当鸡产蛋结束被运输时，与死亡损失较高相关的因素有雨、风、
寒冷天气以及羽毛覆盖较差且体重较轻的家禽（Chauvin 等，2011；Weeks 等，2012）。

　　在世界上劳动成本不高的地区，作者观察到的鸡折翅率最低的是巴西。每只鸡都被小
心抓取，放进鸡笼，这种仔细的人工抓鸡折翅率只有 0.25%。美国 3 kg 以上的鸡在最好
的抓鸡方式下折翅率也高达 0.86%，而在食品公司审核他们的鸡供应商之前甚至高达
5%～6%。一般来说，手工抓鸡和机械抓鸡都可以适当改进而提高动物的福利水平。为了
防止捕捉变得粗糙和马虎，应连续测量死亡、瘀伤和翅膀折断的百分比。为手工抓鸡折
翅、死亡和瘀伤发生率低的员工支付激励工资，将有助于提高抓鸡质量。

11.9   家禽瘀伤和身体损伤问题的解决

11.9.1   腿部瘀伤

　　作者观察到，家禽腿部瘀伤多是由于吊挂时的粗暴操作造成的。当吊挂鸡时，用力过

猛会引起瘀伤。特别是当人手不足时，工人急于将鸡挂上去，更容易造成鸡腿部瘀伤。

11.9.2　鸡胸部瘀伤

造成鸡胸部瘀伤主要有两大原因，一是把鸡从鸡笼顶部小口放进时速度过快；二是机械抓鸡时传送带与鸡笼门没对准。

11.9.3　头部磨破

鸡被放入托盘，然后被滑进像梳妆台式的抽屉一样的架子，这种屉式鸡笼运输更容易导致此类伤害（图 11.10）。为此，人们重新设计了屉式鸡笼，在两层鸡笼之间增加一定高度的间隙，从而有效减少鸡笼滑动时鸡头部磨破。

图 11.10　丹麦和加拿大广泛使用的屉式鸡笼。a 为由机械抓鸡器将鸡装于屉式鸡笼，待鸡笼装满，工人需小心将屉式鸡笼推入笼架，以防鸡头部被磨破；b 为新型两层间带间隙的屉式鸡笼，此设计可大幅降低鸡翅膀和头部所受伤害。

11.9.4　折翅

引起折翅的第一个原因是捕捉过程中的粗暴处理。鸡不应该以一只翅膀被抓起。测量翅膀折断的百分比是判断人们如何抓鸡的敏感指标。在必须通过鸡笼小门将鸡移出的系统中，翅膀也可能折断。当使用个体鸡笼时，鸡笼最好有一个小门，用来装入鸡，整个顶部能够打开，以便把鸡移挂到屠宰场的生产线上。

表 11.1 显示，最好和最坏的鸡屠宰场之间折翅鸡百分率有很大不同。一些伦理学家对折翅可接受水平的制订始终踌躇不定，因为这一水平可能意味着成千上万只鸡发生折翅。作者观察到，当采用数值标准来测量折翅时，折翅大大减少。在测量开始之前的美国，有 5%～6% 的鸡折翅。根据目前的数据，最高可接受水平为 1%，而屠宰场中出现 3% 鸡的折翅已不能为人们所接受。

表 11.1　美国和加拿大 22 家肉鸡加工厂的折翅或脱位率[a]

折翅率（%）[b]	加工厂数量	加工厂比例（%）
≤1	8	36
1.01～2	6	27

（续）

折翅率（%）[b]	加工厂数量	加工厂比例（%）
2.01~3	6	27
>3	2	9

　　a. 鸡平均体重为 2.75 kg，鸡在倾倒模块系统中进行处理，所有数据都是在鸡仍有羽毛时收集的，然后再进行拔毛（拔毛设备）。活鸡被吊到脚镣后，记录折断的翅膀。所有的鸡都被电击晕。数据收集于 2008 年。

　　b. 所有屠宰场鸡折翅率平均为 1.67%，最好的仅 0.20%，最差的高达 3.8%。

11.9.5　断腿

　　淘汰产蛋母鸡断腿主要是因为骨质疏松（Webster，2004）。老母鸡由于骨质疏松症，龙骨骨折百分比较高（Sherwin 等，2010；Wilkins 等，2011）。对肉鸡，粗暴捕捉是主要原因。在抓鸡方法上，福利专家有许多争论，有些专家认为不能单腿抓鸡，但在一些国家，它是常用的抓鸡方式。作者观察到，单腿抓鸡时如果将鸡笼放在捕捉者身边，确保抓鸡后行走到鸡笼的距离在 3 m 之内，受伤的鸡数量就会很低。

11.9.6　家禽捕捉方法建议

　　作者认为，与其争论究竟应该人工抓鸡还是机械抓鸡，单腿抓鸡、双腿抓鸡还是抓住全身，还不如使用受伤率和死亡率来评价各种方法的优劣（快速访问信息 11.3）。这些百分比可衡量捕捉不当的结果。应在有羽毛时统计折翅，以防止计算进脱毛机造成的折翅。折翅得分应包括翅膀断裂或脱位。

快速访问信息 11.3　评估家禽捕捉和运输的指标

● 到达目的地时死亡鸡的百分比。

● 翅膀断裂或脱位的百分比——带羽毛计数，以避免计算脱毛机造成的损坏。

● 断腿百分比。

● 胸部瘀伤百分比。

● 龙骨骨折百分比（蛋鸡）。

11.10　运输中畜禽的空间要求

　　OIE 法典规定畜禽陆运、海运和空运的空间要求：

　　　　运输中动物所需空间高度因品种而异，但均需保证动物装卸载及运输途中头部不会撞击到箱体顶部且可完全自由站立，同时需保证有足够的空气流通。对于家禽而言，运输箱中的过度拥挤会导致死亡率增加（Chauvin 等，2011）。

（OIE，2014b）

　　海运时需保证动物有足够空间可以躺下，OIE 法典（2014b）规定："动物躺下时，需保证有足够空间允许动物自由伸展"。此规定适用于牛、马、绵羊、骆驼、猪和山羊的海运，而不适用于家禽。但相应的实践经验、行业标准及研究报告指出，对家畜和家禽应该至少保证海运时动物可同时躺卧而不相互挤压。家禽通常在运输箱中以卧位运输，无法站立，但必须有足够的空间同时躺下，而不要相互叠压。

在卡车运输过程中，大多数大型动物如牛、马和水牛会保持站立状态。不幸的是，OIE 法典（2014a）没有给出站在卡车上的动物的运输密度。这可能是因为研究人员对每种动物适宜的运输密度存在争议。大多数研究人员都认为，在一辆车上强行塞进最大数量的动物是错误的。在严重超载的卡车上，死亡损失、瘀伤和受伤将会增加（Eldridge 和 Winfield，1988；Tarrant 等，1988；Valdes，2002；Schwartzkopf-Genswein 等，2012）。在每个装载笼中装得太多是造成鸡死亡的主要原因（Nijdam 等，2005）。对大型动物如牛来说，超载运输会增加瘀伤和受伤，因为一旦动物跌倒就没办法站立起来，从而遭受踩踏。牛和其大型动物通常站在卡车上运输。猪需要空间躺下，除非短途运输（Ritter 等，2007）。Ritter 等（2008）的研究表明，在商业化条件下，对于运输 4h 以下的 129 kg 大型猪，有一个关键的密度要求，以防止死亡损失和更多不能走动的猪出现。以从 $0.396 \sim 0.520$ m² 6 个密度运输，发现每头大猪需要 0.462 m² 或更大的空间（Ritter 等，2008）。Lambooij（2014）建议最大装载密度为 235 kg/m²，这样可以让所有猪躺下。快速访问信息 11.4 列出了 4h 或以内短距离运输上市体重猪的实际装载密度。为符合欧洲（EU）规则，需要更大的空间，应使用 235 kg/m² 的标准。关于断奶仔猪运输密度，可以在 Sutherland 等（2009）一文中找到很好的信息。对于实施动物福利项目的人，作者建议使用卡车运输装载密度的地方、国家或行业标准和指导方针，同时仔细考虑瘀伤、死亡损失、不能走动的动物等结果。

快速访问信息 11.4　猪卡车运输密度推荐值

（引自动物科学学会联合会，2010）

	体重（kg）	面积（m²）	
小猪	4.54	0.06	
	9.07	0.084	
	13.60	0.093	
	22.70	0.139	
	31.20	0.167	
	36.30	0.177	
	40.80	0.195	

	体重（kg）	冬季（冷天）	夏季（热天）
		面积（m²）	面积（m²）
上市猪和母猪	45	0.22	0.30
	91	0.32	0.37
	114	0.40	0.46
	136	0.46	0.55
	182	0.61	0.65

许多国家都有动物卡车运输空间需要的立法或指南。OIE 法典（2014b）规定了运输动物福利的最低要求，所有国家必须遵循。很多国家还制定了相对较为严格的动物运输法规。动物运输科学研究综述可参见《家畜操作处理与运输》（Grandin，2014）和 Miranda de la Lama 等（2014），其他期刊论文如 Knowles（1999）（牛）、Fike 和 Spire（2006）（牛）、Schwartzkopf-Genswein 等（2012）、Knowles 等（1998）（绵羊）、Hall 和 Bradshaw（1998）（绵羊和猪）、Warriss（1998）（猪）、Ritter 等（2009b）（猪）、Weeks（2000）（鹿）及 Warris 等（1992）（鸡）等也值得一读。

11.11　运输时间

在学术界和非政府动物保护组织（NGO）中，另一个争论焦点是动物公路运输多长时间休息一次比较合适。实施动物福利计划的人应遵守本国政府法规和行业指南。由于各成员意见不能达成一致，OIE 法典（2014a）没有对此给出明确规定。更多关于动物长途运输的研究信息可参见 Appleby 等（2008）。

许多国家规定动物被卸载休息之前，最长的运输时间不得超过 48 h。欧盟（2005）出台了比较严格的规定，牛运输时间达到 14 h 就必须至少靠站休息 1 h 才能再运输 14 h；若第二阶段车程（即在休息站之后）的终点离目的地的距离在 2 h 车程以内，则此阶段的运输时间可延长至 16 h。运输距离更远时，每行驶 24 h 应休息一次。猪 24 h 内的运输可以不靠站休息，但必须保证足够的水供给。鸡运输时在鸡笼中待的时间不得超过 12 h（Mohan Raj，2009，个人通信），进一步的信息参照 Miranda de la Lama 等（2014）。靠站休息的规定很多，而且不断变化，因此运输畜禽出国之前应了解相应国家的最新规定。有时，短距离运输会使动物产生更大的应激，因为动物没有足够的时间在卸下之前保持安静。与持续运输 3 h 相比，短途运输不到 1 h 的猪不能走动、疲劳的发生率更高（Pilcher 等，2011）。

11.11.1　靠站休息研究

靠站休息次数过多反而可能给动物带来应激，特别是对于散养动物，它们逃离区更大，与温驯动物相比，装（卸）载给它们造成的应激要大得多。绵羊需要长时间休息才能获得补充。它们通常不吃东西就不喝水。与牛相比，它们需要更长的休息时间，以便吃喝。3 h 的休息时间不能保证它们充足饮水。研究发现，24 h 的运输，不靠站休息的绵羊到达时状态比靠站休息的要好（Cockram 等，1997）。澳大利亚研究发现，绵羊甚至能轻松忍受长达 48 h 的运输时间（Ferguson 等，2008）。对于 6 月龄至 1 周岁的犊牛，它们不间断的公路运输最长时间应为 24～32 h（Grandin，1997；Schwartzkopf-Genswein 等，2012）。该建议适用于温度低于 30 ℃的运输。而谷物饲喂的牛则可在运输 48 h 后再靠站休息。

11.12　运输中提高动物福利和降低损失的方法

11.12.1　损失评估

损失评估是提高运输质量最有效的方法之一。瘀伤、受伤、死亡、疾病和其他损失应计算在内并制成表格。这样就可以识别出损失大的运输者和生产商。

11.12.2　要求卖方对损失负责

应根据到达目的地之后数周内动物的状况和疾病发生率，对卖方进行奖励或处罚（更多信息参见第 14 章）。

11.12.3　畜禽市场管理

缺乏制冷设备是发展中地区长途运输淘汰待宰动物的原因之一，这可能使世界上某些地方无法消除长途运输。为了改变 Chandra 和 DAS（2001）报道的恶劣情况，需要改进设施和专业管理技术，因为卖家对老的淘汰动物的经济价值没有兴趣。作者观察到，市场是行业中最难改进的环节，因为中间商和经销商将损失转嫁到下家（见第 14 章）。

11.12.4　改变保险策略

家畜保险只应涵盖灾难性损失，如卡车翻车。他们应该有很高的免赔额，以防止粗心或虐待动物还能得到奖励。例如，一名司机不应该为 2～3 头死猪领取保险金。

11.12.5　小心驾驶

平稳启动和缓慢刹车可减少运输中动物的摔倒。小心驾驶是必需的。Cockram 等（2004）报道，运输过程中车辆拐弯或刹车时，80% 的动物都会失去平衡。未公布的行业数据也表明，粗心驾驶会造成更多牛发生瘀伤。McGlone（2006）调查了 38 位驾驶员（他们运输超过 100 万头猪）发现，最好的驾驶员运输的猪死亡或不能走动的比例仅为 0.3%，而最差的驾驶员可达该数据的 2 倍之多。

11.12.6　疲劳驾驶——事故的主要原因

加拿大的 Jennifer Woods 调查发现，相当比例的驾驶事故是由疲劳驾驶造成的。对美国和加拿大共 415 起商业运输事故分析发现，85% 的事故源于司机疲劳驾驶（Woods 和 Grandin，2008）。驾驶员多把低温路面结冰作为事故借口，但 10 月份事故发生率最高，而此时路面并没有结冰。另一个说明疲劳驾驶是引发诸多装载家畜车辆原因的统计结果是，仅有 20% 的装载家畜车辆与其他车辆有关，且 59% 的事故发生在 0：00—9：00。在北美，车辆靠右行驶，当驾驶员睡着时，事故车辆会向右侧滑动，调查的事故中 84% 都出现了这种情况。西班牙的一项研究也表明，驾驶员疲劳驾驶是导致事故的主要原因（Miranda de la Lama，2014）。

11.12.7　永远不要根据装运的家畜重量来支付运输费

以装运的家畜重量支付运输费为卡车超载提供了经济激励。运输者每次运输作业应按照协议获得运费。协议应规定不同类型的动物在卡车上的数量。

11.12.8　不以捕捉速度为依据支付捕捉者费用

每小时捕捉的动物越多奖励越多，会激发人们的虐待行为，为减少瘀伤和死亡提供奖励。未公布的行业数据显示，提供财务奖金大大减少了家禽断翅和猪死亡的数量。

11.12.9　动物原产地农场的影响

作者研究发现，10％的农场需对大约 90％淘汰奶牛的消瘦负责（Grandin，2001），来自西班牙和美国的研究也得到了类似结论。Fitzgerald 等（2009）调查 9 个农场发现，最差农场装载上市的猪损失率比其他农场高 0.93％，西班牙一些农场也保持着更高的猪死亡数量和胴体品质问题（Gosalvez 等，2006）。加拿大科学家进行更大范围调查研究后认为，原产地农场是影响上市猪死亡率和不能走动发生率的一个主要因素（Tina Widowski，2009，个人通信）。为了减少不良农场造成的问题，有必要引入经济奖惩制度。一家大型屠宰场规定，处理一头因过量饲喂莱克多巴胺而体质虚弱的猪需要额外支付 25 美元，以后这种情况就得到了杜绝。一项针对屠宰场的调查发现，农场饲养环节的疏忽会恶化农场动物福利（Grandin 等，1999）。

11.12.10　国界间的耽搁

具有不同福利标准的国家之间的边界线上容易出现严重的运输耽搁。因此，政府官员、畜禽生产者联盟和 NGO 组织需大力解决这个问题。某些情况下应多招纳海关人员，提高检疫速度。另外一些情况下还应该改变文案审定方式，设置专门的畜禽检疫通道，毕竟让整车的畜禽在国界上等待数小时的情况需要纠正。

11.13　运输相关文件

OIE（2014a）法典陆上运输规范列出了每批家畜应附带的文件。另外，每个国家或地区可能还会有其他信息要求，如所有权信息或疫病溯源信息等。OIE 法典条款 7.3.6 规定运输所需文件：

（1）运输动物需要完全符合文件的要求才能装载上车。

（2）以下为运输动物时应携带的文件：①运输计划及应急计划；②装卸载日期、时间及地点；③兽医检疫证明（如果需要）；④驾驶员的动物福利资格（研究中，建议以各国开发的培训资料为评判依据）；⑤动物标识，允许动物可追溯到出发地，并在可能的情况下，追溯到来源；⑥运输中任何动物遭受不良福利状况的细节（见条款 7.3.7 3e）；⑦运输前休息时间、采食及饮水情况的文档记录；⑧每批畜禽预计的装载密度；⑨运输日志——检查日记和大事件，包括死亡率、发病率、采取的对策、天气、休息站、运输时间和距离、饲料和饮水、预计消耗量、提供的药物以及机械损坏等。

（3）若需要兽医检疫证明，则应包括：①动物是否适合运输；②动物标识（特征描述、数量等）；③健康状况，包括进行过何种检测、治疗和疫苗接种；④消毒灭菌信息（有必要的话）。

（OIE，2014a）

兽医为动物开具检疫证明时，应告知捕捉者或驾驶员任何影响特定运输行程中动物适应性的因素。海运和空运的文件要求与陆运相似。

11.14　捕捉员和驾驶员的培训

许多家畜联盟、联邦政府以及州、省政府都建立了畜禽捕捉员和驾驶员培训项目，培训可以减少家畜和家禽的瘀伤和损伤（Pilecco 等，2013；Paranhos da Costa 等，2014）。一些大型屠宰场要求所有运输司机接受培训。在很多国家，动物福利培训文件被列入行业主办的畜产品质量保证项目（包括疾病控制和食品安全）。如欧洲、美国、澳大利亚、加拿大以及其他许多发达地区都建立了这样的体系，阿根廷、智利、乌拉圭、巴西也有发展。一个较好的驾驶员培训项目应涵盖以下内容：

● 驱赶动物的基本行为学准则——如逃离区和平衡点的基本概念，抓取温驯动物或受到引导训练的动物时，这些准则可以忽略（见第 5 章）。

● 对可能使动物恐惧的障碍物进行准确描述——驾驶员应知道阴影、反光及太阳位置如何影响动物（见第 5 章）。

● 疾病控制的生物安全基本知识。

● 跨国、跨地区、跨州或跨省运输的相关卫生条例。

● 避免动物发生瘀伤和伤害的方法。

● 如何评判动物是否适合运输。

● 事故紧急处理方法。

● 合理使用电刺棒或其他方式驱赶动物。

● 如何避免动物出现冷热应激反应——这些必须专门根据每个国家的动物品种和气候条件制订。

11.15　应急计划

运输司机应该制订应对突发事故的办法，以便发生事故后知道如何应付。警务部门和消防部门人员往往并不知道该如何处理跑散在公路上的畜禽。有时，他们以不适当的方式做出反应，导致吓坏的牛或羊沿着公路冲下。追逐害怕、受惊的动物是最糟糕的事情。当警察到达事故现场时，他们应该集中精力指挥交通，而不是追逐动物。在一些国家，警察和消防部门应接受如何应对运载家畜卡车事故的具体培训。应召集具有家畜专业知识的人员到事故现场处理跑散的动物。司机应该随身携带警察和知道如何处理动物的人的电话号码。驾驶员需要有行程路线上可提供帮助的不同人员联系信息。驾驶员也应携带在紧急情况下可以卸下动物的地方电话。这些地方可能是农场、畜牧场或拍卖市场。司机还应携带能够快速带来便携式装载坡道和便携式围栏板的人员电话号码。如果在事故发生之前就已经制订了如何应对事故的计划，那么应急计划就能发挥最佳作用。

11.16　事故后对动物实施安乐死

本书第 10 章详细介绍了不同种类动物安乐死的方法。若事故之后动物损伤严重，则应立即就地实行安乐死以解除动物的痛苦，因此应提前制订安乐死计划。在某些情况下，当动物受到伤害但可存活却被实施了安乐死时，其主人可能会遇到法律问题。运输自家动物的大公司应制订政策，规定事故中严重受伤的动物应立即在事故现场实施安乐死。如果动物内脏暴露或腿断了，无法站立，应在事故现场对其实施安乐死。

11.17　气候应激

11.17.1　热应激

不同品种动物的耐热性各不相同。捷克研究者发现，鸡在夏季的死亡率最高（Vecerek 等，2006），死亡鸡中高达 40% 是由热应激引起（Bayliss 和 Hinton，1990）。当温度高于 23 ℃ 时，现代化养殖肉鸡的死亡率几乎高出 7 倍。一般来说，除非极度寒冷，热应激对鸡的影响比冷应激大得多。McGlone 和同事（McGlone，2006；McGlone 等，2014）分析了运达美国中西部一家大型屠宰场的 200 万头猪数据发现，当温度升至 23 ℃ 时，猪死亡率开始增加，达到 32 ℃ 时，死亡率则会翻倍。

来自炎热地区的牛、羊及其他动物比在更温和的气候中培育的品种更耐热。饲喂 β-受体激动剂的动物可能更容易受到热应激。夏季饲喂 β-受体激动剂会增加死亡损失和热应激（Macias-Cruz 等，2010；Loneragan 等，2014）。运输车辆停止前进时，特别是在车壁和车顶坚固的情况下，车内温度会急剧上升。对于靠机械送风方式降温的卡车或轮船，一旦出现送风故障，车船内温度可能在 1 h 内就达到足以致死动物的水平，机械送风故障正是轮船货舱运输动物死亡的主要原因之一。

若需在高温天气中靠站休息，应给动物提供散热降温的措施。当车外温度为 29 ℃ 时，车内温度、相对湿度会迅速达到 35 ℃、95%（McGlone，2006）。在家禽屠宰场，可将载满鸡的卡车停在装有风扇的棚中，一些猪屠宰场也有成排冷却停放卡车的风扇。保持卡车通风排热的最简单方法之一是保持车辆一直前行。

11.17.2　热应激评估

气喘是畜禽出现热应激的标志。在牛的热应激评估中，气喘可作为一个可靠的评价指标（Mader 等，2005）。Mader 和同事建立了一个简单的牛五分气喘评分：

0 分——平静呼吸。

1 分——加速呼吸。

2 分——中等喘气或出现流涎。

3 分——大口呼吸。

4 分——严重的张口呼吸，伸舌，颈部向前伸展。

当出现 3 分或 4 分症状时，则说明动物福利已经受到严重影响；出现 2 分症状时，需为动物提供适当散热的措施。在非常炎热环境下，纯系婆罗门牛（Brahmans）呼吸率低于与海福特牛杂交的品种（Gaughan 等，1999）。牛和绵羊热应激评估的其他信息可查阅 Mader 等（2005）及 Gaughan 等（2008）。所有家畜均可参考图 11.11。高温高湿相结合对猪和牛都很危险，该图提供了怎样的温度和湿度组合必须采取额外措施防止热应激的指南。猪比其他家畜更敏感。猪在所有湿度水平下，32 ℃ 就开始产生热应激。对于猪来说，呼吸仍是评估其热应激的主要指标（Brown-Brandl 等，2001）。要深入了解运输中的应激生理，可参阅 Knowles 等（2013）。

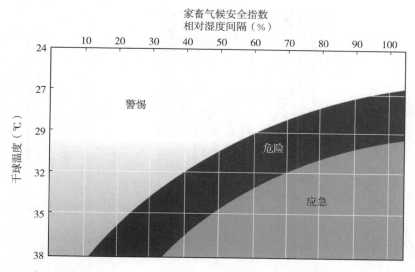

图 11.11　家畜热应激图。高温、高湿对动物是危险的，当温度和湿度处于危险区或应急区时，建议夜间或清晨运输猪。

11.17.3　冷应激

运输人员必须接受避免风寒影响的培训。0 ℃的冻雨会打湿动物皮毛使其失去隔热保温功能，这是致命的。因此，冻雨天气运输比不会导致动物变湿的干冷天气运输更危险。气候寒冷的国家应制定相关指南，如需要用防水布或木板覆盖车辆给其中的动物防寒，当温度低于－6℃时，运输猪的车辆应覆盖 96％。当温度升至 16℃ 以上时，应移除所有覆盖物（McGlone等，2014）。这些建议适用于出栏体重的猪。在北美及欧洲北部，必须非常小心，以防止由于猪冷应激导致的冻伤或死亡损失。厚垫料有助于保护猪。笔者观察到，当温度为－18℃时，如果猪躺在裸露的金属地板或车辆侧面，很容易被冻伤。体重为 7 kg 的仔猪应在温暖的车辆中运输，但最高温度不应超过 30 ℃（Lewis，2007）。大多数运输者都知道，动物在炎热的天气中很可能会脱水，但 Miranda de la Lama 等（2014）报道，寒冷天气出现的脱水问题可能与炎热天气相似。动物福利已经成为全世界关注的问题，由于动物遗传学和热带国家的不同条件，公布的可接受温度范围标准可能会有所不同。

11.17.4　车辆要求

欧盟未对 8 h 行程以内的车辆设计提出特别要求，但对于超过 8h 行程的车辆要求需要通风风扇。设计车辆时，应确保动物不完全依赖机械通风系统。一旦机械通风设备无法正常工作，卡车的被动系统如可移动的挡板或车帘应能够开启，以提供通风防止热应激造成的死亡损失。在寒冷的天气，挡板或车帘可以用来关闭通风孔，以防止因风寒导致的冻伤和死亡。许多家畜协会都建议在不同温度下使用挡板和车帘。重要的是为本地区制定具体的指南，这些指南基于从许多卡车上收集到的数据。图 11.2 所示的车辆是一种典型的卡车，在南美和许多其他国家使用。在世界上全年气温较暖的地区，如图 11.2 所示的汽车提供了大量的自然通风。

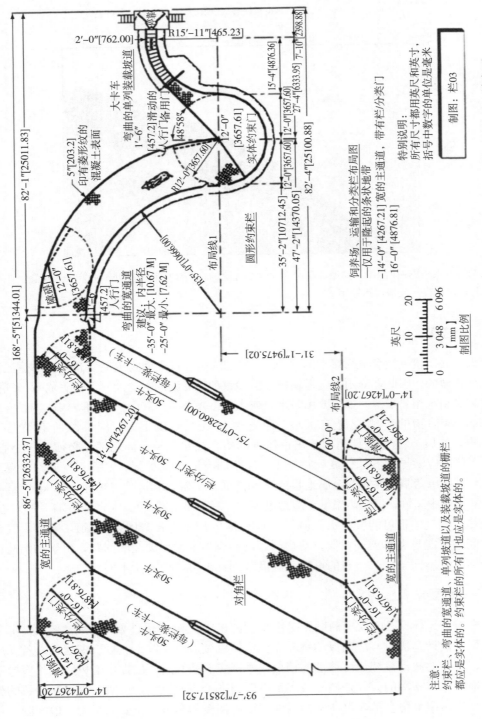

图11.12　大型饲养场上市的运输设施。对角圈栏提供牛简单的单向流动，因为牛通过圈栏的一端进入并从另一端离开。消除了锐利的90°拐角。

注意：约束栏、弯曲的宽通道、单列坡道以及装载坡道的栅栏都应是实体的。约束栏的门也应是实体的。

11.18　围栏设计

在大型饲养场、屠宰场和交易市场的运输区，斜角围栏可以消除锐利的 90°角，从而允许动物移动。图 11.12 所示为带有弯曲装载斜坡的斜角围栏布局。这种设计非常适用于放牧饲养或养殖场饲养的动物，而这些动物并没有受过引导训练。它特别适用于许多卡车必须快速装载的大型作业。

11.19　动物福利相关数据库

以下为有关动物运输、动物福利、动物行为学的可访问的互联网数据库：
- PubMed（偏重于兽医学研究）
- www. science. direct（偏重于行为学研究）
- Google Scholar（谷歌学术搜索）
- www. vetmedresource. org（偏重于作者搜索）
- CAB Abstracts

11.20　基于结果评估运输的指标

如果人们不断地评估绩效，他们通常会做得更好。快速访问信息 11.5 所示的基于结果的测量将有可能确定生产实践是否正在改进或变得更糟。所有的测量都是基于出现缺陷的动物或家禽所占百分比。

快速访问信息 11.5　基于结果评估家畜运输

- 抵达时死亡动物百分比。
- 生病百分比（到达后的发病率）。
- 到达时不能动、不能走的家畜百分比。
- 每只动物瘀伤的百分比，分为：①无；②表面伤；③深部伤；④在身体大部分区域有许多瘀伤。
- 表皮损坏的家畜百分比。

11.21　结论

为了在运输过程中保证足够的动物福利，必须将合适的动物装载到车辆上。运输不合适的动物是运输过程中出现重大福利问题的原因。为了保持高标准的运输实践，需要不断采用基于动物的结果测量方法进行评估，并对损失追责。

参考文献

（舒　航、顾宪红、张　闯　译校）

第 12 章 为什么行为需求很重要

Tina Widowski
University of Guelph, Guelph, Ontario, Canada

即使对于驯养的动物，表达某些自然行为也是很重要的，理解它们的行为生物学对于确保它们的福利十分必要。有些自然行为对动物比其他行为更重要，当这些行为需求得不到满足时，动物可能会受到消极影响或出现异常行为。科学的方法可用来客观地测量动物特别想要什么，以及它们获得资源的动机强度，以便表达自然行为模式。偏好测试允许动物在不同的事物之间进行选择，例如饲料或圈舍地面。厌恶测试测量动物不愿重新进入发生厌恶（不愉快或痛苦）事件的地方。动机强度测试衡量动物为了得到（或离开）某物愿意付出多大的努力。认知偏差测试表明动物是否处于消极（悲观）或积极（乐观）的情绪状态。本章将介绍一些动物行为动机的基本原理和科学家用来确定行为的哪些方面对动物福利最重要的技术。

【学习目标】

- 了解支持重要行为序列资源的基本动机。
- 掌握动物对事物的需求程度是可以客观测量的。
- 了解动物感觉的不同类型测试方法。
- 测量问题行为的结果，如攻击性或啄羽。

12.1 引言

动物行为一直是动物福利的重要内容。原因之一是许多人持有的如下观点：良好的福利意味着动物应该过上比较自然的生活，或者至少行为方式与其物种的天然习性一致（Fraser，2003）。尽管按照所有自然行为模式生活并不是良好福利的必然要求，但从科学的角度来看，一个物种的行为生物学——它的感知能力和行为的一般特征——将决定动物如何看待和适应我们对它们的安置和对待（Spinka，2006）。因此，我们所提供的照料与它们的行为特征相匹配是很重要的。进一步的观念是，针对一些特定行为模式的表达，例如母鸡筑巢或猪用鼻拱土，对于动物可能是很重要的，并且如果动物无法表达上述行为，则可能会痛苦（Dawkins，1990；Duncan，1998）。这种观点引出了关乎农场动物福利的一些较困难和有争议的问题。

12.1.1　感觉的重要性

动物行为对动物福利起着重要作用的另一个原因是动物福利主要指动物感受的观点（Duncan，1996；Rushen，1996）。根据这种观点，应该这样安置和对待动物：避免消极情绪如疼痛、恐惧和沮丧，甚至可能促进积极情绪如快乐或满足。第8章包含了关于情绪生物学的信息。尽管动物的感觉无法直接测量，但基于已经开发出来的多种试验技术，现已建立了一些科学衡量动物感知和情感的方法（Kirkden 和 Pajor，2006；Murphy 等，2014）。一些技术依赖于动物的偏好和如下事实：动物会付出很大努力以获得它认为非常值得的事物，并且回避或者试图逃离让它不愉快的事物。其他旨在评估福利的行为技术量化了动物的姿势或声音，这些姿势或声音是动物进化来作为交流情绪如恐惧、痛苦或痛苦的信号（Dawkins，2004）。Mellor（2015）指出，偏好测试和其他评估行为动机的方法可能有助于识别应避免的管理实践。

12.1.2　有问题的行为模式

行为在动物福利中起到关键作用的最后一个原因是，在许多商业环境下，动物表达出侵略性的或对其他动物造成伤害性的行为模式直接降低了受攻击者的福利。猪咬尾和家禽啄羽是会对受攻击动物福利造成破坏性影响的行为问题的两个例子。此外，许多动物会形成似乎不正常的行为模式，这些往往被解释为福利低下的指标（Mason 和 Latham，2004）。它们包括诸如母猪假咀嚼、咬栏和牛卷舌等重复性异常行为。大量研究着眼于找出这些问题行为类型发生的环境、遗传和神经生理机制，以帮助我们理解为什么会形成这些行为，它们对福利意味着什么及如何才能避免它们（见 Mason 和 Rushen，2006）。

12.1.3　使用基于产出的测量

在实际环境中，人们可能很难解释动物短暂的行为，因此用来评估福利的多数行为学测量往往更适合于试验研究。动物自然行为模式、喜好和厌恶，通常通过对照试验来测量，这些信息可以用来给基于投入的畜舍或管理实践方面的福利指标提供建议。一些体现恐惧、疼痛或热不适的行为指标，比如喊叫、步态或姿势，已经得到了实验室研究的验证，可作为基于产出的福利测量指标（见第1章、第2章和第4章）使用。有知识的饲养人员在日常实践中很容易接受和使用这样的指标，有些指标可以用于福利评估。行为对动物或其同伴造成的不良状态或伤害可以通过基于产出的测量来间接评估，如伤口评分（Turner 等，2006）、羽毛评分（Bilcik 和 Keeling，1999；LayWel，2006；Welfare Quality，2009）或体况评分（见第4章）。然而，了解这些状况的潜在原因对于解释它们与动物福利之间的关系和解决问题十分重要。

本章将讨论一些科学概念和用来测量与动物福利有关的动物行为的方法。这将包括对行为和动机的理解，如何帮助人们了解动物，如何感知人们为它们提供的环境，并帮助人们制订管理它们的物理和社会环境的最佳实践，还将包括一些对行为间接测量方法的讨论，以及为何它们可用于识别和解决行为问题。

12.2　理解动物行为生物学的重要性

动物都有保持自身健康、生存和繁殖的机制，而行为是这种机制的核心部分。纵观其自然历史，每个物种都进化形成了复杂的策略和一系列协调的反应，以保护自己免受天敌或其他伤害，寻找配偶以及照顾后代。在很大程度上，基因控制着行为，因为基因决定了感觉器官、肌肉及协调两者的神经系统的发育。现在的家畜品种都经过了数千年的驯化，而驯化过程和生产性状密集的遗传选择导致现代品种与其野生的祖先相比，一些行为已经发生改变。然而，在行为上所发生的变化多数是定量而不是定性的（Price，2003）。这意味着，已经驯化的品种保留了许多（如果不是大部分）其野生祖先的行为特征，但这些特征在表达程度上有所不同。

12.2.1　驯养动物和野生动物的行为比较

Jensen 及其同事最近进行了一系列全面的研究，比较选育用于产蛋的白来航蛋鸡和驯养鸡的野生祖先——原鸡的行为（Jensen，2006；Jensen Wright，2014）。它们在相同的条件下孵化、出壳和饲养，然后在半自然环境中观察（舍外，但提供食物和庇护处），其间进行了一系列的行为测试。现代蛋鸡品种表达出与其野生祖先完全相同的行动模式以及社会信号和性信号，但它们普遍显得较不活跃，对人和新物体不那么恐惧，并且探索和反捕食行为较少（Shütz 等，2001）。现代品种鸡采食较密集——它们不大愿意寻找食物，而是较多地从某一小范围食源地点采食，并且它们有更多的性行为。虽然它们倾向于在空间上互相靠得更近，但当新的群体形成之后，现代品种比野生种更具有侵略性。在野生和驯养的品种之间，无论是天然习性还是被学者们称为舒适行为的数量上，均没有差异。这些舒适行为包括整理羽毛和沙浴（dust bathing）（Shütz 和 Jensen，2001）。利用现代基因组技术，Jensen 及其同事（Jensen，2006）也调查了行为变化的潜在遗传机制，这种行为变化可能与人工选择生产性状引起的基因组变化相关。他们的研究采用数量性状位点（quantitative trait loci，QTL）分析，结果表明，仅有少数调控基因的变化可能与许多行为效应有关，这些行为效应被认为是驯养品种表达型的组成部分（Jensen，2006；Jensen 和 Wright，2014）。一项有趣的驯鹿研究显示了类似于家禽的结果。具有更高警惕性和更强逃跑反应的驯鹿群与家养驯鹿群有更大的基因差异（Reimers 等，2012）。

有关现代蛋鸡和原鸡的研究结果支持了如下观点：驯化和生产性状的人工选择，往往会促进更高饲料转化效率和繁殖率的行为发生，使人管理它们比野生动物更容易，但不会改变它们许多的基本行为倾向。在野生或半自然的环境下，也对野生群体（又重新变成野生的驯养动物）和驯养的鸡（Wood-Gush 和 Duncan，1976）、猪（Jensen 和 Recén，1989）和牛（Rushen 等，2008）进行了许多研究，以确定动物如何花掉自己的时间，如何组织它们的社会群体，什么资源或特色的物理环境看起来对支持他们的自然行为模式比较重要。这些类型的研究并不一定暗示在自然环境中饲养动物对它们的福利是必需的。自然行为实际上非常易变。自然行为的变化使得动物能适应地理、环境条件和食物供应的变化。此外，自然条件（以及自然行为）并不总是对福利有益，因为它们会导致动物遭受应激或伤害（Spinka，2006）。然而，一些观点认为，物种的一些典型行为可以为人们提供观察它们物理和社会需求的视角，帮助人们理解可能发生在商业化农业环境下的一部分福利问题（Rushen 等，2008）。

12.2.2 行为由什么控制？

动机是用来描述动物在不同时间对环境刺激表达行为反应的内部过程或状态。换句话说，动机的概念解释了为什么动物做它做的事情。例如，一只正在睡觉的猪站起来，去料槽，开始吃。是什么让猪从睡觉变成采食？当然，这种变化的机制涉及神经、激素和生理过程的复杂相互作用（参见第 1 章和第 8 章，了解驱动行为的核心情感系统的研究结果）。在这种情况下，通常说动物只是"饿了"，或者它的"采食动机"已经改变。饥饿、口渴和性欲是用来分别描述采食、饮水和性行为动机状态的常用术语。

早期的动机制论学家将不同的系统视为一个连续统一体，一端是主要由内部生理因素驱动的行为，另一端是主要由外部因素或环境刺激驱动的行为。尽管已经知道，大多数激励系统依赖于更复杂的内部和外部因素之间的相互作用，但将控制行为的不同机制看作是位于这一连续体中的某个位置，往往是有益的（图 12.1）。对于明显起到调节体内平衡作用的行为系统（采食、饮水、体温调节行为），血糖、血液渗透压或核心体温等内部因素分别占主导地位。然而，还有其他非调节性行为似乎也很大程度上依赖于生理因素，例如母鸡筑巢和驯养的母猪筑巢。

最复杂的行为也包括一系列的活动或运动模式。行为序列的早期部分通常涉及探索或目标寻求行为，如寻找和讨好同伴或觅食。行为学家称之为欲望行为模式。一旦达到目标，序列中的欲望部分向前推进，完成后续行为表达，如交配或吞咽饲料（图 12.2）。对于某些类型的行为，行为序列中欲望方面的表达增加了动机，似乎对动物本身是一种奖励（Hughes 和 Duncan，1988）。完成行为模式（consummatory behavior pattern）的表达也可以增加整个行为序列的动机，例如当动物第一次尝到美味的食物时。之后，随着动物吃

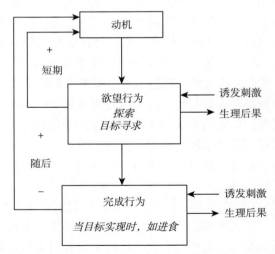

图 12.1　动机的概念描述了动物在任何给定时间做什么的内在状态，通常取决于一些内外因素的组合。一些行为更多的是由内部刺激的变化所驱动，因此动物想要在不考虑环境因素的情况下表达这些行为。

饱，动机降低。尽管欲望和完成行为模式的序列可能属于一个单一的动机系统，例如进食，但这些序列的不同部分可由大脑不同部分的不同神经基质控制（Schneider 等，2013），且欲望运动模式，例如觅食，可能有自己的行为和生理后果。在如今用于家畜和家禽的许多饲养和管理系统中，行为的欲望方面已经显著降低，甚至消失，这可能导致行为和福利问题。

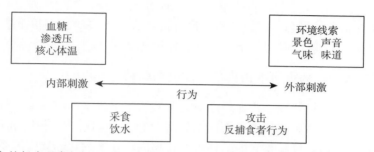

图 12.2　复杂的行为通常包括一个欲望和完成行为模式的完整系统。不同方面序列的表达可形成反馈，增加或减少动机。行为序列的每一部分都可以被不同的刺激所激发，可能对动物有益，并产生各自的后果。因此，对动物来说，表达整个行为序列可能很重要。在许多现代饲养和管理系统中，人们减少或消除了欲望行为的表达机会。

12. 2. 3　筑巢行为的动机很强

新生或新孵化出的动物体格较小，而且身体发育不完全，所以与年龄较大的动物相比，它们的物理环境需求有很大不同。在自然界，新生动物极易受到低温和其他动物捕食的侵害。因此，大多数鸟类和一些哺乳动物都会筑巢来孵化种蛋和抚育后代。即使现在母代的巢对于雏鸡和仔猪的存活已经不再必要，母鸡和母猪还是分别会在产卵和产仔前强烈地表达筑巢行为。母鸡和鸭子都喜欢带有围栏的巢箱（Makagon 等，2011；Ringgenberg 等，2014）（图 12.3）。

图 12.3　提供一个巢箱的富集群养笼，母鸡有一个隐蔽的区域，
可以在塑料帘后面产蛋。母鸡和母鸭都喜欢在封闭的区域产蛋。

筑巢行为可能是先天的，有助于野生筑巢的鸟类避免被捕食。与带有裸铁丝地面的巢箱相比，母鸡更喜欢带有阿斯特罗草坪地面的巢箱（Riber 和 Nielsen，2013）。母鸡和母猪在鸡笼和板条箱内表达筑巢行为，当没有筑巢材料时，它们的行为表达发生变化，被解释为沮丧。另外，作为自然行为的一部分，很多动物都会清洗或梳洗自己。例如，如果给驯养鸟类提供沙浴材料，它们就会定期进行沙浴。在铁丝笼中，它们则进行"假沙浴"，即在没有任何沙可用的情况下，表达整套沙浴的动作。这种"假活动"（vacuum activities）引出了行为剥夺的概念，以及动物在没有机会表达一些对它们很重要的行为模式时是否痛苦的问题。科学家已经用关于动机的研究论述这些问题。

12.2.4　母猪的筑巢行为很可能由内部刺激强烈驱动

如果有机会的话，母猪在生产仔猪之前就会开始筑巢。生产前一天，母猪会找一个筑巢地点，挖一个浅坑，然后收集各种不同的筑巢材料，例如树枝、树叶和草，用来筑巢。在完成筑巢的几小时内，母猪将它的幼仔生产在巢内。在集约化养猪生产系统中，饲养在产仔箱中的待产母猪依然表达与筑巢有关的行为模式。在产仔前 16h 左右，母猪就会躁动不安地刨地或者挤撞产仔箱。不论母猪处于什么环境，这种行为变化都会持续并且可预见地发生在相对短的一段时间内（Widowski 和 Curtis，1990）。母猪的筑巢行为很可能有很大的内部刺激成分，因为它发生在产仔箱这样一个完全缺乏适当外部刺激的环境——狭小且缺乏筑巢材料。一些也与阵痛和分娩有关的激素变化，例如前列腺素的释放，促使了筑巢行为的发生（Widowski 等，1990；Gilbert 等，2002）。在自然环境下，草、地面、巢的位置等外部刺激引发了整套行为模式的表达，最终实现了筑巢（Jensen，1993）。考虑到筑巢的作用——一头仔猪存活必需的温暖、安全的地方，以及及时将巢筑好的重要性，那么进化出一个稳固的内部控制系统就很合理。巢必须在幼仔出生之前建好，而与分娩相关的激素变化触发的行为确保了巢的及时建成。

12.2.5　由外部刺激触发的行为

相对地，一些行为模式主要由外部刺激触发。反捕食行为——警告喊叫、保护姿势、回避行为是典型的例子，因为它通常只发生在捕食者接近或者某样东西被认为是捕食者这类外部刺激存在的情况下。动物会认为快速移动、巨大或逼近的物体是威胁（见第 5 章）。虽然雄性激素或者饥饿等生理因素会促使动物参与争斗，但由于出现竞争者是难免的，所以通常情况下攻击也主要取决于环境因素。在任何时间点上，动物可能会受到刺激同时做出不同的反应，因此不同的动机系统其实都在竞争以获得控制。最终表达出的行为实际上是当时动机最强或者没有受到其他因素抑制的行为。

12.2.6　在集约化生产系统中缺乏觅食机会

在集约化生产系统中，圈舍和管理的一些方面偏离了家畜种属典型行为生物学。这些方面包括饲养动物的方式、对母性行为和母仔关系的管理方式、对饲养的畜群大小和组成以及缺乏支持某些行为模式的物理资源（如植被、土壤或基质）。关于采食，个别物种使用各种各样的策略来搜索、发现、准备以及消化其每天所需的营养物质。例如牛、羊的啃食牧草和反刍，家禽的刨和啄，猪的用鼻拱土和咀嚼。在自然饲养系统中，觅食和采食行为往往占据动物每天很大一部分的时间（图 12.4 和图 12.5）。例如，据观察，放牧的奶牛花在吃草上的时间为 8.6～10h/d，时长视奶牛的品种和浓缩料饲喂水平而改变（McCarthy 等，2007）；舍外饲养的妊娠母猪在探究和觅食上花费的时间占日照时间的 12%～51%，即使早上已饲喂给它们一天的标准饲料定量（Buckner 等，1998）。这与零放牧系统中奶牛和大多数舍饲系统中母猪获得的放牧和觅食机会正相反。在年轻的哺乳动物中，除了吮吸行为，采食母乳通常还包括接触母畜刺激其乳汁分泌，比如用鼻摩擦或以头抵撞以及吸吮。在自由放养系统中，我们观察到犊牛吮乳到 7～14 月龄（见 Rushen等，2008），仔猪不管在何处都得抚育到 10～17 周龄（Widowski 等，2008）。大多数奶牛从生下来第 1 天就开始人工喂养，而商业仔猪通常会在 21～28 日龄时断奶，改吃干料，这个时间在某些系统中甚至更早。这些饲养系统中与动物自然行为巨大的背离可能导致行为问题，如犊牛的相互吮吸以及仔猪的拱腹、吸腹，并可能促使成年有蹄动物口部刻板行为的发展。

　　有证据表明，增加产量的遗传选择可能导致更多与采食有关的异常行为。研究显示，选择产蛋量高的产蛋母鸡表达更多的啄羽行为（Muir 和 Wei Cheng，2013）。最近的研究表明，啄羽可能是错误的觅食行为而不是攻击行为（Dixon 等，2008；de Haas 等，2010）。高产家畜和家禽必须采食大量的饲料。高产量的遗传选择和觅食材料的缺乏相组合可能导致异常口腔行为的发生。

图 12.4　母鸡被饲养在这个无笼的垫料系统中，可以表达它们抓挠、啄食和觅食的自然行为。该系统为自然行为提供了机会，但必须谨慎管理，以避免出现空气质量问题。

图 12.5　富集群养舍使鸡能够以全高姿态站立，并可使用栖木以提高其骨骼强度。一只母鸡站在平滑的塑料垫上，在那里它可以进行自然的抓挠行为。这种垫子比 Astro 草皮或条纹垫更干净。母鸡不能在铁丝地面上抓挠。

12.3　动物是否有行为需求

情绪状态被认为在动机中扮演着重要角色，因为像恐惧、沮丧甚至高兴这样的情绪使动物更可能在正确的时间做正确的事情（Dawkins，1990）。40 多年来，科学家们一直在努力解决行为剥夺和动物是否有行为需求的问题（Duncan，1998）。"行为需求"这个术语最早出现在对一份报告的回应中，这份报告来自英国政府建立的回应公众对农场动物福利关注的委员会。Brambell 委员会提出，动物拥有"自然的、本能的驱动力和行为模式"，不应将动物饲养在对其行为模式有抑制的条件下（Brambell，1965）。从此，这一术语就因为缺少清晰的定义和科学的基础而受到广泛争论，并经常遭到批评（Dawkins，1983）。

随着时间推移，人们逐渐达成了共识，认为"行为需求"这个术语应该指某种特定的对动物很重要的行为模式，如果阻止这种行为模式表达，将会导致动物沮丧或者一些消极的生理状态，并引起痛苦和损害动物福利（Dawkins，1983；Hughes 和 Duncan，1988；Jensenand Toates，1993）。当驱动行为的因素主要来自内部，并且这种行为本身对动物来说很重要时，人们通常认为这种行为剥夺更有可能损害动物福利（Duncan，1998）。Dawkins（1990）、Fraser 和 Duncan（1998）提出行为"需求状况"，意思是与恐惧或沮丧等强烈的消极情绪有关的行为可能从应付个体生存（例如逃离捕食者）或后代生存（例如筑巢）受到威胁需要做出快速行动的行为进化而来。他们同时提出，另外一些不会对生存立刻起到决定性作用的行为、一有机会就可表达的行为（例如玩耍，梳洗）更可能与像喜悦、满足这样的积极情感状态相关。

Boissy 等（2007）撰写了一篇被高度引用的论文，其中指出，"现在人们普遍认为，良好的福利不仅仅是没有消极经历，而主要是出现积极的体验，如快乐"，而且目前大多数观点都是一致的（Mellor，2015）。为了做到这一点，我们必须能够客观地确定动物想要什么（Dawkins，2004）。

12.4 测量动物情感的科学方法

动物福利科学家们已经研究出了一些方法（快速访问信息 12.1）来评估动物如何感受圈舍和受到的管理。人们使用了两种比较普遍的方法，最近对这两种方法都有综述（Kirkden 和 Pajor，2006）。一种方法是让动物控制一些特别的资源或特别的经历，通过给它们提供选择或机会使它们达到或远离某种选项，然后观察动物做出的决定。基本上这就是询问动物想要什么（或不想要什么）和想要多少的方法。这种可以用来测试选项的例子包括地面或畜栏的设计类型，麦秸、锯末或沙子等不同的地面材料，产蛋箱、栖木、社交伴侣等项目以及不同处置和限制方式。一般使用三种标准化测试：偏好测试、动机强度测试和厌恶测试，这些将在后面仔细解释。另一种评估动物情感的方法是将动物置于一个特定的环境下（例如一个铁笼），或者将其暴露于某种特定的经历中（例如冷冻烙印），然后仔细地观察和评估动物的反应，以便辨识出如沮丧、恐惧、忧伤等消极情感的迹象。行为反应可能包括试图逃跑（Schwartzkopf-Genswein 等，1998），在该种情形下表达出的行为或刻板的步态等（Yue 和 Duncan，2003）。最新开发的方法是通过认知偏差测试来确定动物是否以积极或消极方式解释中性信息（Mendl 等，2009）。

快速访问信息 12.1 评估行为需要、需求和行为福利问题的方法

- 偏好测试。
- 厌恶测试。
- 动机强度测试。
- 表达异常行为。
- 争斗导致的伤口和伤害。
- 积极和消极的认知偏差测试。

12.4.1 偏好、厌恶和动机强度测试

在标准化偏好测试中，科学家使用一个在终点处有不同选择的 Y 形或 T 形迷宫。训练动物使用该种迷宫，它们就会知道在迷宫的不同终点有什么选项。然后对一系列测试中动物的不同选择分别计数。或者给予动物在更长的时间中连续访问不同选项的机会，现场观察或录像记录它们访问不同选项的频率及其所花费的时间。偏好测试已被用于研究所有物种各种圈舍设计特点，包括母猪的环境温度（Phillipset 等，2000；Fraser 和 Nicol，2011）、家禽不同的光照类型和强度（Widowski 等，1992；Davis 等，1999）、奶牛垫料和地面的不同类型（Tucker 等，2003），甚至所有物种需要的空气氨浓度（Wathes 等，2002）。偏好测试可以提供有关舍饲方式选择的有效信息，但这些测试都必须经过精心设

计，以确保动物做出感兴趣的选择，例如并不总是选择左侧。这些测试还必须得到细心解读，因为许多因素可以影响测试结果，比如动物以前的经历（他们可能不愿进入一个具有新地面类型的地方，即使躺在那个地方更舒适）或者该动物在测试期间的动机状态（猪可能会在天冷的时候选择躺在稻草上，而在天热的时候选择躺在裸露的混凝土地面上）。作者研究组最近的研究表明，笼底面积和附近面积之间存在着复杂的关系，这对偏好和好斗行为都有显著影响（Hunniford 等，2014）。偏好测试的另一个问题是，动物并不总是做出对其长期健康和福利最有利的选择，这在根据测试结果来提供舍饲建议时需要考虑，例如选择一种躺得舒服但对其蹄部长期健康有害的地面类型。

12.4.2　家禽对照明的偏好

使用偏好测试的一个好处是，它让我们得以直接询问动物是否感知到环境的差异，以及它们在哪些环境中更舒适，而避免依赖人的看法。在这方面，偏好测试有时能得到令人惊喜的结果。一个例子来自在鸡舍中使用灯光类型的问题。鸟类的视觉系统与人类有很大不同。鸟类有非常丰富多彩的视觉，它们可以看到人类看不见的不同波长的光。鸟类也有与人类不同的运动感知能力，并能感知闪烁频率远超过人类感知能力的光——这种特性的频率叫临界融合频率（critical fusion frequency，CFF）。CFF 是一个频率，在该频率下无法再感知到运动，或者不连续的光源（闪烁的）看起来是连续的。对人类来说，CFF 为 60Hz。这意味着，对于人类来说，频率高于 60Hz 的图像序列将融合在一起，看起来是连续的，即电影的物理基础。鸟类通常具有比人类更好的运动侦察能力。据估计，驯养鸡的 CFF 约为 105Hz（Nuboer 等，1992）。

20 世纪 90 年代初期，在最初开发出紧凑型荧光灯泡时，就提出了关于鸡舍中使用它对鸡福利的影响问题。常用的以磁镇流器作为动力源的荧光灯源闪烁的频率是电网频率的 2 倍。北美的供电频率为 60Hz，而在欧洲只有 50Hz。这意味着，荧光灯在这两个地区的闪烁频率分别为 120Hz 和 100Hz。大多数人无法感知这个闪烁，因为它远高于我们的 CFF。由于鸟类的 CFF 接近荧光灯源的闪烁频率，因此推测，鸟类可能会看到荧光灯的闪烁，并可能不得不忍受闪烁光的环境（Nuboer 等，1992）。为了确定蛋鸡是否对荧光灯感到厌恶，它们在时长 6h 的偏好测试中，允许它们在两个不同的房间中选择：一个房间使用标准白炽灯照明，另一个房间使用紧凑型荧光灯源照明（Widowski 等，1992）。除了灯光类型之外，两个房间完全相同。光照度也与蛋鸡舍中的情况相似。

根据已知的鸟类 CFF，与我们的预期相反，母鸡花了大约 73% 的时间在荧光灯照明的房间，而在白炽灯照明的房间只花了 27% 的时间。这意味着，或者鸟类没有察觉到荧光灯的闪烁（至少在北美），或者它们察觉到了但并不回避。事实上，它们发现了荧光灯比白炽灯光更有吸引力的一些方面，并花费大部分时间待在有荧光灯的房间。在英国进行的火鸡偏好测试得到了类似的结果（Sherwin，1999）。目前尚不清楚为什么鸟类喜欢荧光灯照明胜过白炽灯，但这可能是由于光发射的波长差异。使用的紧凑型荧光灯源在较短波长的区间（光谱的紫外和蓝色区域）发出更多的能量，而家禽对这个波段的敏感度要高于人类。这些关于鸟类照明喜好的研究结果强调了动物的感官能力和知觉与人类是如何的不同，并且人们很难预测动物会如何反应。获取答案的最好方式之一是使用一种试验技术使我们能够直接询问动物。

12.4.3　厌恶测试

厌恶测试是基于不愉快的感觉或消极情绪会帮助动物学会躲避可能性伤害这一想法。当动物感到害怕、疼痛或不舒适时，它通常就会做出摆脱这些感觉源头的行为（躲避和逃跑）。如果动物反复经历不愉悦、疼痛或不舒适，那么它将学会远离与这些不舒适感觉相联系的地方或条件。大量研究表明，牛将学会踌躇不前或拒绝去曾经被抽打过的地方以躲避粗鲁的管理（Pajor 等，2000），或者选择迷宫臂中和善的管理者而不是粗鲁的管理者（Pajor 等，2003）。相似的研究表明，羊会很快学会通过迷宫臂躲避电固定这种管理方式（Grandin 等，1986）。这些研究表明，牛和羊确实能够区分不同的管理和固定方式，并且它们能够发现某些方式比其他的方式更加令它们厌恶。

虽然大多数厌恶测试用于家畜管理和固定实践，但该方法也应用于测定动物对屠宰或者安乐死中所用一些气体的厌恶程度。Raj 和 Gregory（1995）训练猪，将其头部放入一个容器中，让它们从这个容器中的一个盒子内吃苹果。在一系列测试期间，这个容器中充满了空气（对照）、含 90% 氩气的空气、含 30% CO_2 的空气或含 90% CO_2 的空气，并暴露 3 min。在测试时间里，当容器中充满空气或者氩气时，所有的猪都停留在容器中，并且在这 3 min 的大部分时间里都在吃苹果，没有一头猪在以后的测试中会犹豫不想进入测试容器。但是，在容器中充入 90% CO_2 的测定中，几乎所有的猪都立刻将它们的头抽回，几乎不会在测试容器中采食，即使饥饿了 24 h 也是如此。猪对 30% CO_2 的反应居中。在进行了 90% CO_2 测试后，当测试室中充满空气时，一些猪仍犹豫不前，甚至有一头拒绝进入测试容器，这表明猪对高浓度的 CO_2 极其厌恶（关于气体致晕和安乐死的深入研究，参见第 9 章和第 10 章）。

12.4.4　动机强度测试

虽然偏好测试确实提供了动物对不同选择的喜恶信息，但并没有告诉我们那样的选择是如何的重要。当给予鸡选择时，它可能更喜欢在泥炭土中而不是锯木屑中沙浴，所以如果想为它们提供一些材料，我们应该知道它们更喜欢哪种。但是，偏好测试结果并没有告诉我们它想要沙浴材料的程度。当我们考虑动物是否遭受行为剥夺这类更复杂的问题时，这个信息显得尤为重要。Dawkins（1983）是使用另外一种类型测试——需求测试的先驱，即测试动物对特定资源的动机强度。需求测试基于经济学家使用的技术，根据购买行为判断人们会把哪些物品当作必需品或奢侈品。用于动物的需求测试旨在让动物通过行为为资源付费。它们必须通过付出代价来得到资源，如放弃采食机会以便待在较大的笼子中或者得到同伴。更常见到的是，使动物掌握一项操作技术，如啄一把钥匙，用鼻子或蹄子按下杠杆，以便得到奖励。一旦动物学会了这项技能，它们不得不更加努力去获得奖励。它们必须啄更多次钥匙以获取奖励。经常对动物得到某种资源如垫料或稻草的愿望与它们希望得到食物的愿望进行对比；食物被认为是动物需求的黄金标准。其他类型的测试例如阻碍测试，也被应用于研究动物有多想获得资源。例如推开经过加重的更难打开的门（Duncan 和 Kite，1987）或者通过变窄的更难经过的缝隙（Cooper 和 Appleby，1996）。有时在剥夺动物的资源前后对其进行测试，以便确定动物失去这个资源一段时间后是否会觉得资源价值增加或者"眼不见，心不烦"（Duncan 和 Petherick，1991）。

12.4.5　用动机研究来确定蛋鸡对筑巢和沙浴的需求

人们强烈批评蛋鸡的传统笼养系统，部分原因是因为母鸡缺乏筑巢和沙浴的机会。实际上，已开展的数以百计的研究可以帮助了解这些行为的动机，近来有几篇这方面工作的综述（Cooper 和 Albentosa，2003；Olsson 和 Keeling，2005）。通过比较我们所知的控制行为的因素以及母鸡对筑巢和沙浴的意愿程度发现，这些行为与母鸡福利指标有重要区别。

自从 Wood-Gush 和 Gilbert 的研究证明了筑巢由排卵过程中释放的激素刺激，并会在翌日产蛋前表达一系列有组织的行为（见 Wood-Gush 和 Gilbert，1964）以来，母鸡的产蛋前行为被广泛研究了 50 多年。母鸡在产蛋前几小时，就开始显露出寻找筑巢地点的迹象，它们会增加运动以及搜索潜在的巢。在搜索阶段之后，是一段卧在最终产蛋地点的阶段。在那里母鸡会通过转动身体以形成一个空洞，以及安排筑巢材料（Duncan 和 Kite，1989）来构建一个鸡窝。

大多数母鸡喜欢在一个单独的围住的巢中产蛋，并且其前往巢箱的动机强度已通过多种方式得到验证。试验已经证明，母鸡愿意挤过窄缝（Cooper 和 Appleby，1996），推开沉重的门（Follensbee 等，1992），穿过陌生的或领头母鸡的领地，以获得一个巢箱（Freire 等，1997）。Cooper 和 Appleby（2003）研究表明，母鸡在产蛋前 40 min 到达配有木质巢箱的鸡笼的工作效率（推开一个锁着的门），等于其在不进食 4 h 之后返回自己围栏的工作效率，而且在产蛋前 20 min 时前往巢箱的工作效率是前面的 2 倍。母鸡可以变得十分努力以获得一个巢箱。如果训练母鸡推开一道门以到达一个巢箱，当阻止它这样做的时候，轻型杂交母鸡会在 1h 内平均尝试 150 次，试图推开门（Follensbee，1992）。图 12.6 展示了一个门装置，用于测量动机强度。

图 12.6　训练母鸡推开门以测量它愿意花多大的努力获得资源，如巢箱。鸡学会推门以后，在水平横杆末端增加重量。可以通过测量母鸡为了开门愿意抬起的重量来测量母鸡的动机强度。

当没有巢箱可用时，母鸡会更加活跃，在产蛋前走的时间更长，并且经常表达出被称为"刻板慢走"的行为，这种行为差异已被解释为挫折的信号（Wood-Gush 和 Gilbert，1969；Yue 和 Duncan，2003）。Yue 和 Duncan（2003）发现，接触不到巢箱的笼养母鸡花费产蛋前超过 20% 的时间慢走，而拥有巢箱的母鸡则花 7% 左右的时间慢走。在一个僻静的地方筑巢是一种高优先级的行为，可以通过为母鸡提供一个巢箱来实现。母鸡绝大多数情况都会在富集群养笼中使用巢箱，使用多少取决于巢箱设计（Cook 等，2011；Hunniford 等，2014）。

12.4.6　测量动物对不同资源的使用

母鸡喜欢的巢箱类型可以通过计算它在不同类型巢箱中产蛋的数量来确定。母鸡会避开使用金属网地面的巢箱，更喜欢使用 Astro 草皮地面的巢箱（Riber 和 Nielsen，2013）。但 Astro 草皮（人造草）很难保持清洁。Wall 和 Tauson（2013）发现，人造草可以用塑料网代替，这样可以让粪便通过。在商业巢箱系统中，母鸡对不同地点有明确的偏好（Riber 和 Nielsen，2013）。

另一个有用的资源使用测试是测量在贫瘠环境中饲养的动物在允许获得资源后花费在该资源上的时间。为了更全面地了解行为需求，需要了解资源使用和动机强度测试，这可能有助于弄清楚动物如何优先考虑资源，以及欲望行为和完成行为。例如，Elmore 等（2012）报道，获取食物（完成行为）是饥饿母猪最大的动机，但是母猪会花更多的时间操作稻草（欲望行为）。动物在使用资源方面也存在相当大的个体差异。一项关于奶牛的研究表明，一些奶牛比其他奶牛更多地使用冷却喷淋（Legrand 等，2011）。

12.4.7　沙浴有多重要？

驯养雏鸡在孵化后头几周就开始表达沙浴行为。该行为包括明显的平卧、抖毛和摩擦这一系列的运动模式，完成在羽毛下扩散沙的过程。沙浴由内在因素和环境因素交互控制，而其动机系统与筑巢的情况有很大不同。约平均每两天就会出现一次沙浴，并且呈现昼夜节律：大多数沙浴发生在中午前后（Lindberg 和 Nicol，1997）。很多环境因素也对母鸡的沙浴动机有影响，包括看到泥土材料（Petherick 等，1995）、环境温度、光照和热辐射源（Duncan 等，1998）。外部因素（如阳光和泥炭块）可以强烈刺激沙浴的表达，并且这种行为在合适的条件下基本上都可表达。

在剥夺母鸡沙浴机会的一段时间之后，通过各种操作性和障碍性测试，测试了母鸡为了获得沙浴的泥土而愿意做出的努力，但结果却充满变数（见 Cooper 和 Albentosa 的综述，2003；Olsson 和 Keeling，2005）。Widowski 和 Duncan（2000）发现，母鸡通过加重的门进入泥炭土环境进行灰尘洛的意愿存在相当大的个体差异。尽管大多数测试母鸡在被剥夺了垫草之后推动更大的重量，但一些母鸡在自己栏中刚完成灰尘洛后也推动更大的重量。也有些其他母鸡推开了门，但之后并不进行沙浴。母鸡在本研究测试中的行为显然不同于以往关于巢箱的研究。我们认为这些结果不支持沙浴的需求动机模型，而是母鸡在机会出现时进行了沙浴。但是，该行为对母鸡来说很可能是有益的。

鸟类在得不到沙浴材料后，当再次获得沙浴材料时，它们会更迅速地开始沙浴，时间更长、更激烈。这通常称为反弹效应，被认为是在一段时间的剥夺之后沙浴动机“建立”的证据（Cooper 和 Albentosa，2003）。然而，任何被认为是与挫折相关的行为，如踱步、摇头或异位整理羽毛等，在剥夺沙浴的研究中很少被报道。虽然假沙浴（vacuum dust bathing）的出现令人关注，但提供了沙浴条件的笼养母鸡却常常在鸡笼铁丝网地面上进行沙浴。Olsson 和 Keeling（2005）认为，沙浴的“需求”模型和“机遇”模型更可能取决于母鸡的内部状态。如果给予母鸡极具吸引力的沙浴材料，它可能会表达沙浴行为，即使它刚刚表达过一次。但是，对于被剥夺了一段时间泥土的母鸡，对沙浴的需求将取代任何的外部因素，即使没有泥土，它也会进行假沙浴。

关于沙浴和筑巢的各项研究引导一些科学家得出这样的结论：缺乏合适的僻静巢箱是传统笼养系统中最大的福利问题之一，当母鸡不能接近巢箱，可能会受到挫折（Duncan，2001；Cooper 和 Albentosa，2003；Weeks 和 Nicol，2006）。在一个僻静的地方筑巢是一种有利于提高雏鸡野外生存率的固有行为模式。另一方面，沙浴似乎是一个优先级较低的行为（见第 1 章和第 8 章）。筑巢动机可以通过提供封闭的铺有木屑、秸秆或人工草皮的巢箱来得到满足（Struelens 等，2005，2008）。已经开发出来的配有巢箱、栖木、沙浴盘的各种鸡笼为母鸡表达各种行为提供了机会，同时也有利于保持鸡笼的卫生（Tauson，2005）。

12.4.8　认知偏差测试

最近确定动物感受的方法是基于这样一个见解，即动物（和人类）处理和解释信息的方式取决于它们处于积极（乐观）还是消极（悲观）的情绪状态（例如认为玻璃杯子是半空还是半满？）（Mendl 等，2009）。现在有越来越多的科学文献在动物中使用认知偏差测试（Douglas 等，2012；Düpjan 等，2013；Daros 等，2014）。在认知偏差测试中，受试者学习一个简单的任务，例如按红色屏幕获得奖励，而按白色屏幕则不提供奖励。学习完任务后，受试者会得到一个模糊的提示——在本例中，是一个粉色屏幕。在这种情况下，如果动物处于更积极的情感状态，它将会产生积极的结果，按下模糊的屏幕以获得奖励。如果动物处于更消极的状态，它就不会做出反应——将模糊的线索解释为消极而不期待奖励。因去角芽处于疼痛中的犊牛更有可能将模糊的粉红色屏幕判断为消极且不响应（Neave 等，2013）。犊牛与母牛分离后出现了类似的消极认知偏差（Daros 等，2014）。猪的环境富集可以诱导积极认知偏差（Douglas 等，2012）。认知偏差测试对于确定特定的环境是否富集，不仅仅是防止异常行为，更可能有助于回答一个简单的问题——动物感觉良好吗？

12.5　行为剥夺的后果

虽然动机的研究可以告诉我们很多关于何种类型的行为动机很强或者对动物是很重要的信息，但剥夺这些行为会对动物造成生理和健康上的影响却知道得很少。联系行为剥夺与其对动物生理或异常行为发育的任何影响的一些最好的例子都与摄食行为有关。采食和饮水是直接对身体功能产生影响的"调控"行为模式。表达与采食和饮水相关的行为模式会增加动物饱腹感，并向大脑发出信号，表明动物在消化发生或血液渗透平衡重新建立之前已经采食或饮水。在生产情况中，往往出现动物的饲养方式与其自然摄食行为不匹配的情况。

12.5.1　犊牛互吮问题和粗饲料偏好

年轻的哺乳动物有很强的动机表达吸吮行为，因为他们的生存依赖于这一行为。肉牛犊和奶牛犊通常在出生 1 d 左右，就会被从母牛身边带走实行断奶，并用桶给它们喂食牛奶（或奶制品）。当犊牛群养时，它们往往发展出相互吸吮行为，包括吮吸其他犊牛的耳朵、口鼻、尾巴、包皮、乳房或阴囊。相互吮吸会损害犊牛的健康。在某些情况下，相互吸吮可导致喝尿和体重下降。在没有其他犊牛的情况下，犊牛往往会直接对围栏进行吮吸。

为了确定影响犊牛吸吮行为的因素及其造成的生理后果，科学家已经进行了许多研究（de Passillé，2001；也见 Rushen 等，2008）。在调查影响犊牛吸吮的研究中，de Passillé 和同事（2001）发现，犊牛刚采食完时最常发生相互吮吸行为，而当提供人工奶嘴之后，相互吮吸行为减少。他们的研究还表明，吸吮行为的动机是牛奶的味道。甚至通过在嘴中注射少量的牛奶或奶制品（5 mL）也能触发吸吮，牛奶制品越浓，吸吮行为出现越多。增加每次采食的牛奶体积并不会减少吸吮动机，虽然该行为与饥饿不完全独立。少采食一次或采食少量牛奶后的犊牛确实在随后一次的采食中增加了非营养性吸吮。不论犊牛是否能够吮吸，喂奶后 10 min 内吸吮动机都会自发减弱。另外，吸吮行为的表达似乎与犊牛的饱腹信号和消化功能有联系。用桶喂奶后给犊牛提供一个人工奶嘴，相比于无法吮吸的犊牛，肝门静脉中的血浆胆囊收缩素（CCK）和血清胰岛素浓度显著增加。在饲喂后提供干奶嘴，也能使犊牛心率更低，休息更多。提供一个干奶嘴或者用奶瓶饲喂犊牛都能减少相互吮吸。许多先进的生产商已经发现，用奶瓶（奶嘴）饲喂犊牛比用桶饲喂有更多优点。欲望和完成行为模式与其生理支持系统之间有着紧密的联系，犊牛吸吮行为的研究为此提供了一个很好的例证。

年轻的犊牛也需要采食粗饲料。采食切碎的苜蓿干草或黑麦干草的荷斯坦犊牛花费较少的时间表达非营养性口部行为（Castells 等，2012）。偏好和动机强度测试都可用于确定偏好的粗饲料类型。Webb 等（2014）发现，犊牛偏好长干草而不是切碎的干草。对年龄稍大一些的小母牛进一步的研究也清楚地表明，它们偏好具有较大粒径的碎秸秆（Greter 等，2013）。总之，这些研究清楚地表明反刍动物需要可以咀嚼的粗饲料。

12.5.2 仔猪断奶问题

在商业化养殖中，断奶年龄和饲喂系统对仔猪来说也会产生一些问题。早期断奶仔猪在采食固体饲料上经常遇到麻烦，花大量的时间饮水，表达拱腹行为，即有节奏地按摩其他仔猪的腹部或肚脐（见 Widowski 等，2008）。与按摩母猪乳房的效果相似，仔猪通常通过刺激母猪的乳房来刺激母乳分泌。嗅闻和吸吮腹部会给猪造成损害（Straw 和 Bartlett，2001）（图 12.7）。断奶年龄对拱腹行为发生率有显著影响，断奶越早，拱腹行为发生得越多。这似乎是吮吸、采食和饮水控制系统的混淆造成的。提供一个供仔猪吮吸的假乳头或者假乳房可以显著减少拱腹行为以及花在饮水上的时间，饮水器设计也能影响拱腹行为：采用触压式饮水器（push-bowl drinker）的仔猪，拱腹行为显著少于采用乳头式饮水器的仔猪（Torrey 和 Widowski，2004）。即使乳头式饮水器的名称暗示该饮水器可以吮吸，但是水实际上还是倒入仔猪的嘴里，不能满足仔猪的吮吸动机。尽管对仔猪吮吸的生理效应了解得比犊牛的少，但我们确实知道拱腹行为多的仔猪生长得较差，在极端案例中，甚至出现消瘦。对商业农场的一次调查发现，即使短短的 2 h 抽样录像，也足以监测到断奶仔猪是否发生拱腹行为（Widowski 等，2003）。很多美国和加拿大的生产者已经停止了超早期断奶，转回到 21～28 日龄断奶，晚一些断奶有助于帮助仔猪减少拱腹和其他异常行为。

图 12.7　拱腹是异常行为，会给其他猪造成伤害。断奶过早的仔猪常表达更多的拱腹行为。

12.5.3　成年有蹄类动物的口部刻板行为

在成年有蹄类动物中，限饲和缺乏机会去搜寻食物都有可能导致口部刻板行为的发生（Bergeron 等，2006）。这种行为通常在饲喂时或者之后不久达到高峰，能增加饱感的因素会减少这种行为，人们已提出一些假说来解释口部刻板行为发生的原因。一个假说是提供的简单日粮不能满足需要——缺少能量或一些其他营养素。对限饲母猪，增加喂饲量或者日粮纤维和蓬松程度会减少空嚼和咬栏等行为的发生。另一个口部刻板行为发生的假设是在马和反刍动物中，这种行为会增加消化道的一些功能。例如，牛的卷舌和马的假咀嚼导致其唾液增加，进而起到缓冲消化道的作用，一些研究支持这个观点。最后，有一种观念是，缺乏机会觅食和加工处理饲料（减少反刍时间）可以导致口部刻板行为发生。虽然我们对口部刻板行为发生机制的了解还不完全，但确实表明，更需要给予关注的是为家畜匹配自然饲养系统的饲喂方式。提供干草或者其他多纤维的粗饲料有助于防止母猪、奶牛和马的这些口部异常行为（Castells 等，2012）。

12.6　将行为的结果测量放在实际情境中

一些福利问题可以通过评估农场动物行为来解决。对于实际福利评估中，行为观察常常太费时间，但我们可以间接地评估一些攻击行为和其他造成伤害的行为。对猪之间因争斗而受伤（Séguin 等，2006；Turner 等，2006；Baumgartner，2007）以及鸡之间因攻击和啄羽而使羽毛脱落（Bilcík 和 Keeling，1999）进行评分表明，这些损伤与实际争斗和啄斗行为有关。注意受伤的特征（在身体的位置）或者与管理有关的受伤时间有助于确定行为的种类及发生时间。

例如，在猪群中，肩膀和头部的受伤和划痕与相互争斗有关，这些损伤在有侵略性的动物中更普遍，而受到其他猪攻击的猪腹部或后部的损伤更普遍（图 12.8）（Turner 等，2006）。Baumgartner（2007）也发现，混群的猪（来自不同圈栏已争斗过的猪）相比非混群猪，头部和肩部损伤更普遍，而尾部和耳朵损伤并不是这样。在母猪群饲系统中，攻击行为是一个问题。当重新混群时，猪之间的争斗几乎不可避免，因为猪群参与几个小时的激烈争斗是为了建立它们的优先序列。如果母猪为了竞争饲料或空间，也可能发生慢性攻击。

图 12.8　一头攻击性母猪正在啃咬其他母猪的后躯。一些母猪位次低下，更易受到
其他母猪的欺凌和攻击。后躯有划痕的猪（母猪）往往易受到其他动物的攻击。

　　追溯猪身上相对于混群的受伤时间，可以帮助我们确定攻击行为发生的时间，以及在一段较长的时间内慢性攻击是否是个问题。为了观察将部分妊娠舍从定位栏转化为群饲系统对母猪福利的影响，Séguin 等（2006）对混群后 5 周内群饲系统中的母猪皮肤表面的抓痕进行每周一次的评分（图 12.9）。跟踪重度划痕得分的母猪百分比对于鉴别在混群时发生的争斗引起的损伤最有用处。超过 30% 的母猪在混群后第二天有严重的划痕，但随着时间的推延而下降，到混群后 3 周只有 5% 左右的母猪有划痕。尽管母猪在地上饲喂（图 12.10），但是身体状况评分很好，并且不会随时间变化。因此，划痕是群饲母猪混群后争斗导致的，在饲养期间没有攻击的迹象。当使用损伤得分评估群养系统中的攻击行为和福利状态时，考虑相关损伤严重程度的得分和母猪混群的时间至关重要。行业实践经验表明，60 多头母猪形成的较大群体争斗可能性较小（见第 16 章）。

图 12.9　肩膀有严重划痕的母猪。争斗引起的肩膀划痕可用简单的四分评分系统评分：无划痕 0 分；1～5 处划痕 1 分；5～10 处划痕 2 分；10 处以上划痕 3 分。肩膀划痕数与相互争斗相关。攻击性动物通常肩膀划痕更多。

图 12.10　将饲料撒在地上的群饲系统中的母猪。这种饲喂系统因争夺饲料可能会增加争斗水平。圈栏有部分分隔和较大的地面空间有助于提供逃跑空间。这个农场管理良好，与母猪妊娠栏比，在这些圈栏中母猪产仔更多。当添置新设备时，强烈推荐使用能减少采食争斗的其他类型饲养设备。

12.7　结论

不同类型的行为动机可以用一种非常科学和客观的方式来测量。研究清楚地表明，若某些自然行为比其他行为具有更强烈的动机，并且当它们不能表达这些行为时，可能会产生行为、生理和福利方面的不良后果。大多数研究人员认为，当畜禽饲养在集约化系统中时，这类有强烈动机的行为应该得到调节。

参考文献

（顾宪红、张　闯　译校）

第 13 章　有机农场的动物福利

Hubert J. Karreman[1] 和 Wendy Fulwider[2]
[1]Rodale Institute, Kutztown, Pennsylvania, USA;
[2]Global Animal Partnership, Alexandria, Virginia, USA

　　有机畜禽饲养使用的常识，也适用于常规农场。提供构建健康的模块，如清洁干燥的垫料、畜禽舍、抗病基因的选育、舍内外的选择、适合物种消化的饲料和管理好的牧场，可以实现农场动物的健康和福利。在相对罕见的疾病病例中，有许多工具可供选择。这些工具可以刺激临床医生，把他们从抗生素必须用于治疗感染的错觉中解放出来。如果更多的临床医生使用抗生素替代品，就会减少耐药性，这对社会也有好处。有机农业中的许多原理也有助于改善生物多样性。有机动物生产的一个基本原则是消除或大大减少对抗生素和其他合成物使用的依赖。允许动物表达它们的自然行为，并与舍外的土地直接接触。成功的有机农业需要管理者着眼于他们的生产系统如何与环境互作的"大局"（the big picture）。使用抗寒、抗病的畜禽品种是很重要的。对于低投入的有机系统，不推荐饲养高产的动物遗传品系。有机需求，如放牧，可以通过减少跛行来提高动物福利，但需要良好的管理来控制疾病和寄生虫。

【学习目标】

- 有机农业的动物福利需求。
- 如何选择适合有机农业的动物遗传品系。
- 在牧场放牧多种动物。
- 理解欧盟、美国和加拿大有机生产的差异。
- 使用自然药物治疗，降低或消除抗生素使用的重要性。

13.1　引言

　　动物的健康和福利是紧密相连的，健康和动物福利这两个问题使农场动物的生活发生了变化。在有机农业中，有助于健康和福利的因素往往是协同的，很难把它们分开。一个有机农场主在管理农场生产时应着眼于大局。

　　进行大局管理的理想农场既能赢利，也能提高各方面的水平。从这点看，理想农场应是：①有生机的和自给自足的；②在农业生态系统中具有生物多样性；③具有高矿物质含量的土壤以提供高质量的饲料；④具有维持和促进动物健康的管理；⑤产生营养丰富、质量高的产品；⑥与当地社区有积极的互动。这样的农场将在宏观层面（自然景观和动物）以及微观层面（土壤生物和水质）上增强许多不同方面的生机。许多农场可以做到这一点，无论是有机的、生物动力的、生物的、可再生的、可持续的、常规的，还是其他任何类型的。动物健康和动物福利无缝融合，创造了动物福利（Well-being）。

13.2 有机农场动物福利的定义

动物福利的一种定义是如果动物生产达到最大潜力（牛奶、鸡蛋、增重率等），则它们正在体验一种良好的生活。这个定义主要由农业经济学家提出，只关注产出就会导致本末倒置。相反，强调直接影响动物生活的投入因素，进而生产产品，这可能是更合乎逻辑的。保持高水平的福利和生产都需要有意识地运用高管理技能（Sundrum，2012）。请参阅第 1 章关于动物福利定义的更多讨论。

当提供的某些基本因素能满足农场动物需求时，它可以过上良好和健康的生活。以下是必需的因素：

①充足的清洁和干燥的卧床，因为潮湿是许多疾病的诱因。为了避免皮肤溃疡，卧床上应为动物提供柔软的垫料。不应弄湿或弄脏卧床。

②在恶劣天气期间提供适当的遮护和通风，同时避免地面上的贼风。通风是防止高浓度氨的必要条件。

③动物应该总能选择是否在舍外享受新鲜空气和阳光直射。

④土地应以轮流、条块放牧的方法管理，从而按计划提供新鲜的草地，同时使以前放牧的土地得以休养生息。

⑤为动物提供适当的饲料，以保证强健的消化能力，这是保持长期健康的重要组成部分。对于反刍动物来说，日粮应以粗饲料为主，包括草料和豆科植物（新鲜的、干的或青贮的），配以含量相对较低的谷物（如果有的话）。对于单胃动物，如猪和家禽，日粮由以谷物/淀粉/粒实为基础的多种饲料组成，可以自由选择粗饲料。

通过提供健康的基础条件提高动物福利，以这种方式照顾动物并不是难做的事，它实际上回到了本原。满足生物需要的前 5 个因素适用于任何类型的农场，无论是有机的还是常规的。这些因素对动物福利产生了真正的影响，如农场在有机化时对兽医服务的需求大幅减少（HK 私人诊所商业记录）。此外，各国的有机法规特别规定了适合于各种农场动物的最低日粮、圈舍和牧场要求（USDA NOP a，b，c，d；EU Council Regulation，2012；CON/CGSB）（快速访问信息 13.1）。在常规农业中，建造圈舍是为了最大限度地提高工人的效率，配制和喂养饲料是为了获得最大产量。在常规的环境中，某些疾病水平是可以接受的，因为通过各种各样的"生产工具"，即常用的抗生素、激素和杀寄生虫剂，可以轻易地控制它们，以使尽可能多的幼畜尽可能快地生长。美国有机法规禁止使用抗生素、β-受体激动剂和激素。在欧洲，禁止使用激素，但允许有限制地使用抗生素（快速访问信息 13.1）。因此，管理良好的有机农场积极采用认真预防的方法运作。这通常可以通过在农场饲养较低密度的动物以及通过提到过的相关健康和福利的五个基础条件来实现。大多数有机农场的目标是，最大限度地从农场的土壤、牧场、农田和水资源基地生产食物，而不是从露天市场购买饲料、肥料和其他投入品来"购买"生产。

13.3　自然行为很重要

如果管理方法接近于生活在野外的农场动物近亲的自然生物循环，那么提供和维持良好的动物福利更容易。例如，允许奶用犊牛直接吸吮母乳，满足其天生的频繁吸吮的冲动，

快速访问信息 13.1　药物、激素和饲料添加剂的有机标准

项目	美国	加拿大	欧盟
抗生素	禁用 从有机生产中去除使用过抗生素的动物	限制使用，最短休药期 30 d，或超过 30 d 时 2 倍标签停药期（参照标准） 不允许用于促增长	允许 2 倍的休药期 不允许用于促增长
化学药品（合成物）对抗疗法药物	参见允许使用的合成药物清单 参见 7CFR205.603	在兽医监督下允许使用 对屠宰动物限制使用	在兽医监督下允许使用
激素	不许用于促生长 催产素允许用于产后急症	不许用于促生长 兽医监督下允许用于治疗	不许用于促生长 允许用于治疗处理 不许用于繁殖诱导
β-受体激动剂	禁用	禁用	禁用
饲料要求	全部日粮均为有机来源，经 NOP 认证 参见 205.236（a）（2）（i）允许使用的合成物质	根据有机标准生产饲料	允许部分非有机生产的日粮（参见标准）
疫苗	允许 非无转基因生物	允许 非无转基因生物	允许 非无转基因生物
止痛镇静剂	允许 甲苯噻嗪 布托啡诺 氟尼辛 利多卡因 普鲁卡因 阿司匹林	在兽医监督身体变化的情况下允许	在兽医监督下允许
杀寄生虫药	禁止在屠宰动物中使用 允许在种用畜禽中有条件地使用 对奶产品有 90 d 休药期（参见标准）	允许在 2 倍休药期的情况下使用 参见其他限制标准	允许使用 参见其他限制标准

就像鹿和麋鹿（和肉用犊牛）一样。频繁的小口吮吸提供了营养物质的稳定摄入，同时允许犊牛通过观察母牛学习到哪些植物可吃、哪些植物要避开（Provenza 和 Balph，1987）。这些信息通过味觉/嗅觉系统印在它们的记忆中，用于以后的生活（Galef 等，1994）。很早就学会吃草是野生反刍动物的自然行为。相比饲养在舍内的犊牛，这可能有助于形成更适合成年牛放牧的身体构造。犊牛在牧场和母牛在一起，会在很早的时候咀嚼它们反刍的饲料，这种情况通常出现在出生后的 2 周内。这在生物学上是相关的，因为养育瘤胃以消化纤维饲料是绵羊、山羊或牛养殖者的目标。咀嚼反刍的饲料证明瘤胃功能正常。在常规的系统中，犊牛通常在出生后立即与母牛分离，每天饲喂代乳品和谷物 2 次，并只在 6～8 周龄断奶后提供干草。在不提供幼年反刍动物粗饲料的饲喂系统中，通常会看到犊牛啃食垫料，试图满足其吃到纤维材料的本能，这样会增加它们摄食细菌和寄生虫等病原体的可能性。使用抗生素和球虫剂强化的代乳品和饲料减少了常规农业部门的疾病。在有机奶牛养殖场奶用犊牛吸吮母乳的饲养数量正在增加，但大多数有机奶牛场仍然将犊牛与母牛分开。关于行为需要的更多信息，请参阅第 8 章和第 12 章。然而，有机奶牛场通常饲喂干草和全脂牛奶，从而减少啃食垫料纤维材料给动物带来的病原体负荷，这比加药代乳品和加药谷物饲喂给犊牛的常规方法更接近大自然。

13.4　牛信号® 与动物福利评估

一群荷兰兽医成功地推出了一种以生产为基础的动物福利计划，称为牛信号（Hulsen，2005；www.cowsignals.com）。牛信号® 评估牛福利的方法考虑促进健康的 6 个因素，否则将损害健康。在牛信号® 中，这个概念是基于牧场提供的 6 个条件：①饲料；②水；③光照；④新鲜空气；⑤足够的空间；⑥舒适的休息。总体的考虑是，牛在牧场上经历什么，在舍饲时提供给它们非常相似的条件。采用这种做法，奶牛将过上舒适的更健康的生活，从而毫不费力地生产。该计划的重点是直接观察，并将它们与理想的牧场比较，弄清楚所观察到情况的原因，然后采取行动消除影响健康甚至生产的任何障碍。奶牛可以在任何类型的农场（有机的或常规的）有很高的生活质量，这可以通过牛信号® 方法容易地评估。该方案不是因问题惩罚养殖户，而是让养殖户了解影响牛奶生产的问题。毫无疑问，牛信号以养殖户友好的方式提高了动物福利。这是让养殖户了解到为了更好的动物福利需要的巧妙方法。值得注意的是，大多数改变都是简单而廉价的。评估工具，如跛行、体况、疾病评分，以及在本书第 1 章、第 2 章和第 4 章提到的其他测量方法也应用来评估动物福利。

事实上，这种方法已成为有机畜牧生产中的标准操作程序。例如，通过目视观察牧草的采食量调整饲料，在观察瘤胃充盈（Burfeind 等，2010）和粪组成时比较奶牛产了多少奶。这与饲养在圈养条件下的动物完全相反，圈养饲养旨在确保最大持续产量，而不考虑动物，如猪的妊娠栏、家禽的层架式笼系统，或者始终饲养在混凝土上的奶牛，采食饲槽中均质的混合日粮，最远只能走到挤奶厅。

13.5　动物必须与土地直接接触

有机产品相关规定因地理环境、动物种类和土地类型（牧场、草原、草地、林地）而变。美国、欧盟和加拿大项目中的所有有机畜禽均保证与土地直接接触〔USDA，NOP 7CFR205.230（1）〕（快速访问信息 13.2）。这与现代常规农业形成鲜明对比，现代常规农业将动物养在舍内，与土地隔离开来。它们再也不能像过去那样生活。常规农业把所有的饲料喂给动物，然后把所有的粪便运送至指定的地块，而不是让动物自己采食一部分饲料，并随机排泄粪便。大量研究表明，放牧的牛跛行、死亡损失、肺炎和蹄炎更少，从而得益（Burow 等，2011；Haufe 等，2012；Richert 等，2012；Fabian 等，2014）。

快速访问信息 13.2　围栏、舍外通道和放牧的有机标准

项目	美国	加拿大	欧盟
舍外通道	所有畜禽都需要	所有畜禽都需要	需要，特别是牧场
放牧	在整个生长期，反刍动物 30%或更多干物质摄入量来自放牧	在整个生长期，草食动物 30%或更多干物质采食量来自放牧（见牧场空间需求标准）	所有畜禽都可以永久进入牧场或采食粗饲料
动物密度	正在开发	所有物种都有特定的舍内外最大密度（见标准）	饲养密度应确保动物的生理和行为学需要得到满足

无论何种物种或品种，在圈养系统中动物的舒适度已经有了许多改进。但任何一种限制饲养在舍内的动物都无法真正表达深藏在体内的"固有的"（hard-wired）生物活动。牛和羊随意吃草，猪觅食和打滚，家禽寻觅和啄食。这些活动大多需要动物和土地之间的直接接触。舍内限制系统阻止动物与土地的直接接触，永久地阻碍了真正的动物福利。

有证据表明，管理良好的有机农业可以增加生物多样性（Maeder 等，2002；Bengtsson 等，2005；Tuck 等，2014）。正确地管理时，放牧可以改善牧场；如果管理不善，放牧则会对环境造成损害（Franzluebbers 等，2012）。土壤有机碳（SOC）是良好的放牧实践的关键指标。放牧管理可能是复杂的，在一个地方效果很好的做法可能在另一个地方效果却不好（Teague 等，2013）。很多人不知道动物的学习会对植物产生很大的影响，反刍动物会选择吃草（Provenza 和 Balph，1987）。连续低密度放养对牧场不好，因为这样会训练一代代动物"吃最好的，剩下其他的"（Provenza 等，2003）。较高密度放牧和频繁的草地轮作会促使动物吃更多种类的植物。当使用这种方法时，牧场必须休息足够的时间才能完全恢复。

经常被问到的一个普通问题是，既然动物生产力降低，有机农业如何可持续？产量减少，但投入也大幅减少。在常规农场饲养的奶牛采食 2 倍的谷物（Stiglbauer 等，2013）。有机作物产量降低 20%，但化肥和能源分别降低 34%和 53%，农药减少 97%（Maeder 等，2002），不过所需土地的数量将增加。

13.6　适合有机农业的动物遗传选择

在常规农业中，从农场到农场饲养的动物非常一致、均质化——一种"一刀切"的方式。农场看起来基本相同，牛饲养在牛棚下料槽旁，小牛犊饲养在一组白色的箱笼中，而开阔的农田分布在主要的谷仓周围。常规农场的家畜往往来自有限的品种（荷斯坦牛、白康沃尔肉禽杂交种和粉红约克夏猪等）。但是为了高产而遗传选育的动物也需要密集的管理和额外的投入才能表现良好。一些动物，如康沃尔杂交种，以牺牲四肢移动为代价，已经被培育成能迅速增重。这种鸡不适合饲养在舍外的牧场。有机农场主需要选择强壮的动物，以良好的腿部行走为主要特征，而不是只考虑高生产率。一些养殖者将通过杂交试验来观察后代的表现。虽然产量较低的动物单产没有那么高，但传统品种和杂交品种通常需要的管理也较少。这可能是由于更好的先天抗病性和遗传上更适合以放牧为基础的生产。一些乳用品种，如产奶短角牛、莱恩巴克牛（Lineback）和诺曼底牛（Normandie），用较少的谷物就能保持较好的体况。用这些品种与荷斯坦牛杂交在美国有机奶牛场相当普遍。纯正的传统品种（那些濒临灭绝的品种）往往非常适合包括牧场在内的传统农业系统。已经有机化的农场慢慢转变为饲养更耐寒的品种，并增加对牧场的使用，这并不罕见。当动物在牧场放牧时，农场很可能是有机的。

选择抗病动物、提供适当的条件以防止疾病对所有动物饲养系统都很重要。Jones 和 Berk（2012）以及 Sutherland 等（2013）坚持将耐寒品种用于有机生产。这对肉鸡特别重要。一些快速生长的动物遗传品系不适合用于有机生产。Sorensen（2012）和 Sophia（2014）都建议使用生长缓慢的肉鸡，这些肉鸡每天增重 40～50 g。Ricke 等（2012）综述了适宜肉鸡生产的更多遗传信息。

生长缓慢的家禽需要较少的营养投入就能茁壮成长。生长迅速的家禽蛋氨酸需要量较高，很难用所有天然饲料来满足它们的需要（Jacob，2013）。蛋氨酸缺乏的家禽更可能出现羽毛生长不良，啄羽更多。合成蛋氨酸在美国有机计划中允许使用，但在欧盟禁止使用（Hungerford，2005）。合成蛋氨酸的使用是有争议的，其使用有助于饲养更快生长的肉鸡。Jankowski 等（2014）综述了蛋氨酸需要量。

在英国，对 206 家奶牛场的调查表明，荷斯坦牛比其他所有乳用品种更容易发生跛行（Barker 等，2010）。Stear 等（2012）广泛综述了抗病育种。抗寄生虫育种也很重要。一些研究人员发现，除非草场轮牧安排得很仔细，否则寄生虫在有机农场更可能成为问题（Hovi 等，2003；Lindgren 等，2014）。寄生虫对舍外饲养的猪和家禽是个较大的问题（Sutherland 等，2013）。任何动物都应该拥有充足的干垫料、新鲜空气、管理良好的牧场、高牧草含量的日粮（反刍动物）或各种饲料投入、直接接触阳光以及恶劣的天气条件下适当的遮蔽处。可选择舍内或舍外的动物健康问题较少，因为它们可以呼吸新鲜空气，避开坏天气。与此形成对比的是，专门为高产和高增重选育饲养的动物，它们往往在圈养系统中表现更好，因为圈养系统中可以控制更多的生活投入。

13.7　多种动物和放牧系统

多样化的动物物种，如牛、猪和鸡更有可能饲养在有机农场。养殖者从事有机生产的时间越长，就越有可能看到不同种类的动物被整合到放牧生产中。例如，牛可以穿过牧场吃新鲜的草、豆科植物和野草。随后，将马或骡子放进牧场，采食剩下的任何植物。马放在牧场的时间不应超过 12 h，以避免过度采食植被，这是众所周知的。有趣的是，马会在非常接近新堆积的牛粪处吃草。在牛或马放牧之后的牧场，家禽将通过翻松可能压实的区域来抓挖和更新土壤表面。之后，猪用它们肌肉发达的鼻子做生物犁探挖，从而使更深的土壤充满空气。经过一定的休息时间以后，充满活力的牧场再次准备好，让牛在几周内重新开始整个放牧周期。

在牧场上饲养哺乳动物和家禽有益健康。跟随牛以后放牧的鸡可帮助减少寄生虫的聚集，因为鸡会自然地啄食和抓挖开粪便堆以寻找昆虫。这种寻找昆虫的机械活动也有助于更快地将粪肥散开，使之暴露在阳光下并使其干燥。另一方面，猪可以跟随牛，因为它们天生倾向于探究牛粪便，然后食用，以摄取任何未消化的部分谷物养分。鸡随后可以跟随猪，通过啄食粪便获得昆虫，同时也把粪肥内部暴露于阳光和风，从而干燥寄生虫卵（沉积内部的虫卵或飞虫下的卵），以减少寄生虫。哺乳动物和家禽是共生关系，类似野生鸟类啄食大型野生猎食动物身上的蜱和苍蝇。虽然寄生虫可能仍然存在，但这种自然循环将有助于降低来自寄生虫的压力。这解释了模仿自然生物规律如何保持动物处于健康状态，即使在它们的环境中可能还存在一些疾病的压力或挑战。

以草场为基础的综合畜牧生产使家畜和家禽能够充分发挥其自然行为，同时增进土壤健康。连续放牧的扩展是共同放牧，不同物种在同一时间同一牧场放牧。例如，放牧牛和绵羊是可能和互补的，因为牛会把舌头裹在一堆牧草里，而绵羊会在地面附近啃咬。牛不吃或剩下的部分，绵羊也可能吃。牛和马也一样，因为马有上下前牙，会像绵羊一样啃食地面。通过共同放牧，更多地同时利用牧场，则可能有更长的休息时间实现牧草再生。必须考虑适应各种物种需要的围栏。

13.8　生物安全保护有机动物免受疾病侵扰

为保持健康和动物福利，管理人员必须防止疾病通过引入新的家畜进入农场。新引入的牛、绵羊、猪和其他家畜应在农场的偏远地区隔离 30 d。防止鼻子与鼻子接触的双层围栏可阻止某些疾病但并非所有疾病的传播。去过其他农场的游客应该穿靴子。由于一些有机农场混养了不同的物种，所以必须注意避免物种间疾病的传播。

从福利角度来看，一种最糟糕的疾病之一是奥耶斯基氏病（Aujeszky's disease），也称为伪狂犬病。伪狂犬病不是狂犬病。这种疾病已经在美国商业猪群中根除，但它仍然存在于野生猪中（Cramer 等，2011），在许多其他国家都有流行。感染的猪可以将伪狂犬病传染给牛（Thawley 等，1980）。牛患上这种可怕的疾病后，因为奇痒，它们甚至可以把脑袋弄破（加利福尼亚农业部，2014；爱荷华州立大学，2014）。

13.9　动物身体的改变

全世界的有机法规要求管理人员为动物提供符合其自然生物学的资源。条例禁止某些身体改变，以阻止动物表达它们的自然行为。禁止的身体改变包括猪的鼻环、牛和猪的断尾、绵羊的防蝇割皮和家禽的断喙。一些身体改变，如去角、去角芽和阉割需要使用适当的麻醉［USDA NOP 7CFR238（A）（5）］。关于去角芽和去势后缓解疼痛的方法见第 6章。在使用药物之前，请参考所在国的法律法规。然而，如果动物伤害了自己的尾巴而需要切除，这是允许的（用适当的麻醉）。所有国家的有机法规要求动物有机会出入舍外，满足最小的空间需求，以及为所有动物提供足够的卧床。前面讨论的有机农场动物管理描述了这些农场动物的日常生活。不管农场管理系统如何，动物每天都应该有自己的生理和行为需求。

13.10　抗生素与有机物

为什么人们愿意为有机产品支付额外费用？主要原因是消费者对健康产品的认知。这是基于有机农业的某些规则，如任何农田喷雾必须是环境友好的［USC618，Section 2119（M）］。消费者也知道土地的生物学规律应受到尊重。动物必须饲养在土地上，能够表达自然行为。此外，如有机消费者所知，动物饲料中不得含有生长激素或抗生素。在美国，消费者对抗生素或激素使用的问题非常敏感。消费者的看法和期望是有机产品高需求的主要因素。美国消费者通过公开评论的方式向国家有机标准委员会表达了他们对有机农业的看法。这些消费者评论帮助确定哪些材料可以或不可以用于美国有机农业。在美国，消费者希望禁用抗生素。这是一个有争议的问题，因为产品销售到全球。

自 1995 年以来，作为一名在认证有机畜牧部门工作的美国兽医，使用抗生素治疗有机家畜疾病的能力都不容易得到提高。在美国农业部认证的有机畜群中使用抗生素，根据国家有机计划（NOP）规则，是禁止的，它需要从有机生产中永久去除该动物［USDA，NOP 7USFR205.238（C）（7）］。在合法的休药期之后，可以将动物出售给常规农场继续饲养或送到屠宰场。禁用抗生素导致在 NOP 认证的有机部门中发展了治疗常见农场动物疾病的自然方法。下面将探究美国有机生产完全禁止抗生素的原因，以及这一禁令非预期的积极后果。

13.10.1　美国抗生素禁用原因分析

在美国，抗生素完全禁用的原因是多方面的。一个主要的原因是消费者对抗生素在传统部门过度使用或滥用的认知（正确或不正确）。在 20 世纪 90 年代中期关于美国有机标准辩论的印象是，在有机家畜中禁止使用抗生素会在常规生产和有机生产之间形成更强的界限。事实上，正如牧场的要求一样。在全国讨论期间，食品和药品管理局（FDA）迫使国家有机标准委员会（NOSB）决定以一个简单的要求允许抗生素停药期（the withholding time）延长 1 倍还是完全禁用。这是联邦政府向年轻的有机社区提出的两种选择。有理由相信 FDA 希望 NOSB 会采取"完全不使用抗生素"的立场，因为 FDA 认为，这只是时间问题，除非有机畜牧部门崩溃。NOSB 最终决定全面禁止在有机牲畜中使用抗生素。这主要是由于公众和有机牧场的农民提出的意见，他们希望完全禁止。

13.10.2　欧洲和加拿大允许使用抗生素

欧盟一直允许使用抗生素，处罚时间定为 2 倍停药期，每个哺乳期（奶牛）最多进行 2～3 次抗生素治疗。对饲养不到 1 年的动物，允许进行 2～3 次治疗。

加拿大在抗生素使用方面选择了 NOP 和欧盟标准之间的中间路径。虽然大多数加拿大法规直接引用 NOP 和欧盟标准，但当涉及抗生素时，他们采取了一种新的方法：2 倍停药期或 30 d 停药期，以较大长者为准。特别是泌乳奶牛，由于大多数抗生素常规使用只有 36～72h 停药期，所以 30 d 停药期会使加拿大奶农在给哺乳期母牛使用抗生素前进行长期而艰难的思考。加拿大的标准让使用抗生素来拯救生病的犊牛成为可能，而生长的动物仍然可以用于加拿大的有机生产。幼小的奶犊牛是管理不善有机奶牛场的主要福利问题。

13.10.3　美国与欧洲有机系统的差异

在欧洲，人们更注重自然生活，而在美国，人们更强调不使用抗生素和避免被污染的食物。欧洲的人们也更关心转基因生物（GMOs），但在过去几年里，美国消费者对这一问题越来越了解。快速访问信息 13.1 概述了美国、加拿大和欧洲有机标准之间的差异。美国的标准更严格，要求所有的牧草、干草和饲料均来自有机认证的土地，不含人造杀虫剂或化肥。这样非常昂贵，因此美国和其他国家已经开发了许多自然的程序。它们允许使用常规饲料，但禁止使用抗生素、促生长激素和 β-受体激动剂。

13.11　有机动物的替代药物

对使用抗生素和其他违禁物质的严格惩罚使得农民尝试使用抗生素的天然替代品。严格的规则激发饲养者和兽医思考"跳出框框"。兽医们不愿意避开兽医学校所学的抗生素和激素疗法，但这是事实。兽医已经获得许多允许在有机动物中立即缓解急性疼痛和痛苦的药物。它们是葡萄糖、钙、高渗盐水、乳酸环化物溶液、碘化钠、可注射的维生素和矿物质、氟尼辛、甲苯噻嗪、布托啡诺和利多卡因。自然存在的生物制品，如特异性抗体和疫苗（如果不是基因工程的）是允许的。在所有繁殖动物的有机程序中都允许使用杀寄生虫剂。

有很多关于自然疗法的好教材，这些自然疗法允许用于美国有机和其他禁止抗生素的项目中。在使用任何治疗之前，请咨询当地兽医、所在国家的立法以及畜群参与的营销计划标准。下面的书可以从主要的学术出版商获得——Karreman（2004）、Vaarst 等（2006）、Blair（2007）、Wynn 和 Fougere（2007）以及 Siragusa 和 Ricke（2012）。本章作者之一写了一本牛场易于使用的奶牛自然治疗指南（Karreman，2011）。

13.12　有机计划绝不能危及福利

当动物真正需要抗生素时，禁用将对动物福利产生负面影响，但是抗生素本身并不能保证动物拥有适当的福利水平。

抗生素可拯救生命。在任何永久性损害发生之前及时使用抗生素，是负责任地使用这些救生药物的一个关键组成部分。当一个有机牧场的农民面对真正需要抗生素时决定是否使用有困难的情况下，兽医可能需要提醒他或她每年都会有一些动物离开畜群，而真正需要抗生素的动物将是其中之一。有机产品的消费者正在为有机产品支付溢价，农民应该做正确的事情，不要让任何动物受苦。也许应该温和地询问农民，如果有机消费者站在那里，并且得到了所有的信息和治疗选项，在这种情况下，有机产品的消费者想要为动物做什么。在真正有必要的时候，推动使用抗生素的最后一个声明是，拥有一只活的传统动物比死的有机动物更好。本章的作者之一（HK）曾在一些农民无法决定是否使用抗生素的情况下，分别或联合使用过这些理论。这位农民面对不得不将这种动物从美国有机生产中永久移除的现实，日子过得很艰难。在某种意义上，当需要使用抗生素时，农场的动物福利已经在某种程度上受到损害，大多数有机农场的农民在给动物不得不服用抗生素时感到有点挫败感。

相比在常规农场的同步协议中注射生殖激素而在不同牛之间不换针头导致的潜在疾病传播，有机动物没有及时使用抗生素受到的忽视、痛苦更严重吗？动物因没有及时给予抗生素受到的潜在痛苦可抵消为了高产和高增重率持续不断饲喂高谷物日粮引起的亚急性瘤胃酸中毒吗？没有及时使用抗生素的动物所遭受的痛苦，是否超过那些一辈子都生活在水泥地上、从未在真正的土地和牧场上行走过的奶牛所遭受的痛苦？通常情况下，在常规农场可以注射抗生素的奶牛，在它们真正需要抗生素的时候，是否总能得到及时的抗生素治疗？此外，家畜确实会在农场死亡——仅仅因为，抗生素可以在美国的常规农场使用，并不能保证动物永远不会死亡。

13.13 小型与大型有机农场和抗生素

在有机的范围内，关于农场的大小及其有机地位，一般有两种看法。一般认为，小的有机农场（少于 100 头奶牛，少于 5 头母猪等）允许每个动物个体建立亲密的关系和感情。与之形成对比的是大型有机农场，由于拥有大量的动物，那里很少有"个体接触"。但在管理良好的操作中，有一些标准操作程序以标准化的方式得以顺利执行。

在动物护理方面，有时一个经营小型有机农场的农民会想知道，他或她能为动物做什么（不给抗生素）。所有的自然疗法，不管其科学价值如何，都会试着用来去拯救"生命"（"Bessie"），但农民意识到，应该使用抗生素已为时太晚。这对于小型有机农场来说可能是很重要的，大型有机农场可能会更快地使用抗生素，因为有现成的动物可以替代被移除的动物。必须离开一个大型有机农场的动物不会像从一个小型有机农场中移除动物一样造成损失。在动物使用抗生素治疗后，经营常规和有机生产的大型美国奶牛场可以将 10%的幼犊和 2%的奶牛从有机生产区转到常规生产区。

一个常规的农场总是可以使用抗生素和消炎药物，而不考虑其他可能的选择——只需打一针，然后继续做其他的工作。每当轻易地允许使用抗生素时，人们总是会本能地去使用它们。没有真正的动机来研究抗生素的功能替代品，除非有严格的禁令，如美国国家有机计划。

13.14　抗生素使用的不同方法

三种情况下，应毫不犹豫地使用抗生素：①广泛性腹膜炎；②骨感染和坏疽；③当涉及 2 个或 2 个以上的有机系统且动物抑郁时。

将从 7CFR205.603 清单中发现的允许使用的合成材料与生物抗体、植物抗菌剂和矿物防腐剂结合起来，可以减轻疼痛和痛苦。因此，减轻疼痛和痛苦并不是单独使用抗生素的作用。由于禁止在美国有机家畜中使用抗生素，美国是全球对抗家畜感染的无抗生素治疗的领先者。传统思维认为，欧洲在自然疗法医学方面处于领先地位——这在人类实践中很可能如此。但在农场动物实践中却极不可能，因为抗生素使用最短需要其停药时间的 2 倍（有时停药可能只有 4d）。只要抗生素没有太多的副作用就可以很快使用，特别是当法规规定，替代方法无效时，它们就可以使用。或许，一个很好的中间点是把 30 d 停药期的加拿大体系视为一个世界标准——严格到足以鼓励人们尝试抗生素的自然替代疗法治疗普通疾病，但仍然允许抗生素用于真正威胁生命的情况。

参考文献

（顾宪红、鲁苏娜 译校）

第 14 章　经济因素对畜禽福利的影响

Temple Grandin

**Department of Animal Science，Colorado State University，
Fort Collins，Colorado，USA**

经济因素既可以作为改善动物福利的激励因素，也可以作为可能使动物福利恶化的诱因。由大型肉类买家制定的高标准动物福利是改善动物处理的关键推动力量。主要零售商已经成功地应用为屠宰场开发的客观评分体系，以执行更好的标准。在批准的供应商列表中，经济处罚是可取消的。让运输公司和生产商在经济上负责，将大大减少瘀伤、死亡损失和黑切肉。在分割的市场中，生产者对瘀伤或者疾病不承担经济责任，动物福利将受到损害。由此带来的损失会传递给市场链中的下一个环节。通过许多经销商出售动物通常对动物福利不利。动物处理人员应该得到额外的报酬，以激励他们减少对动物造成瘀伤和死亡。经济因素也有可能损害动物福利，因为生产者可能为了利益而使饲养动物过度拥挤或者将牧场改为耕地。

【学习目标】

- 学习由大型肉类买家实施的标准如何用来提高动物福利。
- 了解不同的营销系统如何提高福利或使之更糟。
- 如何利用奖金来提高动物福利。
- 了解机体超载严重影响动物福利。
- 了解由牧场转为耕地带来的短期利益如何对动物福利和可持续性产生不利影响。

14.1　引言

在 35 年的职业生涯中，作者越来越懂得如何用经济力量来提高动物福利。为了更好地对待动物，经济激励非常有效。消费者要求善待动物是改善动物福利的巨大推动力。大大小小的公司都会积极提高实践操作来满足消费者的需求。每个人手机里易于使用的录像功能也能促进动物福利的提升。当人们看到网络上发布的虐待动物的视频，会感到非常震惊。暴露"真相"的视频通过传播会让成千上万的人看到。

作者所有的建议都是基于科学论文、实施动物福利审核项目的第一手资料及去其他许

多国家的广泛考察，或基于对那些实施过有效项目的人们的研究或访谈。本章的第一部分将介绍经济因素对改善畜禽福利的影响，第二部分将介绍不利于动物福利改善的经济因素。

14.2　由买家驱动的经济激励可以促进动物福利极大改善

14.2.1　生产商和肉类加工企业之间的联盟

在这些体系中，农场主和农民们生产的动物必须满足动物福利、食品安全及其他特殊要求。联盟项目比普通商业实践标准更高。一些联盟体系的例子包括有机的、自然的或者高福利的动物生产等品牌项目。生产者为了获取更高的价格往往渴望加入这些联盟项目。加入这些联盟是自愿的。

14.2.2　由进口国家制定的标准

发达地区对肉、奶和蛋的需求正在日益增长。欧盟（EU）有很高的动物福利标准。自从本书第一版出版以来，南美洲的一些肉类公司建立了许多新屠宰场，并且启动了向欧洲销售牧场饲养牛的计划，促进了动物处理、运输和屠宰方面的改进。

14.2.3　大型肉类买家的动物福利和食品安全供应链的审核

超市和餐馆实施的审核农场和屠宰设备的项目，极大地改善了生产商和肉类加工公司对待动物的方式（Grandin，2005，2007）。这些审核会使屠宰设备得到大幅度提高。其中，最显著的改变是设备（如致晕设备、狭栏和待宰圈设备）得到更好的维修和维护。在75家麦当劳公司合格的牛肉和猪肉供应商名单中，只有3家需要建立全新的系统。大部分工厂做出的简单又经济的改进已在第5章和第9章中做了介绍。其他三家工厂也是直到聘请了新的生产经理之后，设备水平才有所提高，这表明管理者的态度非常重要。在美国大部分的工厂至少都有充足的设备。南美洲和其他一些地区，已经新建了许多待宰圈、狭栏和致晕设备来替代旧设施。乐购和欧洲的其他大型超市以及南美洲的麦当劳分公司都要求其购买的动物受到更好的对待。大公司对购买项目的社会责任能够有力地阻止许多不良行为。

14.3　高级管理层看到不良实践后，积极改进生产操作

作者有机会带着许多公司的高级管理层去参观从农场养殖到屠宰公司的整个过程。当看到动物受到良好处理时，大家都会很开心；但当目睹动物受到虐待时，他们积极推动动物福利的改善。只有让高管们目睹那些不良的现象，才能让他们做出改变。当一个高管看到一只虚弱多病的老龄奶牛即将成为他的汉堡包食材时，他必然会非常努力去改善这些牛的生存条件。要让动物福利从一个与公共关系和法律部门相关的抽象概念变为现实，必须让高层管理者走出办公室去目睹不良的现象，这样才能激励他们去改善动物福利。"卧底"在他们自己公司的 CEO 们的反应跟上述反应相似。在美国，有一个电视节目叫作"卧底老板"。老板们在看到对员工的不合理对待后很震惊。作者亲眼看到了同样震惊的反应。

14.4 让生产者和运输者对动物瘀伤、劣质肉、不能走动动物和死亡损失承担经济责任

当生产者或者运输者需要为此承担经济责任时，待宰牛的瘀伤情况将极大减少。在美国，当实施牛在运输过程中产生的损失由生产者承担的支付方案时，牛在运送到屠宰场的途中得到了更好的处理。Grandin（1981）发现，当生产者不得不对供宰牛的瘀伤支付费用时，牛的瘀伤降低一半。Parennas de Costa 等（2012，2014）在巴西报道，当超市检查牛瘀伤情况，并从运输者的酬劳中扣除相应费用时，牛瘀伤从 20％减少到 1％。瘀伤造成严重的经济损失，很大部分的肉需要从严重瘀伤的胴体中清除（图 14.1）。Carmen Gallo 在智利报道，当运输者因动物瘀伤被罚时，动物瘀伤就会减少（Grandin 和 Gallo，2007）。在另一个实例中，当生产者因猪疲劳而受到 20 美元/头的罚款时，猪因过度疲劳而不能从卡车上走下来或者移动到致晕间的情况在很大程度上有所减少。生产者通过大幅减少 β-受体激动剂莱克多巴胺（Paylean®）的使用量来减少虚弱或不能走动的猪数量。这种添加剂能够提高猪的瘦肉率，但过多使用会提高猪不能走动的比例。

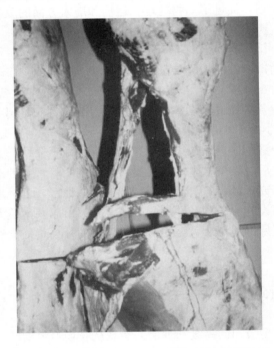

图 14.1　粗暴捕捉和货车超载造成动物大面积瘀伤和肉质损坏。图中动物胴体上的瘀伤肉已被修剪。细心地处理动物将避免这种瘀伤。

14.4.1　用客观方法评价捕捉和运输中的损失

含糊不清的指导方法如"充足的空间"或者"适当的处理"是不可能实行的，因为每个人对适当处理的理解都不同。装卸卡车和驱赶动物通过接种疫苗通道等都应该用数字评

分指标来评价，比如动物跌倒的百分率、对动物使用电刺棒的百分率以及动物移动速度过快的百分率。以正常步行的速度移动才是最合适的。想得到更多的信息可以参看 Grandin（1998a，2007，2013）、Maria 等（2004）及第 2 章和第 4 章。Alvaro Barros-Restano（2006，个人通信）报道，在乌拉圭的拍卖市场，连续的监测极大地改善了管理者对动物的处理。处理实践需要不间断的测量来阻止不断恶化。动物的死亡损失、不能走动、瘀伤、损伤、猪肉苍白松软和切割牛肉发黑干硬（DFD）的情况也应该用来衡量是否给运输者或生产者奖金还是从其酬劳中扣款。在很多国家都有规定，当出现牛肉品质下降，例如切割牛肉发黑干硬（DFD）时，将从生产者或者运输者的酬劳中扣除一大笔款。

14.4.2　提高肉品质是改善动物捕捉的驱动力

在 20 世纪 80 年代初期，作者开始在生猪屠宰场工作，那时处理待宰猪的方法非常糟糕，每头猪都会经历多次电击。在 80 年代末，美国开始向日本出口猪肉，但是工作在屠宰场的日本分级员拒绝购买苍白、松软、渗液的肉（PSE）。作者访问了许多不同的屠宰场，同时劝阻他们不要在动物通往致晕间的通道中过度使用电刺棒。第二天，可以出口到日本的猪肉增加了 10%，因为这些肉不再因为动物受到粗暴处理而出现苍白、松软和渗液。这表明需要更加细心地对待猪。目前，一些调查研究清晰地表明，在通向致晕间走道的最后几分钟如何对待猪对肉品质有着很大影响。动物兴奋和电刺棒的使用都会增加 PSE 肉和血乳酸水平（Grandin，1985；Hambrecht 等，2005；Edwards 等，2010）。一项在饲养场的研究表明，家畜都有一个很大的逃离区，当人们靠近时，动物会焦躁不安，从而使其肉质变得粗糙（Gruber 等，2006）。Voisinet 等（1997）的早期研究也发现，牛情绪激动会导致其肉更加坚硬、切口变黑。

14.5　提高操作者安全性、效率和屠宰老年动物的经济利益

作者说服许多屠宰场、饲养场和农场改善对牛的处理，以降低工作人员意外事故和受伤的发生率。Marcos Zapiola 在南美洲也用过相同的方法促使人们使用温和的方式对待动物。

了解牛的行为也可能帮助人们避免受伤。在奶牛场，相比将牛赶去挤奶，人们将牛赶去修蹄时更容易受伤（Lindahl，2014）。奶牛不喜欢修蹄，这样很可能导致奶牛蹬踢或撞倒人。有必要采用更舒服的固定设备来一步步地减少奶牛对修蹄的厌恶。培训员工形成良好的人畜关系可以增加产奶量（Sorge 等，2014）。不幸的是，50% 的奶牛管理者对提升人畜关系的培训不感兴趣（Sorge 等，2014）。让人们完全理解动物行为的重要性是比较困难的。良好的人畜关系也是减少意外发生的好方法。

作者也曾以人的安全性作为主要说服手段，促使美国屠宰场不再用扣脚链拴住一只后腿吊挂动物。Douphrate 等（2009）收集并分析了十年美国屠宰场工作人员受伤的数据。对牛进行屠宰处理时发生的意外事故是导致严重损伤的主要原因，并需要支付高额的医药费用。在澳大利亚，兽医最经常发生的伤害是被牛踢或者撞击（Lucas 等，2013）。在美国，由于宗教的原因，对动物进行吊挂放血仍算合法。当小犊牛屠宰场用直立固定取代脚镣和吊挂进行非致晕屠宰时，这家工厂发生的人员意外受伤事故急剧减少。在安装直立固

定装置之前的 18 个月，由于员工在工作时发生意外受伤事故导致这家工厂有 126 d 没有正常运行，3 名员工超过 3 周没能上班。而在用新的固定装置取代原先的吊挂式放血装置后的 18 个月，仅有 1 名员工因为擦伤手臂 2 d 没有上班（Grandin，1988）。

14.5.1　使用动物福利友好型设备可以减少劳动力需要

作者设计制造了很多新型的家畜管理系统销售给屠宰场和养殖场的老板，以降低劳动力成本。美国和加拿大有一半的家畜在屠宰时都使用作者设计的固定系统（Grandin，2003）。当作者在屠宰场介绍一种全新的操作装置时，许多管理者都购买了这个系统，因为它能节省 1～2 名全职劳动力。减少劳动力支出、提高肉品质、减少意外受伤事故、减少瘀伤都让管理者清楚使用这套新的装置可以帮他们节省多少钱。在乌拉圭，需要 3～4 名员工把牛固定住以进行非致晕屠宰。用更好的固定系统代替能引起很大应激的固定方法可以提高动物福利和员工安全性，也会减少对劳动力的需求。

14.5.2　提高淘汰动物的经济价值

作者看到的最残酷的虐待动物行为是运输不适合运输的动物。那些动物受到了虐待是因为它们价值太低。应该对瘦弱的老龄母牛、母猪或母羊在农场实行安乐死，而不要装上运输车。应该采用公开发表材料中的方法来评估家畜的体况、跛腿和受伤情况（见第 2 章和第 4 章）。推荐使用评估动物体况的图片和视频，以便做到更加客观。很多国家的家畜质量保证计划都有非常好的材料用来评估家畜是否适合运输。当实施这套计划时，生产者会因为奶牛体况好得到更多的利润，而积极地在淘汰奶牛消瘦之前将它们卖出去（Roeber 等，2001）。在美国已经有一些成功的项目用来提高淘汰奶牛的价值。这些淘汰奶牛会在饲养场饲喂 60～90 d 以提高肉品质，从而让其肉变得更有价值。

14.5.3　推动畜禽身份识别和追溯系统的使用

在多数发达地区，畜禽需要有个体识别编号或者其来源农场的证明。畜禽有了身份识别系统，就可以追溯其来自哪个农场，这样可以让顾客了解他们购买的肉来自哪里。这种追溯很容易让生产者和运输者对损失负责。

14.6　提高动物福利的经济策略

许多国家需要在养殖动物的地方设立高质量的小型屠宰场。较多的屠宰场可以减少长途运输。一些国家政府建设当地屠宰场失败了，这是因为政府不提供资金去雇用有经验的管理者来经营它。在一些发展中地区，这种情况始终得不到改善。一些屠宰场所使用的设备对当地人来说很贵而且维持起来很困难。在试图建立生产者拥有的合作性屠宰场时，产生了许多复杂的结果。成功的合作性质的屠宰场要将条款写入法律文件中，以防止生产者拥有太大的股权然后卖掉它，这样就会使得其他合作成员受到工厂新老板的支配，且新老板不再受到原有合作协议的约束。作者在美国已目睹了三家大型合作组织的悲剧命运。成功的合作性质的屠宰场必须有一个牢固而富有经验的领导者和法律文件，从而防止 1～2 名生产者接管屠宰场而损害其他生产成员的利益。

14.6.1　雇用和培训能够解决实际问题的人并且给予他们高工资

迫切需要有更多受过良好教育、有经验的人来从事这项工作。他们需要具备科学知识和实践经验，以弥合制定政策和成功应用政策之间的差距。在美国，没有足够的学生想成为大型动物的兽医。一个很重要的原因是兽医教育非常昂贵，因此学生很难还清他们的学生贷款。欧洲也有相似的情况。需要制订让年轻学生接触农场动物的计划，同时需要使用经济手段来鼓励年轻人去从事能够帮助提高动物福利和支撑农业可持续发展的职业。在2014 年，作者访问了乌拉圭和巴西，那里有很多学生愿意进入肉牛生产行业。政府政策使学生可以支付此类培训项目的费用。政策和法律只有在有经验的人贯彻落实时才会有效。实际应用领域的研究投入将有助于制定有效的政策和法律。很多领域缺少工作在底层且能做出真正建设性改变的人员。从医学到农业的很多领域中都普遍存在这种现象。作者呼吁政府、非政府组织（NGO）动物激进主义者团体、畜禽公司扶持和教育有技能的牧场工人及研究人员，这些人能够为动物福利带来真正改变和提高。

在一些发达地区，缺少熟练的卡车司机。卡车司机、动物装卸者这些实践工作需要更多的认可和报酬。作者观察到，当员工受到培训和更好的指导，被给予更高报酬和授予特殊的动物福利标志帽时，改善动物处理的有效计划会得以实施。为了让这些方法更有效，他们必须得到来自上层管理者强有力的支持和许诺。

14.6.2　一些发展中地区使用简单、实用、经济的方法改善畜禽运输

昂贵设备比如卡车后挡板的液压提升机或者铝制的拖车，在一些发展中地区常常不实用。作者去过许多国家，发现一些简单的改善就会起到很大的作用。对于运输动物的车辆、磅秤、卸载区和致晕间，防滑表面至关重要。将可用的钢筋焊接成栅格状置于地面上，可防滑。防滑地板可以防止很多动物的严重损伤。建造装卸坡道也是必要的。在发展中地区，很多动物都是在被迫跳下车时摔伤的。关于可以很容易在发展中地区建设的装载坡道设计参见第 11 章。给人们培训动物行为知识和低应激处理方法也很必要。更多的信息可以参考第 5 章、Grandin（1987，1998b，2014）、Smith（1998），Ewbank 和 Parker（2014）。很多人错误地认为昂贵的设备可以解决所有的问题。这些年来，作者已经了解到昂贵的设备能使善待动物变得容易，但是如果没有高水平的管理，一切都是无用的。

14.6.3　企业非政府组织以及动物福利项目和学生奖学金的基金来源

在欧洲和美国，研究资金的政府来源正在枯竭。未来，资金需要来自私人。可持续农业和当地食品生产是许多私人资金愿意支持的项目。地方举措将变得越来越重要。有效项目的一个很好例子是移动屠宰设备，由洛佩兹社区土地信托基金资助，这是一个支持可持续农业的非营利组织（Etter，2008）。该设备使当地的小型绵羊和牛生产商能够在美国农业部（USDA）检验的屠宰场屠宰他们的动物，并且不受任何限制地出售他们的肉。这个移动设备提高了动物福利，因为它使在农场进行屠宰成为可能。为了使该项目成功运行，必须提供资金雇用称职的人员来操作这一设备。如果取消了对操作费用的资助，那么该项目很可能会失败。在一些地区，对接靠近当地农场的水源、污水和待宰设施，可移动设备使用会更经济。

　　私人资金对支持兽医和投身动物福利事业学生的资助也是非常有效的。如果有足够的资金用于奖学金和项目经费，学生将很快进入动物福利领域。

14.7　利用经济因素提高动物福利的实用方法

　　当处理者造成的动物瘀伤、伤害和死亡较少时，应给予额外报酬。在美国和英国的家禽业中，当有1％或更少的折翅率时，通过向鸡装卸工支付奖金，折翅率就从5％减少到1％。这种方法也适用于猪和牛的装卸者。最糟糕的方法是按照每小时的处理数量支付装卸工工资，这将会使动物受到粗暴的对待。作者观察到，当装卸工通过高速度的装卸获得报酬时，猪、牛和家禽将受到非常残忍的对待。工人需要通过高质量的装卸来获得报酬。不让动物装卸工过度工作或者在人手不足的条件下工作也是必需的。劳累的员工会虐待动物。大型猪禽公司未公布的内部数据显示，当卡车装卸工工作超过6 h时，畜禽受伤和死亡增加了1倍。

14.7.1　将动物福利审核与食品安全和质量结合有助于动物福利的实施

　　当福利计划首次在一个国家或地区启动时，如果与食品安全计划、健康和疫苗接种计划相结合，则更容易实施。在美国屠宰场，做食品安全审核与做所有福利审核是相同的人。这使得动物福利审核项目的实施变得容易，因为食品安全审核员已经在检查工厂，所以不需要再雇用其他人。在南美洲，动物福利正与预防注射部位损伤的计划以及遵守休药时间的计划结合。防止瘀伤是南美洲项目的一个重要组成部分。在动物福利已成为一个公认概念的欧洲国家中，许多人将福利检查作为他们唯一的工作。

14.7.2　设计保险计划以奖励良好实践

　　如果卡车司机或者运输公司因每头死亡、受伤或瘀伤的动物而得到经济赔偿，那么动物虐待、瘀伤和死亡情况就会高发。最有效的保险计划是支付灾难性损失，如翻车，但不会支付前5头死猪造成的经济损失。有一部分免赔损失是不在保险范围内的。这会激励司机和运输者很好地处理动物，这样保险就不必为粗暴处理或者粗心大意造成的损失买单。

14.8　经济因素影响动物福利的主要问题

　　从澳大利亚运往印度尼西亚的肉牛也存在争议。牛在印度尼西亚饲养场育肥并在不符合标准的条件下屠宰。运输冷鲜牛肉到印度尼西亚是行不通的，因为印度尼西亚人付不起足够的费用把空的冷藏集装箱运回澳大利亚。澳大利亚1/2的土地没有足够的水来种植作物。利用放牧的动物是在这片土地上获得食物的唯一途径。良好放牧是一种高度可持续的农业类型，可以改善牧场（Franzluebbers 等，2012）。提高动物福利最实用的方法是建立更好的屠宰场，并为它们配备经验丰富的澳大利亚管理人员。澳大利亚在其广阔内陆持续生产的牛肉和羊肉需要澳大利亚以外的市场。

14.8.1　当需求大于供给时，标准会变得没有那么严格

作者曾与许多杂货店合作，它们出售有机或者高福利标准的肉、奶或蛋。起初，这些杂货店有严格的标准。当产品变得受欢迎时，需求便大于供给。在这种情况下，杂货店无法获得足够的产品，就会降低标准或者从一些不太可靠的供货商订货。作者目睹了一家天然牛肉公司在执行自己的标准方面变得松懈，并在其超负荷运行的小屠宰场做得非常糟糕，以致被 USDA 因违反人道屠宰标准强制关闭好几次。

14.8.2　几乎没有经济价值的老龄淘汰畜禽

在抓取、运输和屠宰过程中，一些最严重的虐待行为发生于老龄淘汰畜禽。在美国，淘汰奶牛和老龄种母猪的运输距离通常要比用谷物或饲草育肥的年轻动物更远。对美国威斯康星州出售老年奶牛拍卖会的调查显示，多达 20% 的奶牛体况虚弱（Kurt Vogel，2014，个人通信）。因为其价值没有饲养的年轻动物高，所以善待这些动物缺乏经济激励。减少虐待的有效方法是提高老年种畜的价值，从而为善待它们提供经济激励。生产商需要接受教育，如果在动物变得消瘦之前将其卖出，则可获得更大的经济价值。美国以及其他发达地区在一些地区已经实施一些项目，育肥老年种畜，从而提高它们的肉用价值。

14.8.3　高度细分的销售链有许多经销商、代理商和中间商，对动物福利不利

在欧洲和北美等发达地区，大多数高质量的年轻动物育肥后直接从饲养场或农场送到屠宰场屠宰。这使得人们更容易对损失负责。老年种畜经常经过一系列拍卖或销售，最初的来源已经无法追溯。在发展中地区，所有的家畜交易都会经过中间商和经销商。在所有国家，家畜市场都要经历一系列拍卖商、经销商或中间商的环节，很难改进。一个高度细分的市场中一般不需对损失负责。不拥有动物的中间商和经销商几乎没有经济动机来减少瘀伤、损伤和疾病，因为他们不对损失承担经济责任。

14.8.4　为了从整个群体中获得更大的利益而牺牲个体动物福利

当把猪或鸡非常拥挤地饲养在一幢畜禽舍时，每个个体动物的利润和产量通常都会降低。不幸的是，这样做是有经济动机的，因为每幢畜禽舍产出的鸡蛋或肉总产量可能更高，在土地和建筑物都很昂贵的地方，最有可能出现增加畜禽饲养密度的不良经济刺激。

14.8.5　过度劳累的员工和超载的设备对动物福利有害

许多对动物福利感兴趣的人认为，屠宰场生产线速度快对动物不好。Grandin（2005）收集到的数据表明，当设备设计良好且配备足够的员工时，屠宰线速度对用捕获栓枪一枪致晕牛的比例没有影响（表 14.1）。作者观察到，最严重的问题发生在设备或人员超载时。当工厂的肉类销售超过工厂设备和人员的能力时，就会出现这种情况。一家屠宰场每小时屠宰 26 头牛时运行得很好，但是该工厂在不增加员工人数、不改善设备的条件下，将屠宰速度提升到每小时 35 头，结果雇员反复将致晕间的门摔打在牛身上。该工厂因违反《人道屠宰法》而被美国农业部暂停对其检查。

表 14.1　肉牛屠宰场生产线速度对致晕的影响

（引自 Grandin，2005）

生产线速度（头/h）	用捕获栓枪一枪致晕牛的比例（%）[a]
<50（16 家工厂）	96.2
51～100（13 家工厂）	98.9
101～200（10 家工厂）	97.4
>200（27 家工厂）	96.7

a. 所示百分数为各屠宰工厂的平均值。

14.8.6　没有经济动机为动物接种疫苗和预防疾病

在澳大利亚，给疫苗接种以及训练犊牛在料槽中采食可降低其疾病发生率（Walker 等，2006）。在美国，牛的呼吸道疾病（BRD）是一个主要问题。如果牧场主在犊牛离开牧场前给它们提前断奶和接种疫苗，那么大多数犊牛的 BRD 病都可以预防。一半的牧场主没有这么做，因为他们没有获得给犊牛接种疫苗和提前断奶的经济奖励（Suther，2006）。犊牛在饲养场生病，可能是犊牛转入饲养场前其他相关人员工作没做好的问题。当牛肉价格升高并且饲养场还有能力饲养更多的犊牛时，生产者可能会高价收购一些从未接种过疫苗的犊牛。2014 年，42% 的美国牧场主打算省掉提前断奶和接种疫苗（Rutherford，2014）。当牛价很高时，就失去了减少损失的经济激励。

从预处理中获得经济利益的一种方法是让生产者或生产者群体在生产优质犊牛并以特殊销售方式出售中获得声誉（Thrift 和 Thrift，2011）。为了防止疾病，肉犊牛需在被船运至饲养场前 45 d 或更早进行预处理。预处理包括疫苗接种、断奶和训练其在料槽中采食，在水槽中饮水。预处理能够显著减少动物应激和低的生产性能（National Cattlemen's Beef Association，1994；Arthington 等，2008；Thrift 和 Thrift，2011）。鼓励牧场主实施这些措施的最好方法就是给予他们预处理犊牛的额外费用。牛生病后，大理石花纹肉减少，肉品质等级下降，因此价格降低（Texas A&M University，1998；Waggoner 等，2006）。

14.8.7　可开发取代细分的销售链和提高动物福利的销售体系

以下为可开发取代细分的销售链和提高动物福利的销售体系：

● 仅销售经过认证的预处理犊牛的特殊销售。国家和省级牛协会与当地生产者合作开发这些计划。购买者将花更多的钱购买牛（Troxel 等，2006；Thrift 和 Thrift，2011）。由独立第三方核实，预处理程序已完成，增加犊牛购买者支付的额外费用（Bulot 和 Lawrence，2006）。

● 生产者与超市、餐馆、肉类公司或其他购买者签订合同协议，按照特定规格生产动物，如散养、预处理犊牛等。生产者在这些计划中获得额外费用。

● 生产者通过有严格动物福利标准的合作社销售当地饲养的动物。对所有类型的项目，都需要进行审核，以保证人们遵守规范。

14.8.8 顾客很穷，养活饥饿的家庭是他们最优先考虑的事，而不是动物福利

在这种情况下，人们会买他们能买到的最便宜的肉。这在某些贫穷的发展中地区尤其是一个问题。养活家庭是他们的首要任务。

14.9 生物机能超载会导致动物痛苦

在集约化系统中饲养的肉鸡、蛋鸡、奶牛和猪，经过多年的遗传选择，提供了越来越多的肉和奶。对生产特性的单一选择带来的一些福利问题导致奶牛和鸡的跛腿和其他腿部问题增加（Knowles 等，2008；Grandin，2014）。这些问题随着时间的推移逐渐恶化，一些新进入该行业的人不知道高比例的跛腿动物是完全不正常的。有 3 种基本途径可以使动物生物学负担过重，达到福利水平低下的程度：仅对快速增重进行基因选择、快速的肌肉生长和不断增加的产奶量。淘汰的母鸡有严重的骨质疏松症和高比例的龙骨骨折（Sherwin 等，2010；Wilkins 等，2011）。改变饲养环境可以减少骨裂，但骨折的比例仍然过高。母鸡福利只是从非常严重到严重而已。

生产性状的单一过度选择具有许多不良的副作用，例如降低疾病发生率或寄生虫抗性（Meeker 等，1987；Johnson 等，2005；Jiang 等，2013）。比利时的一项研究表明，有机农场慢速生长基因型肉鸡波动不对称性低于常规快速生长基因型肉鸡（Tuyttens 等，2007）。当动物的一侧可能比另一侧更大或更小时，则会发生波动不对称性。不对称的动物通常具有遗传缺陷。美国高产荷斯坦牛产奶量是正常奶牛的 2 倍，但在两个泌乳期后就会耗竭。现在开始有人关注功能性丧失（Rodenbury 和 Turner，2012）。新西兰以牧草饲喂的荷斯坦牛泌乳时间可达 2 倍长。随着时间的推移，产奶量提高的同时，繁殖和产犊能力却在降低（Spencer，2013）。生产者希望获得短期的经济效益，但从长远看，由于缺乏抗病力、繁殖性能低、更新小母牛的费用高以及饲料成本高，经济效益可能更糟。自从本书第一版出版以来，一些进步的奶农已转向产量稍低的奶牛品种，这些牛可维持 3 个或更多的泌乳期。

肉的品质和数量是两个对立的目标。给肉牛、猪饲喂过多的 β-受体激动剂会导致肌肉产量更大，但肉质粗糙（Xiong 等，2006；Fernandez-Duenas 等，2008；Arp 等，2013）。一些需要高品质肉的加工企业已经禁止或者严格限制 β-受体激动剂类药物的使用。不幸的是，仍有一些肉类加工企业给瘦肉率高的动物支付额外的费用。这样会激励 β-受体激动剂的过量使用，导致更多跛腿牛的出现。跛腿和肌肉僵硬在炎热天气会增加，并随着牛从饲养场转移到屠宰场而逐渐加重。它们表现得似肌肉很容易产生疲劳。饲喂了莱克多巴胺的猪在处理过程中很容易产生应激（Jame 等，2013），且很难处理（Marchant-Forde 等，2003）。在夏天炎热天气，饲喂 β-受体激动剂的牛死亡损失高（Longeragan 等，2014）。2014 年，由于动物福利问题，齐帕特罗（Zipaterol）于 2014 年退出美国市场（Lyles 和 Calvo-Lorenzo，2014）。

除非有非常精心的使用管理方案，否则生长激素 rBST 会给奶牛带来问题。它会导致奶牛体况过度下降，乳腺炎增加（Willeberg，1993；Kronfield，1994；Collier 等，2001）。人们在对使用生长激素的农场和牧场进行福利评估时，应仔细评估基于动物的表

现，例如体况、跛腿和聚集时的应激症状（如气喘）。

14.10　审核者必须避免利益冲突

　　给农场或屠宰场做评估的人员不应该与该农场或屠宰场有利益上的冲突，这很重要。当审核的执行者是第三方、独立审核者、肉类购买公司的代表、政府雇员或与畜禽生产者签订有合同的肉品公司代表时，关于动物福利和食品安全的审核才是最可信的。农场的普通兽医与农场之间有利益冲突。如果他或她过于严格，农场可能会辞退他或她。这种情况就像一位交警给他的上司开了张超速罚单一样。为了防止审核员受贿，应该给他们支付足够多的工资，这样他们就不太可能接受贿赂。农场兽医在帮助农场遵从生产标准方面起到至关重要的作用，他们应该定期对农场进行内部审核，为农场接受外部审核做准备。如果审核员向被审核的农场出售设备、药品、饲料或提供其他任何服务而从中获利，也会出现利益冲突。

14.11　谷物和生物燃料作物价格对动物福利和牧场毁坏的影响

　　20世纪60年代，美国低廉的谷物价格刺激人们将牛从牧场迁移到饲养场饲养。由于廉价谷物的供应，猪肉和家禽加工企业得到大幅扩张。21世纪初，全世界用于制作乙醇的谷物不断增加，导致了谷物价格的上涨。2007年、2008年和2014年，作者走访了巴西和乌拉圭，了解到谷物价格的上涨及出口市场的需求刺激人们将牧场改为种植谷物。在乌拉圭，超过30%的优质牧场已被改成种植大豆。种植桉树用作生物燃料可能占用更多的牧场。牛被赶到贫瘠的土地上放牧（La Manna，2014）。高产谷物新品种，如棕榈树和桉树，得到更广泛的种植，因为它们会带来更多的经济利益（Carrasco等，2014）。在巴西，越来越多的牛被从牧场迁移到饲养场饲养。阿根廷和乌拉圭也出现了类似情况，阿根廷大量的谷物都出口到了欧洲，与此同时，阿根廷在谷物出口税上得到大笔收入。据估计，阿根廷的谷物出口税占到国家税收的80%（Nation，2008）。防止乌拉圭牧场转变为农作物种植的主要因素是政府税收激励。在美国，伊利诺伊州县推广机构报告说，不适合种植作物的丘陵牧场正在种植作物。在2014年，因为玉米价格下降，这个趋势有所减缓。不幸的是，大量的原始草原已经被翻耕和改造。在美国仍然还有大量的西部区域只适合于通过放牧获得食物。在新西兰，奶牛占据了平地牧场，绵羊和肉牛被赶到了山上（Morris 和 Kenyon，2014）。

　　要想在饲养场获得良好的动物福利，需要干燥的土地。作者在美国、加拿大、澳大利亚、新西兰、中美洲和南美各地的旅行中观察到，在年降雨量大于50 cm的地区，很难保持饲养场围栏表面干燥。这是美国如此多的饲养场建在雨量小、地势高的平原地区的原因。20世纪70年代，在多雨的美国东南部，牧场主们试图建立舍外饲养场，但是因为泥土潮湿而放弃。很多人把牛迁回农作物的种植地——多雨的中西部，这也有利于饲喂乙醇副产物。用船运输这些湿产品的费用远比运输干燥的谷物昂贵，这使得许多牛饲养在室内饲养场中。长期给饲养在混凝土地面上的牛饲喂高谷物日粮导致了牛的蹄部和腿部问题（见第16章）。

14.12　战争和腐败引起的福利问题

国家不稳定或腐败的环境可能产生经济激励，促使人们严重虐待动物。一位因安全问题无法透露姓名的推广动物学家曾经在这样一个国家工作过：政府的腐败和错误决策为当地人民采用残暴方式管理动物提供了经济动机。给水牛和本地牛饲喂过多的 rBST（生长激素）和催产素以不断挤奶，直到它们骨瘦如柴。这些奶牛场都位于大城市的周边，由于战争和其他因素，没有经济激励使这些动物可以饲养到另一个产奶周期。只要动物用完后，经销商就会从郊区居住的穷困农民那里购买更多的动物，所用的药物是来自亚洲公司的廉价仿制品。

14.13　善意的立法带来不利的结果

作者曾见过很多善意的立法和激进分子的活动而最终却不利于动物福利提高的例子。如美国禁止屠宰马匹供人消费的立法。美国 2/3 马匹屠宰场的关闭已导致生产者将多余的马匹运输更远的距离到达加拿大或墨西哥屠宰。一些已经被运送到墨西哥城。活马也被船运至日本。当美国人道协会向政府建议通过这项法律时，没有人会想到那些淘汰的马匹会遭受更悲惨的命运。这比在得克萨斯州和伊利诺依州屠宰更惨，其主要原因是：①运输时间更长；②在墨西哥的运输条件不符合标准；③被忽视，在沙漠中挨饿（高价的饲草和谷物使这种情况恶化）；④在墨西哥仍被骑乘、役用，直至完全衰弱。作者还曾见过更糟糕的情况，非常可怕。马匹屠宰成为一个敏感的事件，以至于动物保护主义者选择忽视这种比在美国直接屠宰马匹更糟糕的现象。

当法律规定的福利标准如此严格，以至于一个动物产业在一个国家被迫关闭、生产被转移到另一个有残暴标准的国家时，动物福利会变得更加恶劣。鸡蛋现在是从东欧出口到西欧。东欧的动物福利标准很低。鸡蛋、牛奶和肉类的出口商应严格执行进口国的福利标准。

14.14　结论

理解经济因素会影响农场动物的处理方式，将帮助政策制定者提高动物的福利水平（快速访问信息 14.1 和 14.2）。对损失承担经济责任或对低损失给予经济奖励，将极大改善对畜禽的处理情况。大型肉类卖家明智地使用其巨大的购买力，已经使动物的福利水平得到显著提高。不幸的是，仍然有很多不利于动物福利的经济因素存在。一个最糟糕的问题是，生产性能的单一选育或过量使用可以提高生产性能的药物，使动物超过其生物学极限。

快速访问信息 14.1　改善动物福利的经济因素

- 肉类买家，如进口国家或零售买家，强制推行福利标准。
- 给高福利产品生产商提供经济保障。
- 对动物运输过程中的瘀伤和死亡损失承担经济责任。
- 应用家畜识别和追溯系统追溯到农场，实现对损失追责。

快速访问信息 14.2　有损动物福利的经济因素

- 老年淘汰的种用动物经济价值很低。
- 分割的营销链中，有很多经销商，损失可以向下传递，不对瘀伤、死亡损失和疾病承担经济责任。
- 以超过动物生物学能力的方式增加生产。
- 以处理和装载动物的速度或者卡车最大的运载量来支付报酬，会导致粗暴处理和卡车超载。
- 善意的立法带来不利的结果。
- 牧场变为耕地或生物燃料作物用地。

参考文献

（顾宪红、李聪聪 译校）

第 15 章 改善动物看护和福利：
实现改变的实践方法

Helen R. Whay 和 **David C. J. Main**
University of Bristol, Langford, Bristol, UK

目前有大量的方法可以帮助农场主改善对动物的看护，但有时鼓励农场主利用这些方法又很困难。一些测量问题，如跛腿奶牛（行走困难）百分比，对激励好的生产者改进是有效的，但对有些生产者则影响很小。多种学习方法可以帮助农场主认识到问题并促使他们改进。其中部分方法来自对兽医和农业促进者（教育者）的访问以及追踪改进。社会营销方法也可以帮助农场主了解并解决农场的问题。

另一个学习方法是农场主参观其他农场，并加入讨论小组。通过零售商或者立法强制执行标准也会导致改变。强制执行对维持最低标准最有效。从强制执行开始，在生产者改进后，为最好的农场主提供奖励金。标杆管理往往是个有效的动力，因为它能使每个农场主看到他或她与其他生产者比较的情况。推荐使用容易量化的测定指标，如动物发生跛腿、体况差、脏、跗关节肿胀等所占的百分比。

【学习目标】

- 学习如何激励农场主利用结果指标来减少跛腿。
- 学习如何利用社会营销方法来促进农场改进。
- 学习如何利用参与性工具，如跛腿季节性日历、优先矩阵、跛腿追踪走访（lameness transect walk）。
- 组织农民团体，参观不同的农场，分享想法。
- 有效使用零售商或立法强制执行方法。

15.1 前言

本章主要强调如何实施改善动物看护和福利的信息。已有大量有价值的信息介绍何种管理模式、经营活动和程序可提高动物福利。这些信息来源于动物福利科学家和农业科学家的研究成果，以及农场主、家畜承运人、拍卖商和屠宰场工人的实践经验，并被广泛报道。本章不涉及怎样满足动物需求的技术知识，而是讲述对动物负责任的人如何将这些丰富的知识转化为行动的过程，即如何改变人的行为。

人类行为改变的本身就是一门科学，通常与术语"社会医学"有联系。多年来，人类医学工作者一直努力鼓励人们戒烟、减肥、少喝酒、安全性行为和多吃水果蔬菜。这种改变人类的行为需求也扩展到了健康之外，包括回收垃圾、节约用水、公路上开车减速、驾驶时系好安全带等活动。动物福利与此的联系就在于，必须认识到现代驯养动物（包括生产动物）的生活完全处于人类的掌控之中。人类决定它们吃什么、吃多少以及什么时候吃。人类决定它们应该活在什么样的环境中，应该用多少垫料，垫料的清洁和干燥程度如何，以及应该获得多少光照。人类控制着动物的健康状况，人类选择的管理措施可能会促进或阻止传染病的传播；确定免疫程序，并决定什么时候进行治疗或是否需要进行治疗，甚至控制着动物怎么死、什么时候死。动物实际上不能真正控制自己的生活，必须同负责看护动物的人合作。

15.2　行为改变的目标：我们想影响谁

如果我们接受人类是动物福利的调解者这一观点，那么就应关注与实施改变有利害关系的各种参与者。在这种情况下，看护动物的人，如农场主、运输者和屠宰工，是动物福利行为改变干预最明显的目标。科学产生的知识需要让直接控制动物生活的员工掌握，并在实践中实施。在这个群体中，有一些人以竞争和创业的方式行事，自动、定期地改变对家畜的管理，认识这点很重要。还有一些人希望尽最大努力保护他们饲养的家畜，因此就自发地在管理上做些改变，但是他们发现要想跟上或过滤现有的知识是一种挑战，并可能会发现翻译这些信息使之与自己的情况相关非常困难，而且为了尝试新的想法，他们经常努力偏离现有的常规。最后，还有一群人，他们同样也愿意以可能的最好方式来管理畜群，但总是功夫下了不少却仍在原地打转，并发现实际上根本没有跟上最新知识或实施管理改变，这就是"危机管理"人群。除了生产者之外，当然还有很多其他的群体对行为改变的贯彻实施感兴趣，如农场顾问、销售代表、农场保险商、标准制定者、立法者、动物福利慈善团体和活动者、兽医外科医生和动物健康技术员、动物福利科学家和零售商以及某种情况下终端产品的消费者。不同的利益群体常常有不同的动机，都想看到家畜看护人员所做出的改变。大多数人在不同程度上都愿意看到所实施的改变能使动物生活得更加美好。农场顾问也通过他们给农场提供的实施建议来建立公信力和良好的声誉。立法者们更愿意看到法律能得到恰当实施。动物福利科学家们想看到他们的成果得到应用，而且他们更愿意看到具体的实施过程，看到他们的成果在农场的应用效果。最后，最重要的是消费者，但也常常是最容易被忽视的一部分人。动物产品消费者对动物福利有巨大的影响力，但消费者并不这样认为。食品消费者中仅有很少的一部分人在购买产品时以是否源于动物福利为依据。但是，以道德为标准的购物兴趣逐渐增加。最近，一家英国超市所做的研究调查（Talking Retail，2008）表明，消费者认为购买商品时，动物福利比环境问题更有吸引力。以上提到的许多利益群体都与动物看护者在农场的改变有利害关系，但也值得记住的是，这些利益集团本身也可以成为行为改变干预的目标对象。

到目前为止，本章已强调改变人类行为是提高动物福利的根本途径，并且各类人群都愿意看到将这种改变贯彻实施下去。然而，假如它像"有希望就会变成现实"那么简单的话，本书的这一章就毫无意义。大量的证据表明，人们常常会发现改变他们自己的行为相当困难。实施动物福利改善是要求人们代表第三方——动物做出改变。如果人们发现做一些改变，如为了维持身体健康而进行的日常锻炼和减少饮酒等都很困难的话，那么让他们做出改变来改善动物的生存状况显然是一个挑战。

15.2.1　奶牛跛腿难以改善

来自农业部门的一个例子，英国的奶牛跛腿就说明了知识和变革很难成功地贯彻执行。作者从 20 世纪 80 年代后期就开始定期收集有关英国牛群跛腿（难以行走）情况的信息（Clarkson 等，1996；Whay 等，2003）。这些数据表明，英国奶牛群中每天可能有 21%～39% 的奶牛跛腿。尽管已有大量关于如何减少跛腿的方法，但不幸的是奶牛跛腿的情况从本书第一版出版后仍一直恶化。当被问为什么没有实施新的跛腿防止管理措施时，农场主最常见的回答是没有时间、没有熟练的工人或者是这一措施不受欢迎（Leach 等，2013）。本章与奶牛跛腿相关的例子非常突出，这是因为在该领域已有大量关于行为变化的研究。同时，作者还拥有该领域的亲身经历。

15.2.2　影响最好的和最差的生产者做出改进

为了改变行为以解决动物福利问题，就必须真正认识到一个问题的存在必然伴随着可能的解决途径。不幸的是，认识问题和知道解决问题的方案并不一定能给农场带来应有的改变。创造条件以促进改变，为人们采取程式化改变提供选择，以帮助人们在动物看护实践中采取可引起实际变化的方案，是以促进改变为己任的人们的工作。

并不是所有人都容易受到同类型的干预而进行改进。根据生产者最可能支持的方案可将他们分为三类：①实施动物福利最差的生产者，他们不可能自愿地应用新的信息并对差的操作做出改变，只能强制这些人实施改变。这可能要通过法律、操作规范和使用一些手段来实施，例如应用保障计划以建立最低标准，同时保证产品在上市前遵守此标准。②大多数的生产者处于中间部分，他们需要通过鼓励和强制联合才有可能实施改变，但是他们不太可能主动改变，因此需要外部联系来激发其改变，在某种程度上需要外部来维持其改变的过程。③另一端则是最好的生产者，他们具有很强的自我激励和自我驱动能力，他们喜欢竞争，并敢于承担风险，定期寻找新的市场机遇。他们除了从接受新知识和科研成果中获利之外，不必被迫改变。这些顶级生产商的回报是能够生产高价产品、垄断市场份额或获得小众市场机会。他们并不需要分享或接受来自同行的信息。

本章下面几节将概述一些当前可用的方法，以鼓励和强制执行改变。

15.3　通过测量提高对跛腿的认识

奶牛场主通常不会意识到他们存在着严重的问题。当让他预估跛腿奶牛所占百分比的时候，这个百分比总被很大程度地低估（Fabian 等，2014）。预估值甚至低于（实际的）1/2。最近研究发现，切实测量跛腿奶牛百分率可以激励奶牛场主减少跛腿奶牛。过去三年，经过培训的评估员在奶牛离开挤奶厅时用四分评分法评估奶牛跛腿，取得了显著的效果。128 家奶牛场跛腿率从 35% 下降至 22%（Main 等，2012）。

15.3.1　测量激励好农场主改进

好的奶牛场主以拥有健康的奶牛为傲，在为期 3 年的研究开始时他们奶牛的跛腿率较低。当接受了跛腿评分的反馈后，他们被激励进一步地减少跛腿（Leach 等，2013）。差牛场跛腿率较高，对跛腿的奶牛容忍程度也较高。当问他们"在你的牛群中，你认为跛腿奶牛多少比例是个问题？"时，他们给出比例的答案较高（Leach 等，2010）。在给他们提供跛腿测量后，他们不太可能做出改进。

15.3.2　额外干预对激励改进的影响

128 家奶牛场主接受跛腿测量或者得到额外的支持，比如访问兽医或与其他农场主会谈。这些额外的支持激励部分奶牛场主做出减少跛腿的改进，如改造地面、较好地修蹄。本章将讨论如何使用额外方法来激励积极的改进。

最近对美国明尼苏达州 108 个奶牛场的调研发现，饲养员培训与更高的牛奶产量相关（Sorge 等，2014）。不幸的是，50% 奶牛场管理者对额外的饲养员培训不感兴趣（Sorge 等，2014）。这非常鲜明地分成了两类，一类生产者迫切想要改进，另一类生产者则抵触改变。

15.4　将鼓励作为实施改变的一种方法

鼓励可持续的行为改变的关键原则是，将问题和解决方案的所有权转移给负责实施改变的人，即生产者或者农场主。要牢记的黄金法则是告诉人们做什么，无论多么令人鼓舞，都是行不通的——无论这些信息多么精彩，多么明了，或者多么合理，展示的解决方案多么美好和充满热情，你希望看到的改变多么简单和直接。这一点在著作《培养可持续的行为》（McKenzie-Mohr 和 Smith，1999）中已有很好的阐述。在该书中，作者列举了由 Scott Geller 所做的一些工作的例子（Geller，1981）。Geller 和他的同事们举办了一系列的学习班，这些学习班主要为家庭主妇们提供一些关于家庭节能重要性的信息和让每位家庭主妇都能在家做到节能减排的方法和建议等。他们所办的这个学习班主要是想为家庭主妇们传递这样的信息：在自己家里完全可能做到节能减排的改变。Geller 和他的同事们观察了参与学习班前后家庭主妇们的态度。他们发现，随着培训的推进，参与者们对节能问题的认识已有很大的提高，同时她们决定在自家主动实施节能措施。然而，这种态度的改变并没有转化到行动上。其间，研究人员走访了 40 位参加学习班的家庭主妇们，仅有一位按照推荐方法降低了热水器上的恒温器温度，有 2 位参加者接受意见在热水器上盖了毯子。但是据了解，他们在参加学习班之前就这么做了。实施过程中唯一的有意义的改变是有 8 位学习班成员家里安装了低水流量的淋浴头，尽管这一改变并不是单纯由于建议，而可能由于该学习班还给每位成员免费发放了一个低水流量的淋浴头。

15.4.1　如何让农场主拥有问题的所有权并成为解决问题的合作伙伴

改变所有权的概念比仅仅向生产者说"你是这些改变的贯彻执行者，那么你就是他们的所有者"更为微妙。给予某些人改变的权利是让他们有机会探索和认识到自身的问题，从而让他们成为解决问题的参与者。给农场主指出他们的动物正在遭受福利问题的痛苦，甚至暗示他们还有可能违反法律法规，对他们的尊严和专业技能是很大的挑战，也很容易被看作是一种恶意行为。再回到前面用到的奶牛跛腿例子：假设有这样的一种情形，农场主意识到他们的牛群中有跛腿的牛，但他们并不知道跛腿意味着什么。通过询问一系列问题：跛腿将会带来怎么样的影响，当奶牛发生跛腿时它的感觉如何，奶牛场的工人们需要花多少时间来看护跛腿奶牛，跛腿奶牛在哪方面花钱较多等问题之后，农场主就会在脑海里形成一幅清晰的画面，即农场中有跛腿奶牛存在时，可能产生一系列的潜在危害。这样的话，对农场来说，这些问题就属于生产者自己的问题了。其他农场主可能不会接受跛腿是一个问题，直到他们听到并与他们所在地区的其他奶牛场主讨论这个问题。同样地，解决方案的所有权也是相当重要的，因为没有任何两个农场的运营方式完全一致，所以也就没有万能的解决方案。在考虑和讨论解决问题的方案时，农场主首先要将该方案的实施流程在自己脑海里过一遍，这一方案成功与否，"排练"这个过程非常重要。事实上，在全面实施改变之前排练范围甚至要扩大到针对目标改变进行的一系列试验。同样，从其他农场主那里听到他们正在努力实施这些改变，也非常重要，而且听同行说某项特定行动很有效比听农业顾问、外科兽医或动物福利科学家说此行动有效更可信（快速访问信息15.1）。

快速访问信息 15.1　改善农场环境，实施鼓励措施的主要目的

- 把问题和解决方案的所有权交给农场主。
- 给农场主提供机会以在思想上预演可能做出的任何改变，甚至鼓励他们在全面实施之前尝试这些改变。
- 鼓励农场主与其他农场的同行探讨他们的问题——让他们认识到做出改变是一种正常行为，这对他们非常有价值。
- 为提高认识，测量跛腿、体况差、受伤或脏污等问题动物所占百分比。

事实上，鼓励改变应该去营造一种氛围，让农场主自己提出问题并加以解决，而不是强制手把手地去解决问题。但是，记住几点警告很有意义。采用任何干预手段都不能获得100%的成功。每个人都是独立存在的个体，他们的生活中可能有很多其他优先考虑的事情，这些事情掩盖了他所提出的干预领域的目的。人通常是不可预测的，有时可能会做出别人看来不合乎逻辑的决定。在人类行为改变指导一书中，Kerr 等（2005）写道：干预常犯的错误是认为，人类的行为是由理性、态度和意志直接决定的。这也就给了人们一个提示，即人们是不会按安排好的方式去行动的。有一些关于干预回报的基本法则提出：你收获的成功与付出的努力应该是成比例的，对促进改变的推动者和实施改变的农场主来说，都应该是这样的。因此，不要认为人们可以很容易地去改变行为，而应该投入尽可能充分的资源来完成该项工作。最后，本章所描述的各种干预纯属操纵手段，尽管意图很好，并且代表了没有发言权的动物，但在这种操纵模式下，有技能的人为了自己的不当利益会受到操纵别人的诱惑。这是不道德的，也会减少所有试图促进行为改变以造福其他人和动物的人。

下面一节描述鼓励行为改变的三条途径（即社会营销、参与方法和农民团体）。目前，这三条途径正在被贯彻实施和接受农业部门的检测，每一种途径的优缺点都将被考虑。

15.4.2　社会营销途径

社会营销被广泛应用于促进人类群体的改变。它是营销和广告运用原则的延伸。人们很熟悉广告商们努力说服大家去改变习惯和购买产品的方法。社会营销同样也会试图说服人们去做一些事情，并通过使用一系列的手段来达到目的。但是，社会营销与商业营销最关键的两点区别是，前者具有：①直接鼓励对社会有益的改变（在这个案例中，即对动物和动物的拥有者们有利）；②明确的工作职责，目的就是扫清阻碍改变的一切障碍。

在动物福利和农业方面的文章中，有很多已经可以应用的社会营销工具，但是考虑到地地道道的与外界隔绝的农场主，还必须做一些调整。英国的农场主经常独自在自己的农场工作，很少与其他人联系，每天做一些完全重复的日常工作。因此，适用于农场主的社会营销就要包含比预期更多的个人联系。为了理解社会营销如何发挥作用，下面的例子说明可用到的不同类型的社会营销手段。与此同时，还会介绍一个目前已经在英国实施的项目，即鼓励奶牛场主行动起来减少奶牛跛腿。

每一种想要改变的行为，都将同时存在可预见的利益和障碍。这些利益和阻碍可能是内部的，也可能是外部的或内外皆有。

● 内部利益可能包括一种与个人道德水平密切联系的改变（例如：坚信应该为他们的动物福利尽可能做好每一件该做的事）。这样的话，他们可以获得一种自豪感或者一份友谊，这份友谊来自志同道合地致力于解决这一问题的人们。

● 外部利益可能包括人们相信改变可以节约时间，提供经济利益或者会使农场的日常任务变得简单些。例如保持奶牛的蹄部干净卫生可减少感染性跛腿，最终可使奶牛乳房清洁卫生，加快挤奶的效率。

● 内部障碍可能包括人们对改变可能会带来不便、费事费力和影响现有工作顺利实施的恐惧。更深层次的障碍可能仅仅是对改变本身的恐惧。

● 外部障碍可能包括没有合适的设备，如铲土机效率低或者需要修理、更换等。其他外部障碍可能有，没有时间做其他重要的工作。现有的农场布局使得改变的难度较大，或者是从其他农场主那里听说改变纯属浪费时间，没有什么作用。

对于任何推动改变的人来说，认识到利益和障碍的存在是非常重要的。他们也应该知道，促进行为改变的其他途径必然存在，但是这些途径不一定等同于对动物福利有益。例如某个农场主可能认识到牛舍应该比现在的情况更干净才好，但是又不愿意增加每天清扫的频率，而是建议冲洗牛舍。这样不仅可以保持牛舍干净，同时还利用了当前挤奶室不用的废水。然而，清洗牛舍的目的是给奶牛创造整洁干燥的环境以减少蹄炎发生，而冲水将使奶牛蹄部经常处于浸泡的状态，从而增加了它们对感染性疾病的易感性。确保农场主对利益和障碍的恰当理解是社会营销的基石，建立焦点小组是做这件事的一个好方法。当给农场主讲到要做一些改变时，学习一些地方俗语是相当有用的。

15.4.3　通过农场访问促进积极改变

每位农场主都会接受来自行为改变项目人员的访问，这些项目的推动者掌握关于奶牛跛腿和解决跛腿问题的科学知识。访问的目的不是给农场主提建议而是帮助他们找到适合于他们自己农场的解决方案。项目推动者会随农场主一起走进农场，并询问一些关于农场中可能引起奶牛跛腿方面的问题。他们会通过让农场主自己权衡利弊的方式来解决由农场主提出的改变过程中存在的障碍问题。项目推动者还会分享其他农场主已经采取的相关行动经验，并提供其他农场主的联系方式（经允许），因为这些农场主已有方法去解决遇到的类似问题。在访问的最后，即离开农场之前，项目推动者将编制一份农场主认同的改变活动清单，包括谁将要负责每一项改变的实施（农场管理者、牧民和拖拉机司机等），以及什么时候开始实施改变，当每项空格被打上钩时就意味着改变的开始。这份清单将留给农场主为来年所用。

15.4.4　社会"规范"：人们在做别人正在做的事

规范（Norms）描述了让农场主放心的其他人也在改变的过程（即做出改变以减少跛腿是正常的行为）。尽管大部分人会认为自己是耕耘自己土地的独立个体。但实际上，社会学研究表明，当人们知道其他人也在做相同的事情时，会感觉更舒适、更安心。20 世纪 70 年代，美国有个广告展示了一个本土美国人为大面积的环境破坏而落泪的情形，这形成了非常有效的宣传。随后，为了巩固胜利，又推出了第二个广告：人们将垃圾和废弃物丢弃在公共汽车站，与此同时，本土的美国人流着泪眼睁睁地看着这一场景。令广告商们大为惊讶的是，这张海报使得公共汽车站的垃圾逐渐增多。第二张海报告诉人们，在公共汽车站乱丢垃圾是很正常的，每个人偶尔都会这样做。实际上，这张海报给了人们在公共汽车站乱丢垃圾的许可。

规范在跛腿计划中的作用是这样发挥的（图 15.1），首先设计计划的形象和名称，使所有参与者意识到自己属于一个其他人也参加的计划，他们是群体的一员，并可以此为荣。

健康蹄部计划
通过合作减少奶牛跛腿

图 15.1　跛腿计划的标志。作为一种"规范"，用来创建一个群体身份，让农场主
知道，他们正与其他农场主一起致力于减少奶牛跛腿。

与先前的描述相同，规范也可通过描述其他农场主在自己农场已经做的改变来建立。这样会帮助排除已发现的障碍，同时也可起到让每位农场主放心的作用，因为其他的农场主已经实施这些改变，也解决了实施过程中所出现的问题。其他农场主所进行的一些行动，可以通过口述、图片（得到允许）和引用语（如"你可以修好你农场的物品，但如果你损伤了奶牛的蹄部，那么你是不可能修好它们的"）来描述。这个计划也会发布一个定时的新闻简报，该简报的特点是以各家农场中已经实施的改变为案例进行报道。

15.4.5　承诺做出积极改变

以计划成员的身份进行承诺，对于行为改变的可持续性至关重要。尽管农场主参与了前面所说的跛腿计划，通过加入该计划体现出某种承诺，但通常他们只是旁观者，而非完全的承诺者。可通过各种各样的技术鼓励农场主做出更多积极的承诺。人们更倾向于把自己看作是行为的贯彻者，因此，签订计划承诺书会使它们更愿意忠于该计划，并不断贯彻实施各种改变。在奶牛跛腿计划组内部，所有参与的农场主都有一个印有计划标志的徽章（可在衣服上佩戴的徽章和在汽车上用的贴纸，图 15.1），并被鼓励去展示它们。尽管这只是一个小小的行动，但是通过给别人展示它们是该计划的一部分，农场主就可能不断勇于承担行为改变所带来的挑战。比如人们发现如果要求一群人佩戴慈善癌症协会的徽章，那么他们给慈善组织捐钱的可能性要比没有佩戴的人群高 2 倍（Goldstein 等，2007）。

在奶牛跛腿计划中，同样考虑做出类似改变的农场主已经看到改变后的图片。这不仅在制定规范和排除障碍时有用，而且已经实施改变的农场主可以通过展示他或她的照片，清楚地告诉别人他们已经做出的改变。这将达到几个目的：允许别人看照片，就意味着农场主同意向外界进一步展示出他们对计划的承诺；知道别人在看这些照片，就会鼓励农场主维护已做的改变。将他们的联系方式给其他农场主可将以上这点进一步加强，因为其他农场主可能希望实地看看这些改变。

促进承诺的另一个领域是要求农场主在促进访问期间起草的行动计划上签字，还需要获得许可来编制一份已经签署行动计划的农场主名单，以便在项目网站上公布。同样，这是为了鼓励尽可能多地向外展示对项目的承诺。

15.4.6　海报和教育材料的提示

提示语是一种辅助性记忆手段，用于提醒人们记起他们想要做的行为改变。尽管人们去改变一个特定行为或习惯的初衷一般都会很好，但是人们很容易忘记所做的新活动，或者这些新的活动仅仅在脑海里一闪而过，特别是当人们在改变日常活动或者在时间紧迫的情况下，更容易忘记。提示语应尽可能接近人们渴望改变的行为，太普遍的提示语的作用很小。奶牛跛腿计划证明，要想创造出目的性极强的提示语相当困难，因为所发起的不同类型的行为改变有很大的差异。到目前为止，已经使用的提示语包括图 15.1 的标志和线条，以及针对特定活动的卡通图片等（图 15.2）。

在拟定推进行动的清单时，应该列出在做减少跛腿改变计划期间日常所需的设备、服务和材料的供应商目录。提供这一目录的目的就是提示拿起电话完成订单，或定制服务等。农场主行动清单包括引入和改变蹄浴的日常程序，他们会得到一张小的薄卡片，卡片上给出不同蹄浴药品的适宜稀释浓度，并以非常直接的方式解释不同大小的蹄浴池如何达到这一稀释浓度。最后，还会制作一张强调与跛腿相关的财务损失海报（图 15.3）。在农场主行为改变之时会关注这个海报。与大众观点完全不同的是，农业部门认为通过提高经济利益来促进行为改变几乎很难成功。但是，一旦人们改变了行为，他们便开始关注他们的经济利益，这是促成可持续行为改变的有力工具。

图 15.2　提示农场主应尽早发现并治疗奶牛跛腿（该图由 Steve Long 制作）

15.5　奖励激励改进

激励手段是行为改变最有力的工具，可以采取经济奖励或处罚的方式，给予赞许、认可或一些小的"药品公司型"礼物。这些在现实生活中人们可能需要更少的努力就可买到的小礼物对人们的激励作用不可小视。这种激励手段经常出现在医药公司和兽医之间，兽医们努力将某种特定的药品向他们的顾客推销，目的就是为了得到个杯子或棉背心。但是，迄今为止，跛腿计划还没有完全开始应用"药品公司型"的礼品。尽管有时候一些印有小标志的羊毛帽或绝缘杯子等小礼品会分发给已经做出改变的农场主，但这样做的目的就是进一步强化对推动者所提出改变的认可。在跛腿病计划中，一些积极的人群已经完成了跛腿项目执行计划中的改变，这些人就可以获得适度的经济奖励，而不是一些无关紧要的奖励。尽管这项激励计划的最终结果尚未评估，但是能达到高水平行为改变的农场主将在这群人中产生。

15.5.1　来自农产品购买者的财政激励

农业部门已经存在其他经济激励模式，例如世界各地广泛使用的一个例子是牛奶中体细胞计数的支付方案。农场主获得的牛奶报酬是根据其散装牛奶体细胞计数水平进行调整的。Dekkers 及其同事们（1996）报道，在加拿大安大略省生产奶制品的农场主通过这项计划可获得可观的额外收入。Alger 和 Berg（2001）报道，在瑞典为提高商业化生产的肉仔鸡福利水平，建立了以激励手段为基础的干预方法。瑞典家禽肉类联盟建立了肉仔鸡福利规范，该规范规定禽舍的建筑规格和肉鸡饲养过程中使用的设备标准等，并以此规范为基础进行评分。这个评分就决定了今后生产者饲养肉鸡时可采取的最大饲养密度。家禽饲养密度 20～30 kg/m²，这对生产者具有明显的经济影响，因此被推广为选择改善其肉鸡饲养设施的生产商的奖励制度。蹄部健康项目包含在动物福利项目中，蹄部健康项目会在屠宰家禽时对其足垫皮炎情况进行检测和评分。评分的情况也是家禽饲养密度奖励回报项目的一部分。同时，足部健康项目与农场主可用的咨询服务紧密联系在一起。足部健康项目实施的头两年内，足部损伤从 11％下降至 6％。

健康蹄部计划

奶牛跛腿的代价

健康蹄部计划

当奶牛跛腿时，其产奶量下降

跛腿牛的产奶量损失
305 d泌乳期相关损失：
- 评分中等的跛腿牛，下降442.8 kg。
- 评分较高的跛腿牛，下降745.6 kg。
- 蹄部损伤牛，下降360 kg。
泌乳前期，产奶量损失最多。
足底溃疡发生前，产奶量下降2个月。
足底溃疡和白线病发生后，产奶量下降5个月。

跛腿牛产小牛的可能性较小

跛腿牛的繁殖力低
跛腿牛受孕时间间隔增加：
- 产犊到受孕时间，增加14~50 d。
- 产犊到第一情期时间，增加4 d。
- 第一情期到受孕时间，增加8 d。
第一情期受孕率，降低10%。
每次受孕需要多受精0.42次。
因不发情接受治疗的可能性高1.16倍。

跛腿牛更容易在早期被淘汰

跛腿牛被淘汰的情况
早期被淘汰的数量是其他牛的8.4倍。
很多牛在跛腿之前的产奶量高于其他未跛腿的牛，
因此跛腿牛在泌乳期比乳房炎和低受精率的牛淘汰
得要晚。

跛腿牛会降低农场主的利润

跛腿牛的全部损失
受精率降低，损失46.14英镑。
产奶量降低，损失55.05英镑。
淘汰/替代，损失53.72英镑。
治疗费用，损失23.32英镑（治疗1.4次/牛）。
全部费用，每头跛腿牛损失178.23英镑。

图 15.3　强调跛腿奶牛带来经济损失的海报（Zoe Barker 博士编制，卡通图绘制由 Steve Long 完成）。这张海报展示了很多关于跛腿奶牛的研究成果。跛腿奶牛的全部费用为 DAISY 研究报道的跛腿成本平均值（No.5，2002）。这张图的目的是给农场主以指导，但会因农场不同而变化。

　　以上例子证明，在鼓励行为改变方面，激励具有潜在的非常重要的作用。上述方法的缺陷在于，他们需要考虑外部投资途径以提高动物福利水平，这些外部投资可通过政府、零售商和食品加工商或慈善机构来实现。激励在强制实施行为改变的模式中也具有重要的作用，如产品必须满足动物福利的要求才准许进入市场。本章的强制实施部分将会探讨这种激励方式使用的细节。

15.6　改善动物看护的参与方法

这里所描述的参与方法主要是为发展中地区的养殖群体发展而设计的。这些方法很有力，并以公认的边缘化和易受攻击的人群为提高自己的生活水平而实施的改变为基础。以前，我们在亚洲运用这些方法来帮助改善役用动物的福利水平，不会影响这些动物所有者的收入。最近，我们将这些方法中的一部分带到英国农场，让这些农场主明白，自己的行为改变可以改善动物的生活水平。这里所描述的方法可参考 PRA（参与村落评估）或者 PLA（参与学习和行动），这些名称可能会有一些差异。讨论参与方法的两个主要领域是：①指导其使用的原则；②可利用的工具类型。全球发达和发展中地区均可以使用这些原则。

15.6.1　参与方法的原则

参与方法的关键是形成一种互动的工具或组织一个演习，让单个农场主或一群农场主可分享、介绍、分析和强化他们可能遇到问题的知识。在本文的案例中，我们关心的主要是动物福利。需要了解的第一个原则是可参与性。直接说就是，"所有人都有权利参与做出影响他们生活的决定（国际 HIV/AIDS Alliance，2006）"。所以，对我们而言，就是让农场主参与到为动物们做出改变的行动中来，因为这些改变也会影响到他们自己的生活。必须认识到，在很多关于农场改变的讨论中，除了农场主自己和管理者们以外，还可能会有很多其他的声音对改变来说也是非常重要的。我们几乎听不到这些声音也不会重视这些声音，例如来自挤奶工人、农场主的妻子或放学回家喂牛的儿子等的声音。因此，我们的目的就是让尽可能多的人参与进来，支持改变的人越多，发生改变的可能性就越大。第二个原则是这些方法必须重视现实，这个现实就是当地人（我们这个案例中就是农场主）比外来的团体更了解自身的情况。如果我们在没有意识到对某家农场如何工作，以及现今的日常工作和实践是如何形成的还不是特别了解之前，就简单地给予一些意见或建议，那就是太傲慢专横。我们没有停下来考虑和运用他们已有的知识，而是匆忙地给他们带来新的知识。参与方法的目的就是将知识以一种栩栩如生、引人入胜和有组织的形式带给农场团队，从而让他们考虑和学习。第三个原则也是经常被忽视的问题，就是需要对信息进行适当的反馈和分析。有这样一个情形，即运用工具并尽可能快速有效地完成一项练习，但没有停下来回顾、思考和讨论我们能从这个练习中学到什么。事实上，如果不去思考和回顾，就没有必要去做这个练习。

显然，这个过程需要有人将这些原则和工具带到农场或农场团体，并在整个过程中进行指导。这个人常常是外面的代理商，并乐于帮助农场实施行为改变，我们通常称为推动者。这个过程能否成功主要取决于推动者的能力。推动者这个术语可大致翻译为"将它变简单"，也能口头翻译为"他们是一群不带有自己的价值偏见，而按照列出来的原则去帮助其他人的人"。好的推动者通常通过提问但不提供意见的方式来鼓励其他人多讲话，并花大量时间去倾听而不是去说。

15.6.2　参与工具

参与工具的设计应尽可能利用当地原材料，如干豆子、棍和石头等，并易于在地上实施，还可以使用图片。

以下三种工具和练习都是用绘画的形式来阐明他们的意图。在推动改变的过程中，像这样按步骤来实施，并在一段时间内努力完成某一步是很重要的。

（1）工具1：季节性跛腿日程表

图15.4为推动者按照农场记录编制的季节性跛腿日程表。理想情况下，这应该与农场团队成员们合作完成，但是我们发现当农场人员的时间有限时，提供供讨论和分析的最终方案仍是很有用的。这个表让农场主去思考与跛腿高峰相关的管理上的变化，这能有利于农场主确定某种跛腿的潜在风险，并可帮助农场主去思考何时采用特定的管理活动遏制跛腿水平的提高。

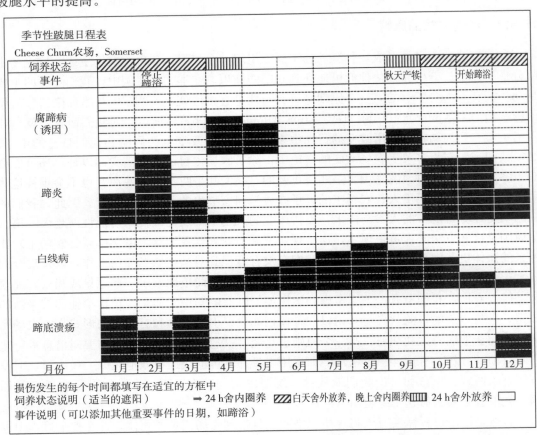

图15.4　按照农场纪录编制的季节性跛腿日程表。这张表清晰地阐明了在什么季节发生什么类型的跛腿，这张表可用于促进关于不同类型跛腿发生因素的讨论，并制订季节性管理活动方案（由Zoe Barker博士协助编制）。

（2）工具2：安排跛腿管理活动次序的矩阵

图15.5展示的矩阵是按阶段建立的。首先，要求参与者们做一张未来降低奶牛跛腿

可能要做的改变清单，这些改变会出现在单独的卡片上，并摆在一个个专栏中。然后，参考每头动物能享受多少福利所带来的益处，要求农场主考虑这些可能的改变。每个改变都要求评分，10 分表示可以获得最大的益处。下一步，会要求农场主对可能改变的成本进行评分。同样用 10 分代表最有利的结果（即成本最小）。为了多次评分，还需提出更多的问题。

考虑到成本，农场主可以考虑对某一项日常工作实施永久改变或一次性投资的潜在成本。最后，要求农场主对实施改变的"麻烦"（额外日常工作）因素进行打分，10 分代表麻烦最小。一旦矩阵画完，马上回顾最高分在哪里。这个操练对排列实施改变的先后顺序非常有用，并且这样可以消除改变是否会没有意义的顾虑。

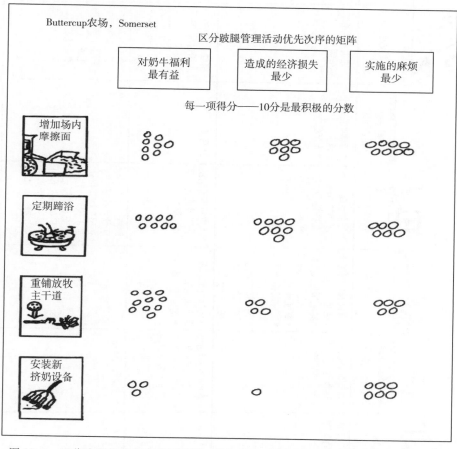

图 15.5　区分改变优先次序的矩阵图。该矩阵分阶段绘制，可以帮助参与人员认识图中每种管理改变的积极或消极作用。

（3）工具 3：跛腿追踪走访

跛腿追踪走访（图 15.6）对于农民团体会议的组织是有用的。会议开始时，要求这个团体选择"追随奶牛步伐"的路线，走访东道主的农场。我们会给每位参与者发放一张农场地图和一个记事本，他们可以随时记下关于为跛腿奶牛所做改变的任何好主意、潜在风险和机会。走访之后，群体中的每个成员会把他们观察到的东西写到色彩鲜明的便签

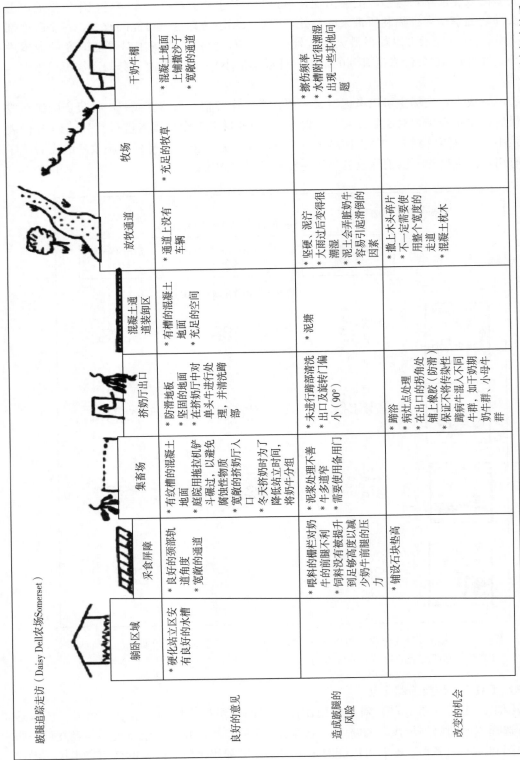

跛腿追踪走访（Daisy Dell农场Somerset）

	躺卧区域	采食屏障	集畜场	挤奶厅出口	混凝土通道装卸区	放牧通道	牧场	干奶牛棚
良好的意见	*硬化站立区安有良好的水槽	*良好的颈部轨道角度 *宽敞的通道	*有纹理的混凝土地面 *庭院用拖拉机铲斗耱过，以避免腐蚀性物质 *宽敞的挤奶厅入口 *冬天挤奶时为了降低站立时间，将奶牛分组	*防滑地板 *坚固的地面 *在挤奶厅中对单头牛进行清理，并清洗蹄部	*有槽的混凝土地面 *充足的空间	*通道上没有车辆	*充足的牧草	*混凝土地面上铺撒沙子 *宽敞的通道
造成跛腿的风险	*喂料的栅栏对奶牛的前腿不利 *饲料没有被提升到足够高度以减少奶牛前腿的压力	*泥浆处理不善 *牛多通道窄 *需要使用备用门	*未进行蹄部清洗 *出口又旋转门偏小（90°）	*泥塘	*坚硬、泥泞 *大雨过后变得很潮湿 *泥土会弄脏奶牛 *容易引起滑倒的因素		*擦伤频率 *水槽附近很潮湿 *出现一些其他问题
改变的机会	*铺设石块垫高		*蹄浴 *病灶点处理 *在出口的拐角处铺上橡胶（防滑） *保证不将传染性蹄病奶牛混入不同牛群，如干奶期牛群、小母牛群		*撒上木头碎片 *不一定需要使用整个宽度的走道 *混凝土枕木		

图15.6　农场走访记录表。该记录表是由很多农场主写的建议构成的一张大表上摘抄下来的，这些建议都用彩色（便签贴标记。该表为到达农场走访后方便讨论打下了基础。该表通过打印后复制打印发给所有参与该会议的农场主（由Clare Maggs小姐协助打印）。

上，并将这些便签贴到事先准备好的巨大表格中。之后，推动者会就贴签较密集的区域进行讨论。推动者的作用就是保证讨论的进行，为改变带来尽可能多的机会。尽管讨论是以被访问的农场为基础，但所有参与者都得益于听到的主意、建议和其他人的经验，同时还会提出讨论中遇到的某些问题。

15.7　农场主自助及讨论团体

农场主组建自助小组或更常见的讨论小组的概念并不新鲜，而这些小组往往有助于打破与农业有关的孤立状态和分享新思想。本部分主要介绍两种方法，这两种方法的目的就是了解农场主怎样管理才能达到改变行为的最佳可能性和讨论动物福利专注的领域。两种农场主团体结构分别是"畜牧学院"和"可监控农场"。

15.7.1　现场实践学校——小组内所有农场对所有农场主开放

现场实践学校体系源于乌干达的农民田间学校系统，Mette Vaarst 及其同事在丹麦（Vaarst 等，2007）、March 等（2014）在德国将其当作现场实践学校。在丹麦，6 个农场主组成一个有组织的团体，他们的目标是促进动物健康，对奶牛减少甚至停止使用抗生素。为了参与到这个团体中来，每个农场主都同意接受团体成员的访问，并广泛接受来自该团体提出的管理方面的建议。访问包括参观农场，在此过程中，农场主需要展示他们引以为荣的一个方面和两个问题领域。参观结束后，团体成员们返回到农舍或办公室检查农场账目。接下来，团体成员们会进行讨论，大家就改善农场的管理以降低奶牛对抗生素的需要量方面的问题形成建设性的意见。目标是防止出现需要抗生素治疗的问题，而不是阻止对动物进行治疗。推动者的角色就是鼓励所有团体成员参加，并进行记录和报道讨论结果。访问完所有的农场后，每个农场都将会接受一次跟踪访问，因此每个农场都要访问 2次。这些举措在关于减少抗生素的使用这一共同目标上取得了巨大成功。然而，除了这一共有的目标之外，每位农场主还有自己的"局部"目标，这种"局部"目标一些是关于动物健康方面的，另一些则是想要改善家庭或者社会环境方面的。这些都是这个项目得以成功的重要标志，很多参与的农场主感觉他们参加这个团体很有收获。

15.7.2　指定的可监控农场对其他农场主开放

可监控农场方法源于新西兰，目前苏格兰引用的比较多。参与到可监控农场方法中的农场主的目标是改善农场动物的生产性能，获得更高的利润，在这些目标中可能隐含着动物福利。在本章中，我们必须对这个方法进行推断，以获知如果明确地将其用于提高动物福利时，它将如何工作。

可监控农场的概念就是一个农场主同意向其他农场主或者团体、产业联盟的成员，例如兽医外科医生和养殖专家，开放自己的农场事务。可监控农场会定期组织来自团体的访问，在访问期间会就农场的管理和可能做的改变等问题进行讨论。然后，定期召开会议允许各个团体观察农场事务的进程，并看到已经实施的改变的效果如何。可监控农场也会为团体之外的参观者一年公开一天，在这一天参观者可以参观农场并了解整个过程。推动者会帮助安排整个过程，包括设定会议主题、运营管理和数据分析等。

很明显，尽管可监控农场并不需要听从团体的意见，但他们本身可能会去实现一些改变。团体成员本身可能会对自己的农场不断尝试改变，他们会从其他人的经验中获益，还能从可监控农场中了解到的已经实施的行为改变中获益。在某些情况下，团队成员们也会进行一些合作活动。有建议说，"水滴石穿"效应可以让改变在更广的群体中实施。"水滴石穿"是发展中一个普遍的具有推动作用的概念，但是要想将它展示出来却非常困难。

15.8 立法和政府强制执行——作为一种实施改变的方法

坚持让农场主采取特殊行动来改善他们所看护动物的福利是强迫其行为改变的一个很好途径。从传统上来说，主要就是设立农场主必须执行的法律要求，如果农场主没有按法律要求去做，就会遭到起诉或受到惩罚，这都取决于当地的法律要求。

很明显，立法是被政府高度认可的能够达到行为改变的调控机制。但是，法律也仅仅是政府为了实施政策，被称作"政策工具"的一系列工具而已。农场动物福利委员会（FAWC）（2008）评估了英国政府用于改善动物福利的政策。政策手段的例子之一已成为政府特定的动物福利规范，扮演着指导生产的角色。动物福利法典促进良好的畜牧生产和动物看护，并以一种清晰明了的格式呈现相关的动物福利立法内容。动物福利规范会影响农场主、农场监督者和农场顾问对农场的指导。立法可能是政府可用的最直接工具，与此同时，农场动物福利委员会（FAWC，2008）建议"为了达到人们想要的动物福利水平，需要协调应用政策手段，促成期望的行为改变。"

15.8.1 零售商设定要求

但是最近，市场让生产者保留最低的动物福利准则。未达到市场标准将会导致农场主自己的产品滞销。这是推进改变最有力的激励因素。在许多国家，农场主要成为农场保证计划中的一员，才能达到市场需求。农场保险计划的目的就是保证买方可以买到满足动物福利（和食品安全）标准的产品。该计划由热衷于确保产品的最低标准的零售商们推动。零售商们最主要的动力来自尽量避免因农场问题造成负面新闻而影响到他们的生意。通常，这些计划所要实现的最低目标是证实是否符合国家法律的要求。然而，一些零售商的计划还制定了其他的要求，或者作为公司法人社会义务的一部分，或者为了获得有别于其他产品的市场，动物福利就可能会含在以上列出的情形之中。麦当劳的例子就描述了这种影响：快餐连锁店麦当劳为提高动物福利，对屠宰场提出的要求（第2和第9章已介绍）就是以此原则为基础的。

15.8.2 强制方法的有效性

尽管让农场主遵守不同来源的特定标准，例如政府代表公民利益而制定的法规、市场代表消费者利益而制定的标准，但是最终的结果都是相同的：生产者必须遵守。因此，"强制"方法（法律和市场要求）也存在其固有的优缺点。

15.8.3 强制方法的优点

（1）可有效避免最坏和最极端的动物福利问题出现。

（2）有一套清晰的要求，所有农场主都容易理解，并且农场主之间可以相互交流。

（3）提供一个详细的发展过程，包括纳入相关的实践经验和科学知识，这样对生产者而言，其标准是公平的。

（4）考虑到处罚（起诉或不能进入市场），农场主会积极遵守。

（5）一旦监管和认证系统建立起来，在最低标准基础上还有额外的要求，这些额外的要求可用于市场激励，导致发生额外费用（例如给予执行该计划的成员积极的经济奖励）。

15.8.4　强制方法的缺点

（1）这种方法本身具有消极性，会让农场主产生不好的感觉，因为这种方法给农场主传递了这样的信息，即"我们不相信你们会好好看护你们的动物"。

（2）鼓励农场主遵守最低标准，但是农场主可能认识不到高于最低标准的很多优秀的、持续不断的改进或者具有创新性的标准等。

（3）将强制方法写成书面要求很难，因为有些很难定义。因此，如果没有进行充分的磋商，就以一种随意的方法编写标准，则很容易造成模棱两可（参照本书第 4 章，关于编写清晰的标准）。

（4）如果市场没有提出标准，那么可能会要求农场主遵守一个具有商业缺陷的标准。

15.8.5　强制方法对像跛腿这种长期持续存在的问题影响较弱

要求农场主达到最低标准似乎是合理的。确实，出于为所有农场主的利益考虑，需要对不能满足动物福利的情况进行管理，因为很小的一点行为可能就会对公众和媒体产生重大影响。所以，强制方法对一些极端行为的调控还是相当有用的。

Temple Grandin 的经验基于设定要求以在屠宰场环境中实现一系列福利结果的方法非常有效（见第 4 和第 9 章）。关键就是获得一些参数，并能让屠宰场管理者看到实施改变是可能的。我们所面临的挑战是，如何在长期出现动物福利问题的农场去复制这种成功。这些福利问题与该农场生产系统固有的组成部分直接相关。例如，解决猪咬尾问题，然而这个问题似乎是某种生产方式下固有的。屠宰场调整某些管理体系后，下批动物屠宰时就能看到动物福利提高的结果。然而，农场想要看到改变所带来的结果和积极影响，需要花费很长时间。一旦奶牛由于蹄部溃烂变成跛腿，就毁掉了它一生，直到下一代小母牛加入这个牛群中，我们才能看到已经实施的预防措施效果如何。

15.9　标准与以动物为基础的结果测量在强制方法中的利用

在本章中回顾可能影响动物福利的所有立法和标准是不可能的。世界动物卫生组织和大多数国家立法的目的就是避免动物遭受残酷的行为和"不必要的苦难"。这绝对是动物福利标准的底线。虽然农场动物福利的最低标准适用于一些欧盟国家（Directive 98/58/EC），但是，在高于这个最低标准的立法要求方面，各国之间肯定是不同的。同样，不遵守这些标准的惩罚在各个国家间也是不同的。

为了理解用标准改善动物福利的潜在力量，检查什么样的标准是可用的非常有用。以下给出的例子包括健康计划、有福利问题的个体和群体动物的处理以及资源配置方面的标准。快速访问信息 15.2 说明了这些标准是如何用来解决奶牛跛腿问题。不同标准的潜在影响当然是不同的，例如直接与跛腿相关的特定活动的标准可能要比记录和协议相关活动的标准更有利，当然这些与记录和协议相关的活动也有其作用。从本章所介绍的各个方法中我们可以看出，将标准与农场以动物为基础的结果联系起来非常重要。以动物为基础的结果是直接来源于动物本身的福利衡量指标，有多少奶牛跛腿，动物的体况评分是多少，人靠近动物时动物的反应如何等。以动物为基础的衡量方法有别于以资源为基础的衡量方法，后者是描述动物应该生活的环境，而不是描述动物福利是什么。以动物为基础的衡量方法可能会采取让农场主自己，或外面的观测员、检查员、评估员来评估农场动物的情况。一旦检查员发现处于某种特殊情况下（如跛腿）的动物的普遍问题已经超过之前设定的界限，那么动物评估结果就可能要求农场主采取特定的行动。

以下的四个例子阐述了标准是如何被强行使用来改善动物福利。

快速访问信息 15.2　图解强制标准应用于奶牛跛腿问题

以下是与奶牛跛腿相关的英国标准的例子。尽管推荐英国福利准则，但是农场保证计划还是要和英国立法保持一致。

与健康计划活动相关的要求：

● 饲养人员应该与兽医一起起草书面的健康和福利计划。如果需要，应该每年更新一次[a]。

● 书面的健康和福利计划应该……关注……跛腿的检查和肢蹄治疗看护[a]。

● 必须有医疗记录……给予动物任何医疗处置[b]。

● ……作为健康福利计划的一部分，记录特殊的案例……跛腿……是非常有用的，以及哪儿给予了相关的治疗[a]。

与影响动物个体相关的要求：

● 如果动物生病或者受伤，必须给予恰当治疗看护，不得延迟。如果该治疗看护没有效果，应尽快征求兽医意见[b]。

● 如果兽医给予的治疗仍没有效果，应处以动物安乐死，而不是让动物忍受煎熬[a]。

● ……不得运输不能独自站立或者四肢不能承受自身体重的牛[a]。

与群体结果相关的要求：

● ……所有的动物饲养人员必须……确保动物的需求，饲养员有义务遵循相关标准，包括免除动物疼痛、痛苦、伤害和疾病[c]。

虽然目前尚不明确，但检查员的标准指导说明规定，超过一定比例的跛腿发生率可以作为未能满足该要求的证据。

与特殊资源供应相关的要求：

● 地面不应该太滑、太陡……因为太滑的坡道可引起腿部问题，如滑倒[a]。

● （采用漏缝地面）板条之间的缝隙不得太宽，以防牛的肢蹄受伤[a]。

● （采用散养）需要足够的垫料来防止牛接触或压疮[a]。

● 在"某种状况"存在的情况下，农场主（或者兽医外科医生）必须定期观察他们动物的情况（每周观察）。

● 检查动物时出现"某种状况"，必须及时记录相关信息。

● 生产者或者兽医必须定期回顾与"某种状况"相关的记录（例如每6个月）。

● 必须制订书面行动计划，这个行动计划包括减少"某种状况"发生的预防管理和用药相关活动。

● 书面的行动计划也应该包括预先界定农场特定的干预水平，即何时需要进行调查。

　　a. Defra 动物福利推荐准则——牛，2003，PB7949；

　　b. 农场动物福利规范（英格兰），2007，SI 2078；

　　c. 动物福利法案，2006，第45章。

15.9.1　与健康计划活动相关的标准

健康计划是农场主早期认识包括疾病在内的福利问题、识别疾病传播和扩散的潜在风险，以及实施已识别风险管理的重要工具（Defra，2004）。这些标准保证农场主会参加具有预防和矫正作用的、与特定参数相关的健康计划活动，可能包括改变畜舍、设备、日常工作或者定期使用的药品等。生产者一直都需要这些标准。以下是应该始终执行的标准例子。

15.9.2　与受影响动物个体相关的要求

标准可直接保证农场主适当地管理受影响最严重的个体。这适用于福利问题在预设严重程度阈值之上的所有动物个体。这与受到严重影响的动物相关，例如严重的跛腿动物。要求可能包括至少以下一项内容：

- 所有受到"这种状况"影响的动物必须立刻得到治疗和看护。
- 如果受影响的动物治疗 3 d 仍毫无效果，那么必须得到兽医的建议。
- 禁止将受"这种状况"影响的动物运送到屠宰场。
- 对受"这种状况"严重影响的动物，必须执行人道的安乐死或淘汰。

15.9.3　与群体水平结果相关的需求

标准可以确保农场主对于畜群水平的动物福利问题进行恰当的管理。在某些地方，如果动物受某种问题影响的程度超过了在干预指南中预先界定的水平（例如一天内中重度跛腿牛的数量超过 10%），那么该标准在这个地方是可用的。要求包括以下至少一项内容（快速访问信息 15.3）：

快速访问信息 15.3　保持良好的畜群水平标准的步骤

- 生产者必须对"某种状况"加强管理，以便受影响的程度不会超过预先界定的干预指南中设定的限度。
- 当农场受影响的程度超过干预指南中所设的限度时，生产者必须与他们的外科兽医联合制订书面的农场行动计划。
- 当受影响的畜群水平超过干预指南中所设定的限度时，生产者必须采取适当行动加以控制。
- 如果"某种状况"发生的普遍程度超过干预指南中所指的限度，那么农场必须接受一次额外的实地核查，这样的访问是要收取费用的。

15.9.4　与特定资源供应相关的要求

农场保证计划和市场需求包括很多以资源为基础的标准，如必须给动物提供规定的设备、空间和垫料等。有时，这些会参考工程标准。动物最终的性能表现也可用于解释这些要求。如果标准要求是"合适的"或者资源是"充足的"，例如垫料，则衡量动物的结果——清洁程度、身体损害和肿块等，可帮助界定动物福利术语中什么是"充足的"。例如："必须给动物提供足够的资源（如垫料），以确保动物不会出现与此相关的结果（如关节肿胀）。"

15.10 在强制措施中采用以动物为基础的结果测量方法概述

很明显，以动物结果为基础的结果测量不仅对农场主来说是一个很有用的工具，而且也应该是动物福利强制机制中的一部分。为了贯彻实施以动物结果为基础的评估标准，需要考虑以下几个条件。

（1）很明显，检查者胜任能力是一个重要的判断标准。这些标准大多数对于检查者观察动物的情况是相当重要的。因此检查者需要相关的知识、技能和态度来执行这些任务。标准可能也要求对书面的记录或协议和证明材料进行观察，这些可以核实农场是否已经采取恰当的行动。为评估这些标准，检查者需要有充足的系统知识去做合理的判断。

（2）指南说明对于所有的标准都是重要的，因为对于同一标准不可避免地存在不同解释的可能性。

（3）在如何实施与动物相关的评估中，对检查者、生产者或者兽医外科医生进行培训，确保评估的一致性是非常难的。

（4）确定基准信息对于建立干预指南和给农场主提出建议是至关重要的。农场主需要知道，他们的评估结果与其他相似单元相比如何，产品零售商也会热衷于去获取这些信息，以便产品零售商向感兴趣的消费者介绍他们正在出售产品的动物福利水平。

（5）还需要采样协议来定义需要观察的动物数量。这决定了正常单元内参数的可变性和普遍性。例如，某猪群的单元内，如果各圈之间的参数是相对一致的，那么就会选择少数的几圈去做评估，给出一个合理的结论。一般来说，如果某一参数的普遍性相对较低，那么就需要用更多的动物进行评估，最终形成具有决定性的结果。另外，如果评估的目的是为了得到总的农场平均数，那么从具有代表性的圈栏中取样才会令人满意。但是，如果一个农场主需要知道问题根源的话，那就需要从更多的圈栏中取样。

（6）需要形成让农场主管理这些结果的建议信息。尽管农场保证计划中通常不允许根据公平的评估结果提供建议，但是农场主需要通过某些渠道获得一些建议，通常兽医最应该给出这些建议。

15.11 强制和激励之间的联系

农场主一般将农场保证方案和市场标准看作一种消极的强制方式，因为如果不遵守，产品就无法在市场上流通。然而，很多消费者愿意为这些标准支付额外的费用，因为消费者认为这些畜产品已经遵循了额外的标准。因此可以将市场标准看作是一种激励。例如，英国防止虐待动物协会（RSPCA）自由食品计划的目的旨在提供有关家畜福利的高额保证金，这对消费者来说是很有价值的。对农场主来说，类似于这种声明产生的额外费用，将是促使他们参与到这项计划中的一种激励。加入该计划的一项潜在激励就是会出现这种特定商品买卖的专门市场，获得与特定的经销商签订合同的机会（尤其是对他们供货商有很好的跟踪记录的销售商），或者保证该农场的商品有一个强有力的市场。

另一个例子是可持续乳制品项目，这个项目向供应一个主要的英国零售商乐购（Tesco）的生产者提供保险费，作为回应，生产者要遵循很多动物福利的附加要求，包括跛腿自我评估的要求。出于对 Tesco 所做努力的认可，RSPCA 2007 年授予其优秀交易创新奖。

就像激励可以被认为是积极的一样，一些金融工具显然是消极的。列举两个关于跛腿奶牛的例子。第一个，在欧洲，乳制品卫生标准的含义有很大差异。一些官方将跛腿奶牛定义为"不健康的"奶牛。例如，来自这些牛的奶，即便没有用药也是不健康的，相关的产品不能进入食物链。这意味着农场主将在跛腿奶牛乳制品的销售上受到直接影响，这样的话，奶牛场就会强烈控制跛腿奶牛的出现。第二个，为了获得单一农场报酬计划的补贴，欧洲农场主需要证明其服从相关法规和标准（例如，在农场管理方面遵守法律标准，如环境保护和动物福利标准）。这些要求由政府代理机构证实，如果不遵守，将导致补贴资金收回或减少。尽管动物福利标准不是特定的，但是给兽医观察者提供的指南具有更强的针对性。例如，欧洲共同体指令 98/58/EC 要求："任何生病或受伤的动物都应得到及时恰当的看护；如果动物对这种看护没有反应，那么应尽快实施兽医的建议。"在英国，对兽医观察者提供的指导方针明确提及跛腿动物，具体陈述如下：

> 如果观察发现奶牛或奶山羊出现跛腿的数量较多（目前干预指南设定的上限为 5%），观察员就应该展开调查，并确定是否已掌握跛腿的原因、是否采取了适当的行动、是否听从了兽医的建议或是否服从了 FHWP（畜牧场健康和福利计划）的协议。
>
> （http：//assurance. redtractor. org. uk/rtassurance/schemes/resources. eb. ）

15. 12 结论

本章讲述了几种促进农场主提高动物福利水平的行为改变方法。为达到提高动物福利水平的目的，这里还提出了几种实用工具。不同的农场，将两种以上的方法协同使用，会更有效。因为不同的农场对不同的方法有着不同的反应。同样重要的是需要强调，不论是通过鼓励、强制，还是两者都使用，行为的改变都取决于农场主是否具有以关爱和人性方式经营农场的良好知识，即"专业知识"。没有这些知识，农场主将不知道问题的存在，也就找不到解决问题的方法。在本章中我们认为，大多数的农场主确实掌握了丰富的知识，不论是针对他们农场的一般常识，还是专业知识。事实上，当前存在着一种危险，即农场主常常很难分辨和筛选他们收到的信息。这里重申一下，掌握知识（尽管极其重要）是重要的，但是光靠知识本身促成行为改变是远远不够的。这里描述的所有工具给农场主提供了一种机制，按照他们已有的知识和技能，帮助他们处理问题。

最后一点，需要指出，对任何干预进行仔细监控是多么重要，以便能够确定干预的成功或失败，并对干预方案进行适当的修改。回应式监督不仅让动物免除无意识的伤害（这种伤害可能源于改变的开始阶段），而且允许所有人更快更有效地从改变中学到东西。

参考文献

（辛海瑞 译，郭　龙、顾宪红 校）

第16章 动物行为和福利研究成果在养殖场和屠宰场的成功转化

Temple Grandin

Colorado State University，Fort Collins，Colorado，USA

在任何产业中，好的旧技术会被重新发现，差的旧技术也会被重新利用。差的旧技术会被重新利用是因为对新的一代人而言这是新的。目前迫切需要的是将动物行为和福利的研究成果从研究模式成功转化成畜禽产业的商业模式。本章介绍的中心通道固定设备，被用于许多牛肉加工厂，是科研项目到广泛商业应用的成功转化范例。本章也为母猪单体妊娠栏到母猪群养的成功转化提供了一些技巧。技术能成功转化的原则是，选择热情的最初使用者，并确保他们不会失败。与新的设备和方法的原始开发阶段不同，技术转化需要更多的时间。不要让技术深陷于专利纠纷中。

【学习目标】

- 从实验室到农场，如何转化科研成果。
- 新技术的成功转化比原始研发需要更多的工作和时间。
- 行为特性在设计过程中的重要性。
- 找出问题的根本原因。

16.1 引言

技术研发中，一些好的陈旧技术会消失，而后又会被重新关注，是因为年轻的一代对过去并不了解。其他情况下，一项过去失败的技术也会被修正，并被重新利用。在本章中，作者会讨论农场主和肉类加工产业如何适应这些技术。

16.2 科技成果从研发到商业使用成功转化的策略

动物行为学家、兽医、动物科学家需要用很多的时间将科研成果转化为生产力。作者总结出4个步骤来帮助实验室研究成果成功转化。这些建议是在多年从事改进动物操作处理、发明新设备、完成动物福利审核项目的基础上提出的。

16.2.1　对外公布科研成果

把研究成果发表在有同行评议的科学杂志上很重要，可以防止研究成果流失。在同行评议的杂志上发表文章，也有助于用好的科学方法验证该研究成果。除此之外，研究者还需要通过交谈、演讲、向企业杂志投稿或创建网站来发布自己的科研成果。作者免费赠送标准设计，并通过收取定制设计以及咨询解决农场和屠宰场问题的费用来谋生。

16.2.2　确保最初使用者成功

确保一项技术的成功转化，必须保证第一个接纳该项技术的人能够成功。研究者和开发者选择的公司必须保证管理者完全相信这项技术。在设备安装和启动的每个步骤中，都必须对新技术试用者进行指导，确保新方法能正常工作。另外，选择合适的农场或屠宰场也非常重要，管理者必须对这个项目感兴趣，能努力让项目运转。一个态度消极的管理者可能把一个好系统做失败。作者曾经有项很有前景的技术，当时总部对这个项目很感兴趣，但分场经理不喜欢尝试新技术带来的麻烦，就是因为分场经理不感兴趣，该项目最后以失败而告终。

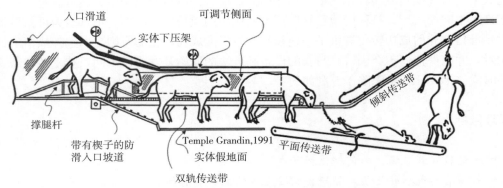

图 16.1　用于大型肉牛屠宰场的中心通道传输系统侧面图。牛跨坐在 26 cm 宽金属板条构建的传送带上。传送带及外框宽度必须不超过 30 cm。

16.2.3　指导其他早期用户预防可能造成失败的错误方法和技术

作者花了很多时间把"中心通道"技术成功安装到第一家屠宰场（图 16.1）。随后陆续有 9 家犊牛和肉牛屠宰场都安装了该系统。为了保证设备的正确安装，作者同样花费了很多时间。焊接公司经常对设计进行一些不好的改动，他们以为优化了系统，但他们的改动往往带来不好的结果。作者走访发现，有半数屠宰场因安装错误或改动造成系统无法运转。与第一家屠宰场相比，将技术由第一家屠宰场推广到 9 家屠宰场所耗费的时间和行程更多。

16.2.4　别让专利权困住你的方法和技术

为防止新技术被其他人应用，许多公司购买新技术的专利。在 20 世纪 70 年代，一位爱尔兰设计师发明了一种既人道又廉价的电击设备。他的设计很巧妙，只需要一些廉价的自行车零件就可以造出，不需要人工就可以自动运行，运转费用极低，许多小屠宰场都可以负担，但是无法买到该产品。因为某家为大型屠宰场制造和销售昂贵电击设备的制造公司购买了该技术的专利。他们将这项新发明束之高阁，彻底从市场上抹去（Grandin 和 Johnson，2009）。

这真是个可怕的浪费，因为这项新设计比现在小屠宰场用的设备更加人性化，而大屠宰场又因设备太小而无法使用。购买专利的公司只是为了排除与他们已有的系统可能有竞争的产品，其实如果这种价廉物美的设备投入市场，它们并不会有任何损失（Grandin 和 Johnson，2009）。

16.3　技术从研究室到产业成功转化的案例分析

中心通道固定设备的最初构想来自 20 世纪 70 年代美国康涅狄格大学的工作（Westervelt 等，1976；Giger 等，1977）。在 20 世纪 70 年代早期，家畜保护委员会——美国动物福利组织中的一个财团，为该大学研究人员提供了 60 000 美元的经费，让他们为非致晕屠宰场开发一种新方法来替代以前残忍的屠宰方法。美国家畜保护协会和其他主要的动物保护非政府机构（NGO）对这个项目也做出了贡献。研究人员开发和建造了一个胶合板模型，但要投入生产应用还需要配置很多部件（图 16.2）。根据这个模型，研究者认为动物跨坐在传送带上应激小，是比较舒适的固定动物方法（Westervelt 等，1976）。在这种跨坐（中心通道固定设备）发明之前，所有屠宰场使用的是 V 形固定设备，它由位于动物两侧的两条传送带组成，两条传送带呈一定角度，运转时挤压动物前行。V 形固定设备是为猪发明的，适合肥胖丰满的猪，但对像牛这样棱角分明的瘦肉型动物就不适合了。

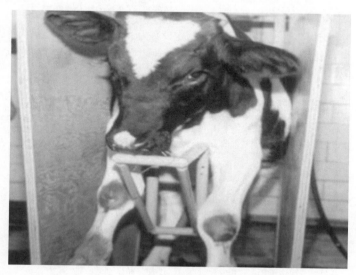

图 16.2　康涅狄格大学研发的犊牛固定设备模型证明，跨坐式固定设备是一种低应激的固定牛羊的方法。钢管之间的空间让动物可以靠腋窝支撑休息，同时不会对胸部造成太大的压力。

1985 年，家畜保护委员会又拨款 100 000 美元，在一家商品犊牛屠宰场（处理 220 kg 肉用牛）安装了一套处理系统。该研究模型能够成功市场化的主要原因是，同一家基金组织对该技术研发和最初的商业推广都提供了资金资助。作者受雇设计了该技术的商业系统，并负责安装。委员会帮助找到了接纳设备的屠宰场——由一位名叫 Frank Broccoli 的喜欢创新的经理管理。Frank 喜欢帮助开发新系统。他的支持和热情对项目的成功很有帮助。委员会在 70 年代注册了跨坐模型的原始专利。如此，其他人无法再对这项技术申请专利，该设计被放到不受专利限制的公共领域，任何人都可以使用。

作者发明了一个入口设计，这样牛或小牛可以走上传送带，并跨坐在传送带上，它们的腿可放在适当的位置。最初的胶合板原型没有可用的入口设计，也没有办法调整它以适应不同大小的动物。作者还必须设计一个适合不同大小动物通过的可调侧面（图 16.3）。可以将这个侧面想象成打印机的进纸口，打印信封时可以调窄，打印纸张时可以调大。如果没有这两个新组件，系统就无法工作（Grandin，1988，1991）（图 16.3）。图 16.4 表示的是中心通道末端的牛头固定设备。

图 16.3　一头大型肉牛被控制在中心通道固定设备内。牛能保持安静是因为传送带能完全支持牛的躯体。根据传送动物的大小，可以方便地调节可调侧面。在可调侧面和框架之间留有一个空隙，以防手指被夹。

图 16.4　专门为非致晕屠宰设计的中心通道末端的牛头固定设备。在牛头顶后面有一个直径 7 cm 圆管。参见 Grandin（2014），详情见 www.grandin.com。

　　另一件麻烦事是指导每家初次安装的设备公司如何正确安装系统，有家公司将可调侧面装反了，另一家公司使用低强度轻钢造成多个部件破损。现在已经有 20 多套系统投入使用，但仍要对其他国家开设的新场进行系统组装培训。通常情况下，不去现场就可以解决问题，作者曾花费数小时在电话中解释图片和图纸。现在，网络在线视频对解决问题很有帮助。

　　尽管第一个犊牛屠宰系统已经运行了 4 年并得到广泛宣传，但是没有任何一家肉牛屠宰场经营者想到将该系统应用于 2 倍大的肉牛屠宰系统。如果没有亲眼看到大型肉牛屠宰系统，没人愿意投资。用额外的拨款建造大型肉牛屠宰系统，人们亲眼看到其运行，该技术才能得到迅速推广使用。作者又花费 2 年去了新建的 7 家屠宰场，指导他们安装、调试设备。不管是犊牛屠宰场还是肉牛屠宰场都必须签订合约，允许其他对该系统有兴趣的投资者参观拜访。

16.4　避免向企业推广不成熟技术

　　在一项技术或方法尚未成熟之前就在整个行业推广使用是一个常见的错误。作者都是在确保第一个系统运行良好时，才开始考虑在第二家屠宰场推广使用中心通道技术。下面就是一个推广不成熟技术而失败的例子。

　　20 世纪 80 年代，美国曾因销售一种设计不成熟的母猪群饲电子喂料器而惹上麻烦。应用该系统，每头母猪可以通过身上佩带的电子钥匙进入饲喂栏并采食到精准定额的饲料。这个系统刚推出时，母猪采食后必须倒退出来，这时往往会被下一头等待吃料的母猪撕咬。很多农场在安装之后发现效果不好又拆除了。设备公司的市场部早在该系统的研发团队结束工作之前就把它推向了市场。直到 90 年代，该系统的许多问题才得到解决。最有成效的改造是给电子喂料系统增加一扇让母猪从前面走出饲喂栏的门。现在，该系统运行良好。然而，如果一项技术失败，有时需要 10～20 年的时间，人们才肯再次尝试它。

　　母猪群饲电子喂料器的失败可能是母猪单体妊娠栏得以在美国推广的重要原因。90 年代，美国的养猪业迅速扩张，母猪单体栏饲养开始比母猪群养流行。此前，母猪电子喂料器的失败经历对于 3 家最大养猪公司决定采用单体栏起到了一定作用（Grandin 和 Johnson，2009）。另一个原因是，建造商鼓励单体妊娠栏的建造，因为与建造群体栏比，单体妊娠栏的焊接钢可以让他们赚更多的钱。

16.5　成功转化为母猪群养

　　许多农场管理人员会对母猪群体饲养系统的转变进行监督。有很多系统可供选择，其中既简单又有效的系统是把这些母猪关在独立的喂料栏喂料。这个方法技术要求低，任何国家都可以建造和维护，不用电，可以很方便地将老式的母猪妊娠栏转换成这种饲喂栏。在发达地区，电子喂料系统运行情况良好，管理人员可以通过电脑处理，准确控制每头猪的喂料量。电子喂料技术需要操作人员掌握计算机技术。

16.5.1　基因型与母猪的攻击性

一些基因型的猪虽然生长快、瘦肉率高，但攻击性非常强。瘦肉率的选择与攻击性密切相关（Rydemer 和 Canario，2014）。作者观察发现，引进某个新的瘦肉型猪种时，发生咬尾的概率成倍增加。许多从妊娠栏转为群饲栏的生产者们发现，他们需要把猪品系换成攻击性小的品系。若发现个别母猪咬其他母猪的外阴，并造成严重伤害，应该立即将其从猪群里剔除。由于过去母猪都是分栏饲养的，饲养者没有淘汰攻击性强的动物，人们已经有 30 多年没有根据动物的性情进行选育。动物在单独饲养时不会表现出攻击性。

16.5.2　母猪舍的群体大小

一些成功的母猪饲养系统都采用每栏 60 头以上的大群饲养。大群饲养时打架少，如果 5～6 头猪一栏进行混养，往往会发生严重的打斗。其原因之一是，小群饲养时，被攻击的动物无处可逃。农场可以采用"静态"的小群饲养，每栏只养 5～6 头固定的母猪，不再重新混群，也可以采用大群"动态"饲养，猪不断有进有出。动态饲养，每栏母猪必须不少于 60 头。快速访问信息 16.1 列出了从母猪妊娠栏成功过渡到大群饲养的一些建议。

快速访问信息 16.1　从母猪妊娠栏顺利转换为大群饲养的窍门

● 必须改良猪的遗传特性。很多瘦肉型猪非常好斗，可以通过遗传选育来降低猪的攻击性（Rydmer 和 Canario，2014）。不要将性情温和的猪与攻击性强的猪混养，否则会导致前者严重受伤。

● 及时将严重侵害其他猪的母猪移出猪群，以避免其他母猪模仿其斗争行为。攻击性强的母猪及其后代不留作种用，待其产仔后淘汰，其后代只作为商品猪饲养。留一些妊娠栏用来饲养攻击性强的母猪直至其分娩。

● 混群时，应全部转移到新的饲养栏，以防新来的母猪和原有母猪发生领地争斗。

● 混群操作时，在栏内铺一些稻草或者其他富含纤维的植物有助于减少打斗。另外，可在猪的饲料中增加一些容积大、纤维多的饲料。在母猪饲料中添加一些黄豆壳、麦麸或者甜菜渣等纤维饲料，可以促进仔猪增重（Goihl，2009）。

● 小群饲养时，不要经常进行混群。5～6 头的小群体应该尽量保持稳定，规模在 60 头以上的大群可以有流动性，不时地增减猪数量。由于猪被攻击时可以逃跑，大群饲养的猪打架比较少。

● 农场管理者应该对改变饲养系统有热情。管理者的反对往往会导致项目失败。

● 如果可能，用年轻母猪更新以前生活在定位栏内的母猪。

● 提供稻草或丰容装置，加强咀嚼活动，减少打斗、拱腹（belly nosing）和咬尾（Studnitz 等，2007；D'Eath 等，2014）。

16.5.3　减少打斗的策略

创新的设计可以减少打斗。当使用母猪电子饲喂器时，在其入口附加一把电子锁可以减少打斗，这样可以防止刚吃完料的母猪立即再进入饲喂器，从而制止了攻击性强的母猪一吃完料便立即回头攻击另一头母猪，将其从饲喂器欺负走。

另一个减少打斗的方法是为受攻击的猪提供一个"掩体"。McGlone 和 Curtis（1985）

曾经在猪圈的一面墙旁建一个小的半栏。当猪躲到这个"掩体"时，可以保护它的头部和肩部免受攻击。"掩体"可以减轻打斗造成的伤害。猪在打斗的时候本能地攻击对方的肩部。猪棚中安置的"掩体"可以将猪身上最容易受攻击的地方保护起来，减少受伤。富有创新精神的管理者和科研人员可以就这一思路进行探索。该篇文献可以从网上免费下载，文献中配有清晰的、可以放大的照片和图示。

16.6　建筑承包商引起的福利问题

作者与许多建筑者共事多年。建筑者喜欢建设劳动效率高的工程。因为人工费用是确定的，他们可以精确地估计出在店内制作钢架的成本。但是当他们必须为养殖场现场制造钢架时，他们的成本可能会由于天气恶劣造成的延误有很大的不确定性。

天气问题成为一种经济动力，推动建筑者设计能够在农场快速搭建的建筑物，以减少雨雾天气延误施工带来的经济损失，但是这些设计往往对动物来说不是最好的。一幢设计良好的自然通风的奶牛场牛棚或者有顶牛舍应具有一个高的斜屋顶，而且屋脊上设有大的通风口。但是从减少劳动量的角度出发，建筑商更喜欢把它建成一幢通风口较小的平顶建筑。一幢平顶牛棚如果通风口只有 30cm，夏季棚内温度会较高。在寒冷的季节，采用自然通风的建筑，如果屋顶通风口不够大，大量的屋顶冷凝水就会滴到舍内。作者走访了全球很多待宰圈、牲畜交易市场和奶牛场。一幢建筑如果需要大面积的屋顶和自然通风时，最好采用坡屋顶和不小于 2 m 宽的通风口（图 16.5）。这种结构可以形成烟囱效应，将热与湿气排出建筑。

图 16.5　采用坡屋顶、大通风口，可以保证待宰圈、牛场和其他建筑设施夏季凉爽并通风良好，以减少对机械通风的需求。

建筑者也会试图说服农场主打消建造自然通风建筑的计划，改为建造需要更多管理的机械通风建筑。机械通风建筑由于不需要坡屋顶和大通风口，承建商可以更快、更容易地建造。他们还可以通过销售风扇和昂贵的通风设备进行赢利。

在发展中地区的温暖地带应避免使用复杂的机械通风系统。这些系统能耗高，不易于维护。作者在巴西、智利、菲律宾、墨西哥和中国旅行时发现，当地设计的自然通风建筑非常有效。在中国，一幢采用自然通风的肉鸡舍，没有任何的机械通风设施，只是将水洒在屋顶上，通过蒸发作用便可以达到很好的降温效果。

16.7　一些糟糕的旧方法回归

自本书第一版出版后，一些在 20 世纪 70 年代早期失败的技术又被再次使用。当时在美国，室内饲养场的建设非常流行，牛被养在混凝土地面。直到 70 年代末，许多建造混凝土漏缝地面饲养场的公司出现财务危机，这是因为牛由于膝关节肿大出现跛腿，进而不能达到出栏体重。在混凝土漏缝地面饲养的牛，体重在达到 180 kg 后，会出现跛腿。这些动物被饲喂含有 80%～90% 谷物的高精料日粮，原因是这些企业发现，给饲养在混凝土漏缝地面的 204 kg 犊牛饲喂高精料日粮，可以让其长成 545 kg 的阉牛。如今，人们又建造相同的系统。如果在漏缝地面上加铺橡胶垫，给犊牛饲喂高精料日粮，牛体重可以达到 225 kg。如果他们想让牛更重些，他们也会遇到作者描述的 70 年代所遇到的问题。要解决这个问题既需要舒服的卧床，也要大幅降低日粮谷物含量。另一个方案是，在牛饲养到混凝土漏缝地面之前对牛进行放牧，直至它们达到更重的体重。

16.8　重新改造好的旧想法

丹麦母猪场目前采用了一种产仔设备。这个设备在母猪做窝阶段的时候开放。在这个阶段，母猪对自由活动的需求最大（Wischner 等，2009）。仔猪刚出生时小而且脆弱，这个时候母猪会被限制住。在仔猪出生后的前 4 d 限制母猪的活动，会降低仔猪死亡率。当母猪习惯有一窝仔猪之后，这个设备又会重新开放，允许母猪转身（Moustsen 等，2013）。

2012 年，丹麦肉类研究所介绍了他们在组合围栏方面的工作（The Pig Site，2012；Jacobson，2013）。这个好的想法已经存在了很长的时间。当作者检索相关专利的时候，发现了 Newman 的设计（图 16.6 a、b，1956）。这个设计也与一张联合国粮农组织旧的设计图相似（图 16.7）。作者 20 年前在加拿大也见过类似的设备。在技术上，有时候需要花费时间去重新改造好的旧想法。这个围栏能够打开，进而使母猪有更大自由活动空间的想法已经存在很长时间。但是丹麦的农场主们发现了一个更好的方式去利用它。他们在母猪做窝阶段和哺乳阶段打开，让母猪活动自由，在产仔后的前 4d 关闭来保护脆弱的新生仔猪。

16.9　展望未来的福利技术

当人们看到奶牛在用机械化的牛体刷时，多数人都会说，牛很享受（图 16.8）。网络

上大量视频显示牛会用这个牛体刷修整它们身体的各个部位。科学家的第一反应也许是

1956年9月25日　　　　　　　　H. C. NEWMAN　　　　　　　　2,764,127
分娩栏
存档日期：1953年1月14日

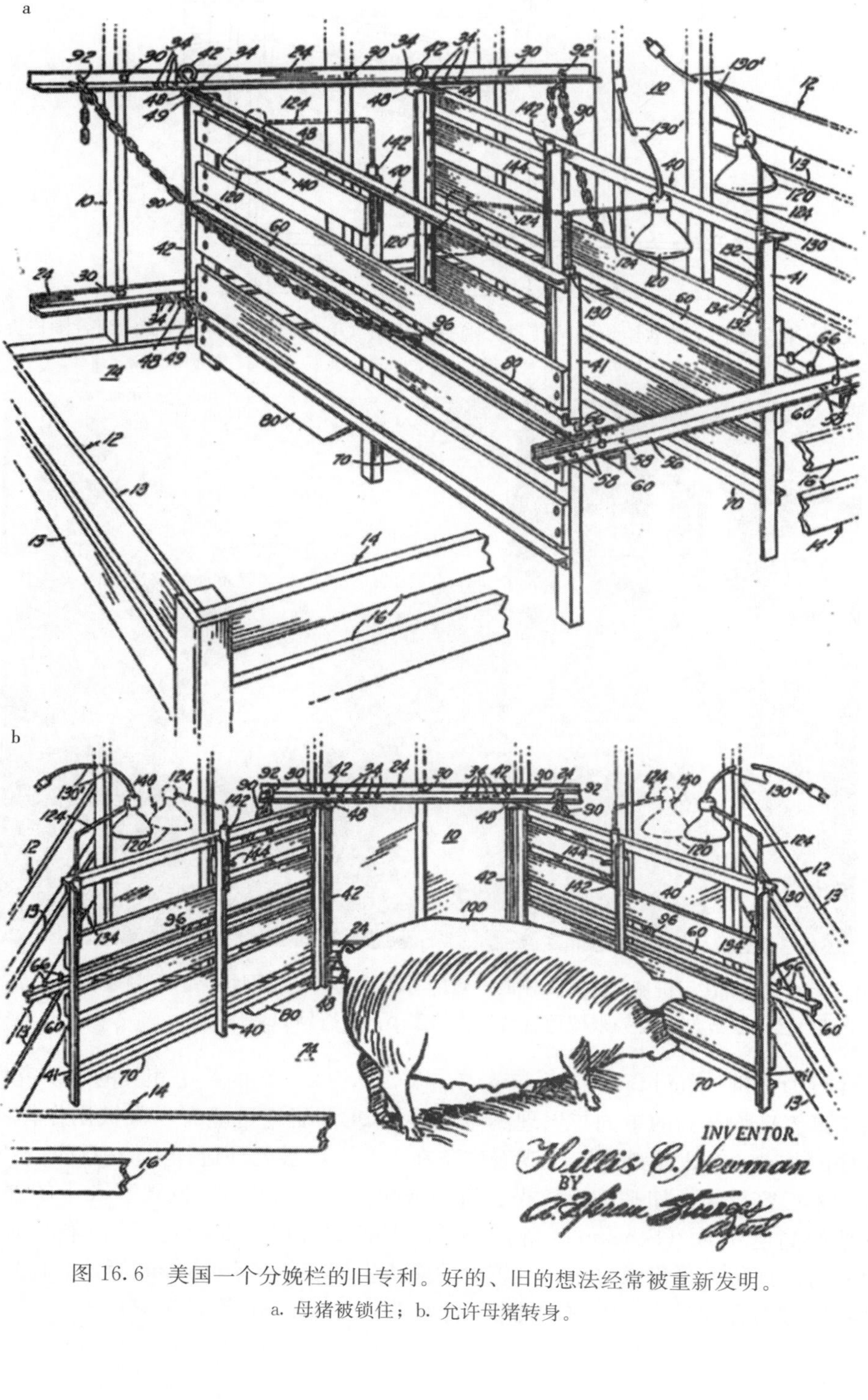

图 16.6　美国一个分娩栏的旧专利。好的、旧的想法经常被重新发明。
a. 母猪被锁住；b. 允许母猪转身。

"说奶牛喜欢或享受这个是不科学的"。现在，假设你刚刚为你的手机下载了一个新的应用程序，这个应用程序是科学设计的，用于确定奶牛是否真的有积极的体验。观察30s视频后，这个应用程序显示"是，奶牛有积极体验"。

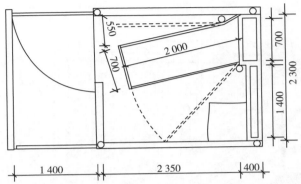

图16.7　来自联合国粮农组织的可转身分娩栏的草图（单位：mm），与现在的组合围栏类似。

图16.8　牛在用机械化的牛体刷时，可能有积极的情绪。网络上的视频表明奶牛会
把自己伸展成许多姿势来梳理自己身体的多个部位（DeLavel拍摄）。

定性行为分析（qualitative behavioral analysis，QBA）的一个相关的新研究发现，人们常用于形容动物行为的单词与生理测量有关。QBA研究可能有一天被用作作者提到的应用程序的基础。当大量观察人士观看牛羊在卡车上或被处理过程中的视频时，他们会用到这些词来形容行为，如平静、放松、害怕或焦虑。把40～60位观察人士的评价汇总，会发现他们高度一致（Stockman等，2011；Wickham等，2012）。牛和羊习惯于运输，它们更有可能评价为平静或放松，有较少的应激生理变化（Stockman等，2011）。在屠宰场，动物则被形容为紧张、焦虑，乳酸水平较高（Stockman等，2012）。

QBA 在动物短期照料或运输时的福利评价方面效果很好。在这种情况下，动物会对特殊事件做出反应。Andreasen 等（2013）发现，观察人士对牛棚中奶牛的评价是放松、焦虑或满足，与福利质量审核没有关系。福利质量审核中有许多以动物为基础的指标。总而言之，奶牛在牛棚休息时的福利不能用 QBA 来评估。

QBA 发展到现阶段还没有准备好商业应用。如今，要求 40～60 位观察人员观看视频，然后将他们的反应汇总，并通过复杂的统计数据分析。在未来，有可能让经过数以百计的观察人士校准的人工智能电脑软件代替这 40～60 位观察人员。这些项目已经商业化（Yuen 等，2011）。为了使这项技术得以应用，在它投入到商业农场之前，必须要有充分的检测。否则，它可能会像早期母猪饲喂器一样失败，让人们再次相信又会需要很多年时间。

16.10　动物行为在设计中的重要性

向养殖从业者灌输根据动物行为进行设施设计的重要性很难。在畜牧场药浴池和中心轨道固定系统的入口坡道处，作者进行了防滑设计（Grandin，1980，1988，2007）。很多人不理解防滑坡道的重要性，把坡道建成光滑的易滑倒的坡道，作者不得不又跑到 5～6 家肉牛屠宰场和几个药浴池，把光滑坡道改回成防滑坡道。当动物拒绝进入该系统时，使用者只是猜测需要更换坡道，而没有发现动物的焦急，这在 Grandin（1996）和第 5 章已有介绍。

人们常错误地使用强制手段，而不是利用动物行为学原理引导动物通过设备。安装设备的第一步是排除动物焦急的因素。人们应该在动用强制手段之前首先运用动物行为学原理。

一些人很难理解在药浴池或电击室内使用防滑地板的重要性。给动物提供一个安全站立之处可以使其保持安静。作者几乎每次走访一家新的肉牛屠宰场都会发现电击室光滑的地板引起的问题。2014 年，作者初次走访的三家肉牛屠宰场中有两家的电击室内有牛滑倒。经理们常常惊讶于牛会在防滑地板上静止不动。另一个难以转化的技术是，屠宰过程中控制动物视野的遮挡物的使用。在三家肉牛屠宰场中，有两家的牛犹豫和拒绝进入电击室，因为他们看到人们从电击室的前面走了出来。安装一块金属板来阻挡牛看到人，将会改善牛的运动行为（Grandin，2014）。在"中心通道"中，通过设置两块大的金属板遮挡动物的视线来调控动物的行为（Grandin，2003）。

第一道挡板设置在传送带的入口和第一部分（图 16.9），可以遮挡动物的视线，直到动物完全进入传送带和固定设备（Grandin，2003）。如果这块板过短，动物经常表现出过分焦虑。0.5 m 长度的差别，就会对家畜的行为产生巨大影响。肉牛屠宰场有两块金属板被焊接工无意缩短，结果导致逃离区大的牛发狂。为了证明这块金属板是必需的，作者在传送机入口处用一张厚纸板将挡板延长，屠宰场得以在剩余的工作日继续运转，处理体重为 560 kg 的牛。几天之后，纸板被换成了金属板。

有些人去除的第二个部件是防止动物产生"视觉悬崖"感觉的假地板。固定传送带距离地面 2.2 m，动物看到这么高的落差会拒绝进入。假地板的安装必须恰好让动物产生视觉错觉，认为是走在地板上。假地板应该安装在动物蹄部下方 15 cm 处。不幸的是，人们不知道假地板的用处，经常将其拆除。他们认为它是多余的，不想对其进行清洁和维护。很多时候，作者必须返回屠宰场去解决动物拒绝进入固定设备的问题，而问题在放回被拆除下来的假地板后就解决了。

16.11   为什么符合动物行为特性的设计让人难以理解？

人们都知道动力单元是负责传送带运转的，不会将其拆除。而一些考虑动物行为学的设计，却不被人们理解而随意变动。这种情况可能主要出现在接受过培训的人员离开后，新人接替原来的工作。动物往往注意到一些很小的没有被人所察觉的感官细节。因为动物不会说话，它们对周围环境中小的视觉细节比人更加敏感（Grandin 和 Johnson，2005）。图 16.9 展示了一块由轻质传送带制成的白色帘子防止生产线上后面的动物看到击昏箱的工作状态。动物在看到迅速移动的物体或者较大的颜色反差时，往往会拒绝前进（见第 5 章）。

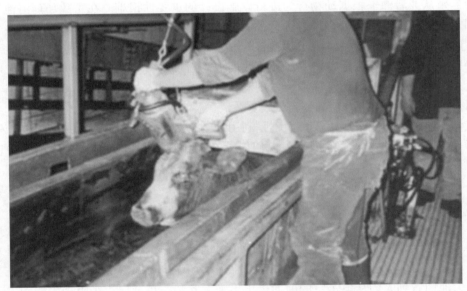

图 16.9   一块帘子遮住动物的视线，防止后面过来的动物看到气动击晕器的动作。如果帘子被撕破或被撕裂，应立即更换。对于管理者来说，关注这些设计细节很重要。

16.11.1   技术比管理技能和良好的人畜关系更容易转化

在长期与客户接触的过程中，作者发现，比起改进管理方法，人们更愿意接受可以解决问题的新技术。比如说，在花时间训练和监督操作人员与购买新设备之间，它们更倾向于选择后者。作者的咨询业务销售记录显示，家畜处理设备类书籍的销售量是动物行为原理类书籍的 2 倍。先进的设备固然重要，但必须要配合良好的管理方法才能发挥其作用。人们通常想要一个快速的技术解决方案，而不是专注于培训员工，让他们花时间成为更好的管理者。

第 7 章所陈述的研究说明，良好的管理和饲养技能有利于促进动物健康，提高动物福利和生产水平。培养良好的饲养技能需要花费大量的时间，需要奉献精神和刻苦工作。一个普遍的错误观点就是，养殖场的问题都可以通过购买新设备来解决。好的设备只能解决一半的问题，另一半问题必须通过好的管理实践来解决。设计精良的设备仅提供了方便照料动物的工具，但是如果管理者不认真培训和监督员工，这些设备是没有用的。

16.11.2　正确构建家畜操作处理系统的相关问题

在长期的职业生涯里，作者曾为许多牧场、农场和屠宰场设计弯道操作处理系统（图16.10）。第 5 章详细介绍了设计这些系统所利用的动物行为学原理。弯形通道系统运转良好，因为它利用了动物喜欢朝自己出发的方向转弯的本能。弯形通道效果好的另一个原因是动物进入弯道后，最先进入的动物无法看到站在弯道出口的人。该系统布局得非常精确。最常见的错误是单列通道和集畜栏连接处拐弯过急。通道入口到拐弯处必须留有 2～3 头动物体长的可视距离。通道的布局原理在网站（www.grandin.com）上已表述得非常清楚，但仍有很多人会搞错。错误布局会削弱该系统的功能。集畜栏和单列通道连接处对于整个系统非常关键。

16.12　找出问题的真正原因

当出现问题时，必须找出产生问题的真正原因。在过去的几年，禽与猪体型越来越大，但越来越脆弱，也越来越难运输。对于抗性弱的动物，与其采用越来越多的技术手段去解决问题，还不如选育抗性强的品系。动物福利的改善、疾病和死亡损失的减少所带来的利益超出了生产率略微下降所带来的损失。

作者从 1980 年的一个教训中学到解决问题时必须找出真正原因的重要性。作者为一家大型屠宰场设计了一个传送系统，运输体质过弱而不能走上长坡的猪。但是解决这个问题的整个工程构思都是错误的。传送带被安装在单列通道的底部，这易导致猪向上和向后跳。最终整个昂贵的系统不得不被拆除。

作者开始追溯这些体质弱的猪，发现它们都来自同一家农场。因此，应该改变的是这家农场，而不是更换屠宰场的所有设备。猪体质弱的问题可以通过更换种公猪、淘汰肢蹄变形的遗传缺陷猪来解决，这样就比较容易。农场还改造了造成猪蹄过度生长的金属地板。解决农场的这些问题远比适应动物的基因缺陷和过长的猪蹄而重新配置屠宰场的设施更加容易和经济。从这件事情可以得到的教训是：管理者、兽医和工程师在花费大量资金解决问题之前，必须找出产生问题的真正原因。

很多旧设备往往通过小的改进就能得到较大的提高。你永远不想在置办新设备时重复原有不好的设计，但往往许多旧设备改造后可以很好地提高动物福利。以下是一家屠宰场的改进清单。

第一步，对员工进行基本的动物行为学原理培训（见第 5 章）。训练员工们转移群体规模小的牛群。转移小群的牛需要走得更多。

第二步，修理损坏的门和其他直接接触动物的设施。如修理破损的门这样的小的修理要比修理漏水的天棚重要得多。

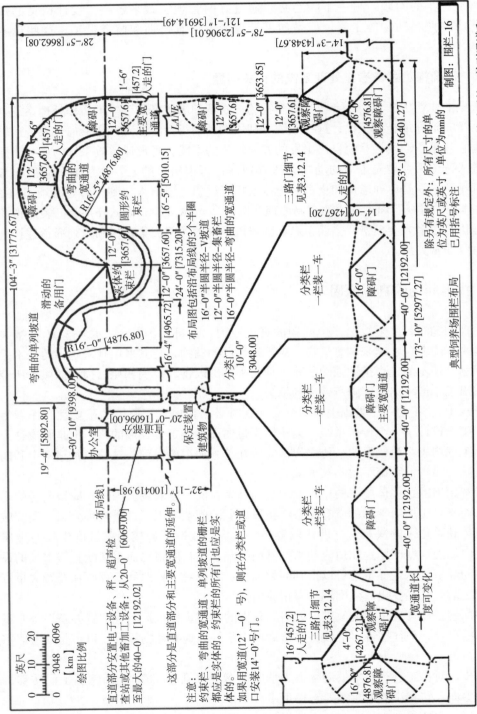

图16.10 大型饲养场中弯曲操作处理系统的布局。牛可以按三和方式分类。在保定装置之后，正确的布局是至关重要的。单列通道和集畜栏的连接处布局要非常精确。站在单列通道入口处的动物必须要看到2个动物体长的可视距离。它不能弯得过急。

制图：围栏-16

第三步，发现并纠正所有使动物退回或止步不前的干扰因素。以下是在特定的设施中必须消除的干扰。

- 安装窗帘遮挡照射到主要干道的阳光。
- 安装一块挡板遮挡牛看见附近记录牛身份标签的操作人员。
- 增加一盏灯，照亮通道的入口。
- 安装窗帘遮挡牛看见过往的人。
- 关闭单列通道的侧边，阻挡视线。

如果所有上述的干扰因素都处理好，牛则很容易前行。

16.13 技术转化成功的原则总结

（1）必须具备动物福利的实践经验和理论知识，坚持走访养殖和屠宰场，不断更新知识，坚持阅读相关的文献资料。

（2）坚持写作和交流，经常以小的演讲稿或论文形式将思路与方法表述给不同的听众。建立免费网站，刊登实用信息。在科学文献中记录成功案例，并将其永久保存在科学数据库中。

（3）长期坚持努力将比短期突击更有成效。

（4）所采用的方法或技术必须是实用的，而且必须在农场或工厂中运作。走访农场或屠宰场，跟使用设备的人交流。他们往往擅于改造设备，但一般不愿尝试新设备，除非让他们通过录像看到新设备的优点。

（5）虚心接受批评，尤其是在做开拓性的新产品时。虚心接受有建设性的意见，并做出相应的改进。

（6）灵活改变可以改变的部分，不要在不可改变的部分钻牛角尖。

（7）在交流中要积极主动，守信用。对畜牧场、公众和动物保护组织提供的信息应一致。不要粗鲁、刻薄和说脏话。

（8）寻找一些喜欢创新的农场或屠宰场管理者最先尝试新方法。为了保证转化成功，必须让早期的尝试者信任这些方法和研究。

（9）成果转化所需的时间和工作量远超过科学研究本身。

（10）做到保守秘密，这样才能够保证进入农场或屠宰场的权利。当发现不当时，作者的谈话和文字中都不涉及具体是哪家农场或屠宰场。如果让人们辨认出这家农场或屠宰场，这家农场或屠宰场则有可能拒绝敞开接受技术革新的大门。

（11）永远不要和客户签订非竞争商业条款或者技术保密协议，这会影响观点和方法上的沟通能力。

参考文献

（辛海瑞 译，郭　龙、顾宪红 校）

第17章 改善发展中地区马、驴、骡及其他役畜福利的实践方法

Camie R. Heleski[1]，Amy K. Mclean[2] 和 Janice C. Swanson[1]
1. Michigan State University，East Lansing，Michigan，USA；
2. American Quarter Horse Association，Amarillo，Texas，USA

简单的人为干预会显著提高马及其他役畜的福利和服役能力。在炎热的气候条件下，马极易缺水。研究表明，41%~50%的马会在工作中出现脱水情况。在炎热的条件下，每匹马的需水量为 60 L/d（2~3 大桶），而驴的需水量为 20 L/d（1 大桶）。常见的错误如车辕过高或者车承重不平衡都能造成动物疼痛和损伤。应该每天刷洗或清洗动物，以预防动物遭受挽具创伤。大多数人都能做到保养马蹄，但对一些简单的人工干预却知之甚少，如更换挽具垫会提高马或驴的性能和福利。正确材质的马具垫是必要的。切勿使用粗糙的材料，如麻袋或者塑料编织袋。

【学习目标】

- 从全球角度了解役畜的重要性。
- 学习役畜面临的动物福利问题。
- 认识役畜福利问题的现实解决方案。
- 认识役畜是一个缺少服务的群体，它们需要更多的资源、研究及服务。

17.1 引言

本章的作者之一 Camie Heleski 职业生涯的大多数时间是负责协调密西西比州立大学马匹管理项目。她的主要任务是传授马匹优化管理的策略，这些策略包括提高马匹竞争力、改良营养配方、增加收益、加强育种管理，以及挑选符合美学标准的马。

2000 年开始的七次与役畜相关的国际旅行，促使她投入役畜的福利事业。自从本书第一版出版以来，她在偏远的墨西哥村庄做了大量工作。她认为，要提高役畜福利，畜主们必须做到 5~15 件事（快递访问信息 17.1），并意识到这些措施在提高役畜福利的同时，也可以提高畜主们的幸福感（Starkey，1997；Kitalyi 等，2005；Upjohn 等，2014）。

　　大多数畜主们并不是故意残忍地虐待役畜。畜主们的生活环境相对较差，同时缺乏役畜管理知识。有时资金短缺使他们无法为役畜做得更多，当然大多数情况下，主要是他们缺乏役畜管理知识。

　　一位发展中地区的专业或半专业人员的工作是值得称赞的，因为他正在为一个非常重要的目标服务，这个目标将极大地改善很多役畜的福利。接下来的建议将力求用较小的资金投入，将役畜的管理模式由被动的救治护理（治疗伤口和帮助病畜或营养不良动物恢复健康以重新投入工作）转变为预先防护，这样既可提高役畜的工作效率，又可延长使用寿命，改善役畜福利。从获得的第一手资料来看，这样的转变也有助于改善靠役畜谋生家庭的生活状况，并提高他们的自豪感。

17.2　发展中地区役畜的重要性

　　世界上发展中国家役畜的重要性经常被忽略（Pearson 等，1999；Popescu 和 Diugan，2013）。在参考的出版物中，有关这些动物的研究较少。据统计（Pollock，2009），大约 550 万匹马的 84%、410 万头驴的 98%、130 万头马骡和驴骡的 96% 在发展中地区被当作役畜（Pollock，2009）。据调查，全球 98% 马科医生的工作覆盖面仅占马科动物的 10%（Pollock，2009）。虽然大多数马科医生愿意在经济发达地区工作是可以理解的，但众多役马的遭遇也应引起关注（Burn 等，2010；Riex 等，2014；Upjohn 等，2014）。没有做过与发展中地区家畜相关工作的人不可避免地会问这样一个问题。在自顾不暇的时候为什么还要帮助这些动物？然而根据作者的经验，一旦役畜的福利得到提高，畜主们的家庭状况也会得到改善。而且，在用简单技术模式就能获取效益的发展中地区，提高役畜福利更利于环境友好（FAO，2002；Arriaga-Jordán 等，2006）。

快速访问信息 17.1　提高役畜福利、延长役畜寿命的 15 条建议

- 检查挽具是否合适，必要时作适当调整。
- 检查车辕的高度和车的平衡状况。
- 在工作间隙清洁（洗/刷）役畜。
- 在需要的地方放置干净的挽具垫。
- 清理并用抗生素药膏处理伤口。
- 增加饲喂草料的次数。
- 给工作的役畜增加优质的草料或精料，尤其当动物在干重活或开始消瘦的时候。
- 在工作间隙尽量使动物在阴凉处休息。
- 提供食盐，最好提供含微量元素的食盐。

- 每天多次提供新鲜、干净的饮水。马的需水量显著高于驴。
- 根据你所在区域发现的寄生虫给动物驱虫。
- 根据兽医的建议，预防接种关键疫苗。
- 经常护理马蹄。
- 尽可能不要让跛腿或有严重创伤或疾病的役畜工作。
- 善待役畜——禁止鞭打役畜。通常马不需要鞭打前行，除非马已精疲力竭或超载，而这种情况下，更应该让马休息。

　　鉴于这一点，本章主要是为工作在发展中地区从事马科动物的专业或半专业人员提供加强和改善役畜，尤其是马科类役畜管理和福利的一些必要知识。本章的观点和建议来自在巴西南部、西非马里地区关于役用驴以及墨西哥偏远乡村有关役畜的亲身工作经历，以及所查

阅的文献资料。鉴于大多数役畜的主人或使用者没有资金用于提高役畜福利，以下措施将以最小的资金投入让这些动物更舒适和长寿，以保证本章内容更为切实可行。

　　快速访问信息 17.1 提供了 15 项建议，这些建议可以大大提高役畜的福利和寿命，并且花很少的经济成本就可实施。

17.3　舒适挽具的安装和货物装载

　　改善挽具的舒适度是提高役畜福利最为经济的方法，在需要的地方放置挽具垫，保持挽具安装部位的清洁、挽具本身的清洁，以及确保车上的负载尽可能平衡。所有的这些措施有助于减少役马常见的鞍伤（如 Diarra 等，2007；Sevilla 和 León，2007；McLean 等，2012）。但质量不佳的挽具仍然是一个主要问题（Upjohn 等 2012）。挽具的类型影响役畜背部及肩部的压力（McLean 等，2012）。此外，体况适中（即不瘦）的役畜（体况评分将在营养章节展开详细讨论），身体与挽具接触点的摩擦较小，很少擦伤。假如动物在工作中大量出汗，在工作结束之后，应该用水冲洗或用海绵擦拭。马比驴更易出汗（Bullard 等，1970），而骡子介于马驴之间。如果水比较稀缺，也可以在第二天上挽具之前用刷子清理畜体。这样的话，不会有汗渍在挽具下积累，在接下来的工作中会减少挽具与身体的摩擦。如果尘土或汗液在挽具下积累，就会增加挽具与动物身体的摩擦。如果动物瘦弱，则缺少了天然的挽具垫，更易造成磨伤。

　　在巴西的拉车马调查中，观察到 96％ 的马匹都有鞍伤，并且伤口集中发生在肩隆部或肘后（Zanella 等，2003）。作者对马主们进行了一场培训，强调了前面提出的那些建议，4 个月后重新调查发现受伤率下降到 62％。正如这项调查所反映的，役马的福利得到了显著提高，鞍伤下降了 34％。

　　Diarra 等（2007）在马里的调查中观察到，超过 60％ 的驴有明显的鞍伤。值得关注的是，很多马和驴的伤口未愈合。在未愈合伤口上佩带着挽具工作一整天是十分痛苦的。改善挽具的舒适性，如放置挽具垫将极大地改善役马福利（Ramswamy，1998）。

　　图 17.1 至图 17.5 所示马和驴佩带的挽具总体较合适。每个国家及地区对挽具、马

图 17.1　有助于分散负载的挽具、车辕和其他适宜挽具附件的正确安装方法。

鞍、缰绳及常用马车的标准设计都有不同的细微调整（图 17.6 和图 17.7）。从目前经济情况来讲，让每个畜主为役马精心设计一套挽具和马车是不现实的。同时，与这些畜主一起工作且负责帮助动物的人应该设计出有效且足够舒适的挽具。建议读者访问役畜新闻网站（DAN，网址 http：//www. vet. ed. ac. uk/ctvm/Research/DAPR/draught％20animal％20news/danindex. htm），下载大量发展中地区改进役畜挽具和器具的指导性建议、照片和图示资料。

图 17.2 巴西拉车马挽具典型安装方法。车辕部位稍高，理想的车辕应更长点。多数情况车辕应该和马肩齐平。此图可作为拉车马安装马具的良好示范（挽具各部分名称详见图 17.1）。胸套或马肩上和环绕胸部的皮带松紧适度，并且是用坚韧但不伤害马的材料制成。这匹马还装了腹带和背带，其与肩和肩隆之间放置了足够的挽具垫。这两条带子主要帮助固定货物和车辕。图中的马还配备了尻带，主要是帮助停住马车和载重所需的。通常普通挽具没有尻带（图 17.4），但当动物负载很重时就需要尻带来帮助停车，特别是在丘陵或山区地区工作。套绳或缰链，连接胸套和车的铁链也是需要的，这样可以有效利用役马力量驱动马车。同样，普通挽具或粗糙的挽具往往也没有缰链，为了有助于役马工作，应该添置。

图 17.3 巴西拉车马挽具的另外一种典型安装方法。车辕位置过高，应长过肩部。注意，这匹马没有尻带。尻带是必需的，当动物负载过重时需要尻带来停车，特别是在丘陵或山区地区工作时。马尾部的带子叫作尾鞭，也可以帮助马减轻负重，或至少可以让负载更平衡。

图 17.4　非洲西部地区看到的驴车的一种典型装置。注意参比肩部位置正确安装车辕。这个例子中还有个值得注意的点是：用缰绳牵引驴。据观察，从使用效果来讲，棉垫要比塑料垫好得多。这种类型的挽具与尻带缺乏有关。

图 17.5　用笼头或缰绳牵驴的例子。车辕的长度正好，高度也比较理想，能够达到肩端。而且，与前面的照片相比，车子的车轮较高，车轴较低。因为轴和轮平衡，驴能够较容易地拖动车子。用合成材料（泡沫）做驴背带下的垫子。这种材料软，不粗糙，容易清洗，还可以重复利用，这头驴的身体状态良好。营养供给良好时，驴和马在工作效率更高（引自 Ellis 等，1980）。

图 17.6　一种用来载人和少量货物的典型车子（巴西南部）。

图 17.7　非洲西部驴车的典型挽具。注意背部的垫子可以帮助减少鞍伤。像这样的驴通常是用棍子驱赶的。照片中的挽具非常粗糙，没有引导、连接驴的笼头或辔。腹带是用可能引起割伤的细绳做的，应该用更宽更厚的材料代替。而且，这套挽具缺少将驴拉车的力量传递到车子上的挽绳。如果车轮再高些的话更容易滚动。

　　在巴西的调查显示，很多马匹的车辕都装得过高（图 17.8），使得马肩隆所承担的压力过大——有时被称为垂直重量（Jones，2008a）。很多马的肩隆区都有损伤（图 17.9），这可能会使马极不舒适。马里地区的很多驴也出现肩隆部位损伤或者肩隆瘘（Doumbia，2008；McLean 等，2012），这可能是车辕安装部位过高，或者是挽具垫粗糙导致。在西非地区，户外动物保护协会（SPANA）正在努力分发合适的挽具垫给驴主（图 17.10 和图 17.11）。Burn 等（2008）研究显示，约旦地区的很多驮运包裹的驴都出现过由于使用劣质或不干净的尾鞭造成的尾下损伤。

图 17.8　车辕安装得过高。可以看到马前腿拼命向后来保持平衡。马车上重量的分布也会增加车辕的高度。虽然用了尻带和套绳，但当不恰当地猛拉马时，尻带和套绳也无法有效地减轻额外负荷对马前腿的压力。负重分布不均匀会导致跛行和擦伤。

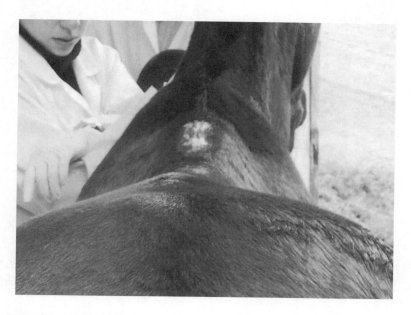

图 17.9　肩隆受伤在世界各地的马匹中非常常见，通常是因为挽具或马鞍不合适、挽具垫不足或者马匹太瘦。此外，传统观念通常认为，马匹不需洗澡，所以肮脏的挽具经常被重新套在满是汗渍的动物身上，增加了摩擦损伤。

图 17.10   泡沫挽具垫有时被用来保护马的肩隆部位不被挽具弄伤。如果能保持挽具垫清洁，可以极大地减少马匹损伤。

图 17.11   棉帆布做的背带垫，可以缓解驴肩隆部和背部的压力。很多时候背带垫所用的垫料摩擦大，易导致损伤。为了避免损伤，背带垫可以使用棉花、皮革或泡沫。背带垫也应该保持清洁，在驴工作间隙进行清洁以减少摩擦。

17.4   确定役畜的负重能力

总体原则是，任何时候都不要让役畜长时间拖运超过自身体重的货物（Jones，

2008a）。制订一个特定的使役时长是比较困难的，因为这还取决于地形的坡度、路面状况（是压实的、多砂的，还是多石的）、车轮承受的阻力（转动顺畅还是有很大阻力）、旅途中的行进速度、动物要拉多久的货物、是否提供休息以及动物的体况等。就体重而言，大多数发展中地区的驴和骡子通常要比典型的轻型种马更强壮。

　　装载货物的数量就更难计算。假设马的体况和路况等处于平均水平，发达地区所推荐的马的负载重量为体重的 20％～25％（Wickler 等，2001）。然而调查中发现，很多驴驮着约为它们 1/2 体重的货物走很长的距离，而且所走的路面往往很不平整。这不是理想的状态，很有可能是造成这些动物身上有醒目伤痕的原因。

17.5　评估役畜的体况

　　我们所看到的大多数役用马属动物都比较瘦（图 17.12 和图 17.13），其中很多非常瘦弱，如此体况可能会缩短它们的工作寿命，使它们的福利状况很差。瘦弱的动物因挽具造成的损伤通常会更严重，同时免疫力更差，更易得病。各个国家的专业或半专业人员所采用的不同体况评分系统（如 Henneke 等，1983；Svendsen，1997），基本都分为超重（在役用马类中几乎没有）、标准（图 17.14 和图 17.15）、偏瘦和极瘦几个不同水平（Pritchard 等，2005）。

图 17.12　过瘦的马。马的肋骨、脊柱和臀部骨头都很突出，脖子也很瘦，体况得分为 2（Henneke 等，1983）。这样瘦弱的动物往往难以胜任主人安排的工作，抗病力也很差。

图 17.13　过瘦的驴。清晰可见的肋骨和髋骨、消瘦的脖子。驴身上有明显的伤痕，有些是挽具摩擦造成的，有些是鞭打造成的。

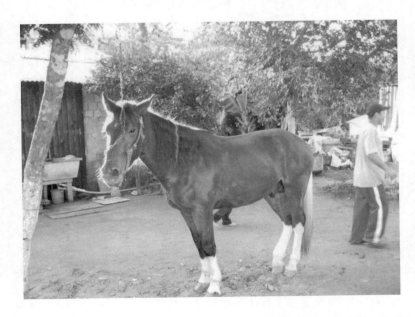

图 17.14　体型适中、状态良好的马。体况得分为 5（Henneke 等，1983），肋骨、髋骨和脊柱上肌肉的曲线平滑，营养良好，皮毛清洁有光泽。

图 17.15 体型适中、状态良好的驴。肋骨上肌肉曲线丰满，脖颈部与肩部连接光滑。营养良好，皮毛清洁光亮。

17.6 为役畜提供足够的饮水以预防脱水

饮水对役畜健康非常重要。很多畜主不知道自家牲口的需水量，尤其是马。马小跑时每小时的出汗量约为 15 L，在湿热的季节排汗更多（Clayton，1991），由此可以推测一匹役马在温暖季节工作时，一天需要 40～60 L 新鲜干净的水（图 17.16）。而一头驴一天需

图 17.16 应该经常给马匹添加新鲜、干净的水，特别是在炎热季节。这对于役马以及居住在湿热环境下的动物来说尤为重要。

要约 20L 水（图 17.17）。驴出汗比马少，因此在气候炎热地区最好选用驴当作役畜。白天多次提供饮水是比较理想的做法。在巴西南部（Zanell 等，2003），大部分役畜仅在晚上能饮到水，并且只有 1 桶。在调查的 5 000 匹役畜中，50% 的马和 37% 的驴明显脱水（Pritchard 等，2007）。尼加拉瓜也发生了类似的脱水问题，其中 41% 的工作马存在脱水现象（Wilgert，2010）。最近在非洲和博茨瓦纳的研究表明，体况较差的驴更易出现脱水（McLean，2012），其中脱水驴中体况较差的占 66%（Geiger 和 Hovorka，2015）。在巴西南部还存在的另一个问题就是死水（停滞的水），死水中有钩端螺旋体（据 R. Zanella 口述）。马匹经常被放养在以静止的小池塘水为唯一水源的小围场中，钩端螺旋体的血清阳性率非常高。这种病原体不但能导致马出现月盲症/葡萄膜炎、流产和精神萎靡等，还会导致人兽共患病，对于附近居民也是一种威胁。

图 17.17　驴的抗旱能力比马强，但是仍然需要饮用新鲜、干净的水。当驴饮水量不足时，采食量下降，劳动效力低。

幸运的是，驴比马耐旱（NRC，2007）。野驴通常 2～3d 才饮一次水，然而当它们遇到水时，可以在短时间内饮入大量的水（Bullard 等，1970）。所以应该每天都为役驴提供饮水，尤其在炎热季节，每天应多次提供饮水，当然水的质量和卫生状况也非常重要。

缺水易导致役畜采食量下降（NRC，2007），工作效率降低。而役畜工作效率下降往往引起畜主的不满，招致鞭打。

尽管与传统理念相悖，但对于超负荷工作役马的重复性研究表明，当有水的时候，允许马、驴和骡子尽情饮用后再回去工作对役畜没有负面影响（Jones，2004；Pearson，2005）。

17.7　增加饲喂役畜草料的次数

只有很少的役马能摄入足够的能量来承担工作负荷，因而我们所观察到的大多数役用马都很瘦（如 Pearson，2005；Pritchard 等，2005；Burn 等，2010）。畜主们应该多让役马采食草料，在工作间隙给役用马补充草料。在巴西南部地区，牧草的质量通常很好，然而，畜主们一般居住在城市边缘的小村庄（城郊），几十匹马被集中拴在野外吃草，造成地上的牧草被过度啃食。马可以在夜间放牧，但这种情况食入的能量很少。调查中发现，一些畜主会让他们的孩子去邻近的沟岸上割草。可以吃到割草的马匹，体况要好于所调查马匹的平均水平（图 17.18 和图 17.19）。（注意：割草不应该存放在袋子里，那样会容易霉变，引起马匹生病。）

图 17.18　正在采食新鲜牧草的马。在这种情况下，草是从附近的沟岸上割下来的。

图 17.19　正在吃草的驴。这种豇豆秸是非洲西部的一种营养成分相当高的草料。驴的饲草通常从市场采购，尤其在干旱季节。图中驴的主人在驴休息时选择了卸下挽具让它吃草。当马或驴不工作时，应该卸下挽具，让它们吃草、饮水。在休息时尽可能把它们牵到阴凉处。

　　需要补充的是，我们所观察到的体况好的役马，除了采食草料之外，还添喂了当地水果站剩余的甜瓜、面包房剩余的面包、麦麸和燕麦片，马能利用这些非常规饲料的额外能量。很显然，应当注意有毒植物可能造成的风险。但大多数马匹，即使是很瘦的马匹也都很擅长于识别有毒植物。这并不是认可非常规饲料资源，但目前大多数役马正遭受饥饿的折磨，而很少有役马因食物中毒死亡。在发展中地区，任何事都要权衡利弊。因此，应该将当地所有可以利用的饲料资源，甚至是偏离"正常"饲料的东西都纳入考虑的范围。

役驴的每日能量需求比役马少（NRC，2007）。最令人惊讶的是，它维持生存需要极少的资源。我们所观察到的很多驴都依赖于季节性生长的牧草生存。例如，在豇豆的生长季节，驴可能时不时地吃到豇豆秸，这是一种高质量的食物来源，可以帮助它们弥补在干旱季节的体重损失。在一年中的其他时候，驴只能采食养分很低的稻草或玉米秸秆。某种程度上驴能有效利用其他动物无法利用的饲料（如秸秆）中的各种养分（Pearson，2005年；NRC，2007）。少数情况下，驴的饲料中也添加一些谷物，但这种情况罕见。驴和其他马科动物的营养配方中，需要加一些新鲜的绿色饲草以满足他们对维生素的需求。

本文另一作者麦克莱恩具有相当丰富的骡的饲养管理经验。通常，骡子的营养需要介于马和驴之间。

17.8　盐的需求量

马对盐的需求量已研究得非常清楚（NRC，2007）。马应该有机会获得盐，最好是微量矿化（TM）盐，这是为动物所在的地区开发的。例如，世界上有许多地区缺硒。在这些地区，TM盐往往会添加硒。盐获取不足的马匹很容易脱水和疲劳，有时饮水量也会因此而受到抑制。在全球大部分地方，盐是一种比较便宜的养分。我们希望所有为马类服务的流动兽医诊所能够为马提供含微量元素的食盐。

关于驴对盐分需求量的研究较少（Pearson，2005；NRC，2007）。有关驴的饲养指南建议添加含微量元素的食盐。如果没有含微量元素的食盐，少量的食盐或者岩盐也有利于驴补充主要的电解质如钠离子、氯离子。

虽然没有关于骡子对盐分需要量的资料，但是根据骡子的出汗量介于马和驴之间，推测骡子对盐的需要量也可能介于马和驴之间。

17.9　寄生虫控制

在过去十年，发达地区对寄生虫控制程序做出了重大的修订（详见 AEEP 指南：http：//www. aaep. org/custdocs/ParasiteControlGuidelinesFinal. pdf.)。

在发展中地区，任何控制寄生虫的措施都是值得鼓励的。在巴西南部的采访过程中，我们观察到，尽管动物被密集地拴系在有大量粪便的区域内一起采食，仅有不到5％的畜主对马进行驱虫。每年用低成本的伊维菌素类产品驱虫2次，可明显减少寄生虫。伊维菌素有助于驱除役马身上的外寄生虫（这一作用有时被发达国家的人们忽视）。我们调查了许多役马和役驴，应该说如果没有体外寄生虫，这些动物的皮肤健康状况不会如此之差。

17.10　健康管理（创伤护理）

畜主们最可能缺乏创伤护理和疫苗接种的知识。马经常被拴系在带有锋利边缘的垃圾和杂物中，毫无疑问，这很容易对马造成伤害（图 17.20）。可惜人们缺乏役畜伤口紧急处理的常识（Pearson 和 Krecek，2006）。畜主们通常把泥浆、粪便和柴油，或者其他一些传统的"药"敷到开裂的伤口上。虽然泥浆可能凑巧有一点好处（如阻挡苍蝇），但大部分物质却延长了伤口的愈合时间，加重了感染。此外，在发展中地区要留意预防破伤风。接种破伤风疫苗是预防破伤风的相对廉价方式。

图 17.20　役用马经常被拴系在存放垃圾和杂物的地方，因此各种伤口很常见，如金属线造成的这种划伤。畜主应该随身备有抗生素药膏，在肥皂水清洗伤口后，涂上抗生素药膏。理想情况下，役马应该定期接种破伤风疫苗。

创伤护理的第一步是清理伤口。比较理想的方法是用肥皂和清水清洗伤口。接着，在伤口上敷抗生素药膏可明显减少伤口感染。是否用绷带包扎伤口需要经过慎重考虑，不适当的包扎可能得不偿失。必须记住，很少时候能考虑到最佳护理，更多时候是要尽量想办法减少动物的痛苦，延长它们的寿命。

装备不合适（挽具、马鞍和缰绳）造成的损伤是另一种常见的创伤（图 17.21）。在挽具章节和快速访问信息 17.2 中已经介绍了减少鞍伤的方法。鞍伤也需要清洁和包扎。理想状况下，动物在伤口愈合之前，需要让其充分休息，而这也常常做不到。至少，在发现问题后，应该在挽具下受伤的地方放置挽具垫。此外，使用简便检查手册判断腿部损伤可以降低损伤的频率（Leeb 等，2013）。

快速访问信息 17.2　挽具垫和修复材料有助于防止畜体割伤和擦伤

优质材料	劣质材料
● 棉帆布 ● 软质皮革 ● 羊皮 ● 毛织毯子 ● 泡沫垫料 ● 麻绳或细绳用于快速修补	● 塑料编织袋——最坏的材料 ● 麻袋 ● 褶皱隆起会增加摩擦的薄布 ● 聚乙烯板——过热 ● 橡皮内胎——过热 ● 金属线用于快速修补——金属线永远不应该直接 　接触动物

清洁挽具垫的方法

● 擦去陈旧灰和汗渍。

● 去除织毯的碎屑。

● 尽可能每月更换泡沫。

● 用肥皂和水清洗，但确保使用前动物接触面完全干燥。

● 为保持皮革柔软，尽可能使用洗革皂或皮油。

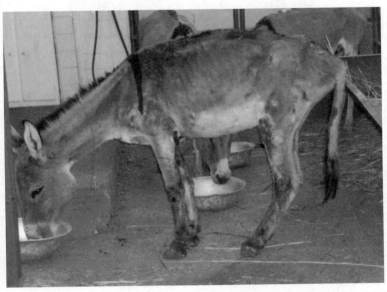

图 17.21　瘦弱、多处有伤的驴正在马里巴马科的 SPANA 兽医诊所接受康复治疗。接受治疗后，这头驴能够健康地回去工作。

图 17.22　绳勒伤在役用拉车马中也较为常见。拴马的好处
是马能够在工作间隙采食青草；坏处是一些马在第一次被系
绳拴住时会感到惊恐，导致勒伤。

　　另一种役马常见的创伤是系绳勒伤（图 17.22）。主要是由于拴马前没有让马充分了
解并接受拴系造成的。当马被系绳缠住腿踝时，就会感到恐慌并挣扎，直到韧带区域形成
一个较深的、烧伤状的伤口。在世界发达地区，是不会把马拴在桩上的，因为这样马容易
被系绳勒伤。然而，对役畜的经验告诉我们，马往往只有拴在舍外时，才有机会采食到足
够的饲草。令人惊奇的是，我们没有观察到被系绳勒伤的马匹。这可能是因为在这种环境
下工作的马匹，在劳累了一天之后已经没力气恐慌和挣脱系绳了。如果有可能，在系绳或
链条上包裹一段旧水管更安全。此外，训练马慢慢地接受拴系，也有助于它们放松下来。
我们的经验表明，驴的勒伤更常见，原因是使用粗糙的系绳或其拴得太久。

　　挽具长久固定在役畜身上，是造成役畜不幸受伤的原因之一。例如，我们观察到一些
马带着粗制滥造的永久夹板靴（用麻绳把成片的胶皮绑在腿上），其中的麻绳已经陷进肉
里。也有人（Jones，2008b）看到固定挽具和鞍子的金属线经常刺入畜体，尤其是固定在
身上时间过长时容易发生。

17.11　疫苗接种

　　在世界发达地区，很多钱都花在给马接种疫苗上，以预防它们可能遇到的每一种疾
病。通常这是一个很好的做法。但是在发展中地区，则需要权衡风险与效益，以及畜主是
否能够负担得起疫苗费用。

　　当有捐赠的或便宜疫苗时，优先推荐能有效预防人兽共患病的疫苗。如在巴西南部，
我们给许多马匹接种破伤风疫苗、东部马脑脊髓炎疫苗（eastern equine encephalomyeli-
tis，EEE，昏睡病）和西部马脑脊髓炎疫苗（western equine Encephalomyelitis，WEE，
也称为昏睡病）。在不同地区的工作人员需要考虑该地区潜在的流行疾病。例如，某些地
区需要将狂犬病作为重点预防疾病，其他地区可能需要将西尼罗河病毒（West Nile vi-
rus，WNV）病或委内瑞拉马脑脊髓炎（Venezuelan equine encephalomyelitis，VEE）作
为重点预防疾病。如果对马匹进行马传染性贫血（equine infectious anaemia，EIA）检
测，那就必须为该病畜家庭提供一匹健康的马，否则这个测试对这些役畜主人而言没有任

何意义。

17.12　蹄部护理

令人惊奇的是，在巴西南部的调查中，作者很少发现役畜有蹄病。每6～10周一次的修蹄和钉蹄掌花费了畜主们有限收入中相当大的一部分。修蹄师傅的手艺很好，很少看到工作的跛行马。至少在巴西南部，畜主们已经知道适当的蹄部护理可以有效地减少马匹跛行带来的经济损失。

在其他地区并没有发现类似的情况。在墨西哥的调查中观察到，很多马和驴的蹄部缺乏护理，经常看到蹄尖过长的驴（Aluja，1998），甚至圈养驴中也出现中度或重度跛行。作者在墨西哥旅行时发现，役畜的蹄部未能得到合适的修剪（图17.23）。

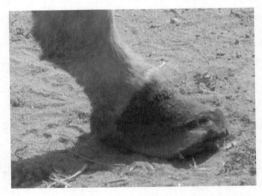

图17.23　偏远的墨西哥乡村较差的蹄部护理。

跛行的动物需要休息。考虑到这一做法的困难，非洲的SPANA诊所经常为愿意交出跛行驴的主人提供替代驴。在这个项目中，畜主没有损失收入，而他们的跛脚动物也得到了治疗所需的休息机会。

如果役畜长期跛行或治疗费用很高，则建议及时将其淘汰。没有额外的经费帮助这些跛行动物减轻痛苦。动物的痛苦不仅折磨动物本身，而且影响畜主的生活质量。

17.13　公平待遇

在巴西南部，虽然马的能量和水的摄入可能被不幸忽视，但极少有人故意虐待马。数周内，作者观察了几百匹马，只看到有两匹马是用鞭子驱赶的（这是几个青年为了享受"驾车"的乐趣）。

而马里的见闻则有所不同。许多驴不是由缰绳牵引着，而是由主人用棍子驱赶着，非常粗鲁并频繁地使用棍子抽打，导致驴的臀部和腰部出现多处伤痕（图17.24）。许多研究者报道，非洲畜主经常使用带有尖锐钉子的棍子（Herbert，2006）。显然这易导致动物的严重（有时感染的）损伤。多个研究对人为造成的损伤（由人造成）与役畜行为之间的关系进行了探究（Burn等，2010；Popescu和Diugan，2013）。如果可以让畜主认识到善待动物的重要性与益处，将极大地改善这些役畜的福利（Swann，2006；McLean 等，2008）。

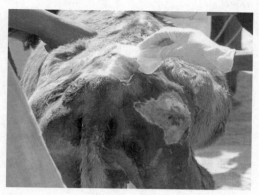

图 17.24　马里的驴臀部经常有许多伤口。这些皮肤表面的伤口和深部组织的伤是用棍子抽打所致。一些伤口已经感染。

17.14　繁殖与幼马饲养

事实上，很少有小农户能合理饲养幼马。但考虑到役马的更新，幼马又是必须饲养的。在巴西，我们参观过的农村很少饲养幼马。据了解，畜主们主要从养马场购买幼马。我们看到的几匹幼马，因蛋白质摄入不足，钙磷比例不合适（NRC，2007），发育迟缓，头部相对于整个身体来说过大。

在马里可以经常看到驴驹跟随着工作的母驴。由于驴所具有的天然抗逆性，这些驴犊非常健康。在墨西哥农村，驴驹的健康状况总体来说非常好。

在某些国家推广动物去势技术可能比较困难，种马常与阉马和母马一起参加劳作。这样做可能会造成潜在的攻击行为或无计划繁育。然而这些种马工作非常辛苦，以致不会出现一些典型的行为问题。

17.15　结论

应该投入更多的时间和资金，改善资源匮乏地区役马的福利。另外，还应该促进行政机构、畜牧专家和畜主们进行交流（Dijkman 等，1999；Pearson 和 Krecek，2006）。当然，这对所有役畜都适用。尽管人们比较关注役马福利，但其他役畜也能从中受益（图17.25）。改善役畜福利有时候类似"小男孩和海星"的故事（参见第 17 章注），故事中小男孩的话鼓励着我们继续从事动物福利工作。

17.16　致谢

感谢 Temple Grandin 博士邀请我们编写本章内容。高度赞扬她为让动物福利研究人员更多关注发展中地区役畜福利状况而做出的努力。

图 17.25　大多数情况下，由孩子带役畜到诊所治疗或免疫。
已经开始实施专门针对青少年关于役畜管理的培训项目。

17.17　注

（1）体况评分将在营养章节展开详细讨论。

（2）海星的故事

原作者：Loren Eisley

一天，一个男人正沿着海滩散步，走着走着，他看见一个小男孩从地上捡起一些东西，然后轻轻地扔回大海。男人走近男孩问："你在干什么？"小男孩回答道："帮助海星回大海。当海浪和潮水退去时，不把它们放回去，它们就会死去。""孩子，"男人说，"难道你没看到海滩是如此之大，海星是如此之多？你这样做能有什么用呢？"听完他的话，小男孩弯下腰，捡起另一个海星，扔进海浪中。然后，他微笑着对男人说："我帮助了那个海星。"

参考文献

（王　建译，郭　龙、顾宪红校）

图书在版编目（CIP）数据

提高动物福利：有效的实践方法／（美）坦普尔·
格朗丹（Temple Grandin）主编；顾宪红，孙忠超主译
. —2版. —北京：中国农业出版社，2022.4
　　ISBN 978-7-109-27844-8

　　Ⅰ.①提… 　Ⅱ.①坦… ②顾… ③孙… 　Ⅲ.①动物福
利 　Ⅳ.①S815

中国版本图书馆 CIP 数据核字（2021）第 032219 号

Improving Animal Welfare：A Practical Approach，2nd Edition
Edited by Temple Grandin
© CAB International 2015
本书中文版由 CAB International 授权中国农业出版社有限公司独家出版发行。本书内容
的任何部分，事先未经出版者书面许可，不得以任何方式或手段刊载。
合同登记号：图字 01 - 2017 - 8697 号

提高动物福利——有效的实践方法（第二版）
TIGAO DONGWU FULI —YOUXIAO DE SHIJIAN FANGFA (DI-ER BAN)

中国农业出版社出版
地址：北京市朝阳区麦子店街 18 号楼
邮编：100125
责任编辑：周锦玉
版式设计：王　晨　责任校对：周丽芳
印刷：中农印务有限公司
版次：2022 年 4 月第 2 版
印次：2022 年 4 月北京第 1 次印刷
发行：新华书店北京发行所
开本：787mm×1092mm　1/16
印张：21.75
字数：510 千字
定价：98.00 元
